全国高等农林院校教材

林业生物技术

（林学、园林、园艺、草业专业适用）

谭晓风　张志毅　主编

中国林业出版社

图书在版编目（CIP）数据

林业生物技术/谭晓风，张志毅主编. —北京：中国林业出版社，2008.4（2024.7 重印）
全国高等农林院校教材
ISBN 978-7-5038-4951-0

Ⅰ. 林… Ⅱ. ①谭…②张… Ⅲ. 木本植物—生物技术—高等学校—教材 Ⅳ. S722

中国版本图书馆 CIP 数据核字（2008）第 052789 号

中国林业出版社·教材建设与出版管理中心

策划编辑：牛玉莲 肖基浒　　**责任编辑**：肖基浒
电话：（010）83143555　　**传真**：（010）83143516

出版发行 中国林业出版社（100009 北京市西城区德内大街刘海胡同 7 号）
E-mail：jiaocaipublic@163.com 电话：（010）83143500
网址：https://www.cfph.net
经　销 新华书店
印　刷 北京中科印刷有限公司
版　次 2008 年 5 月第 1 版
印　次 2024 年 7 月第 4 次
开　本 850mm×1168mm 1/16
印　张 20.5
字　数 436 千字
定　价 56.00 元

《林业生物技术》编写人员

主　　编　谭晓风　张志毅

副 主 编　杨敏生　林思祖　何业华

编写人员　（按姓氏笔画排序）

乌云塔娜（中南林业科技大学）

白淑兰（内蒙古农业大学）

刘友全（中南林业科技大学）

李昌珠（湖南林业科学研究院）

李淑娟（东北林业大学）

何业华（华南农业大学）

张志毅（北京林业大学）

张党权（中南林业科技大学）

杨敏生（河北农业大学）

林思祖（福建农林大学）

袁海英（新疆农业大学）

崔建国（沈阳农业大学）

普晓兰（西南林学院）

舒常庆（华中农业大学）

谭晓风（中南林业科技大学）

樊剑鸣（郑州大学）

前 言

近年来，国内各高等农林大学林学、园林和园艺专业相继开设了生物技术课程，但没有一本统一的教材。针对生物技术的系统性和林业行业特点，编写一本林业生物技术教材非常必要。2005 年，由中南林业科技大学和北京林业大学共同发起，在中国林业出版社的大力支持下，我们组织了全国主要高等农林大学从事林业生物技术教学的相关教师共同编写了这本教材，以满足目前国内对于林业生物技术教学的急需。

考虑到本教材的适应性，本教材共分为上、下两篇。上篇即基础理论篇，包括：绪论、基因工程、蛋白质工程、细胞工程、发酵工程、酶工程，共六章。下篇即技术应用篇，包括：植物组织培养、树木细胞培养和次生代谢物质生产、菌根技术、植物遗传图谱构建与基因定位、植物基因的分离克隆、植物遗传转化及应用、生物质能技术，共七章。

本教材由谭晓风教授和张志毅教授主编。具体分工如下：第 1 章由谭晓风教授编写；第 2 章由谭晓风教授和樊剑鸣副教授编写；第 3 章由张党权副教授编写；第 4 章由李淑娟副教授、袁海英副教授、何业华教授、林思祖教授编写；第 5 章由刘友全教授编写；第 6 章由乌云塔娜副教授编写；第 7 章由袁海英副教授、普晓兰教授编写；第 8 章由崔建国教授编写；第 9 章由白淑兰教授编写；第 10 章由张志毅教授编写；第 11 章由舒常庆副教授编写；第 12 章由杨敏生教授编写；第 13 章由李昌珠研究员、张党权副教授编写。

教材编写过程中，得到中国林业出版社、各编写单位和全体编写人员的大力支持和帮助。教材编写后，虽经几次的章节内容调整、修改，但由于编写人员较多，统稿时间仓促，加之编者业务水平有限，谬误和不当之处在所难免，希望各位教师在教学过程中提出宝贵意见，以便再版时进行修订。

谭晓风　张志毅

2008. 1. 15.

目　录

下篇 技术应用篇

上篇

基础理论篇

第1章 绪 论

【本章提要】生物技术的概念及主要内容；生物技术产生的历史背景、理论体系和技术体系；生物技术在医药、农业、林业、工业、环境保护和能源等方面的应用潜力和发展前景。

生命科学（life science）经过20世纪后半叶的迅速发展，已经奠定了雄厚的理论和技术基础。以生命科学为理论基础而发展起来的生物技术（biotechnology）显示出巨大的发展潜力，已向各行业领域广泛渗透，并从生产方式上改造传统的行业，大幅度提高传统产业的经济效益、社会效益和生态效益，从而形成了一个新的高科技产业——生物技术产业。

1.1 生物技术的概念及内容

一般而言，生物技术是指将现代分子生物学的基础理论研究成果应用于农业、医药、工业和其他领域的生产实践而发展起来的系列技术。具体而言，生物技术是指人们以现代生命科学为基础，结合其他基础学科的科学原理，采用先进的工程技术手段，按照预先的设计改造生物体或加工生物原料，为人类生产出所需产品或达到某种目的的系列技术。

生物技术又称生物工程（bioengineering），主要包括：基因工程（gene engineering），细胞工程（cell engineering），酶工程（enzyme engineering），发酵工程（fermentation engineering）和蛋白质工程（protein engineering）等。基因工程是指将来源于不同生物的DNA在体外经过酶切、连接，构成重组的DNA分子，然后转入受体细胞，使外源基因在受体细胞中得到表达的过程，它可以按照人们的设定目标，从分子水平定向地改良某一生物种类或品种的生物性状，或使该生物种类或品种获得可稳定遗传的新基因和新性状，从而满足人类的各种需要。基因工程的科学价值和应用价值最大，是现代生物技术的核心技术和基础。细胞工程是指在细胞水平上的遗传操作，即通过细胞融合、核质移植、染色体或基因移植，以及组织和细胞培养等方法，创建新的种质、改良品种、改进繁殖方法及大规模生产生物产品的技术。酶工程是酶学原理与化工技术相结合而形成的应用技术领域，它是在一定的反应装置里，利用酶的催化作用，将相应的原料转化为有关物质的技术。发酵工程则是将微生物学、生物化学和化学工程学的基本原理有机地结合起来，利用微生物（工程菌）的生长和代谢活动来生产各种有用物质的工程技术。蛋白质工程又称第二代基因工程，是利用基因工程等技术改良天然蛋白质的科学，它需要蛋白质化学、蛋白质结晶学、计算机辅助设计等学科的配合，通过对天然编码蛋白质的基因进行修饰，获取比天然蛋白质更理想的新型蛋白质。

根据生物技术在不同生物门类的应用状况可划分为植物生物技术、动物生物技术和微生物生物技术等；根据其应用的行业不同可以划分为农业生物技术、林业生物技术、医药生物技术、环境生物技术和工业生物技术等。生物技术与信息技术、航天技术、新能源技术、新材料技术等一同被界定为高新技术。虽然生物技术目前还处于早期发展阶段，但它是我国“863”高科技计划的首要内容，也是世界各国竞相发展、具有重大科学技术价值及巨大应用潜力的关键性技术，是未来科学技术发展的制高点。

1.2　生物技术产生的理论基础和技术背景

广义上的生物技术包括传统生物技术和现代生物技术。传统的生物技术主要是指古代发明并一直流传应用的发酵技术，如酿酒、酿醋、制酱等。狭义上的生物技术是指以基因工程为标志的现代生物技术。现代生物技术是在分子生物学、遗传学、微生物学、细胞生物学、生物化学等学科迅速发展及相关技术突破的基础上产生并发展起来的。

1.2.1　生物技术产生的理论基础

1.2.1.1　基因工程的理论基础

（1）DNA是遗传物质

1944年，美国著名微生物学家Avery等在研究肺炎球菌时发现：用灭活的光滑型（S型）致病性细菌和活的粗糙型（R型）非致病型细菌分别侵染小鼠不能使小鼠患病，但将二者混合后侵染小鼠则可以使小鼠患病，而且从解剖死鼠中发现有大量的S型细菌存在，从而发现并确定了DNA是各种生物的遗传载体。

（2）DNA分子的双螺旋结构

1953年，美国科学家Watson和英国科学家Crick在前人研究并积累大量数据的基础上，提出了DNA双螺旋结构的模型，并被Wilkins利用X射线衍射研究所证实。这一模型很好地解决了生物体内遗传物质的精确复制和从亲代到子代的稳定遗传等重大科学问题。

（3）遗传信息传递的中心法则

1959年，英国科学家Crick在DNA分子的双螺旋结构的基础上，又提出了遗传信息是从 DNA 到 RNA，再到蛋白质的基因表达过程，即遗传信息传递的中心法则。

(4) 基因表达的操纵子学说

1961~1965 年，法国科学家 Jacob 和 Monod 以原核生物为材料，研究了原核生物基因的结构和表达情况，发现了多个相关基因的产物由同一条多顺反子的 mRNA 所编码，提出了原核生物基因表达的操纵子学说，揭示了原核生物基因表达的机理。

(5) 遗传密码的破译

1961~1966 年，美国科学家 Nirenberg 破译了全部遗传密码，即确定了每种氨基酸的具体密码——3 个碱基决定 1 种氨基酸的三联子密码。遗传密码的破译为蛋白质的生物合成提供了理论依据，进一步证实了遗传信息传递的中心法则，为基因的分离克隆及人工合成或改造基因提供了科学依据。

(6) 细胞质粒的发现

1956~1966 年，Ledeburg 在细菌中发现了存在于细胞质中、独立于核基因组的遗传物质——环状 DNA 即质粒，为基因工程载体的发展奠定了基础。

(7) 限制性核酸内切酶的发现

1970 年，Smith 等从细菌中发现了可特异性地识别并特异性切割 DNA 的限制性核酸内切酶，此后科学家们又发现了一系列分子生物学工具酶，从而为人类在试管内对 DNA 直接操作提供了方便。

(8) 逆转录酶的发现

1970 年，美国科学家 Dulbecco Temin 和 Baltimore 发现 RNA 肿瘤病毒中存在以 RNA 为模板，经反转录而生成 cDNA 的逆转录酶。这一发现修正和丰富了遗传传递的中心法则，而且为新基因的分离克隆和分子生物学研究提供了一个新的途径。

1.2.1.2 细胞工程的理论基础

(1) 细胞学说

17 世纪末，当时为学徒工的荷兰人 Leeuwenhoek 利用自制的光学显微镜观察到肉眼看不到的微生物。同时代的 Hooke 在观察软木结构时，发现了大量的蜂窝状的基本结构单元，他把它称为“细胞”。直到 19 世纪中叶，随着显微技术的不断发展及对大量的动植物组织的观察研究，科学家们发现：动植物构成的基本单元是细胞，细胞是可以分裂增殖的，包含生命的全部特征，从而建立了细胞学说。建立这一学说的是德国植物学家 Schleiden 和动物学家 Schwann。

(2) 植物细胞的全能性 (totipotency)

1902 年，德国植物学家 Haberlandt 根据细胞学说曾大胆地预言：植物细胞具有全能性，即每个植物体细胞像胚胎细胞一样，具有该植物的全部遗传信息和发育成完整植株的能力，这一预言被后来的实验所证实。

1.2.2 生物技术产生的技术背景

生物技术是在综合运用了细胞生物学、遗传学、微生物学、生物化学的实验技术的基础上，尤其是大力发展运用分子生物学技术的基础上而产生和发展起来的。

1.2.2.1 DNA 及基因的操作技术

(1) DNA 的提取及纯化技术

1944 年，Avery 除了证实 DNA 是遗传物质外，还发现用高浓度的乙醇可以析出溶液中的 DNA，使之成为可见的、容易回收的白色絮状物质，这成为 DNA 提取和纯化的常用技术。植物组织 DNA 提取方法常用 CTAB 法和 SDS 法都是用乙醇来沉淀 DNA。

(2) 基因加工的工具酶技术

20 世纪 50～70 年代在生物体内发现了大量用于 DNA 操作的酶，如用于切割 DNA 的限制性核酸内切酶，用于切割 RNA 大分子的 RNA 酶，用于 DNA 片段连接的连接酶，用于 DNA 复制的 DNA 聚合酶，用于逆转录的逆转录酶，等等，这些酶的发现和应用，使人们能便利地操作 DNA 并成功地用于生物技术中。

(3) 分子杂交技术

1975 年，Southern 发明了将电泳分离后的 DNA 片段从凝胶转移至纤维素膜上的印迹转移技术及利用纤维素膜的分子杂交技术，极大地方便了同源 DNA 序列的检测和鉴定。

(4) 基因和多肽测序技术

1977 年，英国学者 Sanger 等利用 DNA 聚合酶合成互补 DNA 序列活性和双脱氧核苷酸终止链延长的原理，创造了一种双脱氧链末端终止法 DNA 测序方法。同年，美国学者 Maxam 和 Gibert 发明了化学裂解法测定 DNA 序列。后来利用这一原理建立了全自动测序系统。DNA 序列测定的突破为分析、发现、分离、克隆、利用基因创造了有利条件。同时，多肽和蛋白质测定技术也得到很好的解决，并实现自动化。

(5) 基因体外扩增技术

1985 年，美国 Cetus 公司的 Mullis 首创了基因的体外扩增技术，即 PCR 技术，后来又发现了 Taq 聚合酶，并设计了自动 PCR 仪。这一技术发明使得全世界的科学家研究基因和使用生物技术变得更加快速、简便和高效，极大地推动了分子生物学和生物技术的发展和应用。

1.2.2.2 基因重组与转化技术

(1) DNA 重组技术

1972 年，Berg 首次用限制性核酸内切酶 *Eco*RI 切割病毒 SV40 的 DNA 和 λ 噬菌体 DNA，经连接，获得了重组的 DNA 分子。在此基础上，Cohen 利用 DNA 重组技术，将一种细菌的抗四环素基因和另一种细菌的抗新霉素基因进行重组，得到既抗四环素又抗新霉素的重组体，第一次按照人类的计划实现了基因重组和性状重组，成为基因工程的创始人，开辟了基因工程的新领域。

(2) 微生物基因转化技术

最初的基因工程实验都是利用微生物尤其是细菌来进行的，因此微生物的遗传转化技术开发最早，技术也最完善。利用 $CaCl_2$ 处理细菌细胞，很容易使细胞处于感受态，外源基因则非常容易地进入细胞内，从而达到遗传转化的目的。

(3) 植物基因转化技术

为了改良植物，全世界的科学家花费了很大精力研究开发了多种植物遗传转化方法，如根癌农杆菌侵染法、基因枪法、花粉管导入法，等等。目前使用最广、最有效的方法是根癌农杆菌侵染法，如拟南芥中根癌农杆菌侵染法介导的“花浸法”（floral dip）已成为植物突变体诱导、新基因发现和功能鉴定的常规方法。

(4) 动物基因转化技术

最常用的是显微注射法，即把外源 DNA 直接注射到受精卵细胞的细胞核或细胞质中。另外，还开发了病毒载体法、脂质体介导法、精子介导法等技术方法，为动物遗传改良提供了新的途径。

1.2.2.3 单克隆抗体技术

1975 年，Koler 和 Milstein 利用动物细胞融合原理，成功地创建了淋巴细胞杂交瘤技术，并用来制造单克隆抗体，这一技术被认为是免疫学的一次革命。淋巴细胞杂交瘤技术是将体外不能长期生长和繁殖的免疫细胞与体外能迅速繁殖的瘤细胞融合形成杂交瘤细胞。这种杂交瘤细胞可同时保持瘤细胞在体外迅速繁殖传代的能力，又能继承免疫细胞合成及分泌淋巴因子或免疫球蛋白的能力。同一克隆内的杂交瘤细胞是相同的，只能合成并分泌一种相同的抗体，即单克隆抗体。单克隆抗体反应灵敏度高，特异性强，可以标准化，能够进行大规模生产，可用于人类（甚至动物、植物）的疾病诊断、疾病治疗，还可用于提纯天然蛋白质和基因工程产品，以及分子生物学基础研究。

1.2.2.4 植物组织与细胞培养技术

(1) 细胞离体培养试验

20 世纪初，德国著名植物学家 Haberlandt 为了证明“植物细胞具有全能性”，以 knop 液等为培养基的基本组成部分，并加入糖、氨基酸等碳源和氮源制作成培养基，开展了植物细胞的离体培养试验。但离体培养细胞只是细胞的体积扩大，而不能引起细胞分裂。

(2) 愈伤组织培养的成功和生长素的发现

Gautheret 开展了树木形成层组织的培养，2 个月后形成了脱分化组织——愈伤组织，Gioelli 也得到相同的结果。1926 年，Went 根据燕麦子叶鞘弯曲发现了生长调节物质，1934 年，Kogl 查清生长素的化学本质是吲哚乙酸，1935 年，Snow 观察到吲哚乙酸对形成层的促进作用。1938 ~ 1939 年，Gautheret、White 和 Nobécourt 各自分别在培养基中加入生长素，使胡萝卜、烟草等组织培养获得某些成功。

(3) 细胞分裂素的发现与不定器官分化的控制

1955 年，从鲱鱼精子 DNA 样品中分离到激动素，后来又从植物中分离鉴定了具有相同生理活性的细胞分裂素。生长素和细胞分裂素两大植物激素的发现和利用，使植物组织培养技术得以基本建立。1962 年，Murashige 和 Skoog 发表了烟草某一品种的最适的 MS 培养基，使培养基的改良达到一个顶点。20 世纪 40 ~ 50 年代，Skoog 发现多使用或单独使用生长素时，有利于促进根的形成；而多使用或单独使用细胞分裂素时，有利于促进芽的生长。1957 年，Miller 和 Skoog 提出了“不定器官分化由生长素和细胞分裂素的比例来控制的假说”。20 世纪 50 年代末，Steward 和 Reonert 几乎同时在胡萝卜根组织单细胞悬浮培养（single cell suspension culture）中发现某些体细胞在形态上转变为与合子胚（zygotic embryo）相似的结构，其发育过程也与合子胚类似的体细胞胚（somatic embryo），并由此形成了再生植株，从而证实了植物细胞的全能性。

1.2.2.5 动物体细胞克隆技术

1997 年 2 月 22 日，英国罗斯林研究所的研究人员向公众宣布，他们用体细胞克隆技术培育出来的小绵羊“多利”生长良好。5 天后，《自然》杂志全文刊登了这一实验结果。“多利”羊是用绵羊的乳腺细胞作供体，以卵细胞作受体，先将卵细胞的细胞核去除，再把乳腺细胞的细胞核移植到卵细胞内，最后把重组细胞移入母羊子宫中，让它逐步发育成小羊羔，即“多利”，该羊羔具有核供体羊的性状特征。这是世界上首次获得成年哺乳动物体细胞的克隆后代，从此揭开了动物克隆的序幕。

1.2.2.6 基因组与生物信息学技术

美国于 1990 年启动了人类基因组计划（human genome project，HGP），英国、德国、日本和中国先后加入该研究项目。各国科学家还对其他模式生物开展了基因组研究。人类基因组计划研究中综合运用了各种生物技术方法，并开发了系列新技术，如基因文库构建技术、分子标记技术、分子遗传图谱构建和物理图谱构建技术、大规模 DNA 测序和拼接技术等，为生物技术的发展做出了巨大贡献。

生物信息学技术。人类基因组研究涉及大量的生物信息数据，这些数据靠人工进行分析是无法完成的，生物信息学技术是计算机技术与分子生物学技术相结合的产物，它的产生和应用使人们能在很短的时间范围内分析、比较、查阅、保存、利用世界各国科学家得到的各种 DNA、蛋白质等数据。

1.3 生物技术对科学技术发展和人类社会进步的巨大影响

当今社会存在难以解决的健康、粮食、资源、环境、能源等重大社会问题，生物技术在解决这些方面问题可以发挥重大作用，甚至是不可替代的作用。

1.3.1 生物技术与人类健康

人类基因组计划采用并开发了系列生物技术方法，揭示了人类基因组的基本规律。正在进行的蛋白质组计划将研究人类各器官的蛋白质表达状况。这些计划的完成将为人类的疾病预防和治疗提供最有价值的科学依据。生物制药是迄今为止产生经济效益和社会效益最好的应用生物技术领域。利用基因重组技术，并以大肠杆菌、酵母细胞或哺乳动物细胞来表达基因产物，从而获得治疗各种遗传性疾病和侵染性疾病的药物。生物制药产品技术含量高、生产成本低、治疗效果好、经济效益高。利用DNA探针及基因芯片技术可以非常方便而且准确地检测各种遗传性疾病和侵染性疾病的存在，为各种遗传性疾病的早期快速诊断、治疗和优生优育提供了科学依据。利用分离克隆到的正常基因干预或替代病体特异组织细胞中有缺陷的DNA，可以使体细胞得以恢复正常功能，为患者提供不可替代的基因治疗服务。

1.3.2　生物技术与农业生产

农业生物技术包含植物生物技术、动物生物技术和微生物生物技术的应用，它在种植业、畜牧业和农产品加工业中具有广泛的应用前景。生物技术在农业和畜牧业中最重要的应用而且已发挥重大作用的是农作物和养殖动物的遗传改良。通过生物技术育种如转基因育种培育出来的农作物新品种可以大幅度提高作物产量，有效地改善农产品的品质，有针对性地提高作物的抗病、抗虫、抗逆性能，减少农药化肥的使用及其对环境的污染，从而提高农业生产的经济效益、生态效益和社会效益。采用动物克隆技术可培育出生长快、肉质好或产奶量高的养殖动物，还可通过基因工程技术培育出能分泌某种免疫物质或药物的奶牛，满足人类的食用或医用需要。生物技术在粮食、油料、饲料、肉食、水产、饮料等食品加工生产中具有广泛而重要的应用范围。

1.3.3　生物技术与林业生产

生物技术在林木遗传改良、工厂化育苗、次生代谢物质生产、生物质能源开发和林业生态工程建设中发挥着重大的作用。生物技术育种可缩短林木育种周期，提高用材树种的生长量，提高经济树种的种子油脂、药材成分、果实营养成分等的含量，提高用材树种和经济树种的品质、适应性和抗逆性能，提高林业生产的效益。组培快繁和工厂化育苗是目前林业生产中应用最成熟而且发挥效益最好的生物技术，如桉树组培苗的生长量明显大于通常的容器培育苗木。许多树木的组织和器官中含有大量的次生代谢产物，许多次生代谢产物是天然的特效药物或优质天然化工原料，利用细胞悬浮培养技术或基因重组技术得到工程菌可实现工厂化生产这些天然有机药物和精细化工原料，并创造良好的经济效益和社会生态效益。以森林有机物和油脂为原料，采用生物技术可制造出代替汽油的燃料乙醇、代替柴油的生物柴油和代替天然气的沼气等生物质能源。生物技术的发展和应用还将在我国林业生态工程建设、林业生物资源保护和利用等方面发挥重要作用。

1.3.4　生物技术与工业生产

生物技术在很多工业领域都有其发展的空间和优势，尤其是在食品工业、冶金工业、新材料等方面发展潜力巨大。利用现代生物技术构建的工程菌生产氨基酸类、酸味剂、甜味剂、酒精等产品，可大大提高工业生产的效率和产品品质；利用现代生物技术可以改良食品加工的原料植物和原料动物，使之更适合加工过程的需要；生物技术还可以广泛地应用于食品检测，提高检测的灵敏度、特异性和简便性。利用特有的微生物或改良的工程菌来富集矿物中低丰度的稀有金属或其他物质，不仅生产成本低，而且有利于充分利用资源，保护生态环境，避免生态污染。利用各种 DNA 分子、蛋白质分子作为纳米材料用于各种生命物质的检测和基因治疗等。

1.3.5 生物技术与环境保护

生物技术与环境科学的结合产生环境生物技术。现阶段环境生物技术的核心是微生物生物技术，利用环境微生物的生物净化、生物转化和生物催化等特性，进行污染治理、清洁生产和再生资源利用，多层面和全方位地解决工业和废水污染、石油和煤炭脱硫、农药残留、能源和材料短缺等问题。其重点领域是以生物传感器为代表的环境污染监控技术、工业和生活废水中污染物的微生物降解技术、生态环境生物防治和生态修复技术、环境友好可再生材料和能源的生物合成技术等方面。环境生物技术在治理环境污染、遏制生态恶化、促进自然资源的可持续利用方面具有效率高、成本低、反应条件温和、无二次污染等特点，是最安全、最彻底消除污染的技术方法，而且还可以增强自然环境的自我净化能力，如利用基因工程菌来处理污水、水面石油污染等。环境生物技术也是有机废物资源化的首选技术，它可将有机污染物转化为沼气、酒精、有机材料等，而且可实现清洁生产过程的生态化和无废化，以生物农药、生物化肥、生物材料和生物能源为代表的环境生物技术产品及环保新产业是解决工业文明和生态文明的重要途径。

1.3.6 生物技术与能源

利用微生物直接开采石油可以提高石油开采率，还利用微生物实现二次、三次采油。利用微藻或细菌的光合作用产物可直接生产出石油。利用生物技术如酶工程技术可以把煤炭直接转化为石油。以林木加工废弃物、农作物秸秆等为原料，利用工程菌发酵可生产燃料乙醇。许多经济树种（如油茶、油桐、黄连木、麻风树等）和油料作物种子提取的植物油经过简单的生物技术处理就可作为生物柴油。以人畜粪便、垃圾等有机废弃物为原料可以生产沼气，直接用作燃料、照明等。利用生物技术开发生物质能源是未来能源发展的重要方向。

复习思考题

1. 基本概念

生物技术　基因工程　细胞工程　酶工程　发酵工程　蛋白质工程

2. 生物技术是怎样产生的?

3. 生物技术在医药、农业、林业、工业、环境保护和生态建设中可发挥哪些重要作用?

本章推荐阅读书目

生物技术概论. 宋思杨，楼士林. 科学出版社，2003.

生物技术导论（影印版）. Colin Ratledge, BjΦm Kristiansen. 科学出版社，2002.

园艺植物生物技术. 林顺权. 高等教育出版社，2005.

第2章　基因工程

【**本章提要**】基因工程的定义和特点；核基因组、叶绿体基因组和线粒体基因组的大小和基因编码状况；真核生物和原核生物的基因结构及其表达过程；基因工程工具酶的种类和作用；基因克隆载体的种类和作用；目的基因的分离、基因重组、基因转化及其基因表达检测。

基因工程原称遗传工程，亦称重组 DNA 技术（DNA recombination），是指采用分子生物学手段，将不同来源的基因，按照人类的愿望，在体外进行重组，然后将重组的基因导入受体细胞，使原有生物产生新的遗传特性，获得新品种，生产新产品的技术科学。基因工程技术可以跨越天然物种屏障，把来自任何一种生物的基因导入到新的生物中，从而实现不同生物尤其是存在生殖隔离生物的基因重组或基因转移，达到对某种生物个别性状遗传改良的目的。

基因工程是现代生物技术的核心和支柱，它在生物技术中占有重要的地位，是推动生物技术发展的重要因素，在许多领域也显示出不可估量的应用前景和巨大的发展潜力。本章将重点介绍基因组和基因的结构与功能、基因工程的基本原理与技术。

2.1　基因组

基因组是指某种生物体或一个细胞所携带的全部 DNA 序列的总和。狭义的基因组（genome）是专指核基因组；广义的基因组除了核基因组以外，还包括细胞质基因组，即叶绿体基因组和线粒体基因组。

2.1.1　核基因组

核基因组（nuclear genome）是指维持生物体完整生命功能所必须的一组染色体或配子体（性细胞）所包含的全部 DNA 序列（nDNA）。一个生物物种单倍体基因组的 DNA 含量称为该物种的 C 值，每一个生物物种的 C 值是恒定的，一般用 pg 或碱基对表示。$1pg = 10^{-12}g$，相当于 31cm 长的 DNA 排列，约 10^9bp。不同物种的 C 值大小不一样，病毒一般为 $10^4 \sim 10^5$bp，细菌平均 10^5bp，线虫为 8×10^7bp，昆虫大于 8×10^8bp，哺乳动物大于 2×10^9bp，人类为 3.2×10^9bp。不同植物的基因组大小可相差 1000 倍，如拟南芥为 125Mb，杨树为 480Mb，水稻为 500Mb，番茄为 950Mb，玉米为 660Mb，大麦为 4 900Mb，小麦为 16 000Mb，百合为123 000Mb。一般来说，生物进化程度越高，C 值越大。但从生物进化的地位很难解释某些生物种类之间的基因组大小差异，即所谓的 C 值矛盾（悖理）。

核基因组中含有许多单拷贝或少量多拷贝的基因编码序列，这些编码 DNA 序列多数分散分布在各条染色体的 DNA 序列中。各生物基因组中常常也存在许多来源相同、结构相似、功能相关的一套基因，即基因家族。基因家族成员在基因组中有时彼此靠近并串联地排列在一起，组成基因簇。根据基因家族的复杂程度及表达特点把基因家族分成简单的多基因家族、复杂的多基因家族和发育阶段控制的复杂多基因家族。简单的多基因家族是指在家族中有一个或几个基因以串联排列的方式重复，如核糖体基因是真核生物中最大的重复序列家族，由高度保守的 rDNA 基因构成，并为短间隔序列所分隔。复杂的多基因家族一般由几个相关的基因组成，每个基因被间隔序列分开，独立进行转录，如海胆组蛋白由 H1、H4、H2b、H3、H2a 构成一个重复单位。复杂的多基因家族是由许多基因家族成员随发育阶段变化而先后出现的，如人类血红蛋白中的珠蛋白 α 类（16 号染色体）、β 类（11 号染色体）。

核基因组中存在大量而复杂的重复 DNA 序列，它们是许多相似而不完全相同的碱基序列家族组成的 DNA 序列，因物种不同存在很大差异。依据编码状况可将重复 DNA 序列分为有编码功能的重复序列和无编码功能的重复序列。依据排列状况可将重复 DNA 序列分为串联重复序列（tandemly repeated sequences）和散布重复序列（interspersed repeated sequences）。

串联重复序列是指在基因组中以串联形式排列在一起的成簇存在的 DNA 序列，在成百上千个串联重复序列之间被一些间隔序列隔开。串联重复序列在植物中以 rDNA、卫星 DNA 和端粒重复序列最为典型和丰富。rDNA 是编码 rRNA 的核基因组序列，由两部分组成：一是由 18S、5. 8S 和 25SrRNA 基因组成的转录单位，另一个是 5SrRNA 基因，两者在基因组中都是串联重复排列；前者 3 个基因编码序列在基因组中以重复单位串联排列，在植物中有数百甚至数千个这样的重复单位，可定位在一个或多个染色体上，后者的重复次数则更多。卫星 DNA 是指从生物中提取的 DNA 经氯化铯密度梯度高速离心后，在某一浮力密度处有一条主要 DNA 带和一条或几条次要 DNA 带，次要 DNA 带即称为卫星 DNA，他们是高度 DNA 重复序列，重复 DNA 序列一般 160 ~ 500bp。在真核生物基因组中还存在重复序列更短的小卫星（minisatellite，15 ~ 100bp 的寡核苷酸重复）和微卫星（microsatellite，1 ~ 10bp 寡核苷酸重复）。端粒是生物染色体末端含重复序列的异染色质区域，在基因组的复制中起关键的作用。端粒的重复序列在不同的生物中是高度保守的，人类和锥虫有相同的序列即 TTAGGG，该序列可重复上千次；拟南芥和小麦的端粒重复序列与人类也只有一个碱基的差异，为 TTTAGGG。重复序列寡核苷酸长度和重复次数的不同造成生物遗传多样性的变化，可作为分子标记来使用，用于遗传多样性的研究、遗传图谱的构建和分子标记辅助选择育种。

植物核基因组的散布重复序列主要是一些可移位的遗传因子（transposable elements），它又可分为两类，即转座子和逆转录转座子。转座子含有末端倒置重复序列，经 DNA 中间体进行复制。逆转录转座子是属于最丰富类型的散布重复序列，可达基因组的百分之几，以 RNA 为中间体进行复制。逆转录转座子又可分为两类：一是与逆转录病毒十分相似，末端有长同向重复序列 LTR；另一类是无 LTR 的逆转录转座子，与哺乳动物的长分散重复序列（LINEs）相关。转座子广泛应用于植物基因的功能检测和基因的分离克隆。

2.1.2　叶绿体基因组

叶绿体是植物进行光合作用的场所，叶绿体中含有独立于核基因组以外的叶绿体基因组，称为 cpDNA。一个植物叶片细胞通常含有数百个叶绿体，一个叶绿体中含 20～80 个 cpDNA 拷贝。植物的其他质体（如造粉质体、有色体、黄化质体等）也含有相同的 cpDNA。被子植物的叶绿体 DNA 为闭合环状双链 DNA 分子，大小为 120～217kb，绿藻为 85～300kb。不同来源的 cpDNA 同源性很高。

叶绿体基因组大致分为 4 个基本区域：大单拷贝区（large single-copy region，LSC）、小单拷贝区（small single-copy region，SSC）、反向重复区（inverted repeated sequence，IR）IRA、反向重复区 IRB。大单拷贝区约 80～100kb，小单拷贝区 18～20kb，两个重复序列（IR），约为 22～28kb。IRA 和 IRB 序列相同，方向相反。豌豆、蚕豆、松树 cpDNA 在进化过程中丢失了一个 IR 序列，故没有反向重复序列，其基因组最小；纤细裸藻的反向重复序列则有 3 个串联重复序列，其基因组更大。一般植物的叶绿体基因组在 150kb 左右，如水稻叶绿体基因组为 136kb（图 2-1），银杏为 158kb。

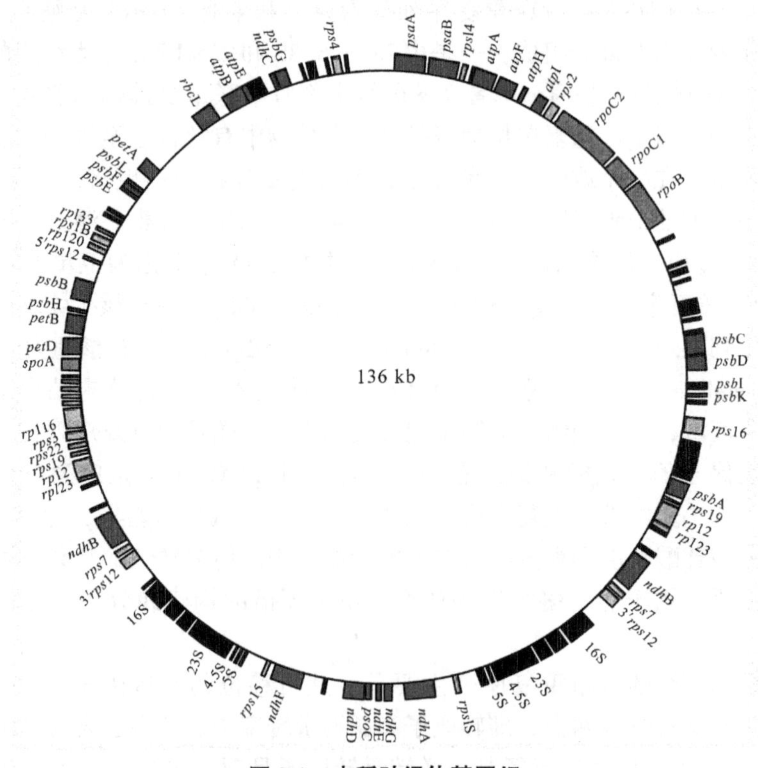

图 2-1　水稻叶绿体基因组

叶绿体基因组包含100多个基因，主要包括两大类基因：与光合作用有关的基因和与执行基因表达有关的基因。与光合作用有关的基因又包含 Rubisco 大亚基基因（*rbc*L）、光系统Ⅱ基因（*pgs*）、细胞色素 b6－f 复合物基因、光系统Ⅰ基因、ATP 合成酶基因（*atp*）、*ndh* 基因等。与执行基因表达有关的基因又包含核糖体 RNA 基因（*rrn*）、叶绿体特有的 tRNA 基因、核糖体蛋白基因（*rpl* 或 *rps*）、RNA 聚合酶基因。

叶绿体基因组类似原核生物的基因组，具有操纵子结构，启动子与原核生物的类似，无内含子，个别密码子与核密码子有差异，存在 RNA 编辑。叶绿体生物代谢过程需要大量的蛋白质，其中部分是由叶绿体基因组编码的，大部分是由核基因组编码的，包括进行光合作用的关键酶 Rubisco 小亚基基因都是由核基因组编码的。由核基因组编码的蛋白质都是在叶绿体外翻译后，穿过叶绿体外膜进入叶绿体的。由于叶绿体编码的基因是胞质基因，所以不遵从孟德尔遗传分离规律。

2.1.3 线粒体基因组

线粒体是植物和动物细胞将有机物质进行氧化降解成水和二氧化碳并释放能量的细胞器。与叶绿体一样，它也含有独立于核基因组以外的基因组，称为线粒体基因组，其 DNA 称为线粒体基因组 DNA（mtDNA）。

不同生物种类各细胞含有的 mtDNA 数目和大小存在差异。一般生物每个细胞含有的 mtDNA 数目是数百个至数千个。动物的线粒体基因组一般为 15～18kb，原生动物的线粒体基因组为 15～47kb，真菌线粒体基因组为 17～87，人类为 16 569bp。低等植物与高等植物每个线粒体含有的mtDNA数目、mtDNA 大小差异很大，从几十到几千碱基都有。植物的线粒体基因组比动物要大得多。

植物的线粒体基因组一般都为双链环状 DNA，类似于叶绿体基因组 DNA。多数动物的线粒体基因组一般也是环状的，有时也有表现为线性的或连环多聚体形式。

人类线粒体基因组双股螺旋的内股称为轻链，外股称为重链（图 2-2）。编码的基因主要包括3类，分别编码线粒体自身的 rRNA、tRNA 和蛋白质。植物线粒体基因组含有大部分人类线粒体基因组的各类基因，同时还含有许多植物特有的基因。植物线粒体基因组含有数目不等的内含子序列。线粒体基因组中含有进行自身转录、翻译的一套装置，如 tRNA、rRNA、mRNA，但不含有进行 DNA 复制及转录翻译的 DNA 聚合酶等基因，这些基因是由核基因组编码的。

2.1.4 人类基因组计划

1986年著名生物学家、诺贝尔奖获得者 Renato Dulbecco 在 *Science* 上发表了题为“癌症研究的转折点——人类基因组的全序列分析”的短文，并首次提出了“人类基因组计划（human genome project，HGP）”。经过几年的酝酿，终于得到美国国会的支持，将人类基因组计划列入美国有史以来最大的科技计划，于

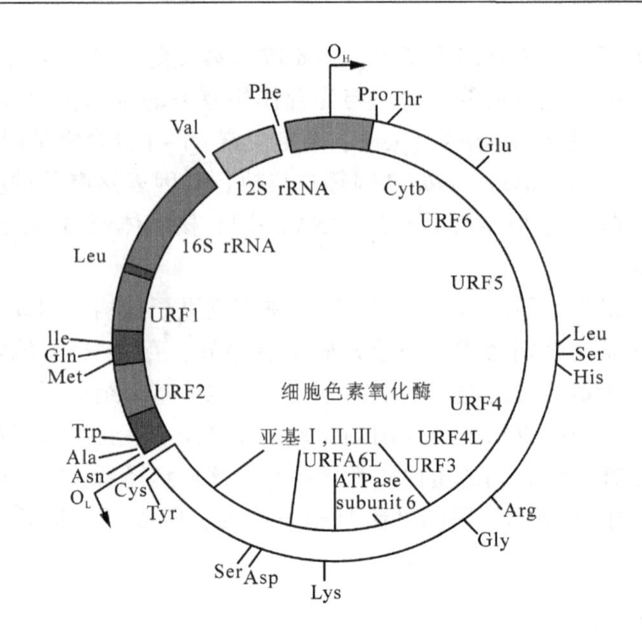

图 2-2 人类线粒体基因组

1990 年 10 月 1 日正式启动，并于 2001 年完成测序任务。

HGP 的基本目标就是要获得人类 23 条染色体上的全部核苷酸序列（3.2×10^9bp），并在此基础上对这些序列进行解读。人类基因组巨大，而一次测序的 DNA 片段一般在 1 000bp 以下。人类基因组计划大致按照这样的基本思路开展研究的：首先采用细胞遗传学方法将人类基因组的各条染色体划分长臂、短臂、区、带和亚带（一条染色体亚带通常包括长度为数千 kb 的 DNA 片段），为基因和特定 DNA 序列定位提供染色体标志；把巨大的线性染色体 DNA 断裂（机械切割或限制酶切）成 500 ~ 1 000kb 的大片段，并插入到酵母人工染色体（YAC）载体中，建立酵母人工染色体克隆群；利用高频分布、易于检测的 DNA 标志（最常用的是 STS 和 EST）建立克隆之间的联系；根据已知的基因或 DNA 标志将这些克隆群分别定位在特定的染色体区域，构成全基因组的物理图谱；对上述克隆分别进行限制酶物理图谱分析，并将其切割成易于操作的较小的 DNA 片段进行次级克隆，直到可以直接作为 DNA 测序的模板；对克隆的小片段进行 DNA 测序；利用生物信息学软件对 DNA 进行序列拼接；利用生物信息学软件进行序列分析，寻找 ORF。

HGP 的基本任务可用 4 张图谱来概括，即遗传图谱、物理图谱、序列图谱和转录图谱。

遗传图又称为连锁图，即各种遗传标记和部分基因在染色体上的线性排列图，各标记间的距离为遗传距离（相当于重组百分率），用 cM（厘摩）表示。标记包括形态标记、细胞学标记、生物化学标记和分子标记。所构建的遗传图谱分子标记数目达 6 000 个以上，分辨率达 0.7cM。利用构建的遗传图谱，采用连锁分析法可以很方便地寻找、定位并分离克隆相关基因，遗传图谱还是构建物理图谱的基础。

物理图谱主要以 STS（sequence tagged site）和 EST（expressed sequence tag）标记为路标的限制酶片段或克隆的 DNA 片段有序排列而成的图谱。物理图谱上的距离是 DNA 序列上两点之间的实际距离，通常以碱基对数目表示。物理图谱是对相关基因进行精细定位和分离克隆的基础，还在分子遗传学和细胞遗传学之间架设了一座联系的桥梁。

序列图谱即人类基因组各条染色体 DNA 的核苷酸（或碱基）排列顺序。通过大规模 DNA 测序和序列拼接来完成。序列图谱的完成标志着 HGP 核心任务的完成，为最终揭示人类基因组的秘密提供了根本依据。

转录图谱是根据基因表达的一级产物 mRNA，经反转录合成 cDNA 序列全部定位并排列在各条染色体上。转录图谱可有效地反应正常或受控条件下基因表达的时空图，为基因的功能分析、基因在特定时期和特定组织器官的特异表达检测奠定了基础。

2.1.5 拟南芥基因组计划

拟南芥（*Arabidopsis thaliana*）为十字花科（Cruciferae）拟南芥属植物，广泛分布于欧洲、亚洲、非洲、大洋洲和北美洲，具有显花植物的全部特征和作为植物模式物种的所有特点：生育期短，植株矮小，繁殖系数高，容易得到种子，基因组小，很适合农杆菌转化。

1990 年，人类基因组计划实施后，包括拟南芥在内的其他模式生物的基因组也相继展开。1990～1995 年，开展了拟南芥的遗传图谱和物理图谱的构建，1996 年，美国、欧洲和日本的几十家实验室共同承担的拟南芥基因组全序列测定的国际合作项目正式启动，使用的测序材料为 Columbia 生态型。1999 年 12 月 16 日，《自然》杂志发表了“显花植物拟南芥 2 号染色体的序列分析”和“显花植物拟南芥 4 号染色体的序列分析”的论文；2000 年 12 月 4 日，《自然》杂志以相似的标题发表了拟南芥 1 号、3 号和 5 号染色体的全序列，标志着拟南芥基因组序列的基本完成。

拟南芥基因组计划的内容包括遗传图谱的构建、物理图谱的构建、基因组的 DNA 全序列测定和基因功能的鉴定。拟南芥基因组计划结果证明，拟南芥的染色体数目共有 5 对，共 5 个连锁群，总遗传距离为 437cM；基因组全序列为 125Mb；拟南芥全基因组 DNA 包含 25 498 个功能基因，但 70% 以上的基因是重复基因，真正不同的基因还不到 15 000 个，其所对应的蛋白质家族为 11 000 个。

1 号染色体。有 2 个毗连群，分别长 14.2Mb 和 14.6Mb。此染色体占总基因组的 25%，含有 6 850 个阅读框架，236 个 tRNAs，12 个小的核 RNAs。1 号染色体存在两簇 tRNA 基因，位于染色体的不同区段。1 号染色体含有约 300 个成簇重复的基因家族。另外还有许多重复元件，占了整个基因组序列的 8%。

2 号染色体。也有 2 个毗连群，分别为 3.6Mb 和 16Mb。其中 16Mb 毗连群是目前已发表序列中最长的连续 DNA 序列。所含的基因组占拟南芥基因组 15%，编码 4 037 个基因，其中 49% 尚无明确的功能归属。有大约 250 个串联基因重复区。对近2Mb的序列测定结果表明，中心着丝粒区仅有低密度的可识别基因以及高密度的存在不同程度退化的失活可移动元件。此外，还有75%的线粒体基因组的伸长段被插入2号染色体。

3号染色体。含有4个毗连群，其中2个最大的（分别为13.5Mb和9.2Mb）对应于长臂和短臂，另2个小的毗连群定位于中心着丝粒区。这个染色体编码5 220个基因，其中20%基因编码的蛋白与已知序列的生物蛋白有同源性，表明真核生物具有很强的进化保守性。

4号染色体。序列全长17.38Mb，占全基因组的17%，含有3 744个编码蛋白基因，81个tRNAs和多个重复因子，与已知基因的同源性比较，大约60%基因编码的预测蛋白功能已经定性，许多基因编码的蛋白与人类疾病和线虫的蛋白具有同源性。

5号染色体。有26Mb，它是拟南芥中的第二大染色体，占拟南芥基因组的21%，它编码5 874个基因，其中一些是在植物中从未发现过的新基因。

拟南芥基因组是第一个完成全序列测定的高等植物，它为人类深入开展同类植物的比较基因组研究、了解显花植物的各种遗传规律特别是遗传连锁规律、对未来植物育种都将发挥重大的作用。进入21世纪以来，拟南芥功能基因组研究进展迅速，预计在未来比较短的时间内，拟南芥中每一基因的表达模式、蛋白质的定位和修饰及基因产物之间的相互作用等信息都可以从相关数据库中得到。由这些信息不仅可以推测基因产物的独特功能，了解它们在组织生长及发育中的作用，而且对研究拟南芥以外的所有高等植物都将大有帮助。

2.1.6 蛋白质组

蛋白质组（proteome）的概念于1995由澳大利亚学者首先提出，但到目前为止，蛋白质组还没有一个统一的定义。一般是指一个基因组、一种生物、一种细胞或组织所表达的全套蛋白质。

蛋白质组计划首先由澳大利亚发起，1997年澳大利亚政府建立了第一个全国性的蛋白质研究网，后来日本、美国等欧美国家相继加入，现在世界许多国家都参与了蛋白质组的研究。2003年12月16日正式启动了全球蛋白质组研究，并进行了分工，美国承担血液蛋白质组的研究，中国承担肝脏蛋白质组的研究。

蛋白质组研究是在HGP基础上进行的，也是功能基因组计划的延续。基因在不同组织、时期、环境条件下存在表达差异，这种差异表达的结果，最终体现在蛋白质上。基因是遗传信息的源头，功能性蛋白是基因的执行体。研究特定时期、特定器官表达的蛋白质组，有利于从分子水平上揭示人类（或其他生物）的生长发育规律。蛋白质组的研究还存在巨大的、潜在的整体药物开发价值。

2.2 基因的结构

基因是指编码功能蛋白质或RNA分子所必需的DNA序列或RNA序列，是遗传的功能单位，可产生或影响某种表型。基因一般又可分为编码蛋白质（或RNA）的结构基因（structure gene）和对结构基因表达起调控作用的调控基因（control gene），通常基因的概念是指结构基因。

2.2.1 真核基因的结构

真核生物基因的结构特点是断裂结构，即真核生物的基因是由蛋白质编码序列和非蛋白质编码序列两部分组成的，前者称为外显子（exon），后者称为内含子（intron）。也就是说，在一个真核生物的结构基因中，编码某一蛋白质不同区域的各个外显子并不连续排列在一起，而常常被长度不等的内含子所隔离，形成镶嵌排列的断裂方式，所以真核基因有时也被称为断裂基因。

真核基因通常都是单顺反子，只包括一个蛋白质的信息，其长度在几百到几千个核苷酸之间。一个完整的基因不仅包括编码区，还包括5′端（起始密码子前面）和3′端（终止密码子后面）的长度不等特异序列，它们虽然不编码氨基酸，但在基因表达过程中起着非常重要作用。真核基因的结构如图2-3所示。

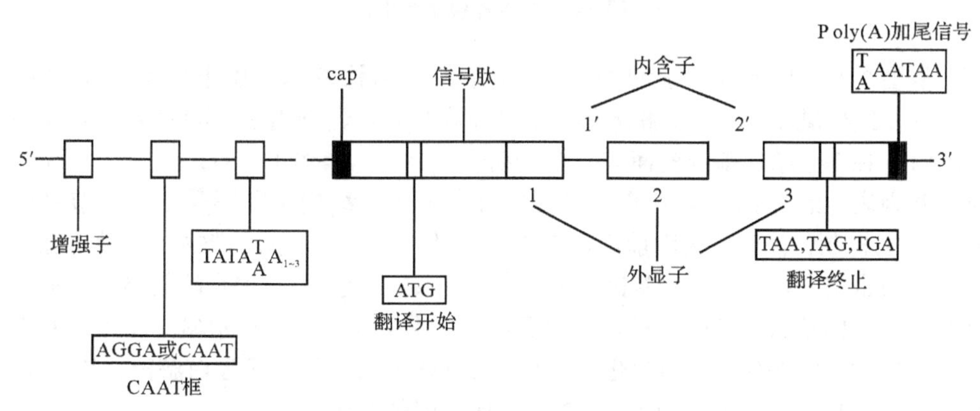

图2-3 真核基因结构

从图2-3可以看出，一个真核生物的基因一般具有一个开放阅读框，从起始密码子（ATG）开始到终止密码子（TAG等），其中包括多个外显子和内含子序列。外显子为编码序列，内含子为非编码序列，内含子在成熟的mRNA中被剪切掉。在起始密码子之前和之后，通常还有GC框（－80～－110）CAAT框（－70～－80）、TATA框（－25～－35）、增强子（enhancer）序列、加帽（cap）位点和加尾位点，在更远处常常还有增强子。CAAT框和TATA框统称为启动子序列，是RNA聚合酶的识别和结合位点，由此控制基因的转录频率和起始基因的转录表达，增强子能增加或促进基因转录的起始。加帽位点则是在转录的mRNA序列5′端的第一个碱基（通常是A）上由腺苷酸转移倒扣一个鸟嘌呤，称为帽子结构，是真核生物mRNA最大结构特征之一，具有保护mRNA不受降解的作用。真核生物mRNA还有一个最大特征就是具有poly（A）尾巴，即在转录的mRNA3′端有一段很长（40～200个）的poly（A）序列，它是mRNA由细胞核进入细胞质所必需的形式，增强mRNA在细胞质中的稳定性。分子生物学中经常利用真核生物 mRNA 的这一特点，利用寡聚 dT 片段作引物与 mRNA 上的 poly（A）相配对，用反转录酶来合成第一条 cDNA 链。

2.2.2　原核基因的结构

原核生物的基因组小，编码序列占整个基因组的很大比例。原核基因与真核基因的单顺反子结构不同，常常是以多个基因（通常是相关联的多个基因）紧密连接在一起而且一齐转录的多顺反子（称为操纵子）的结构存在。如大肠杆菌乳糖操纵子（图 2-4）。

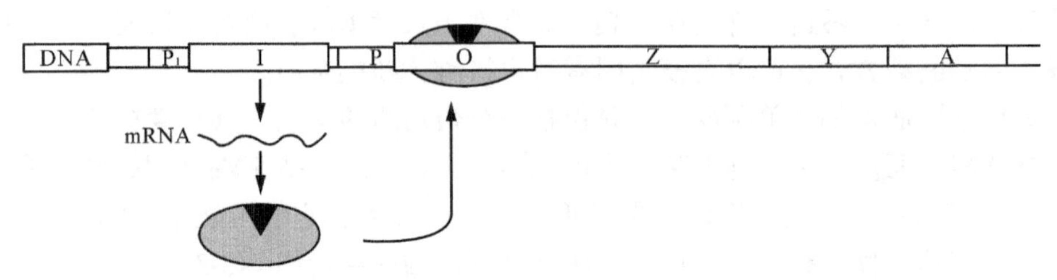

图 2-4　乳糖操纵子模型

从图 2-4 可以看出，乳糖操纵子含有 3 个结构基因：β-半乳糖苷酶基因（*lac*Z）、β-半乳糖苷透过酶基因（*lac*Y）和 β-半乳糖苷乙酰基转移酶基因（*lac*A）。在 3 个结构基因前面有一个启动子（P）和操作子（O）位点，是 3 个结构基因表达的 RNA 结合位点。除此之外，该 3 个结构基因还受 1 个调节基因（*lac*I）的控制，该调节基因前面也有 1 个启动子。*lac*I 的基因产物是一种阻遏蛋白，它通常结合在 3 个结构基因前面的 PO 位点，阻止 RNA 聚合酶的结合，进而抑制 3 个结构基因的表达。只有当大肠杆菌体系中葡萄糖消耗殆尽，而且体系中存在乳糖时，乳糖分子与阻遏蛋白结合，使 PO 位点上的阻遏蛋白解离，RNA 聚合酶可与 PO 位点结合，从而启动 3 个结构基因的表达。

原核基因一般不含有内含子序列，其启动子序列一般更靠近起始密码子，CAAT 框位于 -35 处，TATA 框位于 -10 处。原核生物的 mRNA 不含有帽子结构和 poly（A）尾巴。真核基因在原核细胞中表达一般是利用其 cDNA 序列（不含内含子）。

2.2.3　转座子的结构

生物的基因一般是固定在染色体某一位置。但 1951 年美国女科学家 McClintock 在研究玉米品系籽粒糊粉层特性时首次发现了遗传因子的转位现象（即转座子），它可从一条染色体上“跳跃”到另外一条染色体上。转座子是存在于染色体 DNA 上可自主复制和位移的基本单位，也称为转位因子。典型的转座子结构模式见图 2-5。

典型的转座子是由几千个核苷酸组成的一段 DNA 序列，其两端一般具倒置（反向）重复序列（inverted repeated sequences），中间包括一个起转座作用的编码转座酶基因。当转座酶基因表达时，转录出的 mRNA 进入细胞质中，经翻译得

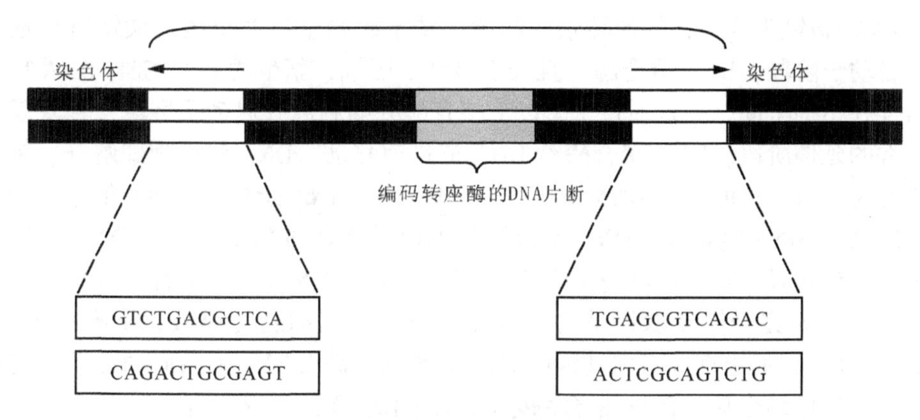

图 2-5 典型转座子结构模式图

到转座酶。转座酶进入细胞核中，可识别转座子两端的反向重复序列，并与之结合，启动转座作用。有些缺少转座酶基因的转座子，由于两端有反向重复序列，可借助于其他转座子的转座酶进行转座。转座子的移位有保留型转位和复制型转位两种类型。前者不复制，转座子转移到一个新的位点；后者不仅在新位点插入转座子序列，还保留原位点的转座子序列。转座子如插入到某一基因中间，就会导致某基因的失活，利用这一特点可鉴别某一基因的功能或分离克隆某一基因。

2.3 基因的功能表达

基因的表达一般分为转录和翻译两步，也可以说基因的表达是从 DNA 到 RNA 再到蛋白质，这也是遗传信息传递中心法则的主要内容。所谓转录是指在 RNA 聚合酶的作用下，将基因组的基因编码序列变成可供合成蛋白质序列的 mRNA 模板序列的过程。翻译是指以 mRNA 为模板，在核糖体上及 tRNA、rRNA、众多酶的参与下，将核苷酸三联遗传密码子合成蛋白质的过程。

2.3.1 转录

DNA 是生物遗传物质载体，储藏了生物全部的遗传信息。DNA 编码的基因必须转录成 mRNA 以后，才能翻译成蛋白质，mRNA 才是基因最终产物表达的模板。DNA 序列决定了 mRNA 序列，DNA 为互补双链，为双螺旋结构，其中一条链的核苷酸序列与转录的 mRNA 相同，被称为编码链（coding strand），也称为有意链（sense strand）或正链；另一条互补链则称为模板链（template strand），也称为反义链（antisense strand）或负链。RNA 为单链形式存在于生物体内，主要功能是储藏和转移遗传信息，有的 RNA（如 ribozyme，核酶）也具有酶的活性。

原核生物和真核生物的 RNA 转录过程基本相同，主要包括模板识别、转录起始、通过启动子、转录的延伸和转录的终止各阶段。原核生物首先是 RNA 聚合酶与启动子序列进行识别并与之相结合，然后打开 DNA 双链，形成转录泡，以 DNA 模板链为模板，促使转录的起始。转录起始至第九个核苷酸短链形成是通过启动子阶段，RNA 聚合酶一直处于启动子区域，新生的 RNA 链与 DNA 模板链结合并不很牢固，一旦通过 9 个以上核苷酸并顺利离开启动子区域，转录就进入正常的延伸阶段，RNA 聚合酶沿 DNA 链迅速移动，DNA 双链随即解开，RNA 新链迅速合成。这时，在 DNA 解链区，形成 DNA-RNA 杂合链；而在解链区的后面，RNA 与 DNA 链解开，DNA 模板链与编码链迅速重新结合形成 DNA 双螺旋结构。直到转录终点，RNA 聚合酶不再形成新链，RNA-DNA 杂合物分离，转录泡瓦解，DNA 完全恢复双链结构。真核细胞与原核细胞的模板识别有所差异，其 RNA 聚合酶不能直接识别基因的启动子区域，需要辅助蛋白质的帮助，待辅助蛋白质按序结合后，RNA 聚合酶才能与之相结合，并形成复杂的前起始复合物，保证起始转录。

原核生物和真核生物的基因表达存在一些差异。原核生物中的 mRNA 的转录和翻译是在同一个细胞中发生的，即转录和翻译几乎是同时进行的，一条 mRNA 可以编码多个多肽；而真核生物常常是以前体的形式出现在细胞核内，而以成熟的 mRNA 进入细胞质参与蛋白质的合成，其 mRNA 的合成和翻译发生在不同的时间和空间范围内，mRNA 也只编码一条多肽。

2.3.2 翻译

核糖体是蛋白质合成的场所，所有生物的遗传密码都是在核糖体上翻译的。原核生物与真核生物的核糖体都是由一个大亚基和一个小亚基构成的核糖核蛋白颗粒，每个亚基的化学成分都是 rRNA 和核糖体蛋白，但亚基的大小和具体成分构成都存在一定差异。蛋白质的生物合成包括氨基酸的活化、肽链的起始、肽链的延伸、肽链的终止和新生肽链的折叠和加工等过程。

(1) 氨基酸活化

只有与 tRNA 结合的氨基酸（活化的氨基酸，AA－tRNA）才能被准确地运送到核糖体上参与肽链的起始和延伸，它是在氨酰－tRNA 合成酶的作用下生成的。自然界至少存在 20 种以上的具有氨基酸专一性的氨酰－tRNA 合成酶，它们能够特异性地识别并通过氨基酸的羧基与 tRNA3′端腺苷酸核糖基上 3′—OH 缩水形成二酯键。

(2) 肽链的延伸

起始复合物形成及第一个氨基酸（fMet/Met-tRNA）与核糖体结合以后，肽链开始延伸。第二个 AA-RNA 在延伸因子 EF-Tu 及 GTP 的作用下，形成 AA-tRNA · EF-Tu · GTP 复合物，然后结合到核糖体的 A 位上，这时 fMet-$tRNA^{fMet}$ 占据 P 位。在肽基转移酶的催化下，A 位上的 AA－RNA 转移到 P 位，与 fMet-$tRNA^{fMet}$ 上的氨基酸形成肽键。起始 tRNA（去酰氨-tRNA）离开核糖体 P 位点，被挤入 E 位，核糖体向 mRNA 的 3′端移动一个密码子（即位移），与第二个密码子结合的二肽基 $tRNA_2$ 从 A 位进入 P 位，A 位点空出，mRNA 上的第三个密码子则进入 A 位，开始下一轮循环。

(3) 肽链的终止

当终止密码子 UAA、UAG、UGA 进入核糖体的 A 位时，没有相对应的 AA-tRNA 与之结合，而释放因子能识别终止密码子并与之结合，水解 P 位上多肽链与 tRNA 之间的二酯键。然后，新生肽链与 tRNA 从核糖体上释放，核糖体大小亚基解体成游离状，蛋白质合成结束。

(4) 蛋白质前体的加工

新生肽链一般是没有功能的，必须经过加工修饰后才能生成有功能的蛋白质，这些修饰加工主要包括：N 端 fMet 或 Met 的切除、二硫键的形成、特定氨基酸的修饰（如磷酸化、糖基化、甲基化、乙基化、羟基化、羧基化等）、新生肽链中非功能片段的切除等。

转基因植物的基因表达、基因沉默、RNAi 技术等相关内容参见转基因植物章节。

2.4 基因克隆的工具酶

基因工程操作过程中，需要切取外源基因，将外源基因与载体进行连接组成重组的 DNA 分子，然后转化受体细胞，并让外源基因在受体细胞中表达。所有这些操作均由一系列功能各异的工具酶来完成，如切割外源 DNA 的核酸酶、连接 DNA 片段的连接酶、扩增 DNA 的聚合酶等。本节主要介绍基因工程中的常用工具酶。

2.4.1 限制性核酸内切酶（restriction endonuclease）

核酸酶可分为两类：核酸外切酶（exonuclease）是从核酸的一端开始，一个接一个把核苷酸水解下来；核酸内切酶（endonuclease）则从核酸链中间水解 3′，5′磷酸二酯键，将核酸链切断。其中以内切酶应用更多。

早在 20 世纪 50 年代 Arber 就已发现大肠杆菌对付噬菌体和外来 DNA 的限制系统，至 1962 年才证明存在修饰酶和限制性内切酶。修饰酶是修饰宿主自身的 DNA，使之甲基化，避免自身的 DNA 被限制性内切酶分解；限制酶的作用是降解外来的 DNA，自身 DNA 由于修饰酶的甲基化而受到保护。目前，在细菌中已发现有 600 多种限制性核酸内切酶，根据其性质不同可分为三大类。

(1) Ⅰ型限制-修饰酶

该类酶种类较少，为多亚基双功能酶，对 DNA 的甲基化和切割由同一种酶来完成。由 3 种亚基 S、M、R 组成：①S 亚基为识别亚基，可以识别夹着一定任意碱基对长度两边的特定序列。例如，*Eco*B 识别序列为 5′TGANNNNNNNNT-GCT3′，即识别一端为 TGA，另一端为 TGCT，中间夹着 8 个任意碱基的序列；*Eco*K 识别 5′AACNNNNNNGTGC3′。②M 亚基具有甲基化酶活性，甲基由 S－腺苷蛋氨酸（S-adenosyl methionine，SAM）提供。③R 亚基具有限制酶活性，可在远离识别位点 1kb 以上处随机进行切割。

（2） III 型限制-修饰酶

该类酶由 R 亚基和 M 亚基组成，为 2 个亚基的双功能酶，R 亚基负责切割。切割位点在识别序列下游 24 ~ 26bp 处，M 亚基具有位点识别和甲基化修饰双重活性。该类酶与 DNA 识别位点的结合严格依赖 ATP，在与识别位点结合之后，修饰作用与限制作用取决于两个亚基之间的竞争。修饰作用在识别位点内进行，甲基化受体是腺嘌呤碱基，供体仍为 SAM。切割位点位于识别位点一侧的若干碱基对处，但无序列特异性，只与识别位点的距离有关，而且不同的 III 类酶具有各自不同的距离，从 7 ~ 26bp 不等，产生仅一个碱基突出的 3′末端。

（3） II 型限制性核酸内切酶

该类酶是 Smith 等人于 1968 年在流感嗜血杆菌 d 型菌株中发现的。它是一种相对分子质量较小的单体蛋白，其双链 DNA 的识别与切割活性仅需要 Mg^{2+}，且识别与切割位点的序列大都具有严格的特异性，因而在 DNA 重组及分子生物学实验中被广泛使用。II 类限制性核酸内切酶是基因工程中主要的限制酶。与 I 类酶不同，II 类酶的修饰和限制活性由分开的两个酶来完成：甲基化酶和限制性内切酶，其中甲基化酶由一条肽链构成，限制酶由二条肽链构成。

2.4.2 II 型限制性核酸内切酶识别序列的特异性

多数 II 类酶的识别序列为 4、5 或 6 个碱基对，而且具有 180°旋转对称的回文结构，其顺读和反读都是相同的（图 2-6）。例如，*Eco*RI 的识别序列为：

5′-GAATTC-3′

3′-CTTAAG-5′

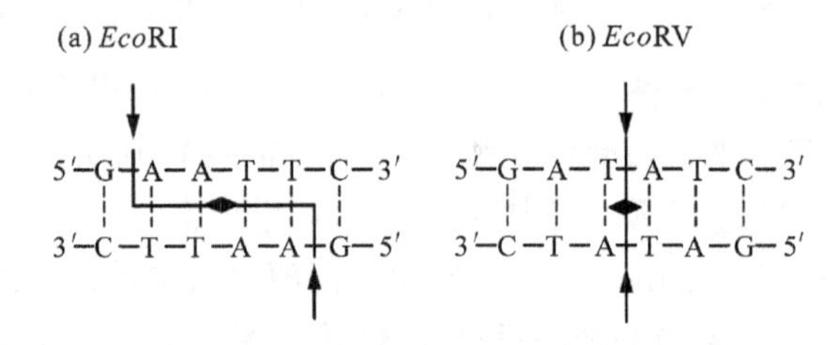

图 2-6 II 类限制性内切核酸酶识别的回文序列

（引自 D. Voet & Vote J. G.，1995）

对称轴位于第三和第四位碱基之间，对于由 5 对碱基组成的识别序列而言，其对称轴为中间的一对碱基。一部分 II 类酶的识别序列中某一或某两位碱基并非严格专一，但都在两种碱基中具有可替代性，这种不专一性并不影响内切酶和甲基化酶的作用位点，只是增加了 DNA 分子上的酶识别与作用频率。大部分限制性核酸内切酶识别 DNA 序列具有回文结构特征，切断的双链 DNA 都产生 5′磷酸基和 3′羟基末端。不同限制性核酸内切酶识别和切割的特异性不同，结果有 3 种不同的情况：①产生 3′突出黏性末端（cohesive end）；②产生 5′突出的黏性末端；③产生平末端（blunt end）。

切割频率是指限制性核酸内切酶在某 DNA 分子上预测的切点数。由于 DNA

是由 4 种类型的单核苷酸组成，假定 DNA 的碱基组成是均一的，而限制性核酸内切酶的识别位点是随机分布的，那么对于任何一种限制性核酸内切酶的切割频率理论上应为 $1/4^n$，n 表示该限制性核酸内切酶识别的碱基数。按照概率计算，4、5 或 6 碱基对的识别序列在 DNA 上出现的频率分别为 1/256（4^{-4}）、1/1 026（4^{-5}）和 1/4 096（4^{-6}）。若以 100 种不同的识别序列计算（4、5 或 6 碱基对序列的酶各为 20、30 和 50 种），则 DNA 链上出现一个 II 类酶识别位点的概率为 1/9，即任何一个 DNA 分子上平均每 9 对碱基中就会出现一个 II 类酶切口。实际上，由于不同生物的 DNA 碱基含量不同，因此，酶识别位点的分布及频率也不同。大肠杆菌基因组中含有绝对优势的 A 和 T，所以那些富含 AT 的识别序列（如 *Dra*I，TTTAAA；*Ssp*I，AATATT）较为频繁地出现，而链霉菌基因组因其 GC 含量高达 70%~80%，故富含 GC 碱基对的识别序列（如 *Sma*I，CCCGGG；*Sst*II，CCGCGG）较为常见。

2.4.3 II 型限制性核酸内切酶切割方式与产物末端

和 I 类酶相同，II 类酶只对两条链都没有甲基化的 DNA 进行切割；如果只有一条链甲基化，那么 II 类酶使另一条链甲基化；两条链都甲基化的不发生作用。II 类酶的切割位点在识别序列内或识别位点附近。切割产生两种可能的末端即平末端和黏性末端（图 2-7），*Bam*HI、*Hind*III 等切割产生的是黏性末端，而 *Eco*RV、*Pvu*II 切割产生的是平端。在进行基因重组时，染色体 DNA 与质粒用相同的内切酶处理，产生可以相互黏合的 DNA 片段和质粒缺口，经 DNA 连接酶作用可将二者重新组装成为带有目的基因的质粒。

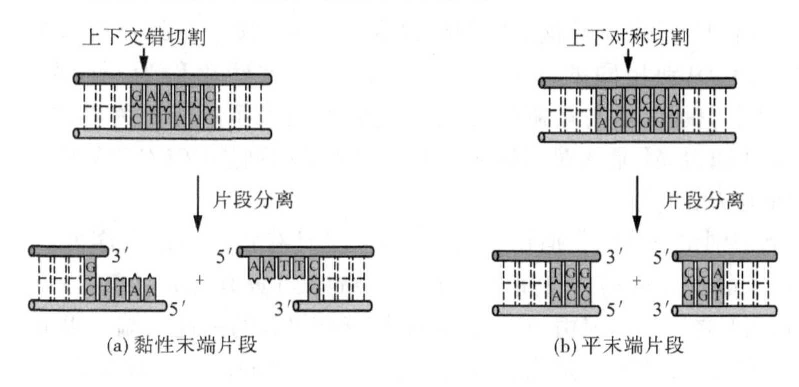

图 2-7 平末端与黏性末端（Hartl，1991）

根据限制性核酸内切酶切割的 DNA 所产生的产物末端，发现限制性核酸内切酶对 DNA 的切割有两种方式，即平切和交错切（图 2-7）。根据被切开的 DNA 末端性质的不同（不考虑碱基序列），所有的 II 类酶又可分为 5′突出末端酶、3′突出末端酶以及平头末端酶三大类。除后者外，任何一种 II 酶产生的两个突出末端在足够低的温度下均可退火互补，因此这种末端称为黏性末端（cohesive ends），这是 DNA 分子重组的基础。互补性黏性末端之间碱基配对促使连接反应容易进行。平端之间连接反应效率很低，提高DNA连接酶和DNA片段浓度等措施可以使反应效率增强，也可以在平端上添加一段限制性内切酶的识别序列，然后经酶切产生黏性末端的办法提高接合效率。

由于不同生物来源的DNA具有不同的酶切位点以及不同的位点排列顺序，因此各种生物的DNA均呈现特征性的限制性酶切图谱，这种特性在生物分类、基因定位、疾病诊断、刑事侦察直至基因重组领域中起着极为重要的作用。

2.4.4 限制性核酸内切酶的命名

由于限制性核酸内切酶的数量众多，而且越来越多，并且在同一种菌中发现几种酶。这些酶的统一命名由酶来源的生物体名称缩写构成，按照国际命名法，属于水解酶类。为了避免混淆，1973年，Smith和Nathans对内切酶的命名提出建议，1980年，Roberts对限制性酶的命名进行分类和系统化。限制性酶采用三字母的命名原则，即属名 + 种名 + 株名的一个首字母，再加上序号。具体规则是：以生物体属名的第一个大写字母和种名的前两个小写字母构成酶的基本名称，如果酶存在于一种特殊的菌株中，则将株名的一个字母加在基本名称之后，若酶的编码基因位于噬菌体（病毒）或质粒上，则还需用一个大写字母表示这些非染色体的遗传因子。酶名称的最后部分为罗马数字，表示在该生物体中发现此酶的先后次序，如*Hind*III则是在*Haemophilus influenzae*的d株中发现的第三个酶，而*Eco*RI则表示其基因位于*Escherichia coli*中的抗药性R质粒上。

2.4.5 同位酶

随着分离纯化的限制性核酸内切酶数量的增多，发现一部分不同来源的限制性核酸内切酶识别相同的序列，但切点不同，这些酶称为同位酶（isoschizomers），其中识别位点与切割位点均相同的不同来源的酶称为同裂酶，例如，限制酶*Hpa*Ⅱ和*Msp*Ⅰ是一对同裂酶，共同的靶子序列是CCGG。又如*Sst*Ⅰ与*Sac*Ⅰ、*Hind*Ⅲ与*Hsu*Ⅰ等。

有些酶识别位点不同，但切出的DNA片段具有相同的末端序列，这些酶称为同尾酶（isocandamers）。常用的*Bam*HⅠ，*Bcl*Ⅰ，*Bgl*Ⅱ，*Xho*Ⅰ就是一组同尾酶。它们切割DNA之后都形成由-GATC-4个核苷酸组成的黏性末端，很显然，由同尾酶所产生的DNA片段，是能够通过其黏性末端之间的互补作用而彼此连接起来的，但此种连接产物不能用其中的任何一种限制酶切割，因此在基因克隆实验中很有用处。

2.4.6 DNA连接酶

1967年，世界上有5个实验室几乎同时发现了一种能够催化在两条DNA链之间形成磷酸二酯键的酶，即DNA连接酶（ligase）。这种酶需要在一条DNA链的3′-末端具有一个游离的羟基（－OH），和在另一条DNA链的5′-末端具有一个磷酸基团（－P），只有在这种情况下，才能发挥其连接DNA分子的功能作用。同时，由于在羟基和磷酸基团之间形成磷酸二酯键是一种吸能的反应，因此还需要有一种能源分子的存在才能实现这种连接反应。在大肠杆菌及其他细菌中，DNA 连接酶催化的连接反应是利用 NAD^+［烟酰胺腺嘌呤二核苷酸（氧化型）］作能源的；而在动物细胞及噬菌体中，则是利用 ATP［腺苷三磷酸］作能源。

用于共价连接 DNA 限制片段的连接酶有两种不同的来源：一种是由大肠杆菌染色体编码的 DNA 连接酶；另一种是由大肠杆菌 T4 噬菌体 DNA 编码的 T4DNA 连接酶。这两种 DNA 连接酶，除了前者用 NAD^+ 作能源辅助因子，后者用 ATP 作能源辅助因子外，其他的作用机理并没有什么差别。T4DNA 连接酶是从 T4 噬菌体感染的大肠杆菌中纯化的，比较容易制备，而且还能够将限制酶切割产生的完全碱基配对的平末端 DNA 片段连接起来，因此，在分子生物学研究及基因克隆中都有广泛的用途。

实验室常用的连接酶为 T4 噬菌体 DNA 连接酶和大肠杆菌 DNA 连接酶。T4 噬菌体 DNA 连接酶既可以连接黏性末端，也可以连接平端；大肠杆菌 DNA 连接酶只能连接平端。因此，T4 噬菌体 DNA 连接酶更加常用。DNA 连接酶广泛存在于各种生物体内，其催化的基本反应形式是将 DNA 双链上相邻的 3′羟基和 5′磷酸基团共价结合形成 3′-5′磷酸二酯键，使原来断开的 DNA 缺口重新连接起来，因此它在 DNA 复制、修复以及体内体外重组过程中起着重要作用。大肠杆菌的 DNA 连接酶在催化连接反应时，需要烟酰胺腺嘌呤二核苷酸（NAD^+）作为辅助因子，NAD + 与酶形成酶-AMP 复合物，同时释放出烟酰胺单核苷酸 NMN。活化后的酶复合物结合在 DNA 的缺口处，修复磷酸二酯键，并释放 AMP。T4 噬菌体的 DNA 连接酶则以 ATP 作为辅助因子，它在与酶形成复合物的同时释放出焦磷酸基团。T4-DNA 连接酶与大肠杆菌连接酶相比具有更广泛的底物适应性。

2.4.7　DNA 聚合酶

基因工程中，常使用的 DNA 聚合酶有大肠杆菌 DNA 聚合酶 I，大肠杆菌 DNA 聚合酶 I 的 Klenow 大片段，T4DNA 聚合酶，T7DNA 聚合酶等。这些 DNA 聚合酶的共同特点是，它们都能把脱氧核糖核苷酸连续加到双链 DNA 分子引物链的 3′-OH 末端，催化核苷酸的聚合，而不发生从引物模板上解离的情况。其中，T7DNA 聚合酶的聚合能力最强。

2.4.7.1　DNA 聚合酶 I

1956 年 A. Kornberg 等首先从 *Escherichia. coli* 细胞中分离出 DNA 聚合酶 I。它是在 DNA 模板的方向上催化核苷酸聚合的酶，由单一多肽组成球蛋白。DNA 聚合酶 I 是一个多功能酶，它包括 3 种不同的酶活力：

①催化单核苷酸结合到 DNA 模板的 3′OH 末端，以单链 DNA（single stranded DNA，ssDNA）作模板，沿引物的 3′OH 方向按模板顺序从 5′→3′延伸；②大肠杆菌 DNA 聚合酶 I 具有 5′→3′外切酶活性，能从游离的 5′末端降解双链 DNA（double-stranded DNA，dsDNA）成为单核苷酸。除此之外，它还具有 3′→5′外切酶活性，还能从游离的 3′OH 末端降解 dsDNA 或 ssDNA 成为单核苷酸。

DNA 聚合酶 I 在分子克隆中的主要用途是：通过 DNA 缺口转移，制备供核酸分子杂交用的带放射性标记的 DNA 探针。该酶不仅具有 5′→3′的 DNA 聚合活性和 5′→3′的核酸外切活性，而且具有极强的 3′→5′核酸外切活性，后者对单链 DNA 的作用远大于双链 DNA。5′→3′合成 DNA 与 3′→5′降解 DNA 是一对方向相反的可逆反应，在高浓度的 dNTP 存在时，模板中双链区的降解和合成反应趋于平衡，从而生成平末端 DNA 分子，它可用于修平非末端的 cDNA 分子以及由某些限制性核酸内切酶水解产生的 3′突出末端。

2.4.7.2 T4 DNA 聚合酶

T4 DNA 聚合酶，是从 T4 噬菌体感染的大肠杆菌培养物中纯化出来的一种特殊的 DNA 聚合酶。具有两种酶催活性，即 5′→3′的聚合酶活性和 3′→5′的核酸外切酶活性。如同大肠杆菌 DNA 聚合酶的 Klenow 片段一样，T4DNA 聚合酶也可以用来标记 DNA 平末端或隐蔽的 3′-末端。在没有脱氧核苷三磷酸存在的条件下，3′外切酶活性便是 T4DNA 聚合酶的独特功能。此时它作用于双链 DNA 片段，并按 3′→5′的方向从 3′OH 末端开始降解 DNA。如果反应混合物中只有一种 dNTP，那么这种降解作用进行到暴露出同反应物中唯一的 dNTP 互补的核苷酸时就会停止。这种降解速率的限制，使得 DNA 核苷酸的删除受到控制，从而产生出具有一定长度的 3′隐蔽末端的 DNA 片段。于是，当反应物中加入标记的脱氧核苷三磷酸（a-^{32}P-dNTPs）之后，这种局部消化的 DNA 片段便起到了一种引物——模板的作用。T4DNA 聚合酶的聚合作用速率超过了外切作用的速率，因此出现了 DNA 净合成反应，重新合成了完整的具有标记末端的 DNA 分子。在这种反应中，通过 T4DNA 聚合酶的聚合作用，反应物中的 α-^{32}P-dNTP 逐渐地取代了被外切活性删除掉的 DNA 片段上的原有的核苷酸，因此特称为取代合成。应用取代合成法可以给平末端的 DNA 片段或具有 3′隐蔽末端的 DNA 片段作末端标记。

2.4.7.3 依赖于 RNA 模板的 DNA 聚合酶：逆转录酶

逆转录酶（reverse transcriptase）又称 RNA 依赖的 DNA 聚合酶（RNA-dependent DNA polymerase），是由 62kD 和 94kD 两个亚基单位组成的二聚体，它以 RNA 为模板合成 DNA，故称为逆转录酶。产物 DNA 又称 cDNA（complementary DNA，cDNA），即互补 DNA。它首先是由 Baltimore 从鼠白血病毒（murine leukemia virus）以及 Temin 和 Mizutan 从劳氏肉瘤病毒（rous sarcoma virus）中于 1970 年独立发现的，这两个小组的论文同时发表在同一期的《英国》自然杂志上。

逆转录酶也是一个多功能性酶，有几种不同的酶活性：①RNA 依赖的 DNA 聚合酶活性。以 RNA 链为模板，以带 3′OH 末端的 DNA 片段为引物，沿 5′→3′方向合成 DNA 链。②DNA 依赖的 DNA 聚合酶活性。以 ssDNA 为模板，以带有 3′OH 末端的 DNA 片段为引物，从 5′→3′方向合成 DNA 链。③外切 RNA 酶活性。底物是 RNA-DNA 杂交分子中的 RNA 链，有两种活性形式。从 RNA 链 5′末端外切的称 5′→3′外切 RNA 酶，从 RNA 链 3′末端外切的称 3′→5′，外切 RNA 酶 H。

逆转录酶有以下主要方面的应用：① 在基因工程中，逆转录酶的主要用途是转录 mRNA 成为 cDNA 制备基因片段。另外，它也可用单链 DNA（ssDNA）或

RNA 做模板制备杂交探针；②DNA3′末端的填补和标记。真核生物 mRNA 的 3′端大都具有 polyA 结构，以人工合成的寡聚 T 或寡聚 U 为引物，4 种 dNTP 为底物，在 [$-^{32}P$] dATP 的存在下，由反转录酶以 mRNA 为模板合成其互补链 cDNA，在 DNA 聚合反应中，含有放射性同位素的 dATP 掺入到新生链中，这种标记方法能产生高密度放射性的探针，如果探针只能从 mRNA 制备，这是首选的标记方法；③在 DNA 测序中代替 Klenow 片段。由于逆转录酶缺少在 *E. coli*DNA 聚合酶中起校正作用的 3′→5′核酸外切酶活性，所以聚合反应往往会出错，在高浓度的 dNTP 和 Mg^{2+} 作用下，每 500 个碱基中可能有一个错配。为防止 DNA 新链合成提前终止，反应中必须使用高浓度的 dNTP。

2.4.8 碱性磷酸单酯酶

该酶来源于大肠杆菌和牛小肠。细菌的碱性磷酸单酯酶（BAP，bacterial alkaline phosphatase）和牛小肠的碱性磷酸单酯酶（calf intestinal alkaline phosphatase，CIP）均能将 DNA、RNA、核苷酸的 5′端磷酸基团除去，以便用 ^{32}P 标记末端作探针。切除 5′端磷酸基团后，也可防止连接反应中不需要的部位的连接，如 DNA 的自身连接。因此，在 DNA 重组实验中，该酶用于载体 DNA 的 5′末端磷酸基团的除去，以提高重组效率；而用于外源 DNA 片段的 5′末端磷酸基团的除去，则可有效防止外源 DNA 片段之间的连接。CIP 是由两个 69kD 相同亚基组成的二聚体糖蛋白，每分子含有 4 个锌原子。CIP 在 68℃时失活，而 BAP 在 68℃时稳定。

碱性磷酸单酯酶有以下主要方面应用（图 2-8）：①dsDNA 的 5′端脱磷酸，防止 DNA 的自身连接。但是用 CIP 处理后，最好将 CIP 除去后，再进行连接反应。②DNA 和 RNA 脱磷酸，然后用于多核苷酸激酶进行末端标记。

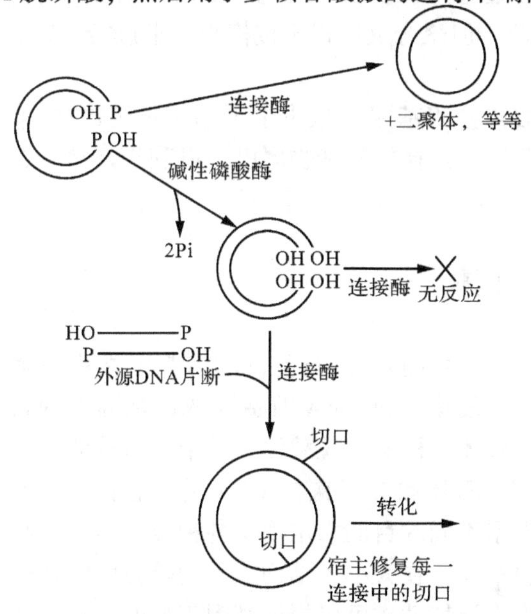

图 2-8 碱性磷酸酶在基因工程中的应用

（引自 S. Primrose *et al.*，2001）

2.4.9 S1 核酸酶

S1 核酸酶（S1 nuclease）是一种从稻谷曲霉菌中分离纯化出来的单链核酸内切酶。其主要功能是（图 2-9）：①催化 RNA 或单链 DNA 降解为单核苷酸；②作用于双链核酸分子的单链区域，包括不能形成双链的区域（如发夹结构中的环状部分，DNA-RNA 杂交体的内含子部分），并将一条完整的 DNA 降解成小片段 DNA。但该酶不能降解配对的双链 DNA 区域。在 DNA 重组及分子生物学研究中，S1 核酸酶常用来切平突出的单链末端以及制作 S1 图谱。

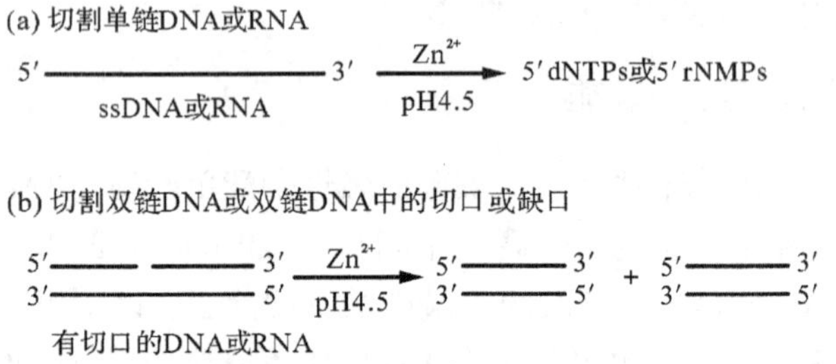

(a) 切割单链DNA或RNA

5′———————3′ —Zn^{2+}, pH4.5→ 5′dNTPs或5′rNMPs

ssDNA或RNA

(b) 切割双链DNA或双链DNA中的切口或缺口

5′——— ———3′ / 3′———————5′ —Zn^{2+}, pH4.5→ 5′———3′ / 3′———5′ + 5′———3′ / 3′———5′

有切口的DNA或RNA

图 2-9 S1 核酸酶的作用

2.4.10 末端脱氧核苷酸转移酶

末端脱氧核苷酸转移酶（terminal deoxynucleotidyl transerase，TdT）来源于小牛胸腺，它是一种不需要模板的 DNA 聚合酶，其合适的底物形式为带有 3′游离羟基的双链 DNA 分子。当底物为 3′端突出的双链 DNA 时，TdT 在 Mg^{2+} 的存在下，即可将脱氧核苷酸随机聚合在两条链的 3′端。对于平末端或 3′凹端 DNA 底物，则需要 Co^{2+} 激活，但聚合反应仍不按模板要求进行。TdT 在人工黏性末端的构建中极有用处。

末端脱氧核苷酸转移酶基因工程中主要用于：①DNA 片段的克隆，在基因重组中给载体和外源加上互补的同聚物尾巴，以利于连接；②用 ^{32}P 标记 DNA 的 3′末端。

2.5 基因克隆载体

将外源 DNA 带入宿主细胞并进行复制的运载工具称为载体（vector），载体通常由质粒、病毒或一段染色体 DNA 改造而成。基因工程常用的克隆载体有 3 种：质粒载体、病毒载体、柯斯质粒载体，其中质粒载体是最常用的载体，但运载能力低；柯斯质粒是质粒和 λ 噬菌体 DNA 的结合体，运载能力最高。在这 3 种类型的基础上，根据不同的目的，出现了各种类型的改造载体。

各类载体的来源不同，在大小、结构、复制等方面的特性差别很大，各类载体具有自己独特的生物学特性，可以根据基因工程的需要，有目的地选择合适的载体。

2.5.1 质粒载体

质粒（plasmid）是一类存在于细菌细胞中能独立于染色体 DNA 而自主复制的共价、封闭、环状双链 DNA 分子（covalently closed circular DNA，CCCDNA），也称为 cccDNA，其大小通常在 1～500kb 范围内。能够在宿主内利用宿主的酶系统进行复制。它广泛存在于细菌细胞中。在霉菌、蓝藻、酵母和不少动植物细胞中也发现有质粒存在。目前，对细菌质粒研究得较为深入，在基因工程中，多使用大肠杆菌质粒为载体。质粒是基因工程的主要载体。

CCC DNA 有两种构型，超螺旋 DNA（ supercolied DNA，SC DNA）和松弛的 DNA（relaxed DNA），分别是由 DNA 促旋酶（DNA gyrase）和拓扑异构酶（topoisomerase）作用的结果。如果质粒 DNA 中有一条链是不完整的，那么这种 DNA 分子就称为开环的（open circles，OC DNA），开环的 DNA 通常是由内切酶或机械剪切造成的。从细胞中分离质粒 DNA 时，质粒 DNA 常常会转变成超螺旋的构型。如果质粒 DNA 两条链是不完整的，就是线性 DNA（linear DNA）。溴化乙啶（ethidium bromide，EB）是一种扁平的分子，能够插入到 DNA 分子的碱基对之间，引起双螺旋的部分解旋，从而改变了 DNA 的体积和密度。由于不同构型的 DNA 插入 EB 的量不同，它们在琼脂糖凝胶电泳中的迁移率也不同，CCC DNA 的泳动速度最快，OC DNA 泳动速度最慢，L DNA 居中，所以很容易通过凝胶电泳和 EB 染色的方法将不同构型的 DNA 分别开来。

绝大多数分子克隆实验所使用的载体是 DNA 双链分子，其功能是：①为外源基因提供进入受体细胞的转移能力。②为外源基因提供在受体细胞中的复制能力或整合能力。③为外源基因提供在受体细胞中的扩增和表达能力。

2.5.1.1 质粒的不亲和性

相容性（compatibility）是指两种质粒是否可以共存于同一个细胞，如果能共存则叫相容（又叫亲和）不能共存则称为不相容。从本质上说，能够共存于同一个细胞中的质粒具有不同的复制机制，因而复制时互不干涉，并保持稳定。在没有选择压力的情况下，两种亲缘关系密切的不同质粒，不能在同一宿主细胞中稳定地共存，这一现象称为质粒的不亲和性（plasmid incompatibility），也称不相容性。例如，colEI 派生质粒，它们之间是互不相容的，也就是说，这些亲缘关系较近的不同质粒，当两种进入同一细胞后，必定有一种在细胞的增殖过程中被逐渐排斥（稀释）掉。彼此不相容的质粒属于同一个不亲和群（incompatiblity group）。而彼此能够共存的亲和质粒，则属于不同的不亲和群。大肠杆菌质粒现已鉴别出 25 个以上的不亲和群。它们之间是相容的，而同一个不亲和群内的质粒是不相容的。

2.5.1.2 质粒分类

根据质粒的拷贝数将质粒分为松弛型质粒和严紧型质粒。质粒拷贝数（plasmid copy numbers）是指细胞中单一质粒的份数同染色体数之比值，常用质粒数/染色体来表示。不同的质粒在宿主细胞中的拷贝数不同，松弛型质粒（relaxed plasmid）的复制只受本身的遗传结构的控制，而不受染色体复制机制的制约，因而有较多的拷贝数，通常可达10～15个/染色体。并且可以在氯霉素作用下进行扩增，有的质粒扩增后，可达到3 000个/染色体（colEl，可由24个达到1 000～3 000个）。这类质粒多半是相对分子质量较小，不具传递能力的质粒。基因工程中使用的多是松弛型质粒。严紧型质粒（stringent plasmid）在寄主细胞内的复制除了受本身的复制机构的控制外，还受染色体的严紧控制，因此拷贝数较少，一般只有1～2个/染色体。这种质粒一般不能用氯霉素进行扩增。严紧型质粒多数是具有自我传递能力的大质粒。质粒的复制特性是受复制子控制的。一种质粒究竟是属于严紧型还是松弛型并不是绝对的，这往往同宿主的状况有关。同一质粒在不同的宿主细胞中可能具有不同的复制型，这说明质粒的复制不仅受自身的制约，同时还受到宿主的控制。基因工程中使用的质粒多数是松弛型质粒载体。

2.5.1.3 载体的条件

DNA重组克隆的目的不同，对载体分子的性能要求也不同。一个理想的载体至少应具备下列4个条件：

（1）能自主复制，即本身是复制子。

（2）具有一种或多种限制酶的单一切割位点，并在此位点中插入外源基因片段，不影响本身的复制功能。

（3）在基因组中有1～2个筛选标记，为寄主细胞提供易于检测的表型特征。

（4）具有对受体细胞的可转移性，提高载体导入受体细胞的效率。

另外，一个理想的质粒载体必须具有低分子质量，因为小分子的质粒DNA易于操作，不容易被损伤，也容易被分离纯化。一般说小分子质量的质粒分子的拷贝数比较高，酶切位点也少。

如果目的基因较大，需要构建病毒克隆载体，常见的是λ噬菌体克隆载体。

2.5.1.4 大肠杆菌质粒载体

常用的质粒载体有pBR322、pUC18/19、pUC118/119、pGEM-3Z/4Z，以及一些多功能的质粒载体，如pBluescript Ⅱ KS（±）。

（1）pBR322质粒

pBR322质粒是经人工构建的一种较为理想的大肠杆菌质粒载体（图2-10），亦是应用最为广泛的克隆载体，利用pBR322曾克隆到多种基因，虽然现在已有多种具有更优良特性的新型克隆载体逐渐代替了pBR322在基因克隆中地位，但pBR322仍是人工构建的具有几乎所有的理想特性的基因克隆载体之一。pBR322质粒是按照标准的质粒载体命名法则命名的。“p”表示它是一种质粒；而“BR”则是分别取自该质粒的两位主要构建者F. Bolivar和R. L. Rodriguez姓氏的头一个字母，“322”系指实验室编号，以与其他质粒载体如pBR325，pBR327，pBR328等相区别。

从pBR322质粒的构建过程，可以知道它是由3个不同来源的部分组成的，第一部分来源于pSF2124质粒易位子Tn3的氨苄青霉素抗性基因（*amp*^{r}）；第二部分来源于 pSC101 质粒的四环素抗性基因（tet^r）；第三部分来源于 colE1 的派生质粒 pMB1 的 DNA 复制起点（ori）。

pBR322 质粒载体具有以下优点：①具有较小的相对分子质量，pBR322 质粒 DNA 分子的长度是 4 363bp；②具有两种抗菌素抗性基因可供作转化子的选择记号（氨苄青霉素和四环素）；③属于松弛型复制，具较高的拷贝数，而且经过氯霉素扩增之后，每个细胞中可累积 1 000～3 000 个拷贝。这就为重组体 DNA 的制备提供了极大的方便；④有多种酶的单一切点：现在已知总共有 24 种核酸内切限制酶对 pBR322DNA 分子都只具有单一的识别位点。其中有 7 种限制酶：*Eco*RV，*Nhe*I，*Bam*HI，*Sph*I，*Sal*I，*Xma*III 和 *Nru*I，它们的识别位点是位于四环素抗性基因内部，另外有 2 种限制酶：*Cla*I 和 *Hind*III 的识别位点是存在于这个基因的启动区内，在这 9 个限制位点上插入外源 DNA 都会导致 tet^r 基因的失活；还有 3 种限制酶（*Sca*I、*Pvu*I 和 *Pst*I）在氨苄青霉素抗性基因（amp^r）内具有单一的识别位点，在这个位点插入外源 DNA 则会导致 amp^r 基因的失活。这种因 DNA 插入而导致基因失活的现象，称为插入失活效应；⑤可连接平末端的插入物。

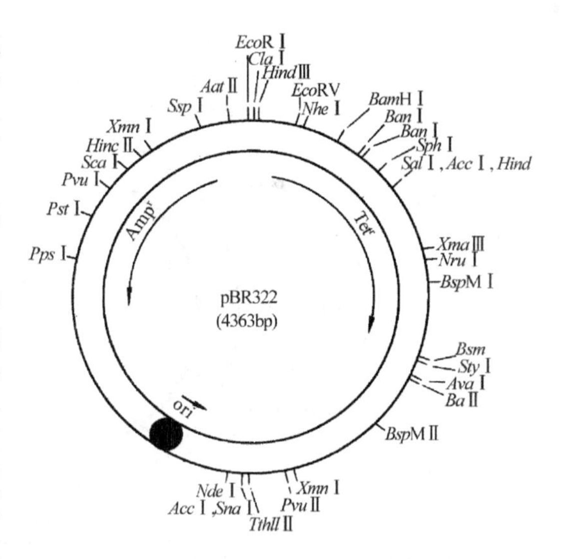

图 2-10　pBR322 质粒图谱

（2）pUC 系列载体

美国加州大学的 Vieira 和 Messing 利用 pBR322 和 M13 载体的优点，构建了一个更小的载体，称为 pUC7，并在此基础上发展了 pUC 载体系列。

一种典型的 pUC 系列载体，包括如下 4 个组成部分：①来自 pBR322 质粒的复制起点（*ori*）；②有氨苄青霉素抗性基因（amp^r），但它的 DNA 核苷酸序列已经发生了变化，不再含有原来的核酸内切限制酶的单识别序列；③大肠杆菌 β-半乳糖苷酶（*lac*Z）的启动子及其编码的 α-肽链的 DNA 序列，此结构称为 *lac*Z′基因；④位于 *lac*Z′基因中的靠近 5′端的一段多克隆位点（MCS）区段，但它并不破坏该基因的功能。

pUC 载体具有很多优点：①多克隆位点；②松弛型复制；③有氨苄青霉素抗性；④可通过化学显色筛选。现在最常用的 pUC 载体是 pUC18（图 2-11），它的相对分子质量小，具有多克隆位点和易于选择的分子标记，并且是松弛型复制，在正常情况下，它的拷贝数可达上千个，所以不需要用氯霉素进行扩增。

（3）pGEM 系列载体

pGEM 系列载体是一种与 pUC 系列十分类似的小分子的质粒载体。在其总长度为 2 743bp 的基因组 DNA 中，编码有一个氨苄青霉素抗性基因和一个 *lac*Z′基

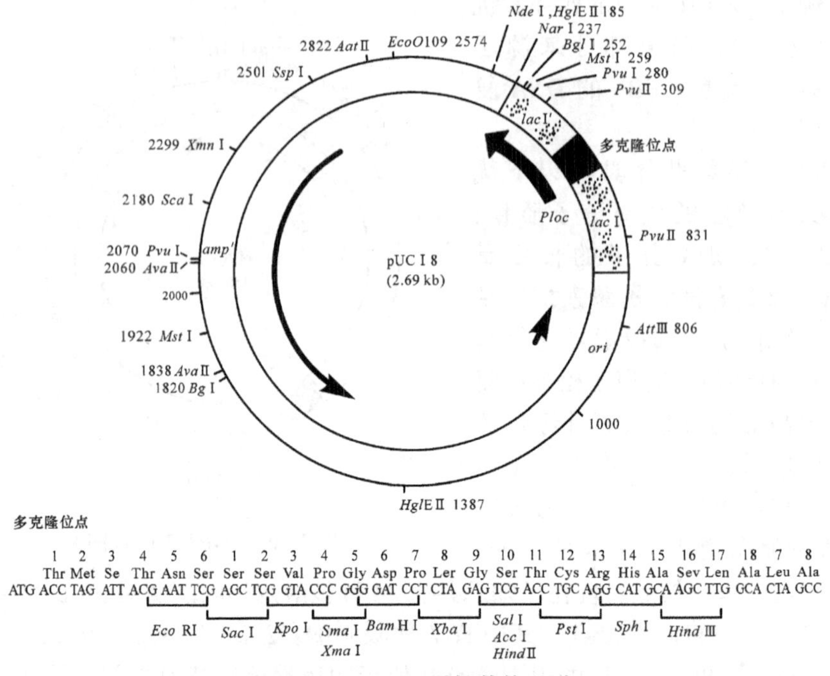

图 2-11　pUC18 质粒载体图谱

因。在后者还插入了一段含多个限制性内切酶的识别序列的多克隆位点。此序列结构几乎与 pUC 克隆载体完全一样。

pGEM 系列载体与 pUC 系列之间主要差别是，它具有两个来自噬菌体的启动子，即 T7 启动子和 SP6 启动子，它们为 RNA 聚合酶的附着作用提供了特异性的识别位点。由于这两个启动子分别位于 *lacZ'* 基因中多克隆位点区的两侧（图 2-12），故若在反应试管中加入纯化的 T7 或 SP6RNA 聚合酶，那么克隆的外源基因便会转录出相应的 mRNA。

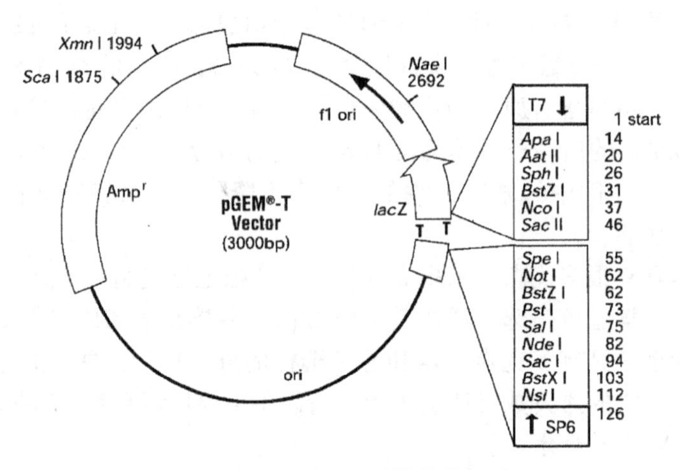

图 2-12　pGEM-T 质粒载体图谱

2.5.2 噬菌体载体

2.5.2.1 噬菌体的生物学特征

λ 噬菌体是大肠杆菌的温和型噬菌体，由外壳蛋白与一个 48.5kb 长的双链线状 DNA 分子组成，在 λ-DNA 分子两端各有 12 个碱基的单链互补黏性末端，当 λ 噬菌体进入细菌细胞后，其 DNA 可迅速通过黏性末端配对而成双链环状 DNA 分子，这种由黏性末端结合形成的双链区域称为 *cos* 位点。λ-DNA 至少包括 61 个基因，其中编码噬菌体头部和尾部结构蛋白的基因集中排列在 λ-DNA 40% 的区域内，与 DNA 复制及宿主细胞裂解有关的基因占 20%，其余 40% 的区域为重组和控制基因组所占据。除少数例外，大多数编码基因均是按功能的相似性成簇排列。值得注意的是，在 λDNA 分子中从 *J* 基因到 *N* 基因之间，大约占 λDNA 总长度 1/3 的区段对于 λ 噬菌体的裂解周期而言是非必需的。这一区段的缺失或在此段插入外源 DNA 片段，将不影响 λ 噬菌体的增殖。这就是 λ 噬菌体可作为基因工程载体的一个重要的依据。

λ 噬菌体是一个温和噬菌体，其生活周期有 2 种不同的类型，即溶菌周期和溶源性周期。在溶菌周期中，λ 噬菌体的 DNA 分子一旦注入寄主细胞中，便可借助于寄主的复制和转录系统的功能，使自身 DNA 大量复制同时合成大量的外壳蛋白，并组装成大量（约 100 个）完整的噬菌体颗粒，最后，使宿主裂解并从细胞中释放出来。在溶源周期中，λ 噬菌体的 DNA 分子进入宿主后并不马上复制，而是在特定的位点整合到宿主染色体 DNA 中，与宿主染色体形成一体，并随宿主染色体的复制而复制，随宿主的分裂繁殖传给其子代细胞。

2.5.2.2 λ 噬菌体载体的构建

野生型的 λ 噬菌体不适于直接用作基因克隆的载体。主要原因有 2 个：①λDNA 基因组大而且复杂，特别是其中具有许多基因克隆常用的限制酶识别位点（如 5 个 *Bam*HI 位点、6 个 *Bgl* Ⅱ位点和 5 个 *Eco*RI 位点等）；②λ 噬菌体外壳只能接纳一定长度（即相当于人基因组大小的 75%~105%）的 DNA 分子。因此，λDNA 只能作为小片段外源 DNA 分子（即 2.5kb 左右）的克隆载体。这一克隆容量显然不能满足大多数基因克隆工作的要求，必须对野生型 λDNA 进行改造。由于天然的 λ-噬菌体 DNA 本身存在着种种缺陷，必须对之进行多方面的改造，才能满足一个理想载体的要求。这些改造的内容包括：①缩短野生型 λ-DNA 的长度，提高外源 DNA 片段的有效装载量；②删除重复的酶切位点，引入单一的多酶切位点接头序列，增加外源 DNA 片段克隆的可操作性；③灭活某些与裂解周期有关基因，使 λ-DNA 载体只能在特殊的实验条件下感染裂解宿主细菌，以避免可能出现的生物污染现象的发生；④引入合适的选择标记基因，便于重组噬菌体的检测。有些 λ-DNA 载体还引入了一些基因表达的调控元件，使得外源基因直接在 λ-DNA 上获得表达，然后利用免疫学方法筛选鉴定重组分子。

2.5.2.3 λ 噬菌体载体的分类及用途

（1）插入型载体

只有某种酶的单一切点的 λ 噬菌体载体，可以从该位点插入外源 DNA 片段。

插入的位点通常同插入失活筛选法联系起来。有些 λ-DNA 载体经改造后的长度正好为包装的下限，因而它本身也能被包装，这类载体称为插入型载体，其允许的外源 DNA 插入片段大小范围为 0 ~ 14.5kb。利用这类载体克隆外源 DNA 片段时，必须使用载体所携带的选择性标记基因来筛选重组噬菌体。

(2) 取代型载体

凡有成对限制性位点，便于外源 DNA 片段取代一小段序列的称为取代型载体。作为取代型载体的 λ-DNA 分子长度约为 40kb，在其非必需区域内含有 2 个相同的酶切口，两者间的距离为 14kb，使用时用酶切开载体分子，分离去除这个 14kb 长的非必需 DNA 片段，然而用外源 DNA 片段取而代之，形成重组分子。显而易见，这类载体的装载量不仅比插入型载体大，而且被克隆的 DNA 片段必定在 10.4 ~ 24.9kb（去除 14kb 非必需 DNA 片段后的 2 个载体片段总长为 26kb）。

2.5.2.4　重组体的筛选

λ 噬菌体是利用插入失活或噬菌斑形成的原理筛选重组体的。常用的插入失活方法有大肠杆菌 β-半乳糖苷酶失活和免疫功能失活两种。利用 β-半乳糖苷酶插入失活的载体（如 λgt 11、λgt 18 ~ 23 等），在生色底物（5-溴-4-氯-3-吲哚-D-半乳糖苷酶，X-gal）和诱导物（异丙基硫代-β-D-半乳糖苷，IPTG）存在时，与相应的 Lac-宿主铺平板可形成深蓝色噬菌斑。用这种载体进行克隆时，β-半乳糖苷酶基因的大部分被外源 DNA 片段取代，所产生的重组噬菌体丧失 α-互补能力，在含有 X-gal 和 IPTG 的平板下形成白色噬菌斑。因此，对于这类 λ 噬菌体载体，可通过组织化学方法进行重组子的筛选。

在免疫功能插入失活型载体的基因组中与免疫功能有关的 DNA 区段中含有一二种限制酶的单一切点，当外源 DNA 片段由这些位点插入时，就会使载体所具有的合成活性阻遏物的功能遭到破坏，而无法进入溶源周期。因此，凡带有外源 DNA 片段的重组体只能形成清晰的噬菌斑，而没有外源 DNA 插入的亲本则形成浑浊的噬菌斑，不同的噬菌斑形态可作为筛选重组体的标志。这种类型的载体中的 λgt10 最为常用。

2.5.2.5　λ 噬菌体的优点与不足

λ 噬菌体改造后作为基因工程载体有以下优点：①λ 基因组中有 1/3 的非必须区，可以被置换，克隆的片段较大；②λ 噬菌体即使不进行体外包装，转染的频率也比质粒转化的效率高，包装后的效率就更高；③λ 噬菌体可通过溶源化反应整合到寄主染色体上，当不需要外源基因大量表达时，可让它以溶源性存在，若要表达，可通过诱导即可进入溶菌途径，释放出大量的噬菌体，得到的重组 DNA 的拷贝数会很多。

λ 噬菌体的不足：①需要包装，比较麻烦，包装率又不稳定，包装蛋白价格昂贵；②没有质粒的用途广泛。

2.5.2.6　M13 单链噬菌体 DNA 载体

E. coli 的丝状 M13 噬菌体、fl 和 fd 都是单链闭合环状 DNA 组成的噬菌体，

它的颗粒大小和形状都非常相似，它们都含有长度为6 400个碱基（fl：6 407碱基，fd：6 408碱基，M13噬菌体：6 407碱基），且有97%同源性，它们的10个基因也几乎是相同的，这些噬菌体习惯称为M13家族。

M13噬菌体基因组DNA由6 407个碱基组成，含有10个编码10种蛋白质的重叠基因，成熟的M13噬菌体只含有DNA正链，但所有的噬菌体基因均由DNA负链转录。基因*III*和*VIII*编码的蛋白质是噬菌体的主要包装成分，大约2 700个*VIII*蛋白亚基与M13-DNA单链紧密结合，形成噬菌体的丝状结构。

在M13基因组中的基因*III*与基因*VIII*之间有一个长度为507个核苷酸的基因区间，简称IG（intergenic region），占基因组的8%。该区具有以下特点：①具有正、负链的复制起点；②具有噬菌体DNA被包装到噬菌体颗粒的包装信号；③具有150个碱基的AT富集区；④具有5个回文序列，能够形成5个发夹环，回文序列A是包装信号。

由于M13噬菌体的所有10个基因都是噬菌体增殖所必需的，因此不能删除任何DNA片段，只能通过定点诱变或在合适位点插入一段DNA片段的方法对其进行改造。由于M13-DNA上的基因排列较为紧密，故供DNA片段插入的区域仅限于基因*II*与基因*IV*之间的狭小区域。经过序列分析，发现IG区有部分序列是噬菌体发育非必需，可以从该区插入外源序列。所以实验的第一步是要寻找到在具有识别位点的限制性内切酶。

M13噬菌体载体的用途：①M13噬菌体载体可直接产生单链，这对于DNA测序、DNA诱变、制备特异的单链DNA探针都是十分有用的。合成单链DNA探针可将模板序列克隆到噬菌粒或M13噬菌体载体中，以此为模板，以特定的通用引物或以人工合成的寡合苷酸为引物，在［α-^{32}P］-dNTP的存在下，由Klenow片段作用合成放射标记探针，反应完毕后得到部分双链分子。在克隆序列内或下游用限制性内切酶切割这些长短不一的产物，然后通过变性凝胶电泳（如变性聚丙烯酰胺凝胶电泳）将探针与模板分离开。双链RF型M13 DNA也可用于单链DNA的制备，选用适当的引物即可制备正链或负链单链探针；②α-互补作用分离重组体：M13克隆体系统，包括M13噬菌体本身和寄主菌株两个组成部分，只有将两者结合在一起时，才能形成有功能的β-半乳糖苷酶，而且这种酶的活性还可以用X-gal显色反应法测定出来。在M13克隆体系中，当M13mPl载体感染了JM101菌株，通过α-互补作用，这些细胞便会产生出有活性的β-半乳糖苷酶，于是在补加有指示剂Xgal和诱导物IPTG的培养基中，就会出现蓝色的噬菌斑；③用于DNA测序等；④用于异源双链DNA分析。

M13噬菌体载体用于基因克隆所涉及的多种实验，目前实验室中最常见的M13-DNA载体为M13mp系列。

2.5.3 柯斯质粒载体

柯斯质粒载体又称黏粒载体。柯斯质粒（cosmid），cosmid是英文cos site-carrying plasmid的缩写，本意是带有黏性末端位点的质粒，它由λ-DNA的*cos*区与质粒 DNA 重组而成，故得此名。λ-DNA 载体由于包装的限制，其外源 DNA 片段装载量最多只有 23kb 左右。在构建真核生物基因文库过程中，往往对载体的装载量有更高的要求。由于 λ-DNA 的包装蛋白只识别 *cos* 信号，与待包装 DNA 的性质无关，因此用一个质粒 DNA 取代 λ-DNA，就可大幅度地提高外源 DNA 片段的装载量。例如，λ-DNA *cos* 位点及其附近区域的 DNA 片段为 1.7kb，质粒 DNA 为 3.3kb，则由此构成的柯斯质粒总共 5kb，其最大装载量可达 45.9kb (50.9～5.0)。

柯斯质粒的优越性是显而易见的：①具有质粒复制子，目前构建的柯斯质粒大多具有 pMB1 复制子或 ColE1 复制子，所以进入寄主细胞后能够像质粒一样进行复制，并且能够被氯霉素扩增。②具有 λ 噬菌体的包装和转导特性。由于柯斯质粒具有 λDNA 的 *cos* 位点和相应的包装序列，因此在克隆了适当大小的外源 DNA 以后可以被包装进入噬菌体蛋白颗粒，并能进行转染。转导的能力比纯的质粒大 3 个数量级。进入寄主细胞后，又可以自我环化。但它不能同寄主的染色体 DNA 整合，也不会产生子代噬菌体裂解寄主。外源 DNA 片段在体外与柯斯质粒重组后，用合适的限制性内切酶将其线性化，使得两个 *cos* 位点分别位于两端，后者经噬菌体包装系统体外包装成具有感染力的颗粒，就能像噬菌体感染大肠杆菌一样高效进入受体细胞内；由于包装下限的限制，非重组的载体分子即便含有 *cos* 位点也不能被包装，因而具有很强的选择性；柯斯质粒也可通过常规的质粒转化方法导入受体细胞并得以扩增，载体分子的大规模制备程序与质粒完全相同；柯斯质粒上的多克隆位点为外源 DNA 片段的克隆提供了很大的可操作性，具有质粒载体的抗生素抗性基因的选择标记。如果在这些标记中有克隆位点的话可用插入失活法进行筛选。另外，质粒上的选择性标记可直接用来筛选感染的转化细胞。③容载能力大，这是柯斯质粒的最大优点。被克隆的 DNA 大小具有上限和下限，这是因为柯斯质粒最后是被包装到噬菌体颗粒，它的最后大小应在噬菌体基因组的 75%～105%。由于载体分子一般在 5kb 左右，所以克隆的最大片段在 45kb；如果载体的分子量为 15kb，克隆的最小片段为 19kb。因此，柯斯质粒适合构建真核生物的基因文库，而不适合克隆原核生物的基因。柯斯质粒的构建一般都是利用质粒的复制子、选择标记，加上 λ 的 *cos* 位点序列及与包装有关的序列，构建的柯斯质粒可以很好地用于基因克隆。

2.5.4 人工染色体载体

随着对真核细胞基因结构及功能研究的不断深入，如何克隆大片段基因已成为热点问题。在高等动植物的基因组分析、真核基因功能研究及定向克隆等工作中，常需要克隆几百至几千碱基的大片段 DNA。自 20 世纪 80 年代起，各种大片段 DNA 克隆载体系统相继而生，出现了多种人工染色体，如酵母人工染色体 (yeast artificial chromosomes, YAC)，细菌人工染色体 (bacterial artificial chromosomes, BAC) 和 P1 噬菌体及其衍生人工染色体 (P1-derived artificial chromosomes, PAC)，可转化人工染色体 (transformation-competent artificial chromosomes，TAC)，还有哺乳动物人工染色体（mammalian artificial chromosomes，MAC)、人类人工染色体（human artificial chromosomes，HAC)。

至今，人工染色体系统的研究迅速发展，已成为基因组分析、基因功能鉴定、染色体结构与功能关系研究的重要工具。

2.5.4.1 YAC 载体

在真核细胞周期中，线状染色体自我复制、分离和传递至少依赖于染色体上3个关键序列：

(1) 自主复制 DNA 序列（autonomously replicating sequence，ARS)

ARS 的生物功能是确保染色体在细胞周期中能够自我复制，维持染色体在细胞世代传递中的连续性。目前从酵母中克隆和鉴别了带有真核细胞 DNA 复制起点的 ARS 序列。已克隆的 ARS 片段中都有 14 bp 的核心序列，其中 A（或 T）TTTATPuTTA（或 T）的 11 个核苷酸序列是高度保守的。这个区域的点突变使 ARS 失去复制起始功能。

(2) 着丝粒 DNA 序列（centromere DNA sequence，CEN)

着丝粒能确保复制了的染色体能够平均分配到子细胞中，它在间期及分裂期具有多种功能。着丝粒参与细胞周期的关卡调控并在间期能与核仁蛋白发生互作。着丝粒是端粒形成的位点。它位于染色体表面，在有丝分裂时结合微管并调控染色体运动。着丝粒是姐妹染色体单体配对时的最后位点，在中期向后期转变时必须能接收某种信号使姐妹染色体单体分开，着丝粒可能会影响分离的机制。

(3) 端粒 DNA 序列（telomere DNA sequence，TEL)

端粒的功能是与端粒酶结合，完成染色体末端复制。

1983 年 Murray 等人首次成功构建了包括着丝点、端粒、复制子和外源 DNA 长度为 55 kb 的酵母人工染色体 YAC。酵母人工染色体一般都含有必需的端粒、着丝点和复制起始序列。

YAC 载体能够克隆长达 400kb 的 DNA 片段，可用来构建高等生物的完整基因组文库。由于 YAC 插入片段长，所以只需较少的克隆数目便可覆盖整个基因组，因此，YAC 载体是构建核基因组文库及基因作图的重要工具。

2.5.4.2 BAC 载体

1992 年，Shizuya 等用大肠杆菌 F 因子的复制点，以氯霉素抗性基因为选择标记，在 F 质粒 pMB0131 基础上构建了 BAC 克隆载体 pBAC108L。BAC 系统是基于大肠杆菌中可大容量容纳基因且稳定性良好的 F 因子衍生而来的载体系统，具有容量大、遗传稳定、操作简便的特点，可容纳超过 100kb 的插入片段，BAC 克隆的插入片段的平均长度为 120kb，最大可达到 240kb 左右。

2.5.4.3 PAC 载体

PAC 载体系统是以噬菌体 P1 为基础的克隆载体系统，它可容纳 70 ~ 100kb 的插入片段，并可选择性地区分重组子和非重组子，且同时有两套复制机制。单拷贝复制子可用于稳定克隆增殖，而多拷贝复制子则可在 *Lac* 操纵子的控制下用于 DNA 的制备。1994 年，Ioannou 等创建了源于 P1 的人工染色体（PAC），PAC

载体以 F 因子和噬菌体 P1 为基础构建，兼有二者的特点，通过电激穿孔转化可将 PAC 导入大肠杆菌。其特点是插入的外源 DNA 没有明显的嵌合和缺失现象，PAC 载体可以插入约 300kb 的外源片段，可以稳定遗传及高效扩增。PAC 除具有许多 BAC 载体的特征外，它的多克隆位点位于蔗糖诱导型致死基因 *sac*B 上，通过加入蔗糖和抗生素的培养基筛选出来的克隆都是含有插入片段的重组子。但是，PAC 载体自身片段较大（约 16kb），构建文库没有 BAC 载体（约 7～8kb）效率高。PAC 载体在基因分离和序列分析当中，可作为 YAC 连续克隆群的重要补充，日本水稻基因组计划（RGP）已把水稻的 PAC 文库用于物理图谱的构建。

2.6 重组 DNA 技术

2.6.1 目的基因的来源

从事一项基因工程，通常总是要先获得目的基因，倘若基因的序列是已知的，可以用化学方法合成，或者利用聚合酶链式反应（PCR）由模板扩增。此外，最常用并且无需已知序列的方法是建立一个基因文库或 cDNA 文库，从中选择出目的基因进行克隆。

2.6.1.1 化学法合成目的基因

这种方法主要适用于已知核苷酸序列的、相对分子质量较小的目的基因的制备。随着蛋白质和 DNA 序列测定技术的发展，越来越多的基因结构已被测定出来，重组 DNA 技术的发展也有力地推动了基因化学合成的研究，特别是各种 DNA 自动合成仪的问世，大大改变了化学合成基因的面貌；从最初只能人工合成 15bp 的寡核苷酸片段，到目前可以利用自动合成程序合成长达 200bp 的寡核苷酸片段。利用 DNA 连接酶的作用，甚至可以合成和组装更长的基因片段。到目前为止，已经成功地合成了数十种基因。目前，基因合成更多的是由 DNA 自动合成仪来完成。

2.6.1.2 聚合酶链式反应扩增目的基因

聚合酶链式反应（polymerase chain reaction，PCR）是 DNA 体外酶促扩增，故又称无细胞分子克隆。该方法于 1985 年由 Mulis K 发明。PCR 方法的基本原理模拟体内的 DNA 复制，首先加热使 DNA 双链变性为单链，然后退火（降温）至变性温度点以下，单链 DNA 与加入的小片段 DNA 引物复性，随后适宜温度下在耐热的 DNA 聚合酶（Taq DNA 聚合酶）作用下自引物延伸子链。不断重复高温变性、低温退火、适温延伸 3 个步骤，一般循环 30～40 次，使样品 DNA 大量扩增。PCR 技术能快速特异地扩增所希望的目的基因或 DNA 片段，该反应是一指数式反应，其可在短时间内使目的片段的扩增量达到 10^6 倍，可从极微量的 DNA 乃至单细胞含有的 DNA 起始，扩增出微克级的 PCR 产物。由于引物与模板的配对互补结合是特异的，因而 PCR 也具有高度的特异性，可以方便地用 PCR 在成千上万的基因序列中获得只有极微含量的特定目的基因或序列。将 PCR 获得的目的序列产物连接在适当的载体上，转化受体细胞，经筛选就能得到目的序列的克隆。

2.6.1.3 基因文库技术分离目的基因

基因文库（gene library）是指整套由基因组 DNA 片段插入克隆载体获得的分子克隆之总和。在理想条件下基因文库应包含该基因组的全部遗传信息。构建基因文库的意义不只是使生物的遗传信息以稳定的重组体形式贮存起来，更重要的是分离克隆目的基因的主要途径。对于复杂的染色体 DNA 分子来说，单个基因所占比例十分微小，要想从庞大的基因组中将其分离出来，一般需要先进行扩增，所以需要构建基因文库。基因文库的构建过程参见第 11 章的内容。

2.6.2 目的基因与载体的连接

2.6.2.1 黏性末端的连接

DNA 重组连接的方法大致分为 4 种：黏性末端连接、平末端连接、同聚物接尾连接、接头连接法。

黏性末端连接（cohesive end ligation）是指具有相同黏性末端的两个双链 DNA 分子在 DNA 连接酶的作用下，连接成为一个杂合双链 DNA（图 2-13）。如果外源 DNA 和载体 DNA 均用相同的限制性内切酶切割，则不管是单酶酶解还是双酶联合酶解，两种 DNA 分子均含有相同的末端（经双酶切后，两种 DNA 的两个末端序列不同），因此混合后它们能顺利连接为一个重组 DNA 分子。经单酶处理的外源 DNA 片段在重组分子中可能存在正反两种方向，而经两种非同尾酶处理的外源 DNA 片段只有一种方向与载体 DNA 重组。上述两种重组分子均可用相应的限制性核酸内切酶重新切出外源 DNA 片段和载体 DNA，克隆的外源 DNA 片段可以原样回收。用两种同尾酶分别切割外源 DNA 片段和载体 DNA，由于产生的黏性末端相同，因此也可方便地连接。不同的黏性末端原则上无法直接连接，但可将它们转化为平头末端后再进行连接，所产生的重组分子往往会增加或减少几个碱基对，并且破坏了原来的酶切位点，使重组的外源 DNA 片段无法回收；若连接位点位于基因编码区内，则会破坏阅读框架，使之不能正确表达。在有些情况下，含有不同 5′突出黏性末端的两种 DNA 分子经 Klenow 酶补平连接后，形成的重组分子可恢复一个或两个原来的限制性内切酶识别序列，甚至还可能产生新的酶切位点（图 2-14）。

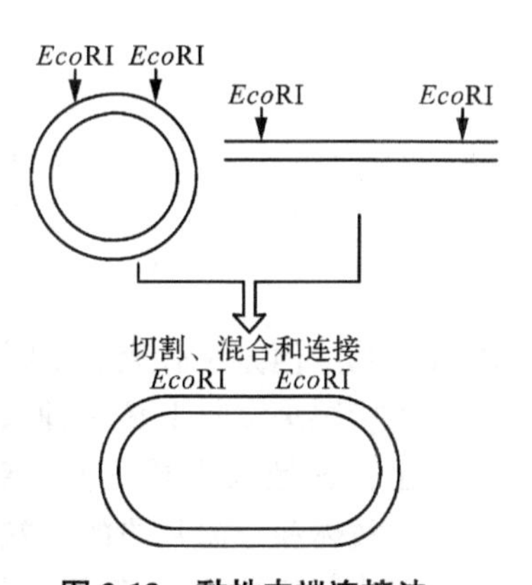

图 2-13 黏性末端连接法
（引自 Snyder & Champness，1977）

2.6.2.2 同聚物加尾法

所谓同聚物加尾（homopolymer tails joining）连接就是利用末端转移酶在载体及外源双链 DNA 的 3′端各加上一段寡聚核苷酸，制成人工黏性末端，外源 DNA 和载体 DNA 分子要分别加上不同的寡聚核苷酸，如 dA（dG）和 dT（dC），然后在 DNA 连接酶的作用下，连接成为重组的 DNA。这种方法可适用于任何来源的

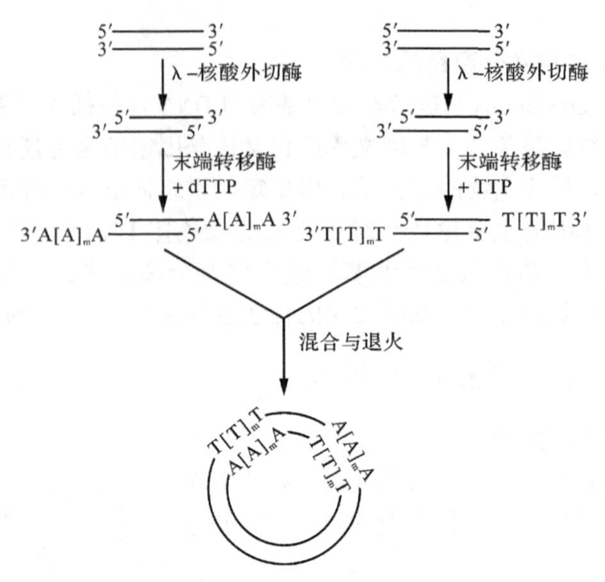

图 2-14　同聚物加尾连接法

（引自 Old & Primrose，1980）

DNA 片段，但方法较繁，需要 λ 核酸外切酶、S1 核酶、末端转移酶等协同作用。同聚物接尾法实际上是一种人工黏性末端连接法，具有很多优点：①首先不易自身环化，这是因为同一种 DNA 的两端的尾巴是相同的，所以不存在自身环化；②因为载体和外源片段的末端是互补的黏性末端，所以连接效率较高；③用任何一种方法制备的 DNA 都可以用这种方法进行连接，所以是一种通用的体外重组的方法。

2.6.2.3　人工接头连接

接头是一段含有某种限制性内切酶识别序列的人工合成的寡聚核苷酸，通常是八聚体和十聚体。如果 DNA 分子的两端是平头末端，则将人工接头（linker）直接连接上去，然后用相应的限制性内切酶切出黏性末端。若要在 DNA 分子的某一限制性内切酶的识别序列处接上另一种酶的人工接头，可先用前一种酶把 DNA 切开，然后依照 5′突出末端用 Klenow 酶补平以及 3′突出末端用 T4-DNA 聚合酶切平的原则，处理 DNA 末端使之成为平头，再接上相应的人工接头（图 2-15）。

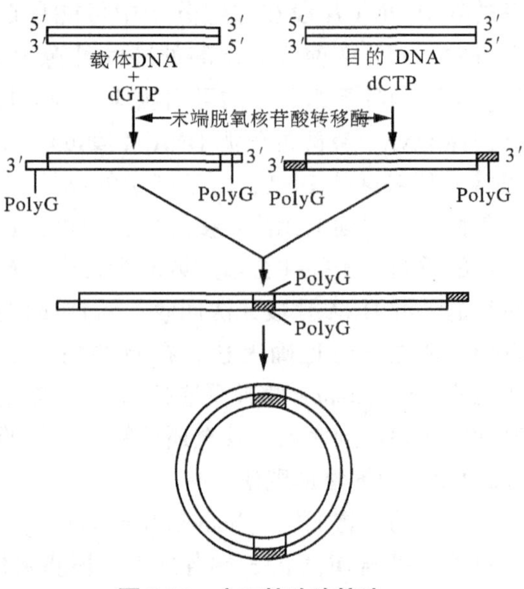

图 2-15　人工接头连接法

2.6.2.4 平末端的连接

平末端连接（blunt end ligation）是指在T4-DNA连接酶的作用下（可加入适量的RNA连接酶），将两个具有平末端的双链DNA分子连接成杂种DNA分子。T4-DNA连接酶既可催化DNA黏性末端的连接，也能催化DNA平头末端的连接，前者在退火条件下属于分子内的作用，而后者则为分子间的反应。从分子反应动力学的角度讲，后者反应更为复杂，且速度也慢得多，因为一个平头末端的5′磷酸基团或3′羟基与另一个平头末端的3′羟基和5′磷酸基团同时相遇的机会显著减少，通常平头末端的连接速度比黏性末端慢10~100倍。

2.7 重组体导入受体细胞

目的基因序列与载体连接后，要导入细胞中才能繁殖扩增，再经过筛选，才能获得重组DNA分子克隆，不同的载体在不同的宿主细胞中繁殖，导入细胞的方法也不相同。

2.7.1 转化

由于外源DNA的进入而使细胞遗传性改变称为转化。通常状态下DNA进入细胞的效率很低，因此，在分子生物学和基因工程中采取一些方法处理细胞，经处理后的细胞就容易接受外界DNA，这种DNA称为感受态细胞，再与外源DNA接触，就能提高转化效率。例如，大肠杆菌经冰冷$CaCl_2$的处理，就成为感受态细菌，当加入重组质粒并突然由4℃转入42℃作短时间处理，质粒DNA就容易进入细菌；用高电压脉冲短暂作用于细菌也能显著提高转化效率，这称为电穿孔（electroporation）转化法。

2.7.2 感染

噬菌体进入宿主细菌，病毒进入宿主细胞中繁殖就是感染（infection）。用经人工改造的噬菌体活病毒作载体，以其DNA与目的序列重组后，在体外用噬菌体或病毒的外壳蛋白将重组DNA包装成有活力的噬菌体或病毒，就能以感染的方式进入宿主细菌或细胞，使目的序列得以复制繁殖。感染的效率很高，但DNA包装成噬菌体或病毒的操作较麻烦。

2.7.3 转染

重组的噬菌体DNA也可像质粒DNA的方式进入宿主菌，即宿主菌先经过$CaCl_2$、电穿孔等处理成感受态细菌再接受DNA，进入感受态细菌的噬菌体DNA可以同样进行复制和繁殖，这种方式称为转染（transfection）。M13噬菌体DNA导入大肠杆菌就常用转染的方法。重组DNA进入宿主细胞也常用转染方式。最经典的是1973年建立的磷酸钙法，其利用的基本现象是：DNA如以磷酸钙-DNA

共沉淀物形式出现时，培养细胞摄取 DNA 的效率会显著提高。用电穿孔法处理培养的哺乳类细胞也能提高细胞摄取 DNA 能力，但所用外加电场的强度、电脉冲的长度等条件与处理细菌的都很不相同。近年来用人工脂质膜包裹 DNA，形成的脂质体（liposome）可以通过与细胞膜融合而将 DNA 导入细胞，方法简单而有效，现有商售的脂质体试剂，使用日益广泛。

2.7.4　常用的转基因方法

2.7.4.1　氯化钙导入法

1970 年，Mandel 和 Higa 将大肠杆菌细胞置于冰冷的 $CaCl_2$ 溶液中，然后瞬间加热，λDNA 随即高效转染大肠杆菌。用氯化钙法使大肠杆菌处于感受态，从而将外源导入细胞，至今仍然是应用最广的方法。其机制可能是低温下钙使质膜变脆，经瞬间加热产生裂隙，外源 DNA 进入细胞内。目前，Ca^{2+} 诱导法已成功地用于大肠杆菌、葡萄球菌以及其他一些革兰氏阴性菌的转化。

2.7.4.2　PEG 介导的细菌原生质体转化

在高渗培养基中生长至对数生长期的细菌，用含有适量溶菌酶的等渗缓冲液处理，剥除其细胞壁，形成原生质体，它丧失了一部分定位在膜上的 DNase，有利于双链环状 DNA 分子的吸收。此时，再加入含有待转化的 DNA 样品和聚乙二醇的等渗溶液，均匀混合。通过离心除去聚乙二醇，将菌体涂布在特殊的固体培养基上，再生细胞壁，最终得到转化细胞。

2.7.4.3　电穿孔法

电穿孔（electroporation）是一种电场介导的细胞膜可渗透化处理技术。受体细胞在电场脉冲的作用下，细胞壁上形成一些微孔通道，使得 DNA 分子直接与裸露的细胞膜脂双层结构接触，并引发吸收过程，现在采用电穿孔仪进行。具体操作程序因转化细胞的种属而异。导入效率与电位差和细胞大小有关系，动植物细胞通常只需数百伏，而小细胞的细菌需要数千伏。最初电穿孔仅用于动植物细胞，现在已经有专门用于细菌、真菌的电穿孔仪出售。

2.7.5　其他的转基因方法

2.7.5.1　酵母的转化

许多酵母菌株都可用作基因克隆的受体菌，通常所用的受体菌在很大程度上取决于所用的载体。转化体的选择往往依赖于克隆的基因与寄主营养缺陷型突变的互补。鉴于上述情况，选择寄主菌，首先要选用转化率高的菌株。不同菌株间转化效应有很大区别。

酵母的转化一般有以下两种方法：①利用酵母的原生质球进行转化。首先，酶解酵母细胞壁，产生原生质球，再将原生质球置于 DNA、$CaCl_2$ 和多聚醇（如聚乙二醇）中，多聚醇可使细胞壁具有穿透性，并允许 DNA 进入。然后，将原生质球悬浮于琼脂中，并使其再生新的细胞壁。②利用 Li + 盐进行转化。这种方法不需要消化酵母的细胞壁，产生原生质球，而是将整个细胞暴露在 Li + 盐（如

0.1 mol/L LiCl）中一段时间，再与 DNA 混合，经过一定处理后，加 40% PEG4000，然后经热应激等步骤，即可获得转化体。转化体的选择可以通过在合适的琼脂培养基上平板培养细胞，不需要从琼脂中去收集它们。这种方法的主要缺点是，如果用自主复制的质粒进行转化，转化体的数目比用原生质球低 10～100 倍。

2.7.5.2 植物土壤农杆菌转化方法（详见第 11 章）

植物基因的转移（特别是单子叶植物）还经常采用以下两种方法：

（1）电击法（electroporation）

电击法的原理是在很强的电压下，细胞膜会出现电穿孔现象。经过一段时间后，细胞膜上的小孔会封闭，恢复细胞膜原有特性。封闭所需的时间依赖于温度，温度越低，封闭所需的时间越长。据此原理设计的电击法可用于基因转移。电击法具有简便、快速、效率高等优点，但在植物中，由于细胞壁对外源基因的摄取有不利影响，所以一般以原生质粒为受体细胞。目前，该法用于烟草、玉米、水稻、小麦、高粱和大豆等植物，已得到了稳定的外源基因表达。目前，有人将电击法与 PEG 的使用相结合，取得了良好的效果。

（2）基因枪法

又称高速微型子弹射击法，它是将 DNA 吸附在由钨制作的微型子弹（直径约为 1.2μm）表面，通过特制的手枪，将子弹高速射入完整的细胞和组织内。用这种方法，已将 DNA 先后送入酵母的线粒体和细胞核，衣藻的叶绿体和细胞核，洋葱的表皮细胞，以及玉米悬浮细胞中。研究结果表明，这种方法的转化效率与射击距离、真空度、子弹速度、子弹数目，以及 $CaCl_2$ 和亚精胺（使子弹吸附在 DNA 上）的浓度等因素有关。基因枪法避开原生质体再生植株的难关，因此成为单子叶植物基因转移的有效途径。

2.7.5.3 哺乳动物细胞基因导入法

将基因导入哺乳动物细胞的方法有多种多样，效率也不尽相同，可根据具体情况选择应用。这里介绍几种常用的方法。

（1）磷酸钙沉淀法

目前仍有不少实验室采用这种经典而又简单的方法。具体做法：先将需要被导入的 DNA 溶解在钙盐溶液中，然后在不停地搅拌下逐滴加到磷酸盐溶液中，形成磷酸钙微结晶与 DNA 的共沉淀物。再将这种共沉淀物与受体细胞混合、保温，DNA 可以进入细胞核内，并整合到寄主染色体上。这种方法多数用于单层培养的细胞，也可用于悬浮培养的细胞。

（2）脂质体载体法

这种方法即用脂质体包埋核酸分子，然后将其导入细胞。脂质体是一种人工膜，制备方法很多，其中以反相蒸发法最适于包装 DNA。用于转移 DNA 的较理想的膜成分是带负电荷的磷脂酰丝氨酸。其做法：将磷脂和 DNA 溶液溶解于大量的有机溶剂（如醚）中，再经过超声波处理，使其形成乳剂，然后蒸发掉有机溶剂，最终形成 0.4μm 的脂质体。进一步可通过 PEG 的作用，使细胞吸收脂质体。

(3) 显微注射法

又称为微注射法，它是创造转基因动物的有效途径。其技术关键如下：① 理想外源基因的制备，这种基因可处于质粒上，但注射前质粒已经酶切而线性化。有的载体 DNA 会干扰外源基因的表达，因此注射前，需要先从载体上将它们切下。② 收集受精卵，在受孕后的几小时内，父母双方的遗传物质还未结合前，从供体动物中取出单细胞的受精卵。③ 显微注射，利用极细的毛细玻璃管(外径为 0.5 ~ 1μm)，将理想的遗传物质注入受精卵的雄原核。这必须在父母双方遗传物质融合前的 4h 间歇期内完成。当双亲染色体相遇后，注入的理想基因有可能整合到染色体上。在受精卵中，雄原核是由精子提供的，比雌原核大，所以通常被用于微注射。④ 在几次细胞分裂后，将带有理想基因的受精卵移入母体，使受精卵孕育。

(4) DEAE 葡聚糖转染技术

二乙胺乙基葡聚糖（DEAE-dextran）是一种相对分子质量较大的多聚阴离子试剂，能促进哺乳动物细胞捕获外源 DNA，因此被用于基因转染技术。其促进细胞捕获 DNA 的机理还不清楚，可能是因为葡聚糖与 DNA 形成复合物而抑制了核酸酶对 DNA 的作用，也可能是葡聚糖与细胞结合而引发了细胞的内吞作用。DEAE-dextran 转染主要有两种不同的方法：一种是先使 DNA 直接同 DEAE-dextran 混合，形成 DNA/DEAE-dextran 复合物后，再用来处理细胞；另一种是受体细胞先用 DEAE-dextran 溶液预处理，然后再用来与转染的 DNA 接触。

2.7.6　受体细胞的选择

野生型的细菌一般不能用作基因工程的受体细胞，因为它对外源 DNA 的转化效率较低，并且有可能对其他生物种群存在感染寄生性，因此，必须通过诱变手段对野生型细菌进行遗传性状改造。

受体细胞选择的另一方面内容是受体细胞种属的确定。对于以改良生物物种为目的的基因工程操作而言，受体细胞的种属没有选择的余地，待改良的生物物种就是受体；但对外源基因的克隆与表达来说，受体细胞种类的选择至关重要，它直接关系到基因工程的成败。

2.7.7　转化细胞的扩增

转化细胞的扩增操作单元是指受体细胞经转化后立即进行短时间的培养，如 Ca^{2+} 诱导转化后的受体细胞在 37℃ 培养 1h、原生质体转化后的细胞壁再生过程，以及重组 DNA 分子体外包装后与受体细胞的混合培养等。转化细胞扩增的目的为后续的筛选鉴定单元操作创造条件。

2.8　重组体的鉴定

由体外重组产生的 DNA 分子，通过转化、转染、转导等适当途径引入宿主会得到大量的重组体细胞或噬菌体。面对这些大量的克隆群体，需要采用特殊的方法才能筛选出可能含有目的基因的重组体克隆。同时也需要用某种方法检测从这些克隆中提取的质粒或噬菌体 DNA，看其是否确实具有一个插入的外源 DNA 片段。

2.8.1 载体遗传标记法

载体遗传标记法的原理是利用载体 DNA 分子上所携带的选择性遗传标记基因筛选转化子或重组子。抗药性标记的插入失活作用，或者是诸如β-半乳糖苷酶基因一类的显色反应，便是属于这种依据载体编码的遗传特性选择重组体分子的典型方法。

2.8.1.1 抗药性筛选法

抗药性筛选法实施的前提条件是载体 DNA 上携带有受体细胞敏感的抗生素的抗性基因，如 pBR322 质粒上的氨苄青霉素抗性基因（Ap^r）和四环素抗性基因（Tc^r）。pBR322 质粒是 DNA 分子克隆中最常用的一种载体分子。编码有四环素抗性基因（tet^r）和氨苄青霉素抗性基因（amp^r）。只要将转化的细胞培养在含有四环素或氨苄青霉素的生长培养基中，便可以容易地检测出获得了此种质粒的转化子细胞。检测外源 DNA 插入作用的一种通用的方法是插入失活效应（insertional inactivation）。在 pBR322 质粒的 DNA 序列上，有许多种不同的限制性核酸内切酶的识别位点都可以接受外源 DNA 的插入。例如，在 tet^r 基因内有 *Bam*HI 和 *Sal*I 两种限制性酶的单一识别位点，在这两个识别位点中的任何插入作用，都会导致 tet^r 基因出现功能性失活，于是形成的重组质粒都将具有 Amp^rTet^r 的表型。如果野生型的细胞（Amp^sTet^s）用被 *Bam*HI 或 *Sal*I 切割过的、并同外源 DNA 限制性片段退火的 pBR322 转化，然后涂布在含有氨苄青霉素的琼脂平板上，那么存活的 Amp^r 菌落就必定是已经获得了这种重组体质粒的转化子克隆。接着进一步检测这些菌落对四环素的敏感性。

2.8.1.2 β-半乳糖苷酶显色反应选择法

根据抗生素抗性基因插入失活原理而设计的插入失活法需要进行菌落平板的影印复制，才能够将所需的重组体挑选出来，大大增加了筛选的工作量。后来，人们设计了以β-半乳糖苷酶的产生作为颜色筛选标记的载体，简化了筛选程序，提高了灵敏度。这类载体系统包括 M13 噬菌体、pUC 质粒系统、pEGM 质粒系统。它们的共同特点是载体上携带一段细菌的 *lac*Z 基因，编码β-半乳糖苷酶的一段 146 个氨基酸的α-肽，其表达产物为无活性的不完全酶，称为受体。载体转化的受体菌为 *lac*ZΔM15 基因型，其染色体 DNA 上含有β-半乳糖苷酶羧基端的部分编码序列，由其产生的蛋白质也无酶活性，但可作供体。无论在胞内还是胞外，受体一旦与供体结合，便可恢复β-半乳糖苷酸的活性，将无色的 X-gal 底物水解成蓝色产物，这一现象称为α-互补。这样，载体同宿主通过互补，具有完整的β-半乳糖苷酶的活性。如果在载体的 *lac*Z 基因中插入外源 DNA，造成 *lac*Z 基因失活，不能合成α-肽，失去同宿主的互补，不能形成有功能的β-半乳糖苷酶，失去分解X-gal的能力。在X-gal平板上，含阳性重组体的细菌为无色菌落（质粒载体）或无色噬菌斑（M13噬菌体载体）；非重组体转化的细菌为蓝色菌落或蓝色噬菌斑。显色反应筛选方法比较简单，但是β-半乳糖苷酶的合成需要诱导。实验中起诱导作用的是安慰诱导物-IPTG，作用底物是X-gal。此时，在筛选培养基中必须同时添加X-gal和诱导物IPTG，才能根据颜色反应筛选重组子。通常是将X-gal和IPTG混合后，涂布在固体平板的表面。

2.8.2 根据插入序列的表型特征选择重组体分子的直接选择法

如果载体分子上携带有某些营养成分（如氨基酸或核苷酸等）的生物合成基因，而受体细胞因该基因突变不能合成这种生长所必需的营养物质，则两者构成了营养缺陷性的正选择系统。将待筛选的细菌培养物涂布在缺少该营养物质的合成培养基上，长出的菌落即为转化子，而重组子的筛选仍需要第二个选择标记，并通过插入灭活的方式进行第二轮筛选。营养缺陷性的筛选过程同样存在着受体细胞的回复突变问题，因而需要对获得的转化子作进一步的鉴定。

2.8.3 限制性酶切鉴定

在外源DNA片段的大小以及限制性酶切图谱已知的情况下，对重组分子进行酶切鉴定，不仅能区分重组分子与非重组分子，有时还能初步确定期望重组子与非期望重组子。在经抗药性正选择后，从所有的转化子中快速抽提质粒DNA，采用合适的限制性内切酶消化之，然后根据电泳图谱分析质粒分子的大小，相对分子质量大于载体质粒的为重组分子，最终利用载体上的已知酶切位点建立重组质粒插入片段的酶切图谱，并与已知数据进行比较，进而确定期望重组子。

全酶解法是用一种或两种限制性内切酶切开质粒DNA上所有相应的酶切位点，形成全酶切图谱。部分酶切法是通过限制酶量或限制反应的时间使部分酶切位点发生切割反应，产生相应的部分限制性片段，显然这些片段大于全酶解片段，因此能确定同种酶多个切点的准确位置。

2.8.4 核酸杂交鉴定方法

常用的方法有菌落原位杂交、Southern杂交、Northern杂交等。杂交筛选的主要优点是不要求基因的表达，只要有合适的DNA或RNA探针即可。

2.8.4.1 菌落原位杂交法

在许多情况下，期望重组子与非期望重组子之间无法用遗传学方法区分，菌落原位杂交法则能从成千上万个重组子中迅速检测出期望重组子，其前提条件是必须拥有与目的基因某一区域同源的探针序列。根据核酸杂交原理，探针序列特异性杂交目的基因，并通过放射性同位素或荧光基团进行定位检测。原位杂交是一种十分灵敏而且快速的方法，基本步骤如图2-16。

2.8.4.2 Southern杂交

使在电泳凝胶中分离的DNA片段转移并结合在适当的滤膜上，然后通过同

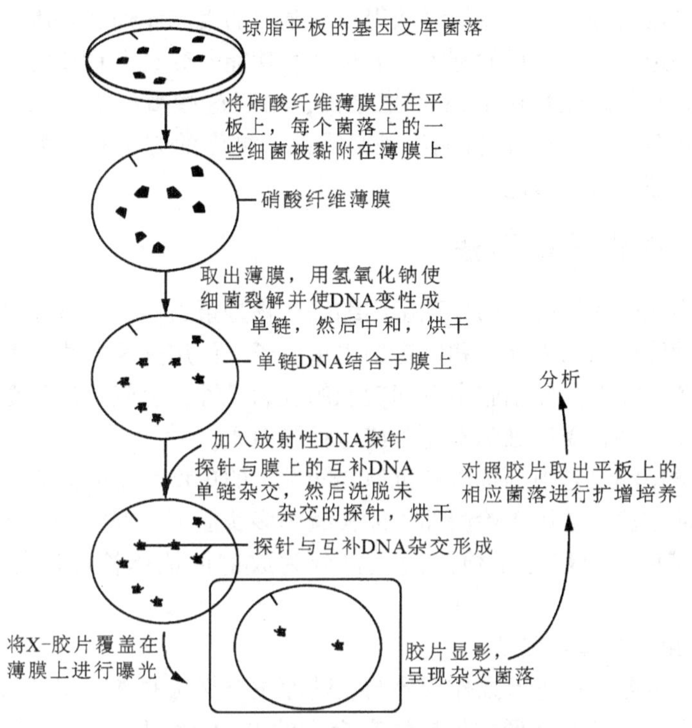

图 2-16 原位杂交直接选择 DNA 重组体

标记的单链 DNA 或 RNA 探针的杂交作用检测这些被转移的 DNA 片段，由于它是由 E. Southern 于 1975 年首先设计出来的，故称为 Southern DNA 印迹转移技术。该法的主要特点是利用毛细现象将 DNA 转移到固体支持物上，称为 Southern 转移或 Southern 印迹（Southern blotting）。它首先用合适的限制性内切酶将 DNA 切割后，进行电泳分离后，利用干燥的吸水纸产生毛细作用，使液体经过凝胶，从而使 DNA 片段由液流携带而从凝胶转移并结合在固体支持物表面，然后进行杂交。

2.8.5 PCR 扩增产物电泳分析鉴定

对于插入的外源片段的种类较多，大小又极为相似的重组体来说可以用 PCR 扩增的方法，分析扩增产物是很方便的，此法对于 PCR 产物的克隆的筛选特别有用，因为它不需要另外设计和合成引物。

基本方法是从抗性平板上挑取单菌落接种至 250 μL 的 LB 培养基中，200r/min 振荡培养 16h 以后，用微量法提取质粒 DNA 电泳后，将候选重组质粒 DNA 引入到胶块中，切下胶块就可以直接进行 PCR 扩增，然后再进行一次电泳。出现扩增条带的基本上是重组质粒。这种方法是比较可靠的，所以现在普遍采用。

2.8.6 核苷酸序列测定法

通过次级克隆法去除大片段无关的 DNA 区域后，对含有目的基因的 DNA 片段进行序列测定与分析，以便最终获得目的基因的编码序列和基因调控序列，精确界定基因的边界，这对目的基因的表达及其功能研究具有重要意义。另外，根据已知序列合成基因或是用 PCR 扩增基因，由于这些酶都不能保证百分百的正确，所以对新合成的 DNA 进行测序是必需的，测序的方法有很多种，其中双脱氧末端终止测序法最为普遍。

2.8.7　免疫化学检测法

如果克隆在受体细胞中的外源基因编码产物是蛋白质，则可通过检测这种蛋白质的生物功能或结构来筛选和鉴定期望重组子。使用这种方法的前提条件是重组分子必须含有能在受体细胞中发挥功能的表达元件，也就是说外源基因必须表达其编码产物，并且受体细胞不能合成这种蛋白质。

免疫化学检测法是根据抗体和抗原之间发生的免疫学反应而设计的一种筛选鉴定重组体的方法。适用于检测那些能够编码多肽但不为寄主提供任何可供选择表型的克隆基因。免疫化学检测法主要分为放射性抗体检测法与免疫沉淀检测法。

2.8.7.1　放射性抗体检测法

这种方法的基本原理及操作程序与菌落原位杂交法非常相似，只不过后者是用核酸探针通过碱基互补形式特异性杂交目的 DNA 序列，而前者利用抗体通过特异性免疫反应搜寻目标蛋白质，因此使用放射免疫原位检测法筛选鉴定期望重组子的前提条件是外源基因在受体细胞中必须表达出具有正确空间构象的蛋白产物，同时应具备与之相对应的特异性抗体。免疫化学检测法可分为放射性抗体检测法（radio active antibody test）和免疫沉淀检测法（immuno precipitation test）。这些方法最突出的优点是，它们能够检测不为寄主提供任何可选择的表型特征的克隆基因。不过，这些方法需要使用特异性的抗体。

放射性抗体检测法所依据的基本原理是根据抗体、抗原分子的 3 个基本特性而设计的一种筛选鉴定重组体的方法。这 3 个基本特性是：①一种免疫血清含有多种 IgG 抗体，它们识别抗原分子，并分别同各自识别的抗原相结合；②抗体分子或抗体的 Fab 部分，能够十分牢固地吸附在固体基质（如聚乙烯等塑料制品）上，而不会被洗脱掉；③通过体外碘化作用，IgG 抗体便会迅速地被放射性同位素^{125}I 标记上。如果被克隆的基因能够合成一种蛋白（抗原），则可被固定了的特异性抗体结合，然后再同第二个特异性的、^{125}I 标记的抗体进行结合反应，通过放射自显影，筛选出阳性克隆。

2.8.7.2　免疫沉淀检测法

免疫沉淀检测法同样也可以鉴定产生蛋白质的菌落。其做法是：在生长菌落的琼脂培养基中加入专门抗这种蛋白质分子的特异性抗体，如果被检测菌落的细菌能够分泌出特定的蛋白质，那么在它的周围，就会出现一条由一种叫做沉淀素（preciptin）的抗原-抗体沉淀物所形成的白色的圆圈。

复习思考题

1. 基本概念

基因　基因组　蛋白质组　转座子　限制性核酸内切酶　回文序列　黏性末端　DNA 聚合酶　RNA 聚合酶　逆转录酶　克隆载体　质粒载体　柯氏质粒载体　噬菌体载体　人工染色体载体　DNA 重组　转化　转染　分子杂交

2. 简述基因工程的基本原理及过程。
3. 简述限制性核酸内切酶的命名原则。
4. 简述各种克隆载体的基本特点和应用。
5. 简述基因重组体的鉴别方法。

本章推荐阅读书目

植物分子生物学．曹仪植．高等教育出版社，2002.
现代分子生物学（第二版）．朱玉贤，李毅．高等教育出版社，2002.
生物技术导论（影印版）．Colin Ratledge，BjΦm Kristiansen. 科学出版社，2002.
基因工程原理．上册（第二版）．吴乃虎．科学出版社，1998.

第3章 蛋白质工程

【本章提要】 蛋白质工程的基础——蛋白质的结构与功能；蛋白质工程的核心内容——蛋白质分子设计的结构基础、蛋白质结构的测定、预测与分析；蛋白质分子设计的原理、原则、类型与方法，以及蛋白质工程的理论研究与工程化应用进展。

蛋白质（protein）属于生物有机大分子，是决定生命存在和运动的最重要的一类物质。对蛋白质的研究、开发和利用是非常重要的研究课题。在广泛利用自然界存在的各种蛋白质的过程中发现，这些蛋白质只是适应生物自身的需要，往往难以适应产业化发展的需要。1983 年，美国基因公司的 Ulmer 首先提出蛋白质工程（protein engineering）这个名词，它是指按照特定的需要，对蛋白质进行分子设计和改造的工程。蛋白质工程首先是以蛋白质的结构为基础，通过蛋白质一级结构、晶体结构和溶液构象的研究，积累成千上万种蛋白质一级结构和高级结构的数据资料，然后按照蛋白质形成的规律，经周密的分子设计，改造或重新构建新的蛋白质。蛋白质工程经过多年的快速发展，已在生物、医药、轻工业、农业、林业等领域取得了大量的成果，其中研究得多、取得成果最显著的是生物制药，如激素、细胞因子、酶、酶的激活剂、受体和配体、细胞毒素和杀菌肽，以及抗体等。

3.1 蛋白质的结构与功能

蛋白质作为生命现象的物质基础之一，是构成一切细胞和组织结构的最重要的组成成分。蛋白质的相对分子质量一般在 10 000 以上，最大可至2 000 000。蛋白质分子中含有碳、氢、氧、氮、硫和磷，是人体氮的唯一来源。在生命体的许多部分中，蛋白质都是不可缺少的。蛋白质还参与了生物体内许多重要功能的实现，在酶的催化作用、控制生长和分化、转运和储存、结构支持作用、免疫保护作用、代谢调节功能、结构和传递信息功能、生物膜功能、电子传递功能等生命功能中，蛋白质更是发挥着不可替代的作用，可以说没有蛋白质就不存在生命。而要对蛋白质的功能进行深入了解和改造，必须了解蛋白质分子的结构及结构与功能之间的关系。

在生物学中，蛋白质被解释为由 20 种天然氨基酸按特定的顺序通过肽键连接起来形成的多肽，然后由多肽连接起来形成的生物大分子。虽然不同生物体含有的蛋白质多种多样，结构千变万化，但各类蛋白质结构中存在着共同的基本组件，构成蛋白质分子的基本结构要素，这也是蛋白质工程中设计和构建新蛋白质的主要基础。蛋白质的基本结构组件在三维空间中以特定的方式组织、结合在一起并形成特定的空间结构，从而形成功能性蛋白质分子。目前一般认为，蛋白质分子的结构层次应分为：一级结构（primary structure），二级结构（secondary structure），超二级结构（supersecondary structure），结构域（domain），三级结构（tertiary structure），四级结构（quaternary structure）。

3.1.1 蛋白质的结构

3.1.1.1 蛋白质的组成

构成蛋白质的基本组成单位是氨基酸，在所有蛋白质中常见的天然氨基酸有20种（表3-1，图3-1）。蛋白质为生物体内氨基酸通过肽键（图3-2）连接而成的多肽链（50个以上氨基酸），其顺序由编码基因中的DNA三联体密码子决定。蛋白质两端的氨基酸分别有一个游离的氨基和游离的羧基，前者称为氨基末端或N末端（amino terminal），后者称为羧基末端或C末端（carboxyl terminal）。

除脯氨酸外的20种氨基酸中，虽然结构各异，但都有一个共同的化学结构特征：$H_2N—\underset{}{\overset{R}{\overset{|}{C}}}H—CO_2H$ 其中心碳原子（C^{α}）除结合一个H原子外，还分别连接一个氨基（$—NH_2$）和一个羧基（COOH），构成氨基酸的主链，它们在所有氨基酸中都是相同的。R称为氨基酸的侧链，不同氨基酸的区别就是其侧链R的化学结构不同。脯氨酸具有类似而不相同的化学结构，它的侧链与主链N原子共价结合，形成一个亚氨基酸。

表3-1 20种天然氨基酸及特性

中文名称及代号	英文名称及代号	单字母代号	三联体密码子	R基团的结构	分类
甘氨酸（甘）	Glycine (Gly)	G	GG(N)	—H	脂肪族类
丙氨酸（丙）	Ananine (Ala)	A	GC(N)	$—CH_3$	
缬氨酸（缬）	Valine (Val)	V	GT(N)	$—CH(CH_3)_2$	
亮氨酸（亮）	Leucine (Leu)	L	CT(N), TTA, TTG	$—CH_2CH(CH_3)_2$	
异亮氨酸（异亮）	Isoleucine (Ile)	I	ATT, ATC, ATA	$—CH(CH_3)CH_2CH_3$	
丝氨酸（丝）	Serine (Ser)	S	TC(N), AGT, AGC	$—CH_2OH$	羟基类
苏氨酸（苏）	Threonine (Thr)	T	AC(N)	$—CH(OH)CH_3$	
天冬氨酸（天冬）	Aspartic acid (Asp)	D	GAT, GAC	$—CH_2COOH$	酸性类
谷氨酸（谷）	Glutamic acid (Glu)	E	GAA, GAG	$—CH_2CH_2COOH$	
组氨酸（组）	Histidine (His)	H	CAT, CAC	$—CH_2$—(咪唑环：N NH)	碱性类
赖氨酸（赖）	Lysine (Lys)	K	AAA, AAG	$—CH_2CH_2CH_2CH_2NH_2$	
精氨酸（精）	Arginine (Arg)	R	CG(N), AGA, AGG	$—CH_2CH_2CH_2NHCNH_2$ (C=NH)	

（续）

中文名称及代号	英文名称及代号	单字母代号	三联体密码子	R 基团的结构	分类
天冬酰胺（天冬）	AsparticAcid(Asp)	N	AAT, AAC	$-CH_2CONH_2$	酰胺类
谷氨酰胺（谷氨）	Glutamicacid(Gln)	Q	CAA, CAG	$-CH_2CH_2CONH_2$	
半胱氨酸（半胱）	Cysteine (Cys)	C	TGT, TGC	$-CH_2SH$	含硫类
甲硫氨酸（甲硫）	Methionine (Met)	M	ATG	$-CH_2CH_2SCH_3$	
苯丙氨酸（苯丙）	Phenylananine(Phe)	F	TTT, TTC	$-CH_2-C_6H_5$	芳香族类
酪氨酸（酪）	Tyrosine (Tyr)	Y	TAT, TAC	$-CH_2-C_6H_4-OH$	
色氨酸（色）	Tryptophane (Trp)	W	TGG	$-CH_2-$（吲哚环，N H）	
脯氨酸（脯）	Proline (Pro)	P	CC(N)	COOH—（N H 环）	亚氨基酸

侧链基团能影响氨基酸的物理性质，有些氨基酸的侧链相对来说是疏水的（如 Ala、Val、Leu、Ile、Met、Pro、Phe、Trp），有些氨基酸是强亲水的（如 Asp、Glu、Lys、Arg）。按带电荷情况又分为：①侧链不带电荷，如 Ser、Thr、Cys、Tyr、Asn、Gln；②在中性溶液中带负电荷，如 Asp、Glu；③在中性溶液中带正电荷，如 His、Arg、Lys（图 3-1）。

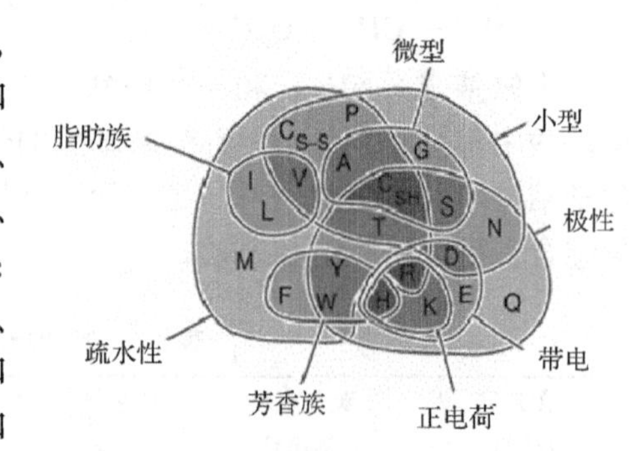

图 3-1　20 种氨基酸的部分性质

除了这 20 种天然氨基酸外，在生物体内还存在一些氨基酸衍生物，这些物质是在多肽生物合成过程中或合成之后形成的。此外，还有 200 多种氨基酸以游离或结合的形式存在于生物界，但并不是蛋白质的组成成分，因而被称为非蛋白质氨基酸。

3.1.1.2　蛋白质的一级结构

1952 年，丹麦生物化学家 Linderstrom-Lang 首次提出了蛋白质一级结构、二级结构和三级结构的概念。蛋白质的一级结构是指一个氨基酸的氨基（$—NH_2$）和另一个氨基酸的羧基（—COOH）相互作用，脱去一个水分子连接在一起形成一个肽键，而后众多的肽键将众多的氨基酸连接在一起形成一条氨基酸链（图 3-2）。蛋白质的一级结构不涉及空间结构，只是简单的氨基酸排序（图 3-3）。所

$$H_3\overset{+}{N}-\underset{}{\overset{R_1}{CH}}-\underset{\|}{\overset{}{C}}(=O)-OH+H-\overset{H}{N}-\overset{R_2}{CH}-COO^-$$

$$\rightleftharpoons \quad H_2O$$

$$H_3\overset{+}{N}-\overset{R_1}{CH}-C(=O)-\overset{H}{N}-\overset{R_2}{CH}-COO^-$$

图 3-2　肽键的形成

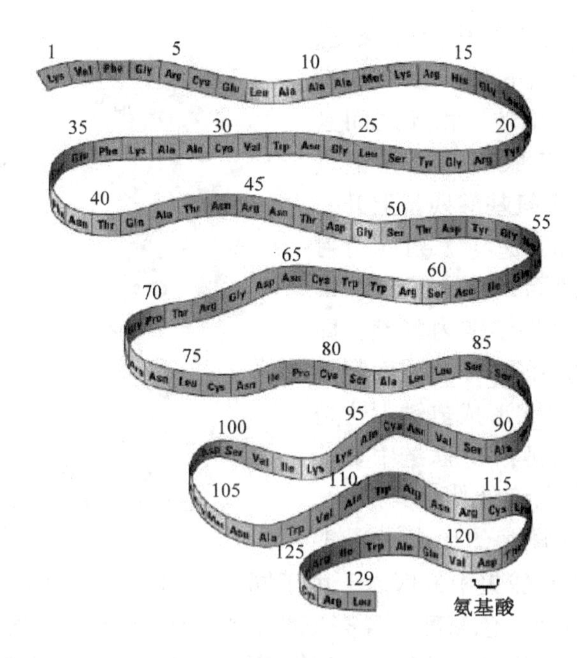

图 3-3 溶菌酶的一级结构

以，蛋白质一级结构通常也叫氨基酸序列或蛋白质序列。

蛋白质的一级结构是蛋白质最基本的结构，是由基因上遗传密码的排列顺序所决定的，各种氨基酸按遗传密码的顺序，通过肽键连接起来成为多肽链，故肽键是蛋白质结构中的主键。迄今已有 3 万多种蛋白质的一级结构被研究确定，如胰岛素、胰核糖核酸酶、胰蛋白酶等。

3.1.1.3 蛋白质的高级结构

构成蛋白质的肽链在空间卷曲折叠成为特定的三维空间结构，包括二级结构和三级结构二个主要层次。由多条肽链组成的蛋白质的每条肽链称为亚基，亚基之间又有特定的空间关系，称为蛋白质的四级结构。因而蛋白质分子的空间结构是非常特定的复杂构象。蛋白质分子的构象又称为空间结构、高级结构、立体结构或三维结构等。一般认为，蛋白质的一级结构决定二级结构，二级结构决定三级结构，亚基的三级结构决定多条肽链蛋白质的四级结构。蛋白质的一级结构虽然是基础结构，但蛋白质的功能却与它的高级结构直接相关，任何不正确的构象都有可能导致蛋白质功能发生严重的变化。

（1）蛋白质的二级结构

蛋白质二级结构是指多肽链借助于氢键沿一维方向排列成具有规则或无规则结构的构象，是多肽链局部的空间构象，主要有 α-螺旋（α-helix）、β-折叠（β-sheet）、β-转角（β-turn）、无规卷曲（random coil）等几种形式，它们是构成蛋白质高级结构的基本要素，也可称为构象单元。

①α-螺旋：Pauling 等人对 α-角蛋白（α-keratin）进行了 X 射线衍射分析，从衍射图中看到有 0.5 ~ 0.55nm 的重复单位，故推测蛋白质分子中有重复性结

构，并认为这种重复性结构为 α-螺旋。α-螺旋的结构特点如下：a. 多个肽键平面通过 α-碳原子旋转，相互之间紧密盘曲成稳固的右手螺旋；b. 主链呈螺旋上升，每 3.6 个氨基酸残基上升一圈，相当于 0.54nm，这与 X 射线衍射图符合；c. 相邻两圈螺旋之间借肽键中 C ═O 和 H 形成许多链内氢键，即每一个氨基酸残基中的 NH 和前面相隔 3 个残基的 C ═O 之间形成氢键，这是稳定α－螺旋的主要键；d. 肽链中氨基酸侧链 R，分布在螺旋外侧，其形状、大小及电荷影响 α-螺旋的形成（图 3-4）。酸性或碱性氨基酸集中的区域，由于同电荷相斥，不利于 α-螺旋形成；较大的 R（如苯丙氨酸、色氨酸、异亮氨酸）集中的区域，也妨碍 α-螺旋形成；脯氨酸因其 α-碳原子位于五元环上，不易扭转，加之它是亚氨基酸，不易形成氢键，故不易形成上述 α-螺旋；甘氨酸的 R 基为 H，空间占位很小，也会影响该处螺旋的稳定。

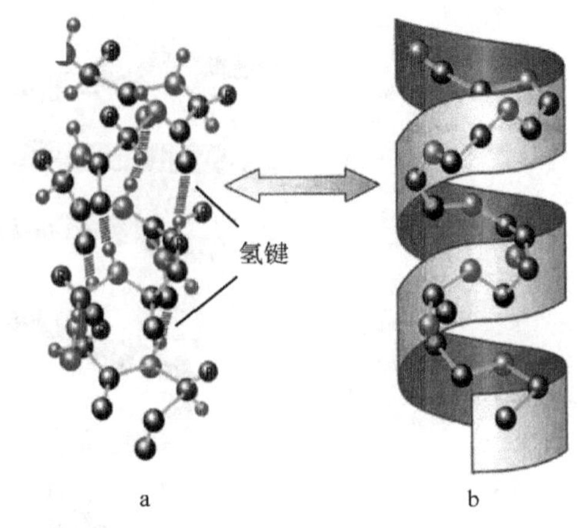

图 3-4　右手 α-螺旋

a. α-螺旋中的氢键　b. α-螺旋的主链

在天然蛋白质结构中存在着大量的 α-螺旋结构，为蛋白质主要的二级结构，但主要是右手 α-螺旋。左手 α-螺旋虽然在理论上存在，但在天然蛋白质中出现的概率极小，这是由于天然蛋白质中的氨基酸只具有单一的 L 构型。在天然蛋白质中还存在极少量的 3_{10}-螺旋和 π-螺旋，一般以不多于一圈的短段存在或位于 α-螺旋的末端，但其结构相对不稳定。

②β-折叠：Astbury 等人对 β-角蛋白进行 X 射线衍射分析，发现具有 0.7nm 的重复单位。两段以上的这种折叠成锯齿状的肽链，通过氢键相连而平行成片层状的结构称为 β-折叠或 β-片层（图 3-5）。β-折叠结构特点是：a. 为肽链相当伸展的结构，肽链平面之间折叠成锯齿状，相邻肽键平面间呈 110°角。氨基酸残基的 R 侧链伸出在锯齿的上方或下方。b. 依靠两条肽链或一条肽链内的两段肽链间

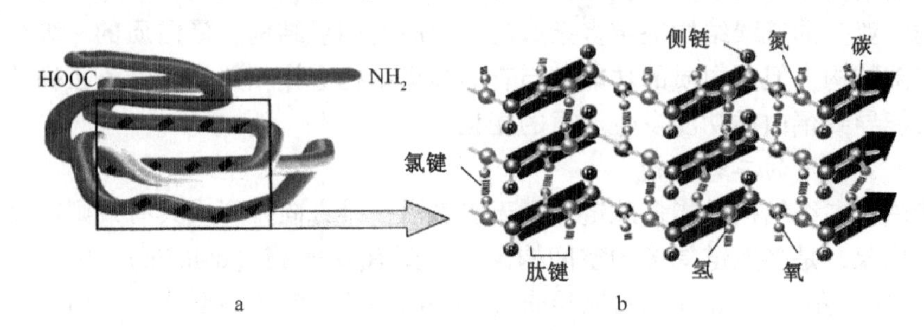

图 3-5　β-折叠

a. β-折叠的主链示意图　b. β-折叠的平面示意图

的 C ═O 与 HN 形成氢键，使构象稳定。c. 两段肽链可以是平行的，也可以是反平行的。即前者两条链从“N 端”到“C 端”是同方向的，后者是反方向的（图 3-6）。反平行 β-折叠的氢键为直线型，而平行 β-折叠的氢键为折线型，因而反平行 β-折叠比平行 β-折叠更加稳定。d. 平行的 β-折叠结构中，两个残基的间距为 0.65nm；反平行的 β-折叠结构，则间距为 0.7nm。

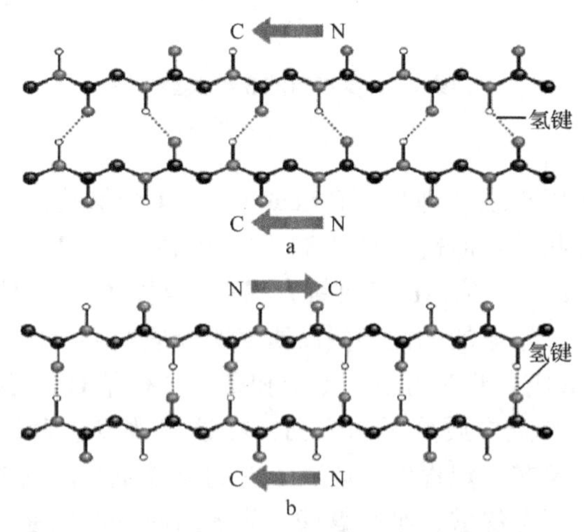

图 3-6 平行 β-折叠（a）和反平行 β-折叠（b）

β-折叠是天然蛋白质中大量存在的另一主要的二级结构，其基本单位是 β-链（β-strand）。β-链一般包含 5 ~ 10 个氨基酸残基，但它们的组成原子之间没有相互作用，因而其伸展的单链构象是不稳定的，只有当 2 个以上 β-链间以主链氢键相结合形成 β-折叠结构时，其构象才得以稳定，因而天然蛋白质的 β-链都是以 β-折叠方式存在的。β-折叠结构的形式十分多样，其 β-链可来源于不同的肽链或同一肽链的不同区域，且正、反平行能相互交替，组成混合型 β-折叠。在已知天然蛋白质的结构中，β-链都会沿其前进方向不断产生扭转，从而使得蛋白质实际结构中的 β-折叠从平直的层面变成了一种扭转层（图 3-7）。β-折叠结构一般比 α-螺旋稳定。蛋白质中如若含有较高比例的 β-折叠结构，往往需要高的温度才能使蛋白质变性。加热和冷却蛋白质溶液，通常可以使 α-螺旋转变为 β-折叠结构，但 β-折叠向 α-螺旋转变的现象迄今在蛋白质中尚未发现。

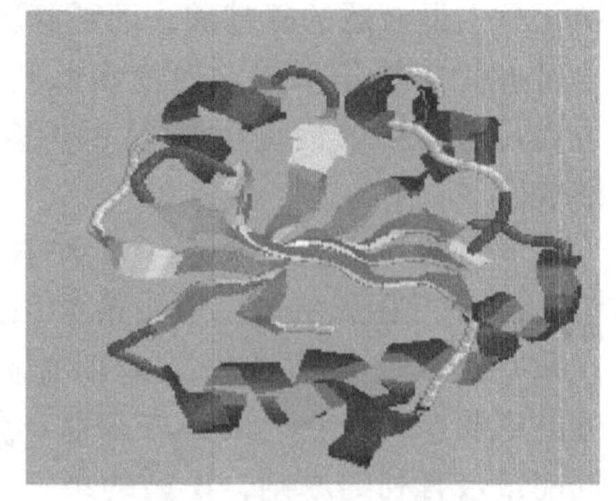

图 3-7 混合型 β-折叠

③β-转角：α-螺旋和 β-折叠凭借其较强的刚性成为构成蛋白质三级结构的主体，但必须通过环状肽链相连接才能形成完整的构象。环状肽链虽然缺少 α-螺旋和 β-折叠的规则性，但更强的灵活性使得其在三级结构的有机组织中起着重要作用，因而是另一类蛋白质二级结构，其典型代表是 β-转角。β-转角是一种简单的

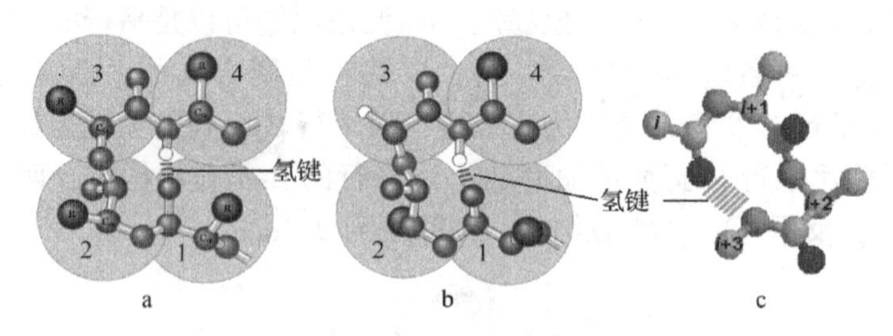

图 3-8 β-转角的 3 种类型

a. I 型 b. II 型 c. III 型

非重复性结构，也称回折或 β-弯曲（β-bend），由 4 个氨基酸残基［i~（$i+3$）］顺序连接而成的半环状的短肽链（图 3-8）。在 β-转角中，第 1 个残基（i）的 C═O 与第 4 个残基（$i+3$）的 NH 氢键键合成一个紧密的环，使 β-转角成为比较稳定的结构。由于这一构象的柔性和蛋白质表明介质及环境的复杂性，有时 β-转角的 4→1 氢键不能形成，此时可以第 1 个和第 4 个残基 C^{α} 的适宜空间距离来进行判别。β-转角多处在蛋白质分子的表面，在这里改变多肽链方向的阻力比较小。β-转角的特定构象在一定程度上取决于它的组成氨基酸残基，常见的氨基酸有甘氨酸、脯氨酸、天冬氨酸、半胱氨酸、天冬酰胺和酪氨酸。由于甘氨酸缺少侧链（只有一个 H），在 β-转角中能很好地调整其他残基的空间阻碍，因此是立体化学上最合适的氨基酸；而脯氨酸具有环状结构和固定的角，因此在一定程度上可迫使 β-转角形成，促使多肽自身回折，且这些回折有助于 β-折叠的形成。发夹转角结构可促进反平行 β-折叠的形成，交叉转角则可促进平行 β-折叠的形成。

至目前为止，已发现了 3 种 β-转角，分别是 I 型、II 型、III 型。在天然蛋白质中最常见的是 I 型 β-转角，其出现频率比 II 型高 2~3 倍，比 III 型高出 5 倍以上。I 型和 II 型的主要差别是它们的第二个肽单位具有相反的方向，根据能量最有利的原则，II 型的第三个残基经常是侧链仅为 H 的甘氨酸。III 型 β-转角现已证明是 3_{10}-螺旋的一个简单转角。因此，β-转角的中间两个残基（$i+1$，$i+2$）是其转角构象的主要决定因素。除了由 4 个氨基酸残基构成的 β-转角外，还存在由 3 个氨基酸残基构成的转角，称为 γ-转角（γ-turn）（图 3-9）。γ-转角由于只有 3 个氨基酸残基，肽链的方向转变失去了中间的缓冲，因而显得更为紧急，这就要求肽链自身的氢键及连接肽间的氢键参与 γ-转角的稳定。

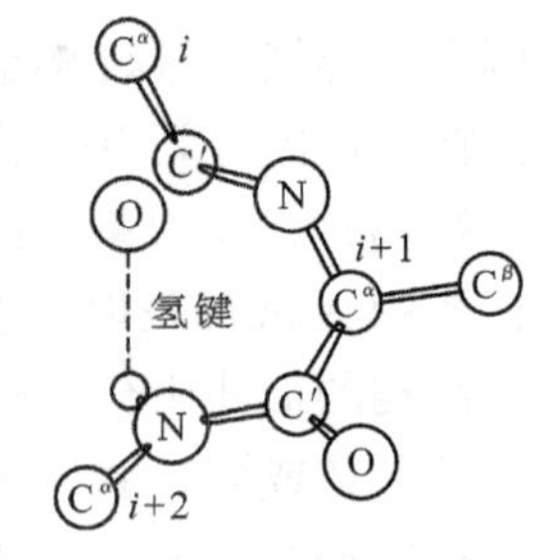

图 3-9 γ-转角示意

④β-发夹：β-发夹（β-haripin）是通过一段短的环肽链将两条相邻的 β-链连接在一起的结构，由于其形状类似一弯曲的发卡而得名。β-发夹由一条伸展的多肽链弯曲而成，形成的两条等长、反向相邻的肽段依靠氢键稳定，氢键数目为 3~6 个。按照发卡所包含的氨基酸残基的数量，可将 β-发夹分成 4 类（I 型、II

型、Ⅲ型、Ⅳ型），每类发卡又含有多个成员（图 3-10）。这 4 种类型在天然蛋白质中出现的频率约为 6%、40%、34%、20%。β-发夹主要存在于球蛋白，常参与配体-受体结合位置以及酶活中心的形成，因而具有重要的生物学功能意义。

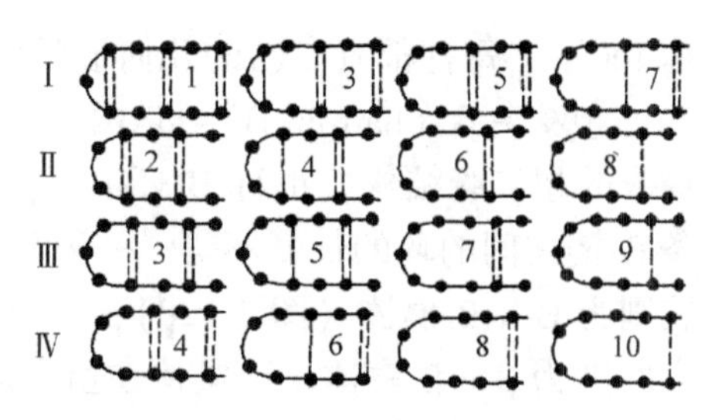

图 3-10 β-发夹的 4 种类型

⑤无规卷曲：亦称卷曲（coil）或圆环（loop），泛指那些不能被归入明确的二级结构如折叠或螺旋的多肽区段，肽链中肽键平面不规则排列，属于松散的无规卷曲（图 3-11）。无规卷曲的肽链间不形成氢键，主要和溶剂中分子如水或金属离子等形成氢键，所以肽链上的氨基酸多为亲水、带电荷的残基，这部分区域通常暴露在蛋白质表面，与蛋白的活性或功能相关，进化上常常不如蛋白质其他二级结构如 α-螺旋和 β-折叠等的氨基酸保守。

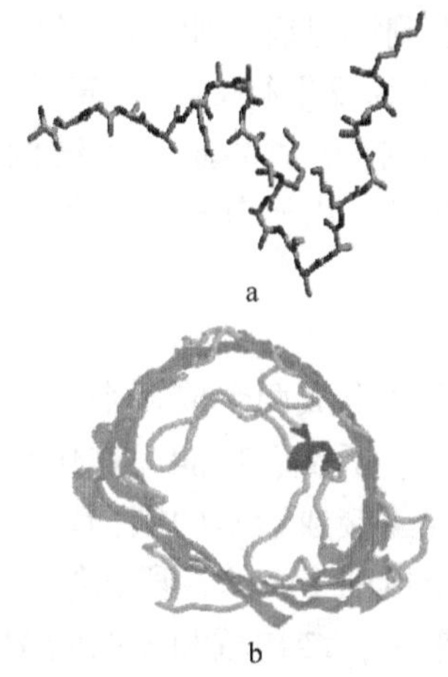

图 3-11 无规卷曲示意图

a. 无规卷曲的球棒模式 b. 在蛋白质三维结构中的无规卷曲

蛋白质中还存在着其他一些二级结构元件，如 β-凸起（β-bugle）、Ω 环（Ω loop）等。目前对这些结构元件的特征规律了解甚少，其生物学功能也未完全明确。

(2) 蛋白质的超二级结构

在许多天然蛋白质中，常可观察到一些一级顺序上相邻的二级结构在三维结构中按照特定的排布而形成的组合形式，称为超二级结构，也称为模体（motif）。大多数已发现的超二级结构都是 α-螺旋、β-链和 β-转角的组合，其基本形式有 αα、βαβ 和 βββ 等，但可以衍生出多种多样的组合方式。这里只对几个常见的超二级结构进行简单介绍。

①复绕 α-螺旋（coiled-coil α-helix）：两个 α-螺旋互相缠绕形成的侧链相互齿合的左手超螺旋结构，其周期距离为 14nm，两个 α-螺旋上的疏水侧链相向埋藏于超螺旋的内腔，形成的疏水作用自由能很低，因而结构非常稳定（图 3-12a）。复绕 α-螺旋常见于 α-角蛋白、原肌球蛋白等纤维蛋白中，部分球蛋白中亦有少量存在。

②螺旋-转角-螺旋（helix-turn-helix）：是含有两个 α-螺旋，并以一个环肽链相连接的具有特殊功能的超二级结构，也称为螺旋-环链-螺旋（helix-loop-helix）（图 3-12b）。在已知的蛋白质结构中观察到两种这样的模体，一种是 DNA 结合模体，另一种是钙结合模体又

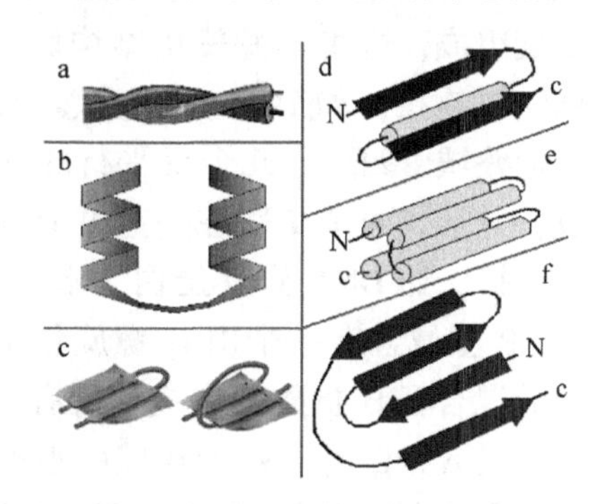

图 3-12 蛋白质的超二级结构

a. 复绕 α-螺旋 b. 螺旋－转角－螺旋 c. 发夹 β d. β-α-β e. β－折叠筒 f. β-迂回

称 EF 手，每种都有自己的几何形状和所需的氨基酸残基序列。

③发夹 β（hairpin β）：是两条平行或反平行的 β-链通过一个环肽链相连接构成的超二级结构，也称 β-环-β（β-loop-β）或 β-χ-β 模体（图 3-12c、d）。两条 β-链之间的环的长度不等，一般为 2～5 个残基。在 β-χ-β 中，如果 χ 为 α-螺旋则为 β-α-β 模体（图 3-12d），如果 χ 为 β-链则为 β-β-β 模体，如果 χ 为无规卷曲则为 β-c-β 模体。该模体在蛋白质结构中频繁出现，但无特殊的功能，而且有不同的手性。两个 β-χ-β 模体可组合成更复杂的超二级结构。

④β-折叠筒（β-sheet barrel）：是由多条 β-链卷成的一种圆筒状超二级结构（图 3-12e）。该构象的 β-链以氢键相连接，筒中心由疏水侧链组成。如果 β-链的方向相同，则为平行 β-折叠筒；如果 β-链的方向不同，则为反平行 β-折叠筒。

⑤β-迂回（β-meander）：是由 3 条或以上的反平行 β-链形成的超二级结构（图 3-12f）。β-迂回有多种形式，其中 4 条 β-链的最为常见，由于其排列为类似于古希腊图案，因此被称作“希腊钥匙”。

（3）蛋白质的结构域

结构域是在二级结构或超二级结构的基础上以特定方式形成两个或多个在空间上可明显区分的三级结构的局部折叠区，是蛋白质结构、折叠、功能、进化和设计的基本单位。这些结构不一定连续，却能通过共价键连接成紧密的结构。一条多肽链在这个域范围内来回折叠，但相邻的域常被一个或两个多肽片段连结。

对那些较小的球状蛋白质分子或较大蛋白质的亚基来说，结构域和三级结构的意思相同，即这些蛋白质或亚基是单结构域的，如红氧还蛋白等。较大的蛋白质分子或亚基其三级结构一般含有两个以上的结构域，其间以柔性的铰链相连，以便相对运动。结构域有时也指功能域。一般功能域是蛋白质分子中能独立存在的功能单位，它可以是一个结构域也可以是由两个或两个以上结构域组成。蛋白质的结构域决定了它的功能，以及与之相关和相互作用的生物网络。

结构域的基本类型主要有 α-螺旋域、β-折叠域、α/β 域、α＋β 域、无α＋β 域等 5 种（图 3-13）。α-螺旋域主要由 α-螺旋组成，这些 α-螺旋由结构域表面的环肽链相连接，如 DNA 聚合酶、肌红蛋白。β-折叠域由四到十几个反平行的 β-链所构成，并形成两个交联在一起并互相堆积的 β-回折，如 DNA 修复蛋白、木瓜蛋白酶。α／β 型域含有一个由 α-螺旋包围着的平行或混合型 β-折叠的内核，所有的糖酵解酶都是 α／β 型。α ＋ β 域由不连续的 α-螺旋和 β-链不规则堆积而成，在大部分天然蛋白质中存在。无 α ＋ β 域的 α-螺旋和 β-折叠含量极少，但富含金属或二硫键，如麦胚凝集素。

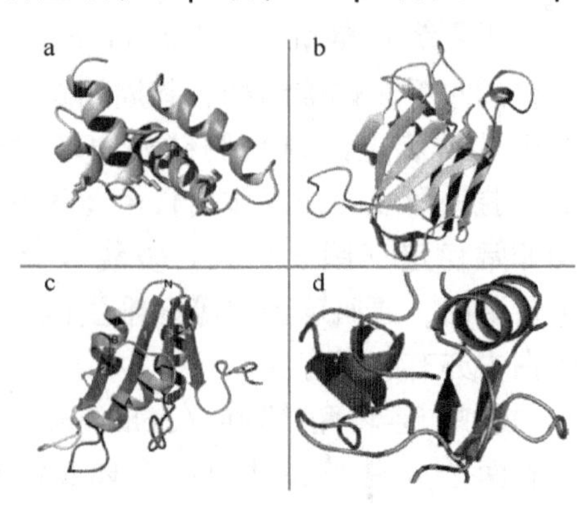

图 3-13　蛋白质结构域示意图

a. α-螺旋域　b. β-折叠域
c. α／β 域　d. α ＋ β 域

(4) 蛋白质的三级结构

蛋白质三级结构是指蛋白质分子或亚基内所有原子的空间排布情况，但不包括分子间或亚基间的空间排列关系，是二级结构、超二级结构以及各种环肽链在空间上的进一步折叠或结构域在三维空间中以特定的方式排布（图 3-14）。蛋白质三级结构的稳定主要依靠次级键，包括氢键、疏水键、盐键以及范德华力等，疏水作用是主要的作用力，有些蛋白质还涉及二硫键。这些次级键可存在于一级结构序号相隔很远的氨基酸残基的 R 基团之间，因此蛋白质的三级结构主要指氨基酸残基的侧链间的结合。次级键都是非共价键，易受环境中 pH 值、温度、离子强度等的影响，有变动的可能性。二硫键不属于次级键，但在某些肽链中能使远隔的二个肽段联系在一起，这对于蛋白质三级结构的稳定起着重要作用。如果蛋白质分子仅由一条多肽链组成，三级结构就是它的最高结构层次，亦称三维结构。对于多亚基（subunit）蛋白质而言，每条多肽都形成独立的三级结构，然后进一步组织成更复杂的结构。蛋白质的折叠是有序的、由疏水作用力推动的协同过程，分子伴侣在蛋白质的折叠中起着辅助性的作用。

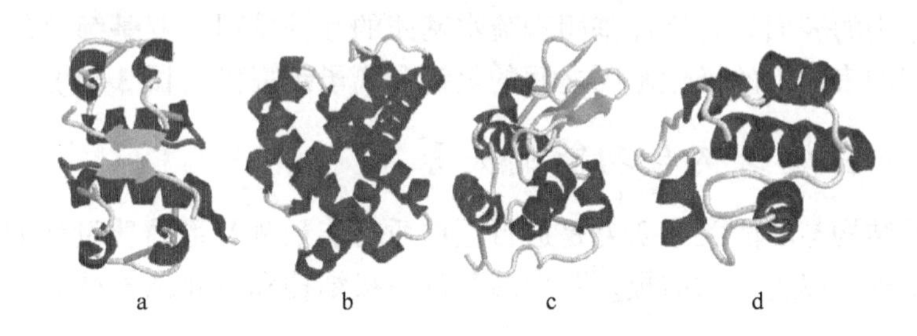

图 3-14 蛋白质三级结构示意图

a. 胰岛素（克隆显示） b. 肌红蛋白 c. 溶菌酶 d. 细胞色素 C

(5) 蛋白质的四级结构

具有二条或二条以上独立三级结构的多肽链组成的蛋白质，其多肽链间通过次级键相互组合而形成的空间结构称为蛋白质的四级结构（图 3-15）。其中，每个具有独立三级结构的多肽链单位称为亚基。四级结构实际上是指亚基的立体排布、相互作用及接触部位的布局。亚基通常由一条多肽链组成，有时含两条以上的多肽链，单独存在时一般没有生物活性。亚基之间不含共价键，亚基间次级键的结合比二、三级结构疏松，因此在一定的条件下，四级结构的蛋白质可分离为其组成的亚基，而亚基本身构象仍可不变。亚基有时也称为单体（monomer），仅由一个亚基组成的并因此无四级结构的蛋白质

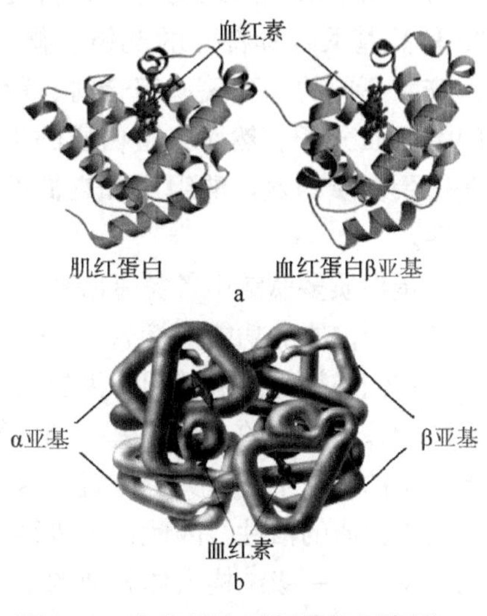

图 3-15 血红蛋白四级结构示意图

a. 血红蛋白与肌红蛋白 β 亚基

b. 四亚基组成的血红蛋白四级结构

称为单体蛋白质，由两个或两个以上亚基组成的蛋白质统称为寡聚蛋白质、多聚蛋白质或多亚基蛋白质（oligoprotein）。多聚蛋白质可以是由单一类型的亚基组成，称为同多聚蛋白质（homo-oligoprotein），由几种不同类型的亚基组成称为杂多聚蛋白质（hetero-oligoprotein）。对称的寡聚蛋白质分子可视为由两个或多个不对称的相同结构成分组成，这种相同结构成分称为原聚体或原体（protomer）。某些蛋白质分子可进一步聚合成聚合体（polymer）。聚合体中的重复单位称为单体（monomer），聚合体可按其中所含单体的数量不同而分为二聚体、三聚体、四聚体、寡聚体（oligomer）和多聚体（polymer），如胰岛素在体内可形成二聚体及六聚体。

蛋白质的四级结构涉及亚基种类和数目以及各亚基或原聚体在整个分子中的空间排布，包括亚基间的接触位点和作用力（主要是非共价相互作用）。稳定四级结构的作用力与稳定三级结构的没有本质区别。亚基的二聚作用伴随着有利的相互作用包括范德华力、氢键、离子键、疏水作用和亚基间的二硫键。亚基缔合的驱动力主要是疏水作用，因亚基间紧密接触的界面存在极性相互作用和疏水作用，相互作用的表面具有极性基团和疏水基团的互补排列。亚基缔合的专一性则由相互作用的表面上的极性基团之间的氢键和离子键提供（图 3-15）。

3.1.2 蛋白质结构与功能的关系

蛋白质结构与功能关系研究是进行蛋白质功能预测及蛋白质设计的基础，也是蛋白质工程得以进行的前提。蛋白质可从一级结构和空间结构两方面来影响它的生物学功能。

(1) 蛋白质一级结构与功能的关系

蛋白质的一级结构决定了蛋白质的二级、三级等高级结构。决定每一种蛋白质的生物学活性的结构特点，首先在于其肽链的氨基酸序列。由于组成蛋白质的 20 种氨基酸各具特殊的侧链，侧链基团的理化性质和空间排布各不相同，当它们按照不同的序列关系组合时，就可形成多种多样的空间结构和不同生物学活性的蛋白质分子。然而，蛋白质的生物学活性还依靠其正常的空间构象，因此仅仅获得蛋白质的氨基酸组成和它们的排列顺序并不能完全了解蛋白质分子的生物学活性。

蛋白质多肽链中各氨基酸残基的数量、种类及它们在肽链中的顺序主要从两方面影响蛋白质的功能或活性。一部分氨基酸残基直接参与构成蛋白质的功能活性区，它们的特殊侧链基团即为蛋白质的功能基团，这种氨基酸残基如被置换都会直接影响该蛋白质的功能，另一部分氨基酸残基虽然不直接作为功能基团，但它们在蛋白质的构象中处于关键位置，这种残基一旦被置换就会影响蛋白质的构象，从而影响蛋白质的活性。因此，一级结构不同的各种蛋白质，它们的构象和功能自然不同；反之，一级结构大体相似的蛋白质，它们的构象和功能也可能相似，如来源于不同动物种类的胰岛素。但有些一级结构相似性较小（<10%）的蛋白质，如不同物种的血红蛋白，其高级结构非常相似，因此具有非常相似的功能。

部分天然蛋白质的一级结构与蛋白质功能有相适应性和统一性，表现为以下几个方面：① 一级结构的变异与分子病。蛋白质中的氨基酸序列与生物功能密切相关，参与功能活性部位的残基或处于特定构象关键部位的残基，即使在整个分子中发生一个残基的异常，那么该蛋白质的功能也会受到明显的影响，如镰刀型细胞贫血症。② 一级结构与生物进化。研究发现，同源蛋白质中有许多位置的氨基酸是相同的，而其他氨基酸差异较大。③ 蛋白质的激活作用。在生物体内，有些蛋白质常以前体的形式合成，只有按一定方式裂解除去部分肽链之后才具有生物活性，如酶原的激活。

(2) 蛋白质空间结构与功能的关系

蛋白质的生物学功能很大程度上取决于其空间结构，蛋白质结构的构象多样性导致了不同的生物学功能。蛋白质分子只有处于它自己特定的三维空间结构情况下，才能获得它特定的生物活性；三维空间结构稍有破坏，就很可能会导致蛋白质生物活性的降低甚至丧失。因为它们的特定结构允许它们结合特定的配体分子，例如，血红蛋白和肌红蛋白与氧的结合、酶和它的底物分子、激素与受体，以及抗体与抗原等。蛋白质变性时，由于其空间构象被破坏，故引起功能活性丧失，变性蛋白质在复性后，构象复原，活性即能恢复。

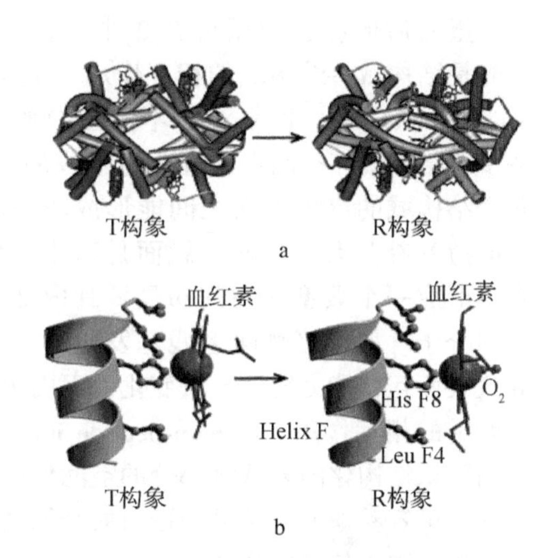

图 3-16 血红蛋白的氧结合区构象变化

a. 血红蛋白 T 和 R 构象的三维构象

b. 血红蛋白结合 O_2 的亚基构象变化

除受物理、化学因素而引起的构象破坏所致的活性丧失之外，在正常情况下，有很多蛋白质的天然构象也不是固定不变的。人体内有很多蛋白质往往存在着不止一种天然构象，但只有一种构象能显示出正常的功能活性。因而，常可通过调节构象的变化来影响蛋白质（或酶）的活性，从而调控物质代谢反应或相应的生理功能（图 3-16）。当某种小分子物质特异地与某种蛋白质（或酶）结合后，能够引起该蛋白质（或酶）的构象发生微妙而规律的变化，从而使其活性发生变化（活性可以从无到有或从有到无，也可以从低到高或从高到低），这种现象称为别构效应或变构效应（allosteric effect）。具有这种特性的蛋白质或酶称为别构蛋白质或别构酶。凡能和别构蛋白质或别构酶结合并引起此种效应的小分子物质，被称为别构效应剂。别构效应充分说明了构象与功能活性之间的密切关系。

3.1.3 蛋白质的相互作用

蛋白质—蛋白质相互作用（protein-protein interaction）是指蛋白质通过分子表面之间的特异性相互作用，从而实现其特异生物学功能，如酶与底物、抗原与抗体、配体与受体之间的相互作用等。在细胞内，蛋白质在发挥作用时都不是孤立的，而是相互联系的，尤其在复杂的胞内信号转导网络体系中这种情况更为突出。一种蛋白的功能必须借助于其他蛋白的调节或介导，这种调节或介导作用的实现首先要求蛋白质之间有结合作用或相互作用，这也是蛋白质工程研究的重要目标之一。

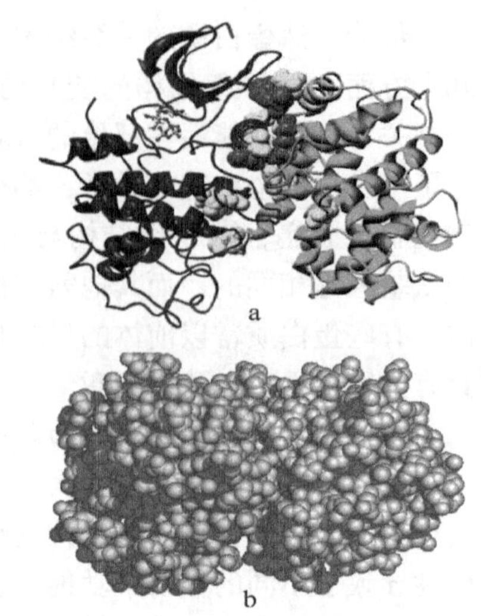

图 3-17 蛋白质的相互作用示意图

a. 两个蛋白质相结合的三维结构

b. 两个蛋白质相结合的分子表面

蛋白质的相互作用可在 3 个层次上进行。首先是结构域—结构域的相互作用（domain-domain interaction），即来源于不同蛋白质的两个或多个结构域在空间上相互靠近形成的接触面。每个结构域的突出表面之间能形成较好的形状和电荷互补。大部分的接触面是疏水性的，并且可形成一个典型的空间布局，其内部不存在溶剂分子。如果接触面上残基发生了突变将会导致表面互补能力发生严重变化，而周边残基突变的影响可忽略。二是结构域与多肽链的相互作用（domain-peptide interaction），即一个蛋白质的结构域与另一蛋白质未结构化的多肽链部分的空间作用，常见于抗原复合物。由于多肽链的伸展性，可容易地伸入到另一蛋白质结构域的内部，从而产生稳定的结合，如磷酸化作用、胞内信号底物的定位等。三是蛋白质分子间的相互作用（intramolecular protein-protein interaction）（图 3-17），即蛋白质通过结合不同的底物从而产生不同生物学功能，常见于细胞信号传导途径，由一个双元开关进行控制，如磷酸化—去磷酸化。

蛋白质分子之间的相互作用还具有特异性，即一种受体蛋白只能与一种特异配体蛋白结合，这种特异性是由其结合位点决定的。两个分子的结合位点必须存在能够配对形成非共价键的基团，而且每对基团在空间上恰好能达到形成非共价键的最佳距离。这就是所谓的“镜像关系”，即两分子的结合位点具有相对应的基团和对称的空间排列。这种基团的对应及空间排列对称关系决定了蛋白质分子之间相互作用的特异性，从而保证了生物分子能正常发挥其生物学功能。

目前，应用于蛋白质相互作用的研究方法主要有：以生物化学和生物物理学为基础的蛋白质亲和层析（protein affinity chromatography）、亲和印迹（affinity blotting）、免疫共沉淀（immuno precipitation）、交联技术（cross-linking）；以分子生物学为基础的蛋白探针技术（protein probing）、噬菌体展示技术（phage display）及双杂交系统（two-hybrid system）等。其中，分子生物学方法尤其是酵母双杂交系统的建立，使蛋白质相互作用的研究取得了极大的进展。

3.2 蛋白质结构的测定及预测

蛋白质的功能由其一级结构决定，但很大程度上取决于其空间结构。因而，对于测定一新的蛋白质结构而言，首先要测定其一级结构即氨基酸顺序，然后测定其三维结构。蛋白质一级结构的测定方法已比较成熟，其基本原理是：通过两种不同的方法将目的蛋白质的多肽链进行专一性切割，分别得到一系列短肽，将它们分离纯化后分别测出氨基酸序列，然后将两套短肽序列的测序结果进行拼接，即可得到目的蛋白质的完整一级结构。一般有两种方法进行测定蛋白质三维结构，一是核磁共振法测定蛋白质在溶液中的结构，另一是X射线法测定蛋白质的晶体结构。蛋白质结构测定完毕，可通过计算机模拟显示技术获得结构图像。

3.2.1 蛋白质三维结构的表示方法

由于蛋白质分子太小，其真实的物理三维空间结构是难以通过光学仪器进行观测的。为了方便浏览和注释蛋白质的三维结构，需先将蛋白质所有原子的空间位置转换成相对的三维坐标数据，得到一个包含有所有原子坐标信息的文件，然后采用计算机的图形显示技术，通过合适的软件即可在屏幕上显示出模拟的三维结构。随着越来越多蛋白质三维结构被测定，蛋白质原子坐标的文件格式也是千差万别，为了方便不同的研究人员对多种多样的蛋白质三维结构进行共享和注释，Bernstein等于1977年提出了一个统一的蛋白质结构文件格式标准，即PDB（protein data bank）格式。

一个PDB文件一般包括以下九大内容的信息：① 标题部分，包括：HEADER（分子类，公布日期，ID号），OBSLTE（注明此ID号已改为新号），TITLE（说明实验方法类型），CAVEAT（可能的错误提示），COMPND（化合物分子组成），SOURCE（化合物来源），KEYWDS（关键词），EXPDTA（测定结构所用的实验方法），AUTHOR（结构测定者），REVDAT（修订日期及相关内容），SPRSDE（已撤销或更改的相关记录），JRNL（发表坐标集的文献），REMARK 1（有关文献），REMARK 2（最大分辨率），REMARK 3（用到的程序和统计方法），REMARK 4-999。② 一级结构，包括：DBREF（其他序列库的有关记录），SEQADV（PDB与其他记录的出入），SEQRES（残基序列），MODRES（对标准残基的修饰）。③ 杂因子，包括：HET（非标准残基），HETNAM（非标准残基的名称），HETSNY（非标准残基的同义字），FORMOL（非标准残基的化学式）。④ 二级结构，包括：HELIX（螺旋），SHEET（折叠片），TURN（转角）。⑤ 连接注释，包括：SSBOND（二硫键），LINK（残基间化学键），HYDBND（氢键），SLTBRG（盐桥），CISPEP（顺式残基）。⑥ 晶胞特征及坐标变换，包括：CRYST1（晶胞参数），ORIGXn（直角 - PDB坐标），SCALEn（直角 - 部分结晶学坐标），MTRIXn（非晶相对称），TVECT（转换因子）。⑦ 坐标部分，包括：MODEL（多亚基时的亚基号），ATOM（标准基团的原子坐标），SIGATM（标准差），ANISOU（温度因子），SIGUIJ（各种温度因素导致的标准差），TER（链末端），HETATM（非标准基团原子坐标），ENDMDL（亚基结束）。⑧ 连通性部分，包括：CONECT（原子间的连通性有关记录）。⑨ 簿记，包括，MASTER（版权拥有者），END（文件结束）。

每一蛋白质的 PDB 文件都拥有一个唯一的编号，即 PDB ID。在获得了某一蛋白质的 PDB 格式文件后，即可通过软件将其在计算机上进行全方位、多形式的显示和注释（图 3-18）。常见的软件有：RasMol、Swiss-PDB Viewer、MolMol、Protein Explorer 等。

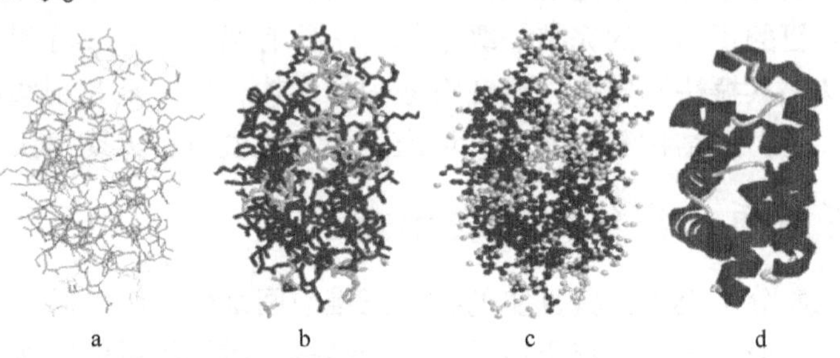

图 3-18　肌红蛋白的三维结构示意图

a. 点线模式　b. 棍棒模式　c. 球棍模式　d. 板带模式

3.2.2　X 射线法测定蛋白质的晶体结构

在建立研究蛋白质结构的核磁共振方法之前，蛋白质的空间结构只能用 X 射线晶体衍射（X-ray crystal diffraction）方法确定。这种研究需将蛋白质结晶，再通过晶体衍射方法得到晶体结构。

X 射线晶体衍射法的原理。电磁波是直线传播的，但在某些情况下也会拐弯，这就是衍射现象。当可见光通过针孔或狭缝时，就会出现这种现象。由于针孔或狭缝的大小和可见光的波长量级相同，可以把针孔或狭缝看做是一个点光源，它向四面八方辐射出二次电磁波，或称散射波。如果有多个有序排列的针孔或狭缝，由于这些散射波的干涉，就会形成规则的明暗相间的衍射花样。这是因为来自不同部位的散射波的相位及振幅不同，它们相加的结果在有些地方加强，而在另一些地方减弱。这些花样随波长或针孔的大小及其排布方式不同而变化。当 X 射线通过晶体时，晶体内原子的核外电子能够散射 X 射线。如果把每个原子看成是个散射源，由于 X 射线的波长同原子间的距离量级相同，因此也会发生衍射现象。晶体结构的特征是晶体内的原子或分子周期重复地排列。如果采用一组抽象的几何点来表示这种周期重复的规律，那么这种排列可以表示为点阵。晶体的三维点阵结构使得晶体可被划分成为无数个大小和形状完全相同的平行六面体，即被称为晶胞。它是晶体结构的基本重复单位。每个晶胞内包含种类、数目和排列完全相同的原子。可以推得，衍射线（也称反射线）的强度取决于晶胞的内容，它的方向取决于波长和晶胞的大小和形状。晶体对 X 射线与规则排列的针孔对可见光的衍射遵循相同的光学变换原理，即针孔或晶体的结构（针孔或晶体中原子的排列）经傅里叶变换，可以得到它们的倒易图像——衍射波谱。反之，衍射波谱的反变换，即为正空间的图像——针孔的排列或晶体的结构，可借助计算机从数学上完成这种反变换的计算。

X 射线晶体衍射法的优缺点。优点：① 精度高，所获得的三维结构分辨率比核磁共振的高；②可测定大蛋白质分子的三维结构；③ 实验周期相对较短。缺点：① 该方法得到的是蛋白质分子在晶体状态下的空间结构，这种结构与蛋白质分子在生物细胞内的本来结构有较大的差别；② 晶体中的蛋白质分子相互间是有规律地、紧密地排列在一起的，运动性较差，而自然界的生物细胞中的蛋白质分子则是处于一种溶液状态，周围是水分子和其他的生物分子，具有很好的运动性；③ 有些蛋白质只能稳定地存在于溶液状态，无法结晶。

3.2.3 核磁共振法测定蛋白质的溶液结构

核磁共振（nuclear magnetic resonance，NMR）是核磁矩不为零的核在外磁场的作用下，核自旋能级发生塞曼裂分（Zeeman splitting），共振吸收某一特定频率的射频辐射的物理过程。NMR 能够提供分子结构和分子动力学的信息，成为解析分子结构的一个强有力的工具。

核磁共振的原理：自旋量子数（I）不为零的原子核，自旋且带有电荷，因此产生磁矩。在外加磁场中，将会相对于磁场取向同时发生能级分裂。各能级之间有能量差，低能态的核可以吸收能量而跃迁至高能态，这就是核磁共振。原子核外围的电子云在外加磁场（H_0）中，产生感生磁场，致使原子核实际感受的磁场（H）变小，为使该核发生共振，必须适当增加 H_0，以抵消电子云的屏蔽作用。这种磁场强度的移动称为化学位移。根据它可以考查原子核所处的化学环境，从而对化合物进行结构分析。共振谱线的能量差称为自旋耦合常数，以 J 表示。J 是 NMR 中极重要的参数，与 H_0 无关，与分子结构有关，与键数、键的性质、成键核的数目和自旋、溶液中的构象等都有关系。

与 X 射线衍射法相比较，NMR 法具有以下优点：① NMR 法可以在水溶液中或有机相中研究生物大分子结构。由于绝大多数生物大分子至今无法得到单晶，X 射线衍射法无能为力，但 NMR 技术却可以对这类分子进行空间结构研究；② NMR 法还可以研究溶液条件如 pH 值、温度、离子强度等的改变对生物大分子空间构型的影响，观察生物大分子的变性过程与空间结构的关系，研究生物大分子间的相互作用与空间结构的关系；③ 可研究各种复合物，如蛋白质—蛋白质、酶—底物、酶—辅基、蛋白质—核酸等的分子构象；④ NMR 技术还可以研究生物大分子内部的动力学特征。NMR 法亦有其固有的缺陷：① 核自旋的塞曼裂分很小，使得 NMR 实验灵敏度较低；② 分子的运动相关时间随相对分子质量增大而增大，从而导致谱线增宽，这给 NMR 的广泛应用施加了一道相对分子质量上限的限制；③ 异核多维实验中的多步相关转移导致灵敏度的降低，精度不如 X 射线衍射法；④ 蛋白质结构测定的周期比较长，要求蛋白质样品在长时间内具有高的相对稳定性；⑤ 需同位素标记。

除了上述两种常用的蛋白质三维结构测定方法外，还有其他一些方法可用来进行结构测定，如扫描隧道显微技术、中子衍射技术、X 射线纤维衍射技术等。这些方法可作为上述两种方法的补充，或对某些特殊蛋白质如角蛋白、胶原等具有较好效果。

3.2.4 蛋白质结构的预测

目前应用 X 射线衍射法和 NMR 法已测定了 38 000 多种蛋白质及其复合物的结构，但与已获得的近 200 万个蛋白质序列相比，还有很大的差距，极大地影响了对蛋白质结构和功能关系的研究，因此发展一种不依赖实验而又有一定准确性的理论蛋白质结构预测方法显得格外重要。通过实验方法来获得蛋白质三维结构的共同缺点是耗时，而且常受限于样本的制备技术。与实验方法相比较，理论预测的方法是通过分析蛋白质序列，由现有的资料库中获取参数，通过计算机模拟技术搭建蛋白质结构模型，对结构进行优化，并对蛋白质结构模型进行合理性评估，借此获得蛋白质的空间结构信息，帮助解决 X 射线衍射和 NMR 无法克服的问题，并节省了大量的时间。蛋白质结构的理论预测方法都是建立在氨基酸的一级结构决定高级结构的理论基础上，包括二级结构预测和三级结构预测。在蛋白质分子设计中，需经常对目的蛋白质或其突变体进行蛋白质结构的预测及分析，因而是蛋白质工程中非常重要的基础性研究方法。

3.2.4.1 蛋白质的二级结构预测

在预测蛋白质三维结构时，通常会先预测其较为粗略的二级结构，然后借由二级结构的片段，产生可能的三级结构模块（structure template）。所谓二级结构预测即推测每个氨基酸究竟是 helix（H），或是 strand（E），还是 others（C），而预测的准确率即预测正确的个数占蛋白质序列中所有氨基酸个数的百分比。二级结构预测的准确率会相当程度地影响到三级结构的预测，如果预测的二级结构准确率达到 80% 以上时，就可以基本准确地预测出该蛋白质的三维结构。

蛋白质二级结构预测方法可归为三大类：统计学法（statistical method）、基于已有知识的预测方法（knowledge-based method）、混合方法（hybrid system method）。这些方法都假定蛋白质的二级结构主要是由邻近残基间的相互作用所决定的，然后通过对已知空间结构的蛋白质分子进行分析、归纳，制定出一套预测规则，并根据这些规则对其他已知或未知结构的蛋白质的二级结构进行预测。

(1) 统计学法

统计学方法是 20 世纪 70 年代以后提出的，目前常用的有以下几种方法：① Chou-Fasman 方法，是 Chou 和 Fasman 提出的单序列预测方法中的一种，优点是构象参数的物理意义明确，可能能够正确反映蛋白质二级结构的形成过程，使用简单，缺点是预测成功率不高，仅有 50% 左右。② GOR 方法，也是单序列预测方法中的一种，因其开发者 Garnier、Osguthorpe 和 Robson 而得名。GOR 方法不仅考虑被预测位置本身氨基酸残基种类对该位置构象的影响，也考虑到相邻残基种类对该位置构象的影响，这样使预测的成功率从 56% 提高到了 65%。GOR 方法的优点是物理意义清楚明确，数学表达严格，而且很容易写出相应的计算机程序，但缺点是表达式复杂；③ 最近邻居方法，也称多序列列线预测方法，预测的成功率约 63%。④ 神经网络算法，利用神经网络的方法进行序列的预测，优点是应用方便，获得结果较快较好，主要缺点是没有反映蛋白质的物理和化学特性，而且利用大量的可调参数，使结果不易理解。该方法预测的成功率约在 61%~68%。

（2）基于已有知识的预测方法

这类预测方法包括 Lim 和 Cohen 两种方法：① Lim 方法是一种物理化学的方法，它根据氨基酸残基的物理化学性质，包括疏水性、亲水性、带电性以及体积大小等，并考虑残基之间的相互作用而制订出一套预测规则。Lim 方法的预测成功率可达 59%，对于小于 50 个氨基酸残基的肽链，预测准确率可以达到 73%。② Cohen 方法，是针对 α/β 蛋白的预测而提出来的，基本原理是：疏水性残基决定了二级结构的相对位置，螺旋亚单元或扩展单元是结构域的核心，α 螺旋和 β 折叠组成了结构域。由于附件条件复杂，预测成功率变化较大，约为 56%~64%。

（3）混合方法

前面提到的各种方法，如果仅使用目的预测蛋白的氨基酸序列作为输入信息，平均预测成功率很难超过 66%。如果将以上几种方法选择性地混合使用，并调整它们之间使用的权重，可以提高预测的准确率。目前预测准确率在 70% 以上的都是混合方法，有些甚至接近了 80%，其中同源性比较方法、神经网络方法和 GOR 方法应用最为广泛。目前较为常用的几种混合方法有 PHD、PSIPRED、Jpred、PREDATOR、PSA。

3.2.4.2 蛋白质的三级结构预测

大致分为以下四类：① 基于蛋白质空间构象力学的理论计算法（theoretical calculation method）；② 基于氨基酸物理化学特性的从头预测法（ab-initio prediction method）；③ 基于序列已知的蛋白质折叠的折叠识别法（fold-recognition method），也称反向折叠法（inverse folding method）或穿线法（threading method）；④ 同源建模法（homology modeling method）。不同的预测方法所采用的机理完全不同，因而所预测的结构经常会有较大的差别。

（1）理论计算法

该法是根据物理化学、量子化学、量子物理的基本原理，从理论上计算蛋白质分子空间结构的一种方法，主要有分子力学、分子动力学方法。该法所依据的一个基本热力学假定是：蛋白质分子在溶液中的天然构象是热力学上最稳定的、自由能最低的构象。从理论上说，如果正确地考虑了一个蛋白质分子中所有原子间的相互作用以及蛋白质分子与溶剂的相互作用，应用能量极小化方法就可以在计算机上确定一个蛋白分子的天然构象。不过，在实际应用时，该法存在诸多问题：① 从理论上计算蛋白质分子空间结构需要精确地知道描述蛋白质/溶剂系统的力场和能量函数，而目前关于系统能量函数的了解还仅仅处于半定量阶段。②

能量的极小化方法在数学中属于最优化理论的范畴，存在着大量的局部极小点，虽然有不少工作致力如何跨越局部势能的研究，但目前从数学上仍没有有效的方法解决这一问题。③ 迄今为止，所有的研究结果都仅仅表明了每个蛋白质分子在一定条件下具有特定的有生物功能的构象，而并没有证明这一天然构象就是全局自由能最小的构象。因此，用理论计算的方法预测蛋白质分子的天然构象的准确率较低。

（2）同源建模法

也称比较建模（comparative modeling），这是目前应用最成功的一种方法。理论依据是同源序列的氨基酸有着相似的高级结构，其原理是在蛋白质数据库中寻找序列最为相似的蛋白质，并以此蛋白质的结构为模板，构建待测蛋白质的结构模型。蛋白质根据序列同源性可以分成不同的家族。一般认为序列同源性大于 30% 的蛋白质可能由同一祖先进化而来，称为同源蛋白质，同源蛋白质具有相似的结构和功能，所以利用结构已知的同源蛋白质可以建立目标蛋白质的结构模型，然后用理论计算方法进行优化。同源建模的基本过程包括 6 个步骤：① 使用未知序列作为查询来搜索已知蛋白质结构；② 产生未知序列和模板序列最可能的完整比对；③ 以模板结构骨架作为模型，建立蛋白质骨架模型；④ 在靶序列或者模板序列的有空位区域，使用环建模过程代替合适长度的片段；⑤ 侧链的安装和优化；⑥ 对建模结构进行优化和评估（图 3-19）。现在已经开发出很多优秀的同源建模软件，如 HOMOLOGY、NSIGHT II 等。

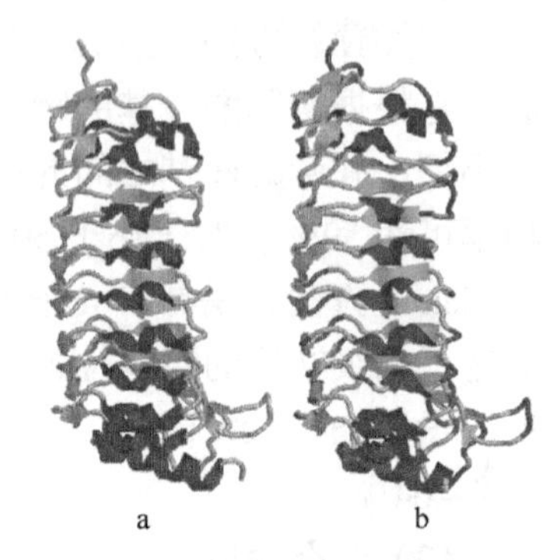

图 3-19 同源蛋白的建模

a. 菜豆多聚半乳糖醛酸酶抑制蛋白的三维结构作为模板 b. 同源建模后的胡萝卜抗冻蛋白三维结构

（3）折叠识别法

某些蛋白质在结构已知的数据库中找不到序列同源性大于 30% 的同源蛋白质，但是许多序列同源性很差（小于 25%）的蛋白质却存在相同的框架结构——折叠子。因而，尽管蛋白质的氨基酸序列有很大不同，但往往有相同的折叠类型，基于此种折叠识别，可以构建目的蛋白质的三维结构。折叠识别技术包括高级序列比较、二级结构预测、序列相容性、三维结构检验以及专家经验等方面。由于各种立体化学的限制，蛋白质折叠子的数目是有限的，研究发现，某蛋白质的折叠特性中有 60%~70% 可在已有的蛋白质数据库中找到。折叠识别法的进展很大程度上得益于二级结构预测准确率的提高。折叠识别法亦存在一定的局限性，即它假设蛋白质的折叠类型是有限的，所以，只有未知蛋白质和已知蛋白质结构相像的时候，才有可能预测出未知蛋白质的结构。如果未知蛋白质结构是现在还没有出现的结构，这种方法就不能应用。

（4）从头预测法

从头预测是指不直接依赖相似结构信息而只从氨基酸一级序列中通过生物计

算给出高级模型的方法。无论是同源建模法还是折叠识别法都需要已知的蛋白质结构作为模板，不能得到全新的结构，而且在找不到模板结构的情况下难以得到成功应用。与之相比，从头预测方法不需要已知结构信息，直接从蛋白质序列预测其空间结构，因而在理论上是一种理想的方法。由于单独应用此方法还很困难，因此实际应用中也借用了许多已知蛋白质结构数据，如设立评分功能来区分正确或错误预测、向模型中插入片段等。此方法大致包括二级结构预测、三维结构组装、邻近残基预测、超二级结构功能域预测、数字模型相互作用寻找功能构型等过程。根据从头预测得到的结构信息，有 0D 方法，如蛋白质结构类的预测和蛋白质折叠类型预测；1D 方法，如二级结构预测和溶剂可及性预测；2D 和 3D 方法，如蛋白质折叠模拟。

3.3 蛋白质分子设计

天然蛋白质在自然条件下才能起到最佳功能，在人工环境下其生物活性往往发生变化，因此就需要对蛋白质进行改造与分子设计，使其能够在特定条件下起到特定的功能或最佳生物活性的环境适应性增强。蛋白质分子设计就是为有目标的蛋白质工程改造提供设计方案。蛋白质工程是根据蛋白质的精细结构和生物活力的作用机制之间的关系，利用基因工程的手段，按照人类自身的需要，定向地改造天然的蛋白质，甚至于创造新的、自然界本不存在的、具有优良特性的蛋白质分子。蛋白质工程在诞生之日起就与基因工程密不可分。基因工程是通过基因操作把外源基因转入适当的生物体内，并在其中进行表达，它的产品还是该基因编码的天然存在的蛋白质。蛋白质工程则更进一步根据分子设计的方案，通过对天然蛋白质的基因进行改造，来实现对其所编码的蛋白质的改造，它的产品已不再是天然的蛋白质，而是经过改造的，具有了人类所需要的优点的蛋白质。

广义的蛋白质分子设计是指在深入了解蛋白质的空间结构及其结构与功能关系，以及掌握基因操作技术的基础上，设计并改造蛋白质，从而改善蛋白质的物理和化学性质或获得全新的蛋白质。蛋白质工程的广义内容不仅包括蛋白质分子设计，还包括蛋白质结构的测定、蛋白质的结构预测、改造或设计后的蛋白质的表达及生物学功能检测等，狭义内容主要就是蛋白质分子设计。本节仅论述蛋白质工程的狭义内容，即蛋白质分子设计。

3.3.1 蛋白质分子设计的原理

蛋白质分子设计的基本原理主要有：

(1) 内核决定特殊折叠

内核是指蛋白质在进化中保守的内部区域，在蛋白质内部侧链的相互作用中决定了蛋白质特殊折叠。一个非常简单的关于蛋白质折叠的假设是：蛋白质独特的折叠形式主要由蛋白质内核中残基的相互作用所决定。在大多数情况下，内核由氢键连接的二级结构单元组成。

(2) 蛋白质内部的密堆积性

即很少有空腔大到可以结合一个水分子或惰性气体分子，并且内部没有重叠。这个限制是由两个因素造成的，第一个因素是蛋白质的分子是从内部向外排出的，这是总疏水效应的一部分；第二个因素是由原子间的伦敦色散力所引起的，是短吸引力的优化。

(3) 合理分布的疏水及亲水基团

这种分布代表了疏水效应的主要驱动力。正确的基团分布不是简单地使暴露残基亲水、使埋藏残基疏水，而是分布于溶剂的可及表面及不可及表面。有两种原因可使构象复杂化。首先，侧链不总是完全地亲水，例如，赖氨酸有一个带电的氨基，但是连接到主链上的碳原子是疏水的，因此在建模过程中要在原子水平上区分侧链的疏水及亲水部分；第二，正确的基团分布应安排少量疏水基团在表面，少量亲水基团在内部。

(4) 主链及侧链内部的氢键能量最低化

蛋白质的氢键形成涉及一个交换反应，即溶剂键被蛋白质键所替代，随着溶剂键的断裂，所带来的能量损失可由折叠状态的重组以及可能释放一个结合的水分子而引起的熵的增益所弥补。

(5) 氨基酸侧链的最优空间构象

蛋白质中侧链构象主要由两个空间因素决定，一是多肽链旋转所产生的空间势能，可通过能量最小化和同源结构比较获得；二是氨基酸在结构中的空间位置。蛋白质内部的密堆积表明在折叠状态中侧链构象只能采取一种合适的构象，即一种能量最低的构象。

(6) 降低折叠与非折叠的熵差

蛋白质非折叠构象的数量越大，折叠成单一天然蛋白质所消耗的焓就越高，因此减少非折叠构象的数量可以增加天然态的稳定性。一般方法是引进二硫键、替换 Gly、增加 Pro。而减少非折叠构象的最有效方法是引进新的二硫键，在引进的半胱氨酸之间的环链越长、非折叠结构受到的制约就越强，折叠的结构也就越稳定。将 Gly 突变为其他氨基酸或增加 Pro 的数量，是减少非折叠构象以提高稳定性的又一有效途径。Gly 残基没有侧链原子，因而比其他氨基酸残基有更大的构象自由度。处于已折叠蛋白质特定位置的 Gly 残基通常只有一种构象，但在非折叠结构中可以有不同构象，从而增加非折叠结构的多样性。与此相反，Pro 残基在非折叠结构中比其他残基具有更少的构象自由度，因为它的侧链被额外的共价键固定在主链上。

(7) 稳定 α-螺旋

α-螺旋作为一个偶极子在 N 端带正电荷，而在 C 端带负电荷。一些负离子（如底物和辅酶中的磷酸基）常常结合在这种螺旋偶极子的荷正电一端。但 α-螺旋大多不是结合位置的组成部分，在这种情况下它的 N 端常常出现带负电荷的侧链，或在 C 端出现荷正电的侧链，这些侧链基团与螺旋偶极子相互作用而发挥稳定作用。因此，通过残基替换稳定 α-螺旋偶极子，是提高蛋白质稳定性的又一条有效途径。

(8) 填充疏水内核

疏水侧链的内埋使其屏蔽于溶剂分子是蛋白质折叠和稳定的重要因素。天然蛋白质的疏水内核尽管已经是密集的，但常常也有空隙存在，它们与分子的稳定性有关。因此，通过残基突变填充疏水内核中的空隙，就有可能稳定天然蛋白质。但是，由于蛋白质分子的稳定性不仅受疏水效应的影响，而且还涉及主链张力所产生的能量的贡献，所以在具体设计突变时必须兼顾到这两方面的协调作用。

(9) 热力学第一定律

蛋白质工程的最终目标是按热力学第一定律从头设计一个氨基酸序列，它能折叠成一个预期的结构并具有期望的功能。在这一方向上已经取得了初步的成功，其进展出乎意料地比从序列去预测结构还要快些。著名的一个成功实例是 Stephen 等从第一定律出发设计了一个不用 Zn 离子稳定的锌指（zinc finger）结构（图 3-20）。

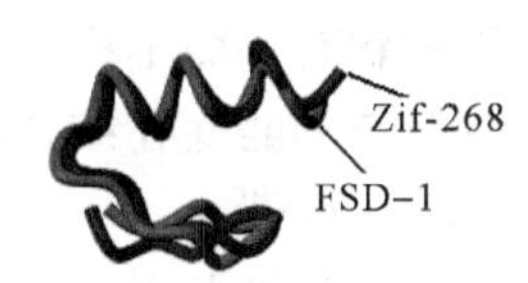

图 3-20 锌指肽链的设计

(10) 金属蛋白

由于部分蛋白质的生物活性需要金属离子的参与，因而对其进行的蛋白质分子设计需额外考虑这两个因素，即配位残基的替换要满足金属配位几何构造，以及围绕金属中心第二壳层中的相互作用的重要性。这要求围绕金属中心放置合适数目的蛋白质侧链或溶剂分子，并符合正确的键长、键角以及整体的几何构造。大部分配基含有多于一个与金属作用或形成氢键的基团。如果一个功能基团与金属结合，另几个功能基团可以自由地采取其他的相互作用方式，这些第二基团总是参与围绕金属中心的氢键网络。氢键的第二壳层通常涉及与蛋白质主链的相互作用，有时也参与同侧链或水分子的相互作用。这些相互作用起到两个作用，一是使蛋白质折叠符合热力学要求，二是固定氢键在空间配位位置。

3.3.2 蛋白质分子设计的原则

蛋白质的结构与功能多种多样，蛋白质分子设计的内容亦是千差万别，但在进行分子设计的实验时，应遵循几点通用的原则。

(1) 活性原则

活性设计是蛋白质设计的重要步骤，它涉及选择氨基酸的侧链基团和其空间构象。如果是指催化活性，活性设计还涉及大量关于各种类型小分子催化活性的背景知识。一般来讲，宜采用天然存在的氨基酸来提供所需的化学基团，条件允许下亦可引入其他外来基团。如果缺少可信的经验数据来推论产生活性所需的催化基团，可借助于量子力学进行理论计算，一般说来，这些基团应能稳定底物的激发态，但目前的经验知识和量子力学计算皆不能保证给出完全准确的结果，必须通过后续的实验进行验证。在进行活性设计时，有时还需考虑辅因子的使用，这是由于氨基酸侧链基团有时并不能提供人们感兴趣的活性，在这种情况下，活性设计时需考虑添加合适的辅助因子，如有机分子、无机离子或二者的复合物等。

(2) 专一性原则

形成独特的结构、独特的分子间相互作用是生物相互作用及反应的标志。专一性设计包括结构与功能的专一性设计，实践表明这是蛋白质分子设计中最困难的问题。要构筑一个蛋白质模型必须满足所有合适的几何要求，同时满足蛋白质折叠的几何限制。因为蛋白质是一个复杂的体系，体系有可能采取一个能量与所希望状态相近的另外一个构象。因此，在设计程序中必须引入一个特征，即稳定所希望的状态，而不稳定不希望的状态。专一性设计中最常见的是酶的设计，而专一性只与酶的底物结合部位有关，因而首先要理解其空间结构，然后才可能对其进行分子改造。

(3) 框架性原则

通过对已测定的蛋白质三维结构进行分析，发现天然蛋白质大多是框架化的。如一些酶只有 3 个左右基团参与催化，还有几个基团参与结合底物，这些基团完成其使命的关键条件之一就是框架化。因此，催化部位和底物结合部位要适当地安装在大分子复合物之中，给予各个基团以适当的空间排布。要设计一个活性蛋白质分子，也必须框架化，以便提供各种活性基团的特定位置，而且还可携带其他必要的功能，如吸附、运输等。然而，人工设计的蛋白质框架并不需与天然蛋白质框架那样复杂，原因在于天然蛋白质的框架还有许多其他功能。在蛋白质分子设计中框架设计是最难的一步，对较小蛋白质的框架设计可以获得较好的结果，但是对复杂的较大蛋白质而言，需要预先获得其三维结构，然后通过大量的计算筛选所需的一级结构，但结果也很难预料。

(4) 重要性原则

体现在两个方面。一是经济价值与社会效益，即所进行的蛋白质分子设计与天然蛋白质相比是否能带来比较重要的经济效益，如节约生产成本、缩短生产周期、提高蛋白质的生物活性等；另一是科学价值，即所进行的蛋白质分子设计能否带来科学研究的突破，如加深对蛋白质结构与功能关系的理解，了解蛋白质热动力学的作用机理等。

(5) 可行性原则

蛋白质分子设计在满足以上几点后，还需考虑是否易于进行分子设计和后续的基因工程操作，即可行性的程度。设计思路不能太脱离实际，而应在承接前人的研究成果基础上，进行适宜的分子设计。

3.3.3　蛋白质分子设计的流程

根据上述原则，蛋白质分子设计的主要操作步骤包括以下几方面（图 3-21）。

(1) 设计蛋白质分子改造的方案

如果是基于天然蛋白质的分子改造，则只需确定待改造及替换后的氨基酸残基，但应考虑以下几点：一是不影响对蛋白质折叠和功能非常重要的区域与位置，二是保留与生物活性密切相关的氨基酸，三是替换的残基对结构特征的影响（如疏水作用、氢键、盐键、二硫键等），四是替换的残基与附近未替换残基的相互影响。

(2) 蛋白质三维结构预测

如果是基于天然蛋白质的分子改造，则可通过同源建模法进行；如果是全新蛋白质的设计，则需综合理论计算法、从头预测法、折叠识别法和同源建模法进行。

(3) 蛋白质三维结构的检测

利用能量最小化法和蛋白质折叠动力学中熵差最小的原理，对获得的三维结构进行检测与优化，并利用蛋白质的结构—功能和结构—稳定性的相关基础知识，结合计算机模拟技术预测新蛋白质可能拥有的特殊性质。

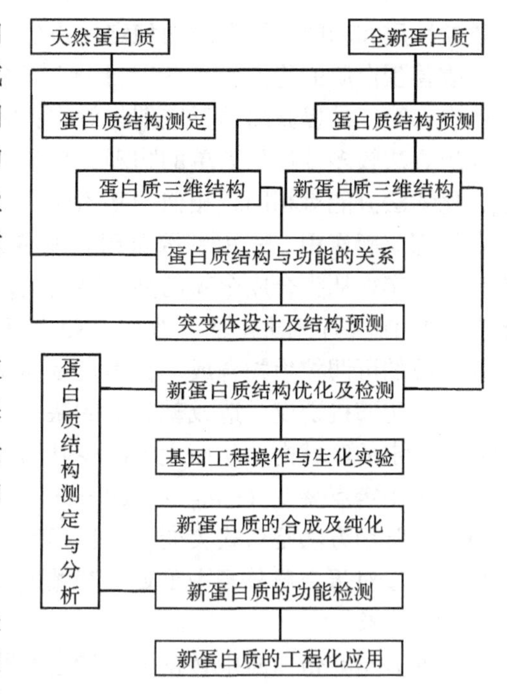

图 3-21 蛋白质工程及蛋白质分子设计流程图

(4) 新蛋白质性质与功能的测定

利用基因工程技术将上述分子改造后的新蛋白质进行合成或表达、分离与纯化，然后通过生物化学、生物物理、物理化学等方法进行检测。

采用计算机进行蛋白质分子设计是有效实验设计的一种主要方法，但不能替代实验，正像蛋白质结构预测不能替代蛋白质结构测定一样。蛋白质分子设计的成功与否，需将理论与实验相结合。

3.3.4 蛋白质分子设计的类型及方法

蛋白质分子设计可以分为两个层次：一种是在立体结构已知的天然蛋白质基础上进行的分子设计，直接将三维结构信息与蛋白质的功能相关联的高层次的设计；另一种是借助于一级结构的序列信息及氨基酸的生物、物理与化学性质，在未知三维结构的情形下进行的分子设计。

蛋白质的分子设计可按照目的蛋白质改造部位的多寡分为 3 类。第一类为“小改”，可通过定点突变或化学修饰来实现；第二类为“中改”，即对来源于不同蛋白的结构域进行拼接组装；第三类为“大改”，也就是完全从头设计全新的蛋白质（*de novo* protein design）。

(1) 小改

小改是指对已知结构的蛋白质进行少数几个残基替换的方法。这种方法通过定点突变技术或盒式替换技术有目的地改变几个氨基酸残基，借以研究和改善蛋白质的性质和功能。蛋白质的稳定性是蛋白质正常发挥生物活性的重要前提，因此，改善蛋白质的稳定性成为“小改”的首要目标；其次是提高蛋白质的抗氧化能力；第三是提高酶的反应催化效率；第四是改变酶的特异性。对蛋白质进行小改的方法较多，如从简单的物理、化学法到复杂的基因重组等有多种方法。物理、化学法只能对相同或相似的基团或化学键发生作用，缺乏特异性，不能针对特定的部位起作用。采用基因重组技术或人工合成 DNA，不但可以改造蛋白质而且可以实现从头合成全新的突变蛋白质。蛋白质的氨基酸序列是由合成蛋白质的基因的 DNA 序列决定的，改变 DNA 序列就可以改变蛋白质的氨基酸序列，实现蛋白质的可调控生物合成。在确定基因序列或氨基酸序列与蛋白质功能关系之前，宜采用随机诱变，造成碱基对的缺失、插入或替代，这样就可以将研究目标限定在一定的区域内，从而大大减少基因分析的长度。一旦目标 DNA 明确以后，就可以运用定点突变（site-directed mutagenesis，也称定位突变）等技术来进行研究。另一常用方法是盒式突变，一次可在一个位点上产生 20 种不同氨基酸的突变体，可以对蛋白质分子中重要氨基酸进行“饱和性”分析。

（2）中改

中改是指在蛋白质中替换 1 个特定肽段或者 1 个特定的结构元件。蛋白质的立体结构可以看作由多个结构元件按照一定的空间排布组装而成的，因此可在不同的蛋白质之间成段地替换结构元件，即可获得或转移相应的功能。英国剑桥大学的 Winter 等人利用 DNA 重组技术成功地将小鼠单抗体分子重链的互补决定区置换到人的抗体分子的相应部位上，使得人的抗体分子获得了小鼠单抗体分子所具备的抗原结合专一性。对蛋白质进行中改的方法一般采用蛋白质融合法，即将编码一种蛋白质的部分基因移植到另一种蛋白质基因上或将不同蛋白质基因的片段组合在一起，经基因克隆和表达，产生出新的融合蛋白质。这种方法可以将不同蛋白质的特性集中在一种蛋白质上，显著地改变蛋白质的特性。蛋白质融合法涉及多种分子生物学实验技术，具有一定的实验难度。现在研究较多的所谓“嵌合抗体”和“人缘化抗体”等，就是采用这种方法完成的。

（3）大改

蛋白质设计中寻找的是能按照一种方式折叠成具有执行预期功能的蛋白结构的序列，而其典型则是蛋白质的从头设计。蛋白质从头设计分子是指从氨基酸残基出发，即从一级序列出发，设计制造自然界中不存在的全新蛋白质，使之具有特定的空间结构和预期的功能。蛋白质分子的全新设计是以人们对蛋白质结构的了解，对蛋白质结构与功能关系的认识为基础的。只有完全掌握了一级结构决定高级结构的规律，以及高级结构与生物功能的相关性，才有可能真正地从头设计。随着数万种蛋白质的三维结构被测定，对高级结构与功能的理解也日益加深，促进了从头设计的快速发展。该领域已经在设计具有新功能和结构的蛋白方面取得了重大进展。如，1998 年 Stephen 计算并设计了一种折叠成自然发生的锌指结构的氨基酸序列（图 3-20）；2003 年 Brian Kuhlman 利用 ROSETTA 算法设计出一种十分稳定的蛋白质 Top7（图 3-22），这种蛋白质的序列和结构与所有的已知天然蛋白质都不相同，该蛋白质由 93 个氨基酸残基组成，可溶于水并可结晶，已证明是单体并且是折叠的，X 射线晶体衍射分析表明其三维结构与设计时预测的完全吻合。对蛋白质进行大改的方法，可采用蛋白质人工合成法和 DNA 体外表达法。蛋白质人工合成法是按照通过分子设计确定的新蛋白质的氨基酸序列，通过一系列的化学反应将各种氨基酸按照一定的顺序连接而成，该法直接、合成量较大。DNA 体外表达法首先要将新蛋白质的氨基酸序列反编码成 DNA 序列，合成 DNA 后然后将其插入到体外表达系统，即可大量获得目的蛋白质，适合工业化生产。

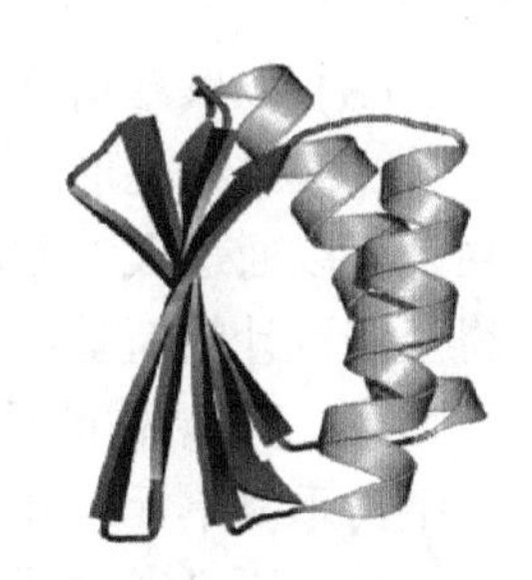

图 3-22 Top7 的三维结构

3.4 蛋白质工程的进展及应用

3.4.1 蛋白质工程的理论研究

(1) 功能残基的确定及突变

对于已经测定三维结构的蛋白质而言，可根据氨基酸的性质来确定功能残基，如果能结合蛋白质的配体如抑制剂、辅酶或受体等的三维结构则可极大地提高准确率。在理论上确定了功能残基后，还需进行定点突变来进行实验上的验证，这样就可最终确定目的蛋白质的功能残基。这种方法可靠性高，但三维结构的获得较为困难。典型例子是酪氨酸-tRNA 合成酶的功能残基的确定。如果目的蛋白质三维结构未知，可通过随机突变、缺失与插入等 DNA 操作技术来鉴定功能残基。

很多蛋白质都具有数目不定的同源蛋白质，对其进行同源性分析可获得目的蛋白质的保守性残基，一般拥有同源蛋白质的共同功能和共同结构；而那些非保守性残基则经常与蛋白质分子识别的专一性有关。因此，可根据不同目的分别对保守性和非保守性残基进行突变、缺失或插入。

由于难以区别突变效应和结构微小变化效应，因而通过突变确定蛋白质的结构域与功能残基有一定的不确定性，因而突变过程中需尽量减小对结构的影响，并预先尽可能多地了解蛋白质的结构与特征。例如，对结构已知的同源蛋白质进行突变，可使用不同二级结构单元的转换，由于转换的序列与蛋白质的整体构象是协调的，因而可减少对高级结构的破坏。

(2) 蛋白质的分子剪裁

分子剪裁是指在对天然蛋白质的改造中替换一个肽段或一个结构域。分子剪裁不同于简单的定点突变或几个氨基酸缺失与插入，而是数量较多的氨基酸的替换。Winter 等将分子剪裁技术首先成功应用于人的抗体分子的改造。Sander 等把一种细菌 DNA 复制蛋白的一个野生型二聚体 Wt Rop（2×2 螺旋束）转变为单体，四螺旋束 2 个对半分开的部分用共价连接，并重新安排了连接四螺旋束的环以及一个 C 端肽链。

(3) 二级结构单元的组装

二级结构是形成三级结构的基本元件，随着对二级结构特性的了解加深，现在已可以通过人工方法将不同的二级结构单元按照一定的规律组装在一起，可获得全新设计的新蛋白质，亦是蛋白质从头设计的主要研究内容。

① 二级结构的重复组装：将特定的两亲性的 α-螺旋或 β-链作为多肽链的二级结构重复单元，并将其连接后获得一种全新的蛋白质。该法的优点是设计和合成简单，不必考虑拐角或环链的影响。缺点是依该法获得的新蛋白质的折叠依靠分子内的相互作用，其稳定性不依赖于浓度，另一缺点就是结构的简单重复，与自然界存在的绝大多数蛋白质结构不符，因而难以获得有实际生物学意义的功能。重复组装的二级结构单元主要以 α-螺旋为主，而 β-链则较为少见，这是由于其在溶液中的稳定性较 α-螺旋差。

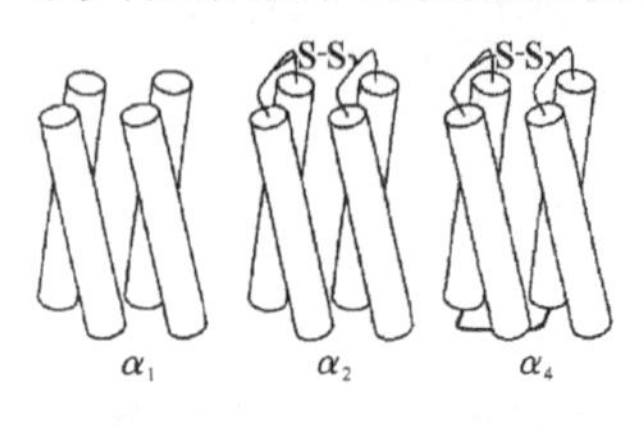

图 3-23 DeGrado 设计的 α_4 螺旋

二级结构重复组装的典型例子是 DeGrado 等设计出的一种四螺旋束结构（图 3-23）。首先设计一个含 16 残基的两亲 α-螺旋，实验证明在溶液中组装为四聚体（α_1），但没有成功结晶，无法测定它的晶体结构；而把两个 16 残基肽链以反平行方式安排在一起，并用 Pro-Arg-Arg 作为转折时，可二聚形成四螺旋束（α_2）；接着用 DNA 重组方法构建了一个合成基因使四螺旋束表达为单一的 74 残基多肽链，并增加了盐键和提高转折的柔性，结果蛋白质折叠为更加稳定的四螺旋束（α_4）。

② 二级结构的非重复组装：把一个由不同二级结构单元组成的线性多肽链折叠形成独特的三维结构的主要障碍是构象熵，这需要精心设计一系列的相互作用才能稳定结构。这方面工作已取得重大进展。前述的 DeGrado 等设计出的四螺旋束（α_4）就是一个理想化的结构，但其完全重复的 α-螺旋是不符合天然蛋白质特征的。基于此，Hecht 等设计了一个没有重复序列的四螺旋束 Felix（图 3-24），三维结构完全符合天然蛋白质的特征。该蛋白质由 79 个残基组成，含有 19 种天然氨基酸，4 个 α-螺旋都不相同，并引入了一个二硫键，但由于缺失一个堆积较好的疏水内核，其稳定性相对较低。

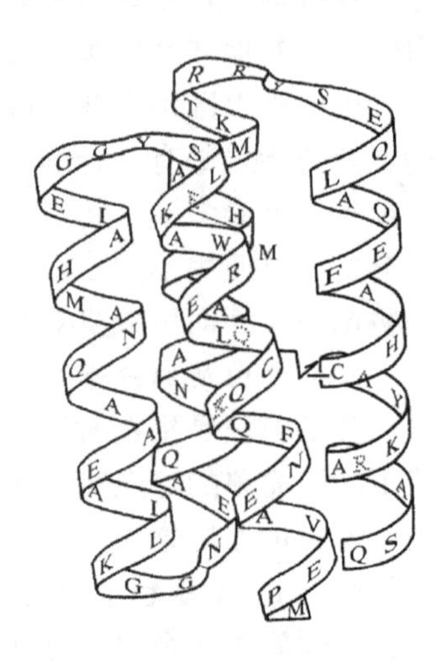

图 3-24 四螺旋束 Felix 蛋白

③ 配体诱导的肽链组装：利用一个配体（典型的是一个金属离子）诱导多个多肽链的组装。一个配位结合位点设计在结构中几个相互作用片段的界面处，如果这个位点对配体有很高的亲和力，则结合配体的合适的自由能将充分克服熵消耗并驱动肽链自动组装。Lieberman 和 Sasaki 成功地利用 Fe（Ⅱ）诱导组装形成一个三螺旋束，他们在 3 个 α-螺旋端点的双吡啶间设计了一个金属结合位点，使金属络合诱导三螺旋束的形成（图 3-25）。Ghadiri

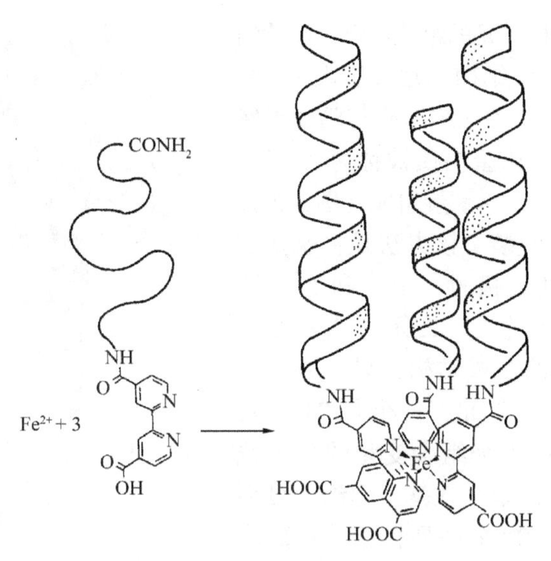

图 3-25 3 个 α-螺旋的金属配体组装

等也进行了类似的工作，而且使用 Ru（Ⅱ）为配体从三螺旋束扩展到四螺旋束。

④ 交叉连接的多肽组装：设计全新蛋白的主要障碍是肽链的构象熵，当几个没有连接的肽链进行组装时，难以克服熵势差，而通过共价交叉连接可以减少构象熵。在自然界唯一用于交叉连接的方法是二硫键，在蛋白质全新设计中亦可使用其他种类的交叉连接，如赖氨酸、谷氨酸、天冬氨酸等。Richardsn、Erickson 等通过该法设计了一种新蛋白质 Betabellin——由 8 个 β-链组成的 β-筒（图 3-26），并具备了天然蛋白质的某些特点。

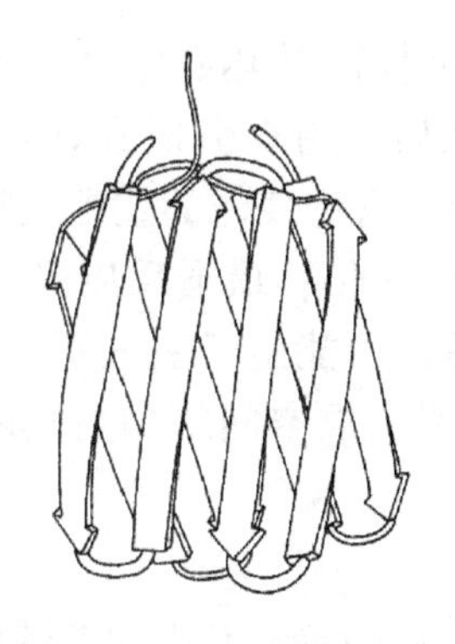

图 3-26 Betabellin 蛋白

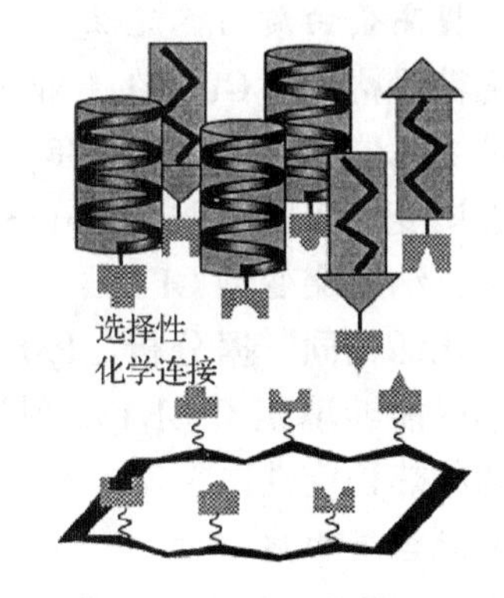

图 3-27 模板介导组装图

⑤ 模板介导的多肽组装：Muher 及其合作者发展了一种模板组装合成蛋白的方法，在连接二级结构单元时不使用天然蛋白质中的拐角和环链，而是使用人工模板。同天然线性蛋白质不同，α-螺旋和 β-折叠在一个特殊折叠过程有一个正确的相对取向（图 3-27）。Sasaki 等使用一个卟啉作为模板，连接 4 条两亲 α-螺旋，该新蛋白质被称为 Helichrome，结构非常稳定，而且具有特殊的酶活性（图 3-28）。

⑥ 多种二级结构单元的组装：以上设计的蛋白质都是以一类二级结构单元为基础进行组装。Ptitsyn 等设计了一个三维结构与已知天然蛋白质不同的结构，该蛋白质被称为 Albebetin，由 4 个 β-链与 2 个 α-螺旋组成（图 3-29）。

⑦ 二元模式的组装：该方法是将氨基酸分成两大类，即基于极性（P）和非极性（N）氨基酸的二元模式。二元模式一方面要有利于形成两亲的二级结构，另一方面又可埋藏疏水残基。基于此，一个长 74 个残基的多肽链将具有 24 个组合变化的疏水残基、32 个组合变化的亲水残基，理论上可形成 $5^{24} \times 6^{32} = 4.7 \times 10^{41}$ 个序列，比其可能序列（20^{74}）要少得多。这些氨基酸序列即可组成一个二元编码组合库。借助计算机辅助设计方法，二元模式方法可得到一大批可以折叠为 α-螺旋的可溶蛋白质。二元模式方法不仅可用于 α-螺旋，也可用于 β-链，但必须考虑好内核的疏水化问题。

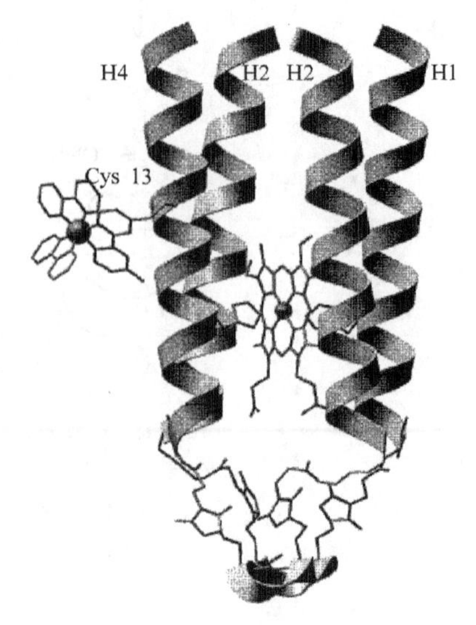

图 3-28　Helichrome 蛋白

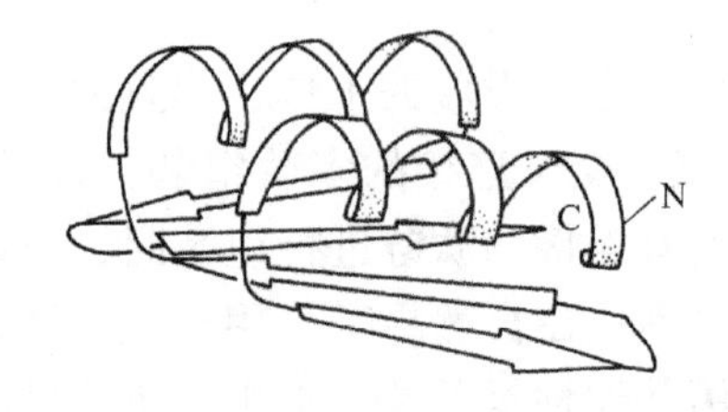

图 3-29　Albebetin 蛋白

3.4.2　蛋白质工程的应用研究

（1）提高蛋白质的稳定性

葡萄糖异构酶（GI）在工业上应用广泛，为提高其热稳定性，朱国萍等人在确定第 138 位甘氨酸（Gly138）为目标氨基酸后，用双引物法对 GI 基因进行体外定点诱变，以脯氨酸（Pro138）替代 Gly138，含突变体的重组质粒在大肠杆菌中表达，结果突变型 GI 比野生型的热半衰期长一倍；最适反应温度提高 10 ~ 12℃；酶比活相同。据分析，Pro 替代 Gly138 后，可能由于引入了一个吡咯环，该侧链刚好能够填充于 Gly138 附近的空洞，使蛋白质空间结构更具刚性，从而提高了酶的热稳定性。

（2）融合蛋白质

脑啡肽（Enk）N 端 5 肽线形结构是与 δ 型受体结合的基本功能区域，干扰素（IFN）是一种广谱抗病毒抗肿瘤的细胞因子。黎孟枫等人化学合成了 EnkN 端 5 肽编码区，通过一连接 3 肽编码区与人 α1 型 IFN 基因连接，在大肠杆菌中表达了这一融合蛋白。以体外人结肠腺癌细胞和多形胶质瘤细胞为模型，采用 ^{3}H-胸腺嘧啶核苷掺入法证明该融合蛋白抑制肿瘤细胞生长的活性显著高于单纯的 IFN，通过 Naloxone 竞争阻断实验证明，抑制活性的增高确由 Enk 导向区介导。

（3）蛋白质活性的改变

通常饭后 30 ~ 60min，人血液中胰岛素的含量达到高峰，120 ~ 180min 内恢复到基础水平。而目前临床上使用的胰岛素制剂注射后120min后才出现高峰且持续180~240min，与人生理状况不符。实验表明，胰岛素在高浓度（大于10~5mol/L）时以二聚体形式存在，低浓度时（小于10~9mol/L）时主要以单体形式存在。设计速效胰岛素原则就是避免胰岛素形成聚合体。类胰岛素生长因子-I（IGF-I）的结构和性质与胰岛素具有高度的同源性和三维结构的相似性，但IGF-I不形成二聚体。IGF-I的β-结构域（与胰岛素β-链相对应）中β28-β29氨基酸序列与胰岛素β-链的β28-β29相比，发生颠倒。因此，将胰岛素β-链改为β28Lys-β29Pro，获得单体速效胰岛素。该速效胰岛素已通过临床试验。

（4）*治癌酶的改造*

癌症的基因治疗分二个方面：药物作用于癌细胞，特异性地抑制或杀死癌细胞；药物保护正常细胞免受化学药物的侵害，可以提高化学治疗的剂量。疱疹病毒（HSV）胸腺嘧啶激酶（TK）可以催化胸腺嘧啶和其他结构类似物如GANCICLOVIR和ACYCLOVIR无环鸟苷磷酸化。GANCICLOVIR和ACYCLOVIR缺少3′-端羟基，就可以终止DNA的合成，从而杀死癌细胞。HSV-TK催化GANCICLOVIR和ACYCLOVIR的能力可以通过基因突变来提高。从大量的随机突变中筛选出一种，在酶活性部位附近有6个氨基酸被替换，催化能力分别提高43倍和20倍。O6-烷基-鸟嘌呤是DNA经烷基化剂（包括化疗用亚硝基药物）处理以后形成的主要诱变剂和细胞毒素，所以这些亚硝基药物的使用剂量受到限制。O6-烷基-鸟嘌呤-DNA烷基转移酶O6-Alkylguanine-DNAalkyltransferase（AGT）能够将鸟嘌呤O6上的烷基去除掉，起到保护作用。通过反向病毒转染，人类AGT在鼠骨髓细胞中表达并起到保护作用。通过突变处理，得到一些正突变AGT基因且活性都比野生型的高，经检查发现一个突变基因中的第139位脯氨酸被丙氨酸替代。

（5）*嵌合抗体和人缘化抗体*

免疫球蛋白呈Y型，由二条重链和二条轻链通过二硫键相互连接而构成。每条链可分为可变区（N端）和恒定区（C端），抗原的吸附位点在可变区，细胞毒素或其他功能因子的吸附位点在恒定区。每个可变区中有三个部分在氨基酸序列上是高度变化，在三维结构上是处在β折叠端头的松散结构（CDR），是抗原的结合位点，其余部分为CDR的支持结构。不同种属的CDR结构是保守的，这样就可以通过蛋白质工程对抗体进行改造。

（6）*蛋白质的体外定向进化*

它是蛋白质工程的新策略，不需事先了解酶的空间结构和催化机制，而是通过模拟自然进化机制，以改进的诱变技术结合确定进化方向的选择方法，在体外改造蛋白质的基因，定向选择有价值的非天然蛋白质，短期内可以在试管中完成自然界需要几百万年的进化过程，因此可能是发现新型酶和新的生理生化反应的重要途径。定向进化的原理：在待进化酶基因的PCR扩增反应中，利用耐热DNA聚合酶不具有3′→5′的校对功能的性质，配合适当条件，以很低的比率向目的基因中随机引入突变，构建突变库，凭借定向的选择方法，选出所需性质的优化蛋白质，从而排除其他突变体。简言之，定向进化 = 随机突变 + 选择。与自然进化不同，前者是人为引发的，后者虽相当于环境，但只作用于突变后的分子群，起着选择某一方向的进化而排除其他方向突变的作用，整个进化过程完全是在人为控制下进行的。

蛋白质工程与基因工程、酶工程和发酵工程的关系非常密切。蛋白质工程中的氨基酸序列改变需借助基因工程技术对其编码DNA序列进行相应的分子操作，酶工程中的酶活性改造需依据蛋白质工程的设计思路进行，改造后的蛋白质或酶又需通过发酵工程的方法进行体外的大量制备。

蛋白质工程汇集了当代分子生物学等学科的一些前沿领域的最新成就，它把核酸与蛋白质结合、蛋白质空间结构与生物功能结合起来研究。蛋白质工程将蛋白质与酶的研究推进到崭新的时代，为蛋白质和酶在工业、农业和医药方面的应用开拓了诱人的前景。蛋白质工程开创了按照人类意愿改造、创造符合人类需要的蛋白质的新时期。

复习思考题

1. 基本概念

氨基酸及物理化学性质　蛋白质的结构层次（一级结构、二级结构、超二级结构、结构域、三级结构、四级结构）一级结构与高级结构之间的关系　蛋白质工程

2. 简述蛋白质二级结构的主要类型及特性，二级结构与超二级结构和结构域之间的联系，蛋白质生物学功能与其三级结构和四级结构之间的关系。

3. 简述蛋白质三维结构的表示方法、主要的测定方法和特性。

4. 简述蛋白质二级结构、三级结构预测的概念、主要方法及特点，以及两者之间的联系。

5. 简述蛋白质分子设计的原理、原则、类型及方法。

6. 近年来蛋白质工程的理论与生产应用的研究进展。

本章推荐阅读书目

蛋白质结构型的识别方法．李晓琴，等．生物化学与生物物理进展，2002，29（6）：938－941.

四种结构类型的蛋白质设计方法．刘赟，等．生物物理学报，2004，20（4）：307－314.

蛋白质的分子基础．陶慰孙，等．高等教育出版社，1995.

蛋白质工程．王大成．化学工业出版社，2002.

蛋白质的结构预测与分子设计．来鲁华．北京大学出版社，1993.

蛋白质工程原理与技术．刘贤锡．山东大学出版社，2002.

现代应用生物技术．刘仲敏，等．化学工业出版社，2004.

第4章　细胞工程

【本章提要】细胞的全能性与形态发生；细胞工程培养基及培养环境；细胞培养、原生质体培养、原生质体融合等的基本原理、方法；植物组织、器官培养的原理和方法；核移植、染色体移植的原理、方法和应用；单克隆抗体技术的原理、方法和应用；干细胞技术原理、方法和应用。

从1902年Harberlandt提出细胞全能性学说至今的100多年时间里，生命科学的发展异常迅猛，取得了一系列令人瞩目的成就，生命科学已经成为当今发展最快、对人类社会影响最深的领域之一。在这些伟大的成就当中，细胞工程的发展尤为突出。例如，单克隆抗体技术堪称细胞融合最成功的典范；“多莉”羊的诞生标志着哺乳动物体细胞核克隆时代的来临；基因重组技术与细胞工程技术的结合，产生了转基因动物和转基因植物。我国在细胞工程一些领域的研究已经进入世界先进行列，如杂交水稻、三倍体毛白杨、花粉植株、动物体细胞克隆、转基因鱼、试管婴儿等。从某种意义上来说，基因工程是现代生物技术的核心，而细胞工程则是生物技术的基础和公用平台，二者的结合决定着生物技术发展的方向和水平。

细胞工程（cell engineering）是应用细胞生物学和分子生物学原理，借助工程学的实验方法和技术，在细胞水平上研究和改造生物遗传特性和其他生物学特性，以获得特定的细胞、细胞产品或新生物体的技术。广义的细胞工程包括所有的生物组织、器官及细胞离体操作和培养技术；狭义的细胞工程则是指细胞融合和细胞培养技术。细胞工程涉及的领域相当广泛，根据研究对象的不同，可以将其分为微生物细胞工程、植物细胞工程和动物细胞工程三大类；就其技术范围来分，既有长期以来得到广泛应用的动植物组织和器官培养技术，又有近20多年来发展起来的细胞融合技术、染色体导入技术、胚胎和细胞核移植技术、干细胞技术等，更有以DNA转移技术为核心的、与基因工程技术相结合的细胞遗传工程。

4.1　细胞工程的理论基础——细胞的全能性与形态发生

4.1.1　细胞的全能性

广义的细胞全能性是指生物体的任何一个细胞都具有发育成一个完整有机体个体的潜能或特性。然而全能性最早的定义是指动物的卵裂球（blastomere）发育成完整胚的能力，这一概念把全能性直接界定在受精卵细胞上。随着人们对减数分裂过程的深入了解，科学家们意识到，既然细胞内具有相同数目的染色体，每个细胞自然就携带了彼此相同的全部遗传信息，因此也应该像受精卵一样，具有分化和发育的潜能。为了得到这一理论的直接实验证据，动植物学家陆续开展了大量相关实验。由于实验条件的限制，动物体细胞培养进展一直较慢，动物细胞全能性的理论也曾因此受到怀疑。直到 1962 年 Grudon 用非洲爪蟾小肠上皮细胞培养获得成熟蛙，才第一次证实了动物体细胞的全能性。1997 年“多莉羊”的诞生进一步证明了动物体细胞的全能性。相对于动物而言，植物细胞的全能性是早已被实验证明并被广泛接受的事实。植物细胞的全能性指具有完整细胞核的植物细胞，具有形成完整植株所必需的全部遗传信息，在适宜的条件下能够分化发育成完整植株的潜在能力。

从离体培养的细胞或组织诱导分化成完整生物个体的过程称为细胞全能性的表达。然而，生活细胞要表达全能性，必须首先回复到胚性细胞状态或分生细胞状态。这种回复能力在不同类型细胞间存在很大差异。被子植物的合子是胚性细胞或胚胎干细胞，植物的早期胚胎细胞也属于胚性细胞，这些细胞在培养条件下容易实现细胞全能性的表达。与动物发育的有限模式相比，植物的发育模式是一个无限的过程。种胚发育成幼苗后，在整个生活史中可以不断形成新的组织和器官，直至生命终结。多年生植物的器官发生还可以年复一年地反复进行。植物连续的器官分化是由顶端分生组织细胞发育完成的，植物顶端分生组织细胞也是一种胚性细胞或胚胎干细胞。有些植物类型可以在成熟组织或器官中保留着一些胚性细胞，如落地生根（*Kalanchoe laxiflola*）。其叶片周缘组织特定部位中遗留的胚性细胞能够沿着叶片的四周形成不定芽，然后发育成具有根系的小植株，落到地面。植物的离体培养显示，大多数植物种类中，一些分化程度较高的细胞，如叶肉细胞、表皮细胞，乃至花粉细胞，仍然可以在离体条件下经过脱分化和再分化过程，形成胚胎或植株。只有极少数完全失去分裂能力的细胞不能实现全能性的表达，如细胞核已开始解体的筛管和木质部成分，细胞壁厚度超过 2μm 的纤维细胞，以及细胞壁达 7μm 的管胞细胞等。然而高等动物在发育过程中，产生了体细胞与生殖细胞两个独立的细胞系。就细胞整体而言，动物细胞的分化潜能随着分化程度的提高而逐渐变窄；但对于细胞核而言，高度分化的细胞内仍保留着物种的全套基因，因此具有发育成完整个体的潜能。

动物细胞核移植实验证明，不仅分化的胚胎的核具有指导卵质杂交体发育成完整个体的全能性，而且高度分化的体细胞的核也同样具有发育成完整个体的全能性。动物的体细胞克隆技术充分证明了这一点。细胞的这种发育的全能性正是细胞工程的理论基础。

4.1.2　细胞分化

细胞分化（differentiation）是指导致细胞形成不同结构，引起功能改变或潜在发育方式改变的过程。构成植物体的众多细胞都是由一个细胞（受精卵或孢子）分裂发育而来的，但不是所有细胞都永久性地保持分裂能力，多数细胞在分裂到一定程度就会丧失分裂能力而演变成各种类型的细胞。植物细胞分化后形成各种组织、器官，最后成为完整植株。细胞分化是多细胞生物个体形态发生的基础，分化的细胞表现为多方面的差异，如大小、形状、极性分化、细胞器与细胞壁的组成和类型等，但细胞核内的 DNA 组成一般不发生改变。也就是说，分化的细胞仍包含与受精卵相同的全部遗传信息，全能性的观念是理解细胞分化的基础。从细胞分化的遗传控制角度来讲，细胞分化是各个处于不同时空条件下的细胞基因表达与修饰差异的反应。所以，分化也是相同基因型的细胞由于基因选择性表达所反映的各种不同的表现型。

在活体内，植株是一个完整的整体，其中的每个细胞、组织和器官在代谢和发育过程中协调一致，并受到周围其他细胞、组织和器官的制约。整个植株的基因表达也是按照严格的程序和模式进行，通过一系列调节机制，决定某一细胞在何时、何地和何种情况下表达某类基因。然而，离体情况下，细胞、组织和器官从植物体上分离下来，解除了制约，在培养基上重新恢复为分生组织状态，同时，切割创伤诱导产生的一些物质也可能影响到基因的表达，从而改变代谢途径，朝着胚性细胞的方向发展。这一过程实际上是基因选择性表达与修饰的人工调控过程，调控的难易往往取决于人们对控制分化基因的了解程度。近年来，有关高等生物胚胎发育的分子调控研究已取得很大进展，这为离体培养条件下脱分化细胞的再分化研究提供了重要参考。

4.1.3 培养条件下的细胞脱分化与再分化

4.1.3.1 脱分化与再分化

脱分化（dedifferentiation）指已经分化的细胞在一定条件下转变成胚性细胞，恢复分裂机能的过程。脱分化的细胞经过细胞分裂，产生无组织结构、无明显极性、松散的细胞团，称为愈伤组织（callus）。愈伤组织的诱导是植物细胞体外再生的第一步，也是关键的一步。当植物组织从植物体上分离下来时，一般都处于静止状态，称为静止细胞。在适当的环境条件下，静止细胞被诱导活化。细胞的代谢活动迅速增强，胞内出现活跃的胞质流动，核糖体大量积累，蛋白质合成旺盛，RNA 的含量迅速增加。在这一过程中除了细胞的生理生化变化外，细胞的结构也发生了本质的变化，其中一部分细胞形成感受态细胞，即成为能感知信号分子刺激的细胞。脱分化是分化细胞在离体培养条件下进行全能性表达的第一步，从此确定了细胞生长和发育的新途径。

再分化（redifferentiation）是脱分化的分生细胞（愈伤组织）在一定的条件下，重新分化为各种类型的细胞，并进一步发育成完整植株的过程（图 4-1）。由愈伤组织再分化成完整植株，可经过器官发生和胚状体发生两条途径。器官发

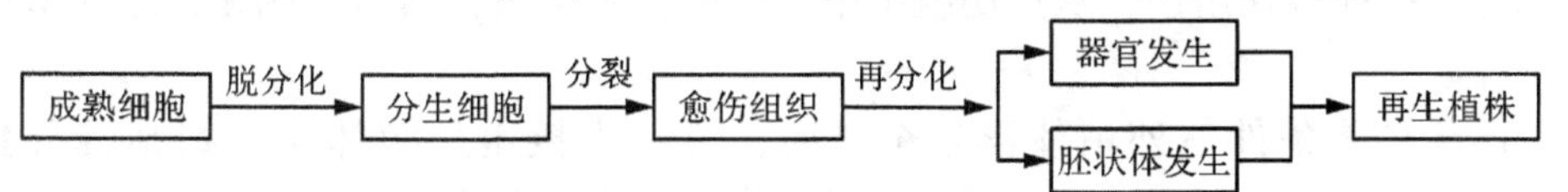

图 4-1 高等植物细胞脱分化和再分化示意

生是由愈伤组织首先在一种培养基上形成芽（或根），再在另一种培养基上诱导形成根（或芽）。由于根或芽都是植物的器官，所以这一途径称为器官发生途径。胚状体发生是由愈伤组织形成类似种胚的结构，同时产生芽端和根端的结构，称为胚状体。胚状体再经历与合子胚相似的发育过程，即从球形胚、心形胚、鱼雷胚到成熟胚的发育。根据胚状体来源的不同，又分为体细胞胚和生殖细胞胚两种。体细胞胚来源于植物二倍体的细胞（如根、茎、叶的组织），可以发育成正常的可育植株；生殖细胞胚来源于单倍体的小孢子或大孢子细胞，可以发育成为单倍体植株，染色体加倍后才能可育。

4.1.3.2 植物细胞脱分化的条件

影响离体细胞脱分化的因素有很多，可归纳为内部因子和外部因子两大类。内部因子包括植物的遗传基础和生理状态，外部因子包括营养条件（植物激素、无机盐和有机营养成分等）和环境条件（培养基的 pH 值、渗透压、温度、湿度、光照等）。这些因素不同程度地影响到植物细胞脱分化、再分化及器官建成的各个过程。其中植物激素在细胞分化过程中起决定性作用。1957 年 Skoog 和 Miller 发现，培养基中生长素和细胞分裂素的浓度比例，直接影响到愈伤组织的生长和器官的发生。例如，烟草愈伤组织在高的生长素/细胞分裂素浓度比的情况下，有利于根的发生，反之则有利于芽的形成，而当生长素和细胞分裂素含量相当时促进愈伤组织的生长。生长素中，2, 4-D 对启动细胞脱分化、形成胚性细胞团尤为重要，被广泛应用于诱导各种愈伤组织的培养基中。目前，人们对植物激素诱导细胞分化的机理尚不清楚。有人认为，植物激素可能与组蛋白结合，活化某些相关基因的表达，从而启动细胞分裂。

4.1.4 器官发生

器官发生（organogenesis）又称器官建成，指培养细胞在适宜的诱导培养条件下产生不定芽（adventitious bud）和不定根（adventitious root）等器官，形成完整植株的过程。自然界中许多植物的无性繁殖如扦插、嫁接等，均属于器官发生的发育方式。在自然条件下，器官发生过程主要受植物本身的自主调节控制。在离体培养条件下，植物的各种生命活动是在人工辅助调节下完成的，因此，离体培养下器官发生的难易，往往取决于外植体材料的遗传基础、生理状态和培养技术的成熟程度。

4.1.4.1 离体培养中器官发生的模式和过程

Hicks（1980）提出离体培养中器官发生的两种模式：①直接模式，即外植体没有愈伤组织阶段，直接形成芽，进一步形成完整个体；②间接模式，即外植体先形成一团愈伤组织，从愈伤组织中产生拟分生组织，然后形成芽，进而形成植物体。

离体培养条件下外植体再生个体时，可以直接由外植体某些细胞转分化（transdifferentiation）形成，也可以通过愈伤组织介导形成。经过愈伤组织再分化器官一般要经过 3 个生长阶段。

第一阶段是外植体经过诱导形成愈伤组织。愈伤组织实质上就是一团无序生长的细胞，这些细胞大多处于随机分裂状态。组织学研究显示，处于非分化状态的愈伤组织细胞均为近圆形的液泡化薄壁细胞，蛋白质含量少，细胞器不发达。组成同一愈伤组织的细胞大小不均一，处于表面或外围的细胞体积相对较小，而处于愈伤组织中间的细胞相对较大。

第二阶段是“生长中心”形成。当把愈伤组织转移到有利于有序生长的条件下，首先在若干部位成丛出现类似形成层的细胞群，通常称之为“生长中心”，也称为拟分生组织，它们是愈伤组织中形成器官的部位。处于“生长中心”的细胞体积小，细胞质稠密，蛋白质合成丰富，液泡逐渐消失。研究显示，“生长中心”的形成是器官发生的一个转变时期，此时细胞从无序生长转为有序生长，这种转变通常被称为感受态细胞（competent cell）。感受态细胞首先进行一次定向分裂，随后即进入快速分裂期，进而在愈伤组织中出现排列有序的成束的致密细胞团。

第三阶段是器官原基及器官形成。“生长中心”形成后，按照已确立的极性，某些细胞开始分化，形成管状细胞进而形成维管组织。“生长中心”部位开始形成不同的器官原基，进而分化出相应的组织和器官。

在有些情况下，外植体不经过典型的愈伤组织即可形成器官原基。这一途径有两种情况：一是外植体中已存在器官原基，进一步培养即形成相应的组织器官进而再生植株，如茎尖、根尖分生组织培养；另一种情况是外植体某些部位的细胞，在重新分裂后直接形成分生细胞团，由分生细胞团形成器官原基。这种不经过愈伤组织直接发生器官的途径在以品种繁殖为目的的离体培养中具有重要的实践意义。

4.1.4.2 影响器官分化的因素

离体培养过程中影响器官分化的因素很多，其中最主要的因素有外植体、植物激素以及外界的环境条件等。

外植体的影响主要包括母体植株的遗传基础与生理状态。研究结果表明，尽管植物组织培养再生个体已在几百种植物上获得成功，但不同种属的植物，甚至同种植物不同基因型间的培养效果均有很大差异。一般来说，被子植物比裸子植物容易培养，草本植物比木本植物容易培养，木本植物中阔叶树比针叶树容易培养。在自然条件下无性繁殖为主的植物，在培养条件下也有较强的器官分化能力。外植体的生理状态对其分化也有很大影响，主要表现在生理状态幼嫩，来源于生长活跃或生长潜力大的组织和器官的细胞更有利于培养，但不同的植物类型有较大的差异。外植体选取合理与否，不仅影响培养的难易，有时甚至影响分化的程度和器官类型。例如，曾有人用正在开花的烟草植株的薄层表皮进行培养，在一定的培养条件下，来自花枝的表皮只能形成花芽，来自植株基部的表皮只能形成营养芽，而由中间部位的表皮培养，则可同时形成两种类型芽。有些情况下，外植体的取材方式也会影响植株的再生途径。

植物激素在细胞生长与个体发育中具有重要的调控作用。离体培养条件下器官的分化，多数情况是由培养基中的植物激素调节来实现的。在众多的植物激素中，生长素和细胞分裂素是两类主要的植物激素，在离体器官分化调控中占有主导地位。此外，赤霉素对器官分化也有一定的调节作用，在适宜的浓度下有利于芽的伸长生长。

外界的环境条件包括光照、温度和 pH 值等。光照是离体培养中比较复杂的调节因子，光照时间、强度以及光质对器官分化均有影响。研究结果认为，连续的光照有利于培养细胞维管组织的形成，而一定的昼夜光照周期则有利于细胞极性的建立和器官发生。由于培养条件下的光合作用能力较低，因此光照的作用更大程度上是调节细胞的分化状态。

4.1.5　体细胞胚发生

1958 年，Reinert 和 F. C. Steward 培养胡萝卜悬浮细胞和愈伤组织时，最先发现了体细胞胚，此后相继有许多不同种类植物的体细胞胚被成功诱导。自 1985 年 Hakman 和 Becwar 等首次在针叶树种挪威云杉（*Picea abies*）上成功诱导体细胞胚以来，先后有大约 150 种的木本植物及其杂交种的体细胞胚被成功诱导的报道。

体细胞胚发生（somatic embryogenesis）一般指从体细胞产生胚状体的过程。植物的胚胎发生通常是从合子开始的。但在离体培养过程中，有时会观察到培养物的个体再生经过类似合子胚的发育过程，先形成胚状体的结构，再生长发育成完整植株。从体细胞胚形成的过程可以看出，体胚的发育过程与合子胚基本相同，但在形态结构和生理特性上与合子胚还是有一定的差别。合子胚在发育初期具有明显的胚柄，而体细胞胚一般没有真正的胚柄，只有类似胚柄的结构。合子胚的子叶是相当规范的，可以作为分类的依据。而体细胞胚的子叶常不规范，有时具有两片以上的子叶。同种植物体细胞胚的体积明显小于合子胚。此外，在一些储藏物质的含量上也存在较大差异。体细胞胚的干物质含量如蛋白质、多糖等显著低于合子胚。另外，体细胞胚的含水量比合子胚要高得多，体胚形成后，没有胚干燥和休眠过程，马上进行发育和分化。与器官发生相比，体细胞胚发生过程有根端和茎端的两极分化，因此体细胞胚萌发即可形成完整植株；而器官发生是一种只有苗端的单极性结构，需转移到生根培养基上诱导生根才能再生植株。

体细胞胚的来源有以下几个方面：

①来源于外植体的表皮细胞，如石龙芮、刺五加等。由外植体表皮细胞经垂周分裂和平周分裂而形成胚状体，芹菜由下胚轴表皮细胞形成大量胚状体。②来源于愈伤组织细胞，如玉米、西洋参、猕猴桃等。③来源于悬浮培养中单细胞的胚状体，如胡萝卜、芹菜等。④来源于花药和花粉培养产生的单倍体胚状体，如曼陀罗、烟草、青椒、茄子、柑橘、荔枝、龙眼、玉米、小麦等。⑤来源于原生质体培养的胚状体，如玉米、黄瓜。

影响体细胞胚发生的因素除了植物自身的遗传因素外，外源激素、培养基及培养条件影响也很大。

外源激素主要包括生长素类和细胞分裂素类，生长素对体细胞胚发生具有重要调控作用，常用的有2,4-二氯苯氯乙酸（2,4-D）和萘乙酸（NAA）。大量研究显示，2,4-D是应用最为广泛的生长素。在胡萝卜、三叶草及苜蓿悬浮细胞系诱导体细胞胚的过程中，2,4-D的应用呈现出规律性的变化：在较高浓度下诱导胚性细胞的形成，降低2,4-D浓度后产生早期胚胎，在球形胚期除去生长素有利于胚的继续发育。对枸杞体细胞胚的研究表明，胚性愈伤组织形成后，必须降低或去除培养基中的2,4-D，否则胚性细胞就不能进入体细胞胚的发育。外源生长素对体细胞胚形成的作用机理目前还不十分清楚，但越来越多的研究显示，生长素并不能直接调控细胞的发育状态，而是通过一系列细胞内外的信号传导途径来完成调控作用的（Souter 和 Lindsey，2000）。

细胞分裂素在促进细胞分裂、维持细胞活跃生长中具有重要的生理功能。要完成体细胞胚的发育，细胞分裂是基本的前提。当胚胎结构建立以后，细胞分裂素对于维持茎和根分生组织的正常发育具有重要作用。体胚诱导的常用细胞分裂素为6-苄基腺嘌呤（6-BA），在体细胞胚诱导培养基中，细胞分裂素的使用浓度一般应低于生长素的使用浓度。

培养基中的氮源会显著影响离体条件下的胚胎发生。Halperin 和 Wetherell 曾报道过，体细胞胚的产生要求培养基中含有一定浓度的还原态氮。体细胞胚诱导的实验证明，培养基中的氮源影响体细胞胚的发生频率。在 NH_4^+ 和 NO_3^-（15∶34）的培养基中，每个外植体的体细胞胚可达10个以上，而培养基中只有 NH_4^+ 或 NO_3^- 时，体细胞胚的发生频率很低。类似的结果在一些茄科植物的体细胞胚的诱导中也可以看到。此外，在球形胚阶段后，如果降低培养基的无机盐浓度，可以显著促进体细胞胚的进一步发育。

4.2 植物细胞工程培养基及培养环境

离体培养的植物与在土壤中栽培的植物一样，受到温度、光照、湿度、气体及培养基的组成、pH值等各种环境条件的影响。培养条件的好坏和适当与否是组织培养成败的一个关键因素。

4.2.1 培养基

不同种植物的组织器官对外界营养有着不同的要求，即使同一种植物不同部位的组织器官对营养的要求也不尽相同；只有满足了它们各自的要求，才能很好地生长。没有任何一种培养基能够适合一切类型的植物培养，因此，在建立一个新的培养体系之前，首先应该进行的是筛选合适的培养基。

4.2.1.1 培养基的成分

在过去的几十年中，国内外学者已经提出了多种适用于不同组织或器官培养需要的培养基配方。但无论培养基配方如何变化，所有完善的培养基配方都是由无机营养、有机营养和植物生长调节物质等几大类物质所组成。

(1) 无机营养

无机元素在植物的生长发育中扮演着非常重要的角色：氮是各种氨基酸、维生素、蛋白质和核酸的重要组成部分；钙是细胞壁及细胞内信号传导途径中的重要组成部分；而Fe、Mo、Zn等则是植物体内某些酶的重要组成部分。除C、H、O外，还有15种元素对植物的生长发育是必需的；按照国际植物生理协会的建议，根据植物对各种元素需要量的多少，将浓度大于每升培养基0.5mmol的元素称为大量元素；将浓度小于每升培养基0.5mmol的元素称为微量元素。

大量元素：除C、H、O外，主要包括N、P、K、Ca、Mg、S等6种元素，其中氮素是植物体正常生长发育中不可缺的，存在于蛋白质、核酸、维生素及各种酶中，只有给予适当的氮源供应才能使植物材料生长良好。在培养基中，无机氮的来源主要有硝态氮（如NH_4NO_3）和铵态氮［如$(NH_4)_2SO_4$等］两种形式。大多培养基以硝态氮为主，也有同时使用硝态氮和铵态氮的，如MS培养基和B_5培养基等。此外，氨基酸（如甘氨酸、谷氨酸、丝氨酸）、酰胺类（如谷氨酰胺、天门冬酰胺）也可以作为培养基中的氮源。磷是细胞核的主要组分之一，许多重要的生理活性物质的磷脂、核酸、酶及维生素中都含有磷。在培养基中磷通常是以磷酸盐的形式提供给植物的。钾在植物体内能促进光合，并可以活化许多酶；在培养基中常用的钾盐有KNO_3、KCl和KH_2PO_4。此外，在植物的代谢过程中，Ca、Mg、S也是不可缺少的，它们影响着酶的活性和方向，影响着新陈代谢过程。在培养基中，Ca元素通常由$Ca(NO_3)_2$或$CaCl_2$来提供，Mg元素由$MgSO_4$提供，而S元素则由各种硫酸盐提供。

微量元素：主要包括Fe、Cu、Mn、Zn、B、Mo、I、Co、Na等。植物对这些元素的需要量极微，一般使用浓度为$10^{-5}\sim10^{-7}$mol/L；浓度稍高，常会发生毒害，而缺少则往往又会表现出缺素症状。其中，Fe是非常重要的一种微量元素，它对于维持叶绿体功能及植物体内的氧化—还原过程极其重要。由于大多数铁盐（如$FeCl_2$）当pH值大于5.8～6.0时，极易形成沉淀而不能被植物组织所吸收采用，因此，目前培养基中铁是以螯合物的形式提供的，即通过使用$FeSO_4$和$Na_2 \cdot EDTA$配制形成Fe·EDTA；以螯合物出现的铁在pH值大于5.8～6.0时仍可以为植物组织所吸收利用。此外，其他的微量元素对植物组织的生命活动也具有重要的作用，Cu可以促进离体根的生长；Mn、Zn、Mo等则是植物体内许多酶的重要活性组分；在培养基中这些元素多是通过它们的硫酸盐（$CuSO_4$，$MnSO_4$，$ZnSO_4$）和其他（如H_3BO_3，MoO_3）形式提供的。

(2) 有机化合物

碳源：培养基中的碳源主要是蔗糖。植物组织培养的材料，在离体条件下光合作用的能力较低，需要在培养基中添加一些碳水化合物，从而为细胞提供合成新化合物的碳骨架，也为细胞的呼吸代谢提供底物和能源。除此之外，糖类还能使培养基维持一定的渗透压（一般在1.5～4.1MPa），这对于单细胞原生质体的培养是至关重要的条件。通常蔗糖的使用浓度在2%～5%。除蔗糖外，葡萄糖、麦芽糖、果糖也可用做组织培养的碳源，它们对培养材料有着不同的影响，因此，在选择碳源时，要根据不同植物和不同组织的需要来确定。

维生素：维生素与植物体内各种酶的形成有关。维生素的种类很多，在植物组织培养的培养基中主要以B族维生素为主，如盐酸硫胺素（VB_1）、盐酸吡哆醇（VB_6）、烟酸（VB_3）等，此外，还包括生物素（VH），抗坏血酸（VC）等。维生素的使用浓度一般在0.1~1.0mg/L。

肌醇：即环己六醇，它自身不具有直接促进生长的作用，但能促进活性物质发挥作用，从而加速培养物的生长，对胚状体及芽的形成有良好的促进作用。肌醇在培养基中用量较大，一般为50~100mg/L。

（3）植物生长调节物质

生长调节物质是培养基中不可缺少的关键物质，尽管用量较少，但它们对组织培养外植体愈伤组织的诱导、器官分化和植株再生起着重要的调节作用。在植物组织培养的过程中，只有适时、适量地选用适宜的植物生长调节物质才能使外植体朝着特定的分化方向生长。

生长素类：主要是吲哚乙酸（IAA），吲哚丁酸（IBA），NAA及2,4-D。生长素在组织培养中的主要作用是诱导愈伤组织的形成，胚状体的产生及试管苗根的分化；在配合使用一定比例的细胞分裂素的作用下，还可以诱导腋芽及不定芽的分化。

其中IAA是天然存在的生长素，也可以人工合成。它的活性较低，在高温高压时容易被破坏，也容易降解。IBA、NAA的作用活性均要强于IAA，在组织培养中被广泛用于诱导生根，并与细胞分裂素配合促进茎芽的增殖。2,4-D在诱导愈伤组织形成上更为有效，并且低浓度的2,4-D往往有利于胚状体的分化形成。生长素一般溶于95%的酒精或0.1mol/L的NaOH中，并以后者的溶解效果较好。

细胞分裂素类：主要有6-BA，激动素（呋喃氨基嘌呤，KT），玉米素（ZT），异戊烯腺嘌呤（2-iP）和噻重氮苯基脲（TDZ）。在组织培养中细胞分裂素的主要作用是促进细胞的分裂和诱导不定芽的分化等。其中又以TDZ的作用最强；但在植物组织培养中常使用的是性能稳定而又价格适中的KT和6-BA。细胞分裂素一般溶于0.5mol/L或1mol/L的盐酸中。

赤霉素类：赤霉素的种类很多，但植物组织培养中常用的主要是GA_3。赤霉素对整个植株所起的作用要比离体器官或组织所起的作用更为显著。赤霉素可以刺激器官的生长，但通常却抑制器官的发生；在组织培养中，低浓度GA_3可以促进矮小植株茎节的生长，以及胚体的生长发育。赤霉素类溶于水后不稳定，易分解，在使用中不宜长期存放。

其他生长调节物质：脱落酸（ABA），多效唑（PP_{333}）等生长调节物质也可用于植物组织培养中；ABA对培养物有间接的抑制作用；而PP_{333}则可以使再生植株的茎节缩短，使试管苗生长壮实。

（4）其他附加成分

活性炭（AC）：活性炭具有吸附能力，因而可以吸附培养过程中外植体释放出的有害物质，如吸附酚类物质而减少外植体的褐化死亡等。此外，活性炭对于某些植物的形态发生和器官形成也有良好的效应。由于活性炭的吸附能力不具有选择性，在吸附有害物质的同时，也会吸附一些有益物质，如植物生长调节物质、VB_6 等，因此，在使用时应慎重，且用量以 0.5%~3% 为宜，此外活性炭可以降低培养基的 pH 值，使琼脂不易凝固，这在配制培养基时应予以注意。

天然提取物：天然提取物是一些成分比较复杂，大多含氨基酸、激素和酶等一些复杂成分的化合物。在组织培养的早期，研究发现一些天然提取物能促进某些植物外植体愈伤组织的形成和器官的生长。最常用的有 10%~20% 的椰乳（CM），100~200mg/L 的水解酪蛋白（CH），0.01%~0.05% 的酵母提取物（YE），番茄汁（TJ）及玉米胚乳等。由于它们的化学成分尚不清楚，在样品间的差异可能会影响实验结果的可重复性。随着一些新的生长调节物质的出现，天然提取物的使用范围在逐渐缩小，但在有些情况下，这些天然提取物对培养物的促进作用还是非常明显的。

抗生素：外植体接种前都要进行消毒，这种消毒主要是对材料的外表面进行消毒，对材料内部所带杂菌则不起作用。在培养基中添加抗生素，则可以在一定程度上防止由外植体内生菌造成的污染。常用的抗生素有青霉素、链霉素、卡那霉素、庆大霉素等。大部分抗生素要求过滤灭菌，且其用量一般为 5~20mg/L。

（5） *琼脂*

琼脂是一种从海藻中提取出的多糖类物质，仅溶于热水，当温度低于 40℃ 时，琼脂溶液就会凝固成为凝胶状。正是利用琼脂的这一特点，它被广泛应用于植物组织培养的固体培养方式中，使培养基固化。琼脂的凝固能力受多种因素的影响，除了与原料厂家的加工方式等有关外，还与培养基高压灭菌时的温度、时间、pH 值等因素有关。长时间的高温会使琼脂的凝固能力下降，过酸或过碱也会使琼脂的凝固能力下降甚至丧失。

（6） *水*

水是植物组织培养所必需的；植物生长所需的各种营养物质均需溶于水才能被细胞吸收。培养基中的大部分都是水。根据培养的目的及要求的不同，在配制培养基时可使用不同纯度的水，如蒸馏水、去离子水。甚至自来水等。蒸馏水可以满足大多数组织培养的要求；而去离子水多用于单细胞培养、原生质体培养等要求较高的培养；自来水则可用于大规模生产的组培化工厂，从而有效降低生产成本。

4.2.1.2 培养基的种类、配方及特点

（1） *常用培养基的种类及配方*

培养基提供外植体生长的营养物质。通常根据营养水平的不同，培养基可分为基本培养基和完全培养基。基本培养基中包括无机营养、有机化合物（氨基酸，维生素）、糖和水。随着组织培养技术的发展，研究者们已创造出上百种的基本培养基配方，较为常用的如 MS，改良 MS，White，改良 White，Nitsch，N_6，B_5 等基本培养基。完全培养基则是在基本培养基的基础上，根据不同的实验要求，添加了一些其他物质，如植物生长调节物质、其他有机附加物等。实验的成

功与否与培养基的选择有着十分重要的关系。几种常用培养基配方见表4-1。

（2）常用培养基的特点

高盐成分培养基：包括MS，LS，ER等培养基，其中以MS培养基应用最为广泛。MS培养基是1962年由Murashige和Skoog为培养烟草材料而设计的，它

表4-1 几种常用培养基配方 mg/L

成分	培养基						
	MS①	ER②	White③	Heller④	$B_5$⑤	Nitsch⑥	$N_6$⑦
NH_4NO_3	1 650	1 200					
KNO_3	1 900	1 900	80		2 527.5	950	2 830
$CaCl_2 \cdot 2H_2O$	440	440		75	150		166
$CaCl_2$						166	
$MgSO_4 \cdot 7H_2O$	370	370	750	250	246.5	185	185
KH_2PO_4	170	340				68	400
$(NH_4)_2SO_4$					134		463
$Ca(NO_3)_2 \cdot 4H_2O$			300				
$NaNO_3$				600			
Na_2SO_4			200				
$NaH_2PO_4 \cdot H_2O$			19	125	150		
KCl			65	750			
KI	0.83		0.75	0.01	0.75		0.8
H_3BO_3	6.2	0.63	1.5	1	3	10	1.6
$MnSO_4 \cdot 4H_2O$	22.3	2.23	5	0.1		25	4.4
$MnSO_4 \cdot H_2O$					10		
$ZnSO_4 \cdot 7H_2O$	8.6		3	1	2	10	1.5
$Zn \cdot Na_2 \cdot EDTA$		15					
$Na_2MoO_4 \cdot 2H_2O$	0.25	0.025			0.25	0.25	
MoO_3			0.001				
$CuSO_4 \cdot 5H_2O$	0.025	0.0025	0.01	0.03	0.025	0.025	
$CoCl_2 \cdot 6H_2O$	0.025	0.0025			0.025		
$AlCl_3$				0.03			
$NiCl_2 \cdot 6H_2O$				0.03			
$FeCl_3 \cdot 6H_2O$				1			
$Fe_2(SO_4)_3$							
$FeSO_4 \cdot 7H_2O$	27.8	27.8				27.8	27.8
$Na_2 \cdot EDTA \cdot 2H_2O$	37.3	37.3				37.3	37.3
$NaFe \cdot EDTA$					28		
肌醇	100				100	100	
烟酸	0.5	0.5	0.05		1	5	0.5
盐酸吡哆醇	0.5	0.5	0.01		1	0.5	0.5
盐酸硫胺素	0.1	0.5	0.01		10	0.5	1
甘氨酸	2	2	3			2	2
叶酸						0.5	
生物素						0.05	
蔗糖	3%	4%	2%		2%	2%	5%

注：①Murashige and Skoog（1962）；②Eriksson（1965）；③White（1963）；④Heller（1953）；⑤Gamborg *et al*（1968）；⑥Nitsch（1969）；⑦朱至清等（1974）。

的钾盐、铵盐及硝酸盐的用量较大，微量元素的种类齐全，因此，MS 培养基广泛用于植物的器官、花药、细胞培养等培养中。LS、ER 培养基都是在 MS 培养基上演变而来的。

硝酸钾含量较高的培养基：包括 B_5，N_6，SH 等培养基。B_5 培养基是 1968 年由 Gamborg 等设计的，除含有较高的硝酸钾盐外，还含有较高的盐酸硫胺素和较低的铵盐，比较适合南洋杉、葡萄及豆科和十字花科植物的培养；N_6 培养基是 1974 年由我国学者朱至清等为水稻等禾谷类植物花药培养而设计的，它也含有较高的硝酸钾，但硫酸铵的含量也较高，目前，已广泛应用于单子叶植物及其他植物的花药和花粉培养。SH 培养基是 1972 年由 Schenk 和 Haberlandt 设计的，也是矿质盐浓度较高的一种培养基，并且其中铵与磷是由磷酸氢二铵 [$(NH_4)_2HPO_4$] 提供的，SH 培养基较适合于某些单子叶及双子叶植物的培养。

中盐成分培养基：包括 Nitsch，Miller，H 等培养基。Miller 培养基是 1963 年由 Miller 等设计的，与 MS 培养基相比，无机盐用量减少了 1/3～1/2，微量元素的种类也减少了许多，适合于大豆愈伤组织的培养和花药培养。H 培养基是 1967 年由 Bourgin 等设计的，培养基中大量元素是 MS 培养基的一半，微量元素种类减少，但用量却高于 MS，比较适合于花药培养。Nitsch 培养基是 1969 年由 Nitsch 设计的，培养基的成分与 H 培养基基本相同，只有生物素比 H 培养基高出 10 倍，也适合于花药的培养。

低盐成分培养基：包括改良 White 培养基、Knop 培养基等。低盐成分培养基大多情况下用于培养材料的生根培养。

4.2.1.3 培养基的配制

(1) 母液的配制

在组织培养工作中，配制培养基是最基本的日常工作。为了减少工作量及避免多次称量造成的误差，在培养基配制之前，先将培养基配方中的药品配成一定浓度（10～100 倍）的浓缩液，使用时按比例稀释，这种浓缩液就称为“母液”。母液的配制要根据药剂的化学性质分别配制，一般可分为大量元素母液、微量元素母液、铁盐母液、有机物母液；植物生长调节物质也可以配制成母液以方便使用。

在配制大量元素母液时，要防止在混合各种盐类时产生沉淀，因此各种药品应当充分溶解后再混合，并注意先后次序。铁盐与其他母液混合易产生沉淀，因此要单独配制铁盐母液，并且铁盐母液的稳定与 pH 值密切相关，常需调节 pH 值到 5.5，并置于棕色瓶中避光保存。

植物生长调节物质母液配制时，一般浓度为 0.5～0.1mg/mL。由于多数植物生长调节物质不溶于水，因此在配制母液时，需要用少量适当的溶剂预溶，再用蒸馏水定容。对于 IAA、IBA、NAA、2,4-D 之类的生长素类，可先用少量 0.1mol/L 的 NaOH 或 95% 酒精预溶；而 KT、BA 等细胞分裂素类则可用少量 0.1mol/L 的 HCl 预溶。

在配制各种母液时需要注意以下几点：

① 药品的纯度要高，至少应是化学纯，最好选用分析纯；②药品的称量要准确，要避免药品的交叉污染；③母液的定容要准确；④配制好的母液一定要标识清楚，包括浓度、配制日期、配制人等，放于冰箱中保存；⑤在配制培养基取用母液时，要专管专用，防止试剂污染，一旦母液出现沉淀或微生物污染，则应废弃不用。

（2）培养基的配制

以配制 MS 培养基为例，制备培养基的步骤如下：

① 按需要称取琼脂和蔗糖，加入一定量的蒸馏水（约终体积的 3/4），加热至琼脂完全溶化。

② 根据需要，用量筒或移液器从各种母液中取出所需的大量元素，微量元素，铁盐，维生素及植物生长调节物质等放入烧杯中。

③ 待琼脂完全溶化后，将混合母液加入，并用蒸馏水定容至终体积。

④ 用酸度计或 pH 精密试纸（5.4~7.0）测 pH 值，用 0.1mol/L 的 HCl 或 NaOH 调节 pH 值。

⑤ 将调好 pH 值的培养基分装于洁净、干燥的培养容器中；分装量根据培养容器确定，通常 150mL 三角瓶的分装量约在 40mL。分装完毕后，用封口材料封口。

⑥ 将分装好的培养基放入高压灭菌锅内灭菌。通常 40mL 培养基要求在 121℃条件下，压力 0.105MPa 下灭菌 20min，即可达到灭菌要求。

⑦ 灭菌完毕后，培养基置于室温下冷却备用。

需要注意的是，有些生长调节物质是不能高压灭菌的，如 IAA，这就需要将植物生长调节物质过滤灭菌后加入已灭过菌的培养基中，然后在无菌条件下分装；待分装的培养基自然冷却后就可用来接种了。配制好灭菌完毕的培养基应当尽快使用，以免放置长时间后培养基干燥变质；暂时不用的培养基可以在 4℃冰箱内保存。

（3）培养基的筛选

植物组织培养的大量实践表明：如何选择、筛选出较为适宜的培养基是影响植物组织培养成败的重要因素。在进行培养基的筛选时，主要包括以下几个方面的工作：

① 基本培养基的选择：目前植物组织培养工作中，仍以采用 MS 为基本培养基的居多。因此，在开始一个新的实验体系时，可以首先选用 MS；如果发现结果不利，可以先降低 MS 培养基的浓度，如使用 1/2MS；之后，再考虑其他如 B_5，White，Nitsch 等培养基。

② 植物生长调节物质种类及配比的选择：植物生长调节物质的种类和配比是植物组织培养中最为重要的因素，因而也是最常变动的因子。对于生长调节物质种类的筛选，可以设置单因子实验进行；而对于生长调节物质浓度配比的实验则可以通过多因子实验或正交实验来进行筛选。

③ 其他影响因素的选择：在进行适宜培养基的筛选时，有时可能需要对糖

浓度、pH 值等也进行筛选。这时可以通过只变动糖的浓度，或只变动 pH 值的单因子实验就可以选择出最佳的结果来。

4.2.2　植物组织培养的环境条件

培养基是植物组织培养成功的基础，适宜的环境条件也是植物组织培养成功必须考虑的因素。培养室的环境条件要根据植物对环境条件的需求来进行调控，其中最主要的是光照、温度、湿度和氧气等。

4.2.2.1　光照

光照是植物组织培养中重要的外界条件之一，它对外植体的生长，器官分化有很大的影响，表现在光照强度、光质和光照时间（光周期）等方面。

（1）光照强度

光照强度对培养细胞的增殖和器官分化有重要影响，大多数植物的器官形成需要一定的光照，但有些植物的组织培养中不需要光照就能形成器官，如烟草、荷兰芹等。在玉簪花茎的培养中则只有暗培养才能诱导出愈伤组织。

（2）光质

光质也明显影响外植体愈伤组织的诱导，组织的增殖及器官的分化。如红光可以促进杨树愈伤组织的生长，而蓝光则有阻碍作用。在百合组织培养中也发现红光能促进芽的增殖和分化，而白光下几乎无任何反应。在用白、红、绿、蓝等不同光质培养“丰香”草莓时，发现不同光质不仅能影响培养物的生长量，还能影响器官的发生，其中以红光诱导发生的频率最高。光质对不同材料细胞增殖和器官分化影响的不一致，可能与植物组织中的光敏色素有关。

（3）光照时间（光周期）

光周期也会影响到外植体的增殖和器官分化。研究发现短日照敏感的葡萄品种，其茎段的组织培养只有在短日照下才能生根；而对日照不敏感的品种，在任何光周期下都能生根。在组织培养中一般采用的光周期是 10 ~ 16h 的光照和 8 ~ 14h的黑暗。

4.2.2.2　温度

在植物组织培养中，不同植物生长所需的适宜温度不同，但大多植物在25 ± 2℃ 时培养均可获得较为理想的实验结果。当温度低于 15℃时，外植体的生长也不利。此外，在考虑各种植物培养的温度要求时，可以参考该植物的自然生态环境所处的温度条件。在有些植物中，采用一定的低温预处理对外植体的增殖和生长也较为有利。

4.2.2.3　湿度

组织培养中的湿度影响主要有两方面：一是培养容器内的湿度，几乎是 100% 的相对湿度；二是培养室的湿度，而培养室的湿度则随着季节变化变动很大，尤以北方冬季培养室内的湿度较低。通常培养室内的相对湿度以 70% ~ 80% 为宜。

4.2.2.4　氧气

离体条件下的植物材料与自然环境的植物一样，需要氧气。如果瓶塞密封完全不透气，培养物就会因缺氧而死亡。无论是固体培养还是液体培养，如果外植体长时间完全浸入培养基中，与氧气隔绝，外植体的生长也会停止。因此，在组织培养中，最好选用透气性好的瓶盖或瓶塞；固体培养的材料要有部分组织与空气接触；而液体培养则要通过振荡培养或旋转培养来解决通气问题。此外，不同的氧气浓度和其他气体浓度对外植体器官的发生也有一定的影响。

4.2.2.5 培养基的 pH 值

组织培养过程中，不同外植体的培养增殖也要求一定的 pH 值。通常培养基的 pH 值控制在 5.6~6.0。如果 pH 值不适则直接影响外植体对营养物质的吸收，从而进一步影响外植体的脱分化、茎芽增殖和器官的形成。

4.3 植物细胞工程应用途径

植物细胞工程的核心内容实质上就是植物细胞（含原生质体）、组织和器官的培养及亚细胞水平的操作与应用。从技术上说，它是一种从单细胞到植株的无性繁殖技术。从遗传的角度讲，该技术具有两重性：一是遗传的保守性，二是遗传的变异性。根据研究目的的不同，我们可以从技术上对二者进行选择和控制，从而使这一技术更好地为人类服务。利用其保守性，我们可以进行植物细胞、组织和器官的培养，建立生物反应器生产有用次生代谢物，快速繁殖具有经济价值的植物，保存珍稀植物种质资源等；利用其变异性，我们可以进行体细胞诱变，筛选符合育种目标的突变体，还可以进行体细胞杂交以克服远缘有性杂交的障碍。

4.3.1 在植物育种方面的应用

将常规育种技术与植物组织培养技术相结合，缩短育种周期，提高育种效率。

(1) 通过组织培养快速繁殖有价值的植物材料

采用花药和花粉培养可以快速获得单倍体，再将单倍体加倍即可获得纯合的二倍体，从而大大地缩短育种周期；利用胚乳培养还可以获得三倍体，用于一些希望果实无核的瓜、果植物的育种。

(2) 克服远缘杂交不亲和

利用原生质体融合技术可以获得亲缘关系相差很远的两亲本的细胞杂种，不仅可以克服远缘杂交的不亲和性，还有望创造新的物种。

(3) 克服杂种胚的早期败育

植物远缘杂交常常会出现生殖障碍，导致胚的早期夭折。采用未成熟胚培养技术，不仅可以拯救杂种胚，还可以促使胚提早发育，从而缩短育种周期。

(4) 导入外源基因

利用细胞工程技术可以进行细胞器的转移、基因转移、染色体转移等，从而改变植物的遗传特性，创育新品种。

(5) 突变体的筛选

植物在自然条件下和细胞培养、原生质体培养过程中，时常会发生各种自发的遗传变异，这是十分广泛的变异来源。同时，在细胞和原生质体水平上的人工诱变，其变异频率也会大大提高，为突变体的筛选提供了更多机会。

(6) 种质资源的保存

采用组织培养方法保存植物种质，不仅可以节约人力、物力和耕地，同时也可以在短期内大量繁殖种质材料。

4.3.2 种苗脱毒与快速繁殖

植物病毒是引起无性繁殖材料品种退化的主要因素。病毒防治除了抗病育种外，脱除种用材料所携带的病毒是目前最有效的途径。病毒在植物体内具有分布不均匀的特点，越靠近生长点，病毒含量越低，由此创造了茎尖分生组织培养的脱毒技术。利用茎尖培养脱毒，在组织培养条件下进行无病毒种苗的快速繁殖，已经在许多无性繁殖植物中广泛应用。

4.3.3 细胞培养生产有用次生产物

植物是天然化合物的宝库。植物体内的次生代谢产物种类繁多，结构各异，有些次生代谢物一直是药物和工业原料的重要来源。然而这些重要的次生代谢物主要集中在一些价格高、栽培困难、产量低、需求量大的植物体内，如人参、红豆杉等。通过大规模细胞培养生产有用次生代谢物可以节约耕地，保护生态环境，提高生产效率，具有广阔的应用前景。

4.3.4 在细胞生物学和发育生物学领域的应用

植物不同组织、细胞培养获得再生个体，以及在此过程中所形成的调控技术本身，进一步揭示了植物细胞全能性学说的本质和内涵，是对细胞生物学的发展。长期以来，植物细胞由于细胞壁的屏障，使植物单细胞活动的相关研究受到一定限制，原生质体体系的建立为植物细胞的单细胞研究提供了良好的实验体系。目前，利用原生质体系统在植物细胞分裂周期调控、细胞分化等细胞生物学领域的研究取得了重要成就，不仅分离出与这些细胞学现象相关的基因，而且通过原生质体系统明确了这些基因在细胞中的表达调控机理，从而明确了相关细胞生物学现象的本质。同时，通过细胞工程途径，在植物细胞的一些特殊领域如细胞壁生物学研究中也取得了重要进展。

发育生物学研究一般是在个体水平上进行的，由于个体水平上的变异频率低，因而很难对某一特定发育阶段的生物学现象进行正方向和负方向的比较研究。由于细胞工程技术的应用，利用人工细胞突变体，可以定向观察某一发育负方向所产生的生物学效应。通过这一途径，现已分离出许多与发育相关的基因，为揭示生物发育的遗传调控机理奠定了基础。离体培养的器官发生和体细胞胚发生及其调控已成为植物形态建成的良好实验体系，从而加速了发育生物学研究的发展。

4.3.5 在植物遗传、生理生化以及植物病理等基础研究中的应用

植物细胞工程技术在植物学研究的各个领域都得到广泛应用，推动了植物遗传、生理、生化和病理学的研究，已成为这些领域研究中的常规手段之一。

花药和花粉培养获得的单倍体和纯合二倍体植株，是研究细胞遗传的极好材料。在单倍体条件下更易获得遗传变异，便于遗传操作，较其他方法更易获得大量变异材料。同时，利用细胞途径进行染色体操作，可以有目的地创造植物附加系、代换系和易位系，为染色体工程的研究开辟新途径。此外，花粉单倍体加倍获得纯合系的方法，还为有性繁殖植物的遗传分离群体构建提供了有效途径，从而为遗传图谱构建、基因定位等提供稳定的基础材料，其应用又促进了遗传学的发展。

细胞是进行一切生理功能的场所。因此，细胞培养和组织培养为研究植物生理活动提供了一个理想的技术体系。事实上，植物营养研究一直是植物组织培养工作的重点，已在矿物营养、有机营养和生长活性物质方面开展了大量的研究，并取得很多重要成果。用单细胞培养研究植物的光合代谢是其他方法难以取代的技术途径，近年来，光自养培养研究也取得了重要成果。在细胞的生物合成研究中，细胞培养为物质代谢途径及其调控研究奠定了基础。细胞培养研究现已在许多物质的合成代谢途径研究中取得了进展，为生物大分子物质的代谢调控奠定了基础。

4.4 植物原生质体技术及应用

原生质体（protoplast）是指脱去细胞壁的裸细胞。原生质体一词最早始于 Hanstein（1863）的术语；1892 年 Klercker 机械地用刀片细切植物组织分离出原生质体，Cocking（1960）首次用酶法分离番茄根原生质体获得成功。1971 年 Takebe 等首次得到烟草叶肉原生质体培养的再生植株，1985 年 Fujimura 等获得第一例禾谷类作物——水稻原生质体培养再生植株，1986 年 Spangenberg 等用单个原生质体培养再生植株在甘蓝型油菜上获得成功。到目前为止，一些重要农作物（水稻、玉米、小麦 、大豆等）、林木（枣、柿、杨树等）和园艺作物（柑橘、苹果、猕猴桃、枇杷、茄子、辣椒等）大多都经原生质体培养得到了再生植株。植物原生质体培养所取得的这些进步，除了原生质体培养的理论和技术有所改进外，其他有关细胞、分子、遗传等学科的成就也与之交叉渗透并起了相互促进的作用。

4.4.1 原生质体分离

原生质分离的方法有机械法和酶法，前者因操作繁杂和原生质体产量低而未在实验中应用。植物细胞的细胞壁主要由纤维素、半纤维素组成，细胞之间则主

要由果胶物质黏连在一起形成组织。因此，用酶法从植物组织中分离原生质体时，首先必须将果胶质降解以破除细胞之间的黏连作用，使细胞分离开来；然后再进一步降解纤维素或半纤维素去除细胞壁，使裸露的原生质体游离出来。原生质体分离效率的高低主要与植物材料和酶混合液的组成有关。选择离体再生体系已经植物种类（品种、类型），以离体培养的子叶、胚轴、愈伤组织、悬浮细胞为起始材料制备原生质体，则更加简便、产量高，也更有利于获得原生质体再生植株。

用于植物原生质体游离的酶主要是纤维素酶和果胶酶，有时再加入半纤维素酶。商品酶常常是以一种酶为主的复合酶，例如，纤维素酶 onozuka 有 P_{1500}、P_{5000}和 R-10 等型，它们是从绿色木霉中提取出的酶制剂，主要含有纤维素酶 C_1（作用于天然的和结晶的纤维素）、纤维素酶 Cx（作用于无定形的纤维素），还含有纤维素二糖酶、葡聚糖酶、果胶酶、脂肪酶、磷脂酶、核酸酶等。另外，酶制剂型号、纯度，以及处理时酶液的浓度、时间等对原生质体游离都有重要影响。在配制酶液时，必须加入适量的渗透压稳定剂，这主要是为保持酶液具有一定的渗透压，以代替细胞壁对原生质体所起的保护作用。甘露醇和山梨醇等糖醇是最常用的渗透压稳定剂，有时也用葡萄糖。酶液的 pH 值一般调至 5. 6 左右，并需经细菌过滤器（孔径 0. 22 ~ 0. 45μm）进行除菌处理，再冷冻保存备用。

4. 4. 2 分离原生质体的操作程序

（1） 植物材料的消毒和处理

从田间植株上取回的叶片、茎段、花瓣等原生质体供体材料，首先用流水冲洗掉附着在材料上的尘土，再用消毒液消毒、无菌水冲洗，然后细切成薄片。离体培养悬浮细胞则要去掉培养基，筛除去较大的细胞团。

（2） 酶溶液处理

原生质体分离时，材料与混合酶液按 1∶10 的比例，酶解在 25 ~ 28℃、黑暗或弱光下进行，低速摇动（35 ~ 40 r/min）能够加速原生质体的释放。酶解时间因材料和酶液浓度而异，通常在 5 ~ 18h。酶解完毕，通过过滤、离心、甘露醇-蔗糖界面离心等过程收集原生质体。

（3） 原生质体的收集与纯化

把游离效果已达要求的酶-原生质体混合液在无菌条件下通过一层孔径为 40 ~ 80μm的尼龙筛网，过滤除去降解不完全的组织碎块和细胞团。将得到的其中悬浮有原生质体的滤液以 600 ~ 1000r/min 离心 3 ~ 5 min 后，用洗涤液（除不含酶类外，其他成分与酶溶液相同）反复洗涤和离心 3 ~ 4 次后，便能获得纯净的原生质体。

Kanai 和 Edwards（1973）分离玉米叶肉原生质体时，创立了利用两相界面法纯化原生质体。他们用 1. 6 mL 30% PEG6000 和 4. 5 mL 1. 2 mol/L 的山梨醇溶液，然后加进 0. 9 mL 原生质体悬浮液，轻轻混合，在 5℃下以 2200 r/min 离心 5 min，即区分为两相。细胞碎片沉淀于离心管的底部，完整原生质体漂浮在两相界面处，用吸管小心将其吸出，如此重复3次，便可得到纯净的原生质体。界面法纯化原生质体相对比较麻烦，但所得到的原生质体纯度及生活力较高（图4-2）。

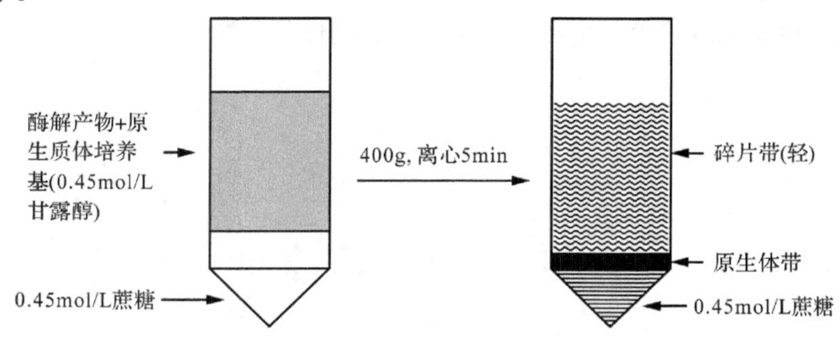

图4-2 界面法进行原生质体纯化

（4）*原生质体计数及活力测定*

原生质体在一定的密度下培养才能生长良好，所以要进行原生质体计数。计数结果以每毫升原生质体数表示。原生质体计数的原理和方法与血细胞计数相同。

原生质体活力的测定方法主要有：①活体染色法，用0.1%酚番红或伊文思蓝染色，不着色者为活原生质体，染色者为无活力原生质体；②荧光染料活体染色法，用荧光双醋酸酯（FDA）染色，染料可自由透过原生质膜，在原生质内被酯酶水解为荧光素，后者不能自由透过原生质膜而滞留于细胞内，在荧光显微镜下根据荧光强度即可判断原生质体死活。

4.4.3 原生质体培养

分离得到的原生质体很容易受外界环境影响而失去生活力，必须尽快保存在合适的培养中进行培养。

4.4.3.1 培养基

植物原生质体没有了细胞壁，培养时除提供植物组织、细胞培养时所必要的基本培养基成分以及外源激素等以外，还必须添加一些能够保持原生质体渗透压稳定以及促进细胞壁再生的成分。原生质体培养基通常是参考细胞或组织的培养基修改而来。由于植物原生质体没有了细胞壁，主要差异是原生质体培养基还必须添加一些能够保持原生质体渗透压稳定以及促进细胞壁再生的成分。但有些植物，虽参考了其细胞或组织培养的培养基而设计出了原生质体培养基，但也不解决问题。

常用的NT、Dudits等培养基，大多是按照MS或B_5培养基根据试验需要改良而来。对于原生质体培养基，一方面应有肯定的组分，尽量简化，便于保持配制的重复性；但另一方面为了适应低密度培养或某些材料的特殊需要也设计了复杂的加富培养基，例如，KM8p（Kao and Michayluk，1975）培养基，其特点是富含多种有机成分如氨基酸、有机酸、椰乳等，化合物总数达40多种，营养丰富，适合多种植物原生质体的培养。而在此基础上修改得到的V-KM培养基已是目前适应范围很广的原生质体培养基。

4.4.3.2 培养方法

原生质体培养方法（图4-3）有液体浅层培养、固体平板培养、液体—固体双层培养、琼脂糖珠培养等多种。最常用的是固体平板法。

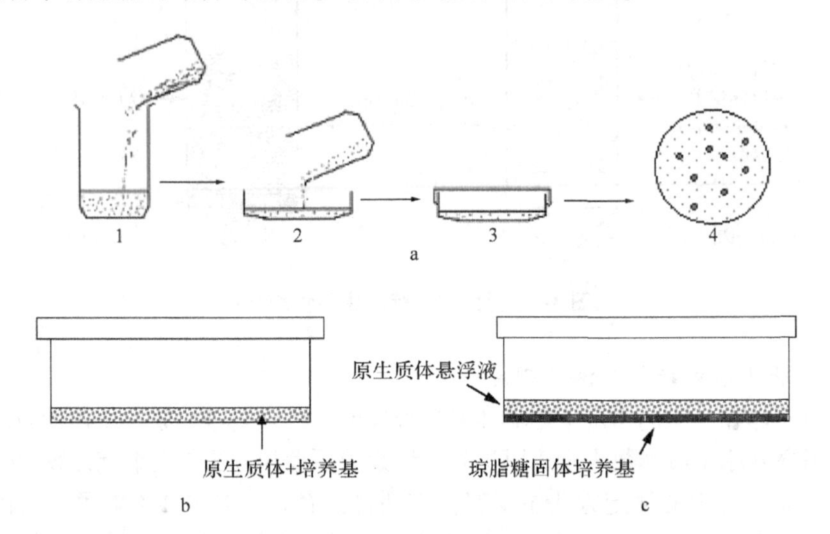

图4-3 原生质体培养方法

a. 固体平板培养法（从左至右：1. 原生质体与培养基混合；2. 植板；3. 培养；4. 由原生质体生长成的微愈伤组织） b. 液体浅层培养法 c. 液体—固体双层培养法

(1) 液体浅层培养

将含有原生质体的培养液在培养皿底部铺一薄层，封口后进行培养。原生质体的培养密度通常为10^5个/mL左右。

(2) 固体平板培养

将琼脂糖（0.6%）的原生质体培养基冷却至45℃，按照一定的起始密度与等体积原生质体悬浮液充分混匀，倾入培养皿中，厚度约1～2mm，冷却后蜡带封口。该方法是1971年Nagata和Takebe首次用于烟草细胞叶肉原生质体培养，具有可跟踪观察单个原生质体的发育情况和易于统计原生质体分裂频率等优点。

(3) 液体—固体双层培养

在培养皿的底部铺一层琼脂糖固体培养基，再将原生质体悬浮液滴于固体培养基表面。其优点是：固体培养基中的营养物质可以缓慢释放到液体培养基中，如果在下层固体培养基中添加一定量的活性炭，则还可以吸附培养物产生的一些有害物质，促进原生质体的分裂和细胞团的形成。但存在不易观察细胞的发育过程等不足。

(4) 琼脂糖珠培养

将含有原生质体的液态琼脂糖培养基用吸管以大约50μL一滴的量滴于直径6cm的培养皿，待其固化后向其中添加3mL液体培养基并于摇床上低速旋转培养（Thompson等，1986）。培养过程中，通过调整液体培养基的渗透压来调节培养物的渗透压以利于其进一步的生长和发育。这种方法由于改善了培养物的通气和营养环境，从而促进了原生质体的分裂和细胞团的形成。

4.4.3.3 培养条件

原生质体的接种密度对培养效果影响很大。密度过小，原生质体内含物外渗，原生质体易褐变或分裂一次后即死亡。随着密度的提高，原生质体恢复分裂的比例明显增加。但密度过高，再生细胞团很小，而且很快停止生长。一般认为，密度过高会造成营养不良，过低又由于细胞内含物的外渗而影响细胞生长。通常接种密度以 10^4 ~ 10^5 个/mL 为宜。

原生质体培养培养温度多为25 ~ 28℃，少数在16 ~ 37℃变动。另外，原生质体培养对光照要求无特定规律，但培养开始时以在弱光或黑暗条件下为最佳。

4.4.3.4 培养再生成植株

原生质体再生成植株要经过细胞壁再生及细胞分裂、愈伤组织及胚状体形成、植株再生才能发育成完整植株（图4-4）。

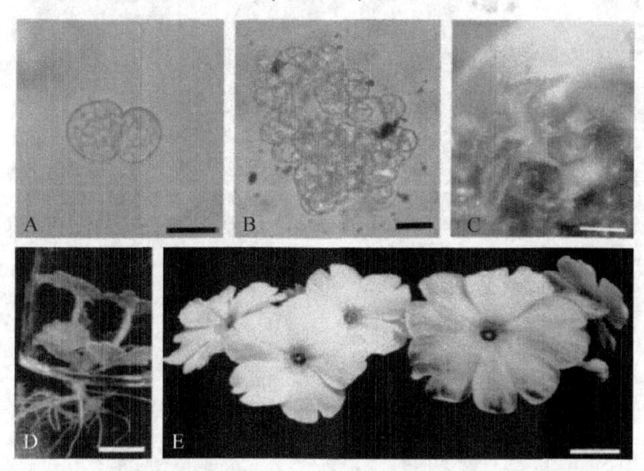

图4-4 樱草属植物 *Primula malacoides* 悬浮细胞的原生质体培养及其植株再生

植物原生质体在培养的初期，首先是体积的增大，如果是叶肉原生质体，还可观察到叶绿体重排于细胞核的周围，继而形成新的细胞壁。绝大多数的植物原生质体只有完成细胞壁再生以后才能进行细胞分裂，因此，细胞壁的再生是原生质体培养取得成功的第一个关键。

随着新壁的再生，细胞开始分裂。多数情况下，原生质体经培养2 ~ 7 d后出现第一次分裂，以后分裂周期缩短，分裂速度加快，在生长良好的情况下，培养2 ~ 3 周后形成肉眼可见的小细胞团。在此期间，每隔1 ~ 2 周应添加新鲜的低渗透压液体培养基，这一方面为适应不断长大增多的细胞对营养的要求，保证由原生质体再生的细胞能持续分裂；另一方面逐渐降低液体培养基中的渗透压，也有利于小细胞团增殖形成愈伤组织。

待愈伤组织长至直径1 ~ 2 mm 时，将其转移到愈伤组织增殖培养基或分化培养基上进行培养。培养方法、技术与前面所述的组织细胞培养相类似。植株再生同样存在两条途径，一是通过愈伤组织先分化形成不定芽，再使不定芽生根，形成完整植株；另一途径是愈伤组织直接分化形成胚状体，再由胚状体生长形成完整植株，如胡萝卜、柑橘等。

4.4.4 原生质体融合

两种异源（种间、属间等）体细胞原生质体，在人工诱导下相互接触，从而发生膜融合、胞质融合和核融合并形成杂种细胞，经培养进一步发育成杂种植株（图4-5）。这一过程称为原生质体融合或体细胞杂交。它不仅能克服有性杂

图4-5　茄（*Solanum melongena*）与土耳其茄（*Solanum torvum*）及其体细胞杂种的性状比较（Cécile Collonnier 等，2003）

交的种种障碍，还能形成多倍体和产生新的核外遗传系统，对于种质资源的开发和利用具有深远意义。理论上讲，任何细胞都有可能通过体细胞杂交而成为新的生物资源，为培育或创造出具有各种优良经济性状的作物新品种或新类型，开拓了一条新途径。至20世纪70年代中期，原生质体融合主要集中于种内和种间的融合。1978年Melchers等通过番茄和马铃薯属间原生质体融合并成功地获得杂种植株，极大地鼓舞了植物育种学家应用原生质体融合手段克服远缘杂交不亲和障碍，以实现种间、属间甚至科间遗传物质的交流。近些年来，原生质体融合在原来对称融合（symmetric fusion）的基础上，非对称融合（asymmetric fusion）、配子和体细胞之间，以及配子间的细胞杂交研究得到了较大的发展。

4.4.4.1 原生质体融合

诱导融合有物理方法和化学方法。物理方法包括利用显微镜操作、离心、振动和电刺激；化学方法则使用一些化学试剂诱导融合。目前常用的方法有物理的电融合法及化学的聚乙二醇（PEG）融合法。

（1）电融合法

1979年，Senda等在世界上首次报道短的直流电流脉冲能够诱导原生质体发生融合，从那以后电融合的研究也就日益多起来。该技术的优点在于避免了PEG、高Ca^{2+}、高pH值强加于原生质体的生理非正常条件，同时融合的条件更加数据化，便于控制和相互比较。所以，自创立以来，该技术发展较快，目前已被广泛使用。

电融合法有微电极法和双向电泳法两种。前一种方法在早期中有少数实验室试用，现在已基本上不用了，后一种方法正日渐使用广泛。双向电泳法的基本原理是：原生质体放在有低导电率融合液的融合小室中，小室的两极加有高频、不均匀的交流电场，电场发生的双向电泳和电场产生的力作用于原生质体，原生质体两极的电场强度不一致，使其表面电荷偶极化而具有偶极子的性质，从而使得原生质体沿电场线运动，原生质体相互接触排列成珍珠串（pearl chain）。再施以一次或多次直流方波脉冲（DC square wave），使相接触的原生质体的质膜发生可逆性电击穿，最终导致融合。整个融合过程大致可以划分为以下几个阶段：原生质体膜接触、质膜融合、圆球化和核融合。

（2）聚乙二醇诱导融合法

这种方法主要是由加拿大籍华裔高国楠先生创立并加以改进的。PEG是一种略带负电性的高分子化合物，由于PEG分子具有轻微的负极性，故可以与具有正极性基团的水、蛋白质和碳水化合物等形成H键，从而在原生质体之间形成分子桥，其结果是使原生质体发生黏连，进而促使原生质体的融合。用此法诱导频率可以高达10%~50%，同时PEG诱导的融合是没有特异性的，几乎可以诱导任何原生质体之间、甚至植物原生质体和动物原生质体之间的融合。

PEG的相对分子质量一般选用1540、4000或6000，用PEG 6000的人更多一些。商品PEG往往有杂质，对细胞有毒性，用离子交换树脂纯化PEG，可消除其对细胞的毒性。此外，PEG的融合时间、高pH值的Ca^{2+}溶液的处理时间以及添加 DMSO（dimethyl-xulphoxide）等因素均会影响诱导频率。PEG 诱导融合的优点是融合成本低，无须特殊设备；融合子产生的异核率较高；融合过程不受物种限制。其缺点是融合过程繁琐，PEG 可能对细胞有毒害。

4.4.4.2 非对称融合

根据融合时细胞的完整程度，原生质体融合可分为两大类：对称融合和非对称融合，前者是将两个完整的细胞原生质体融合。而非对称融合利用物理或化学方法使某亲本的核或细胞质失活后再进行融合，融合的结果是获得非对称杂种，即两融合亲本对杂种细胞的遗传组成的贡献是不对等的。从亲本给杂种的遗传贡献不对等（称）这一角度出发，非对称融合包括体—配融合（gameto-somatic fusion）和供—受体融合（donor-recipient fusion）两种类型。

4.4.4.3 杂种细胞的选择

原生质体融合时，发生的融合作用完全是一种随机的过程。两种不同来源的原生质体可以发生融合作用，同种之间也可发生融合作用。所以，如何把杂种细胞与未融合的或同源融合的细胞区分开是细胞杂交技术的重要环节。目前，选择杂种细胞的方法大致有如下几种：①利用现成的或诱发产生的各种缺陷型或抗性型的细胞系作为亲本材料进行融合，并利用选择性培养基筛选出互补的杂种细胞；②利用天然存在的或人为造成的两个亲本原生质体在物理特性上的差异，筛选出杂种细胞；③利用或人为地造成细胞生长或分化能力的差异，从而筛选杂种细胞。有人用两种不同的荧光染料，给双亲原生质体染上不同的颜色，然后借助不同的荧光标记，在荧光显微镜下用微量吸管把杂种细胞吸出来，进行培养。这种方法可能发展为更多植物所普遍适用的异核体选择方法（Yeoman，1986；孙勇如，1989）。

4.4.4.4 杂种植株的再生和鉴定

获得杂种细胞以后，经过常规的原生质体培养，促进其再生细胞壁、细胞分裂、细胞增殖，最终诱导器官分化并再生植株。需要指出的是，虽然任何两种不同的原生质体甚至动物与植物的原生质体之间均可进行融合，但并非所有的融合体都能完成细胞分裂或再生植株。

鉴定体细胞杂种的方法很多，主要从形态学、生物化学、细胞学和分子生物学角度对体细胞杂种植株进行鉴定。

4.4.5 原生质体的遗传饰变

4.4.5.1 原生质体的遗传转化

植物原生质体遗传转化是指以原生质体为受体，通过一定途径或技术将外源基因导入植物原生质体，获得能使外源基因稳定表达的转基因植株的技术。

原生质体是单细胞系统，没有或较少受周围细胞和微环境的影响，再生的植株也是由单细胞发育而来，性状易纯化且稳定遗传。所以向原生质体导入外源基因比向其他外植体导入外源基因有更大的优势。植物原生质体的遗传转化研究在20世纪80年代以后才逐渐开展起来，现在已经有多种方法，其中最为常见的是

PEG 介导转化法、电击穿孔转化法、脂质体介导转化法和农杆菌共培养转化法。

4.4.5.2 细胞核移植

原生质体摄取分离的细胞核是转移核基因组的一条可行途径。通常采用匀浆法获得大量较纯而有活力的细胞核，再通过采用夹层离心法、PEG 法、脂质体包裹融合移植法和微注射等方法将细胞核导入到受体的原生质体中，经培养获得再生植株。Potrykus 等（1973）采用夹层离心技术将矮牵牛的细胞核导入到矮牵牛、粉蓝烟草和玉米的原生质体中，摄取核的频率为 0.5%。Saxena 等（1986）提供了核移植试验成功的可靠证据，用 PEG 和 Ca^{2+} 诱导将一种蚕豆（*Vicia hajastana*）分离的核导入到南洋金花（*Datura innoxia*）泛酸营养缺陷型细胞的原生质体中。

4.4.5.3 叶绿体移植

叶绿体移植有助于更精确地研究细胞器遗传学和种间细胞器互作。有助于进一步弄清叶绿体的发育生物学以及核和叶绿体 DNA 如何控制叶绿体的发生。在应用研究方面，有可能用于植物光合作用效率的改良。

以野生型叶绿体作为供体，先用机械法或原生质体分离法获得叶绿体，以白化突变体或无叶绿素的培养细胞的原生质体为受体，进行叶绿体移植，经培养获得叶绿体移植的再生植株。Carlson（1973）将烟草野生型植株的叶绿体与白化突变体烟草的原生质体共培养，得到再生的花斑绿色植株，从而认为叶绿体在受体细胞质中进行了正常的复制和行使了生物学功能。Giles（1980）将叶绿体包裹在脂质体中，然后与原生质体融合，约有 85% 的南洋金花原生质体摄取了菠菜的叶绿体，从而提高了叶绿体的摄取率。

4.5 核移植与染色体移植的技术

4.5.1 核移植技术

核移植技术的杰出代表是中国“克隆先驱”童弟周教授和美籍华人牛满江教授。他们早在 20 世纪 60 年代就开展了鱼类核移植。1981 年，伊尔门泽（Illmenses）和霍佩（Hoppe）用胚胎细胞核移植技术，在哺乳动物中首次成功地制成了 3 只克隆小鼠。1986 年，英国科学家维尔德森（WLUadsd1）用已经发育成熟的胚胎细胞克隆出了 2 头羊。1997 年，Wilmut 等用绵羊的乳腺细胞作供体，核移植后，首次获得成年哺乳动物体细胞的克隆后代，即绵羊“多莉”，从此揭开了哺乳动物体细胞核移植的序幕。

4.5.1.1 核移植的基本概念

核移植是指将一种细胞的细胞核移植到另一种去掉了细胞核的细胞质内，让异种核质之间遗传相互作用，并使其重组成一完整的个体的技术。连续细胞核移植是将细胞核移植后发育的胚胎本身作为供核细胞，再重复进行核移植，连续继代，从而扩繁出大量具备优良性状且遗传型一致的个体。

细胞核移植技术因细胞的来源不同，也可分为“胚胎细胞核移植”、“胚胎干细胞核移植”、“胎儿成纤维细胞核移植”以及“体细胞核移植”等几类。“胚胎细胞核移植”是用显微手术的方法分离尚未着床的早期胚胎细胞，将这个细胞放入去除了染色体的未受精的成熟卵子，经过电融合，让这个去核卵子与胚胎细胞核融合，分裂、发育为胚胎；“胚胎干细胞核移植”是将胚胎或胎儿原始生殖细胞经过抑制分化培养，让其细胞数量成倍增多，但不让细胞分化，每个细胞仍具有发育成一个个体的能力，再利用与上面相同的核移植技术，产生克隆动物；“胎儿成纤维细胞核移植”是由妊娠早期胎儿分离出胎儿成纤维细胞，采用上面的核移植技术，克隆出动物：“体细胞核移植”就是诞生“多莉”的克隆技术，这是目前最先进的，也是存在着争议的细胞核移植技术。

4.5.1.2 核移植的基本原理

当供体核移植到受体胞质后，供体核会在胞质因子的作用下，发生重新编程，从而回到合子核的状态，指导重组胚发育成一完整的个体。核在重新编程中，往往会产生如下变化：

（1）转录活性和蛋白质合成水平的改变

核移植后，它们的转录水平下降至合子期的水平。蛋白合成水平下降。Lavoir（1997）认为：核的重新编程并不一定意味着RNA合成的重新编程，但由于胚胎的早期卵裂阶段缺少核内小核糖核蛋白（snRNPs），核内异质核糖核酸（HnRNA）不能被加工成mRNA，核糖体（HnRNA）不能被加工成大小亚单位，即构成核糖体的颗粒成分的mRNA。另外，阶段特异性蛋白质合成的缺失也可能是由于成熟卵母细胞的胞质与16～32-细胞期卵裂球的胞质不同，去核卵母细胞不能把被移植核产生的mRNA翻译成蛋白质的缘故。Van等人在牛的核移植实验中同样发现：阶段特异性蛋白质TEC-3在融合前的卵裂球中存在，但核移植后则消失。

（2）核膨胀和原核形成

Prather将猪4-、8-、16-细胞胚胎卵裂球的核移入去核卵母细胞中，把重组胚进行体外培养24h发现：重构后，它们的直径比原来增大了，而核膨胀后重组胚的体积差别不大。Zhang等（1998）把山羊卵裂球细胞移入去核卵母细胞后发现：重组胚中原核形成的比例随着激活后时间的延长而增长，说明原核是在MPF水平下降时才开始形成。

4.5.1.3 核移植的基本方法

传统的核移植是在透明带完整的基础上进行的，因为传统观点认为透明带对于核重新编程及胚胎的后续发育是必须的。但是，最近的研究表明透明带并非胚胎发育所必需。Peura等成功地对牛进行了无透明带的胚胎细胞核移植。Vajta等成功应用此方法获得了体细胞核移植牛。同时，核移植技术本身也得到改进，从显微注射为主的传统方法逐步向手工操作方向发展，在克隆效率相当的情况下，后者实现了方法的简单化和生产力的提高，因而备受关注。当然这些新方法只是在个别物种中获得成功，其广泛应用还有待于进一步的研究和证实。下面仅就传统的核移植作简要介绍。

(1) 单细胞供体的准备

供体细胞主要有两大类：胚胎卵裂球和体细胞。对卵裂球来说，先用链霉蛋白酶消化卵裂球外面的黏蛋白层和透明带，再把胚胎放在含0.25%胰蛋白酶的PBS缓冲液中消化，用细玻璃管吹打，使细胞分散开。若要得到单个体细胞，先把组织切成碎片，离心消化液，取上清，获得粒状沉淀，稀释沉淀，培养，备用。

(2) 受体卵母细胞的准备

卵母细胞的来源有两种方式：一是用激素对雌体进行超排处理，从输卵管冲出体内成熟的MⅡ卵母细胞。二是从屠宰场收集卵巢，吸出滤泡中的卵丘—卵母细胞复合体（COCs），在体外培养成熟后作为受体。后者是一种既经济又能满足实际需要的方法。冷冻保存的卵母细胞也是一种有效的来源，Dinnyes等（2000）把玻璃化冷冻的牛卵母细胞解冻后，再把成体成纤维细胞移植进去，发现重组胚的卵裂率和囊胚形成率与新鲜的卵母细胞无显著差异。

(3) 卵母细胞的显微去核

先把MⅡ卵母细胞放于培养液，持卵管吸住卵母细胞，用去核针刺穿透明带，吸出第一极体和极体下的1/3胞质。在去核前，可先用Hocchst33342对DNA进行染色，然后在荧光显微镜或紫外光下去核，并判断去核是否完全，可显著提高去核成功率。

(4) 核移植

常用的移核法有2种，即胞质内注射和透明带下注射。胞质内注射是用一个外径5～8μm的注核针吸取供体核后直接注射进卵母细胞胞质内的方法。透明带下注射则是把供体细胞核注射在透明带与卵母细胞之间的卵周隙中，核移植后还需进行融合处理。在透明带下注射时，若采用平口针，应首先在透明带上刺一切口；若采用斜口拔尖的针，则可在完成去核操作后。再用同一注射针吸进供体细胞注射在透明带下。

(5) 电融合

电融合是指把供、受体放于有电融合液的电融合槽中，用电脉冲使两者胞膜穿孔而融合的过程。进行电融合处理时，要将待融合的供、受体之间的接触面与两个电极平行，要根据动物品种、供体细胞的直径和卵母细胞的成熟时间的不同来选择相应的电融合参数，直径越小，成熟时间越长，所需的电脉冲强度越大，融合时间越长。

(6) 激活

把重组胚放在电融合槽两电极之间，用几次瞬时直流电脉冲使其激活。另外，化学试剂，如乙醇、Ca^{2+}载体、$SrCl_2$、放线菌酮、离子霉素等也能使卵母细胞激活。成熟后24h的卵母细胞经5%乙醇作用5min可被激活，卵母细胞用5μmol/L的离子霉素处理4min后，立即用1.9μmol/L的DMAP处理5h，即被激活，并形成原核，而且重组胚发育至囊胚时，细胞数目多，囊胚质量好。

(7) 胚胎培养和胚胎移植

重组胚往往经过一定时间的体内或体外培养后，才移植给受体。体内培养在结扎的输卵管中进行。在体外培养中，可采取胚胎与体细胞共培养的方法，来克服哺乳动物胚胎发育的阻滞现象。Miyoshi 等（2000）用重组胚与卵母细胞共培养的方法，也获得了较好的效果。他们用孵化的猪囊胚细胞建立细胞系，并用作供体，移到去核的卵母细胞中，把重组胚与电刺激过的卵母细胞共培养，结果，重组胚的卵裂率（65%）和4-细胞形成率（23%）均高于非共培养时的重组胚的卵裂率（38%）和4-细胞形成率（3%）。胚胎移植后的妊娠率和产仔率是判断核移植效率的最终标准，要选择有较好形态的胚胎进行移植。移植部位有输卵管和子宫角，移植方法和怀孕结果检查方法与体外受精形成的胚胎的移植方法相同。

4.5.1.4 动物核移植技术存在的问题

“多莉”是世界第一个用体细胞核移植克隆的哺乳动物，具有划时代的意义。但是，动物克隆技术的研究也存在着一些质疑及向生命科学的理论研究提出了问题。

(1) 哺乳动物体细胞核移植成功率低

“多莉”羊总的成功率为1:434，即用434个个体细胞核移植入去核卵内，最后只产生1只克隆“多莉”羊。Kato 等和 Wells 等利用“Dolly 法”克隆出牛犊，其中后者的克隆后代出生率高，这是目前体细胞核移植牛效率最高的，其克隆效率也仅为5%。

(2) 克隆动物与核供体的遗传表型是否完全一样

细胞遗传分为两套系统，一是细胞核遗传，另一是细胞质遗传。在动物细胞中，细胞质遗传是指线粒体 DNA 的遗传和表达，或称核外遗传、非染色体遗传，在克隆“多莉”的融合细胞中只有乳腺细胞的细胞核。但有2种来源的细胞质，既有乳腺细胞的细胞质又有去核卵母细胞质。由于细胞质也有遗传物质，那么这些细胞质会不会影响乳腺细胞核基因组的表达？“多莉”是不是与乳腺细胞提供者真正完全一致的克隆和拷贝？“多莉”与核供体羊的遗传性状能否完全一模一样？

(3)“多莉”是不是“穿着羔羊服装的老羊”

多莉羊的体细胞是来自1头6岁母羊的体细胞。从遗传学来讲，细胞分裂一次，染色体的长度（端粒结构）就会缩短一些，经过50次的分裂，染色体缩短到一定的长度，细胞就会死亡了。在生殖细胞里有1种酶，在细胞分裂时，这种酶会合成1段染色体接上去，因此不会缩短，能不断分裂。但体细胞里却没有这种酶的活性，所以每分裂1次就缩短1段。一般羊的寿命是10多岁。“多莉”羊出生于1996年7月5日，2003年2月14日因肺部感染而死亡，由于“多莉”体细胞取自6岁的羊，因此，其寿命短于一般的羊。虽然核移植技术获得的克隆动物的缺陷明显，如克隆胚胎体外培养发育率低，移植后流产率、畸胎率和早亡率高，出现早衰现象。但核移植技术的发展越来越显示出其巨大的生产应用潜力，将在治疗性克隆、拯救濒危动物、转基因技术等方面发挥重要作用。

4.5.2 染色体移植技术

进行细胞株间遗传信息的转移、重组可以借助基因转移、细胞融合、染色体移植等技术。与前两者相比，采用染色体移植技术具有独到的优点。

自从1973年发现染色体移植技术以来，这一技术正得到不断地完善和发展。它不仅能将各种可供选择的基因导入受体细胞，而且还可以用于确定基因在染色体上的连锁关系，研究病毒DNA的染色体整合现象以及从遗传角度去分析培养细胞的成瘤表现。

染色体移植是将单条或若干条染色体或染色体的片段向受体细胞转移，不仅具有基因转移技术的目的明确、背景简单的优点，又具有细胞融合技术的操作方便的优点，因而受到科学家的重视。

4.5.2.1 染色体移植技术的基本概念和原理

染色体移植是在染色体层次上建立一种新的技术体系，把特定基因表达有关的染色体或染色体片段转入受体细胞，使该基因得以表达，并能在细胞分裂中一代又一代地传递下去。换句话说，就是把外源的特定基因表达有关的染色体或染色体的片段导入受体细胞中去，并使外源染色体能在其后代中表达的一种操作技术。

目前，染色体移植的细胞生物学的机制还不清楚。其移植的基本原理：一是利用胞饮摄原理，即在一定条件下，由受体细胞通过细胞内吞作用将供体细胞的亚染色体或片段纳入受体细胞，增生新的细胞株系；二是在一定的条件下，利用化学等的方法，使供体的微核体和受体细胞结合并形成新的细胞株系。

染色体移植在一定程度上克服了有性杂交中不亲和现象，使基因在远缘物种之间转移，从而，创造新的细胞株系。

4.5.2.2 染色体移植方法

染色体移植目前主要有两种：一是微细胞介导法；二是染色体介导法。

(1) 微细胞介导法

指以微细胞作供体，通过与遗传完整的受体细胞融合，即可将微细胞内所含的一条乃至几条染色体转移到受体细胞中去。所谓的微细胞是指一至几条染色体、少量细胞质和完整的细胞膜包裹而成的微核体。此法由Fournier和Ruddle在1977年创建的。由于供体信息简单、受体细胞受影响小，染色体不受或者很少受到损伤，较常使用。其简明步骤如下：

将供体细胞先置于秋水仙素处理，而后再置于细胞松弛素B处理，然后收集微细胞。将这些微细胞置于植物凝集素处理，把这些微细胞制成悬浮微细胞。把这些悬浮微细胞和受体细胞混合，进一步凝集，再加入PEG溶液，使其融合，然后洗涤，筛选出融合子。

(2) 染色体介导法

由McBride和Ozar在1973年创建的。用染色体介导作基因转移则是由受体细胞经细胞的胞吞作用来实现的，因而在此系统中仅有亚染色体片段保持在受体细胞中。

首先，将供体细胞置于秋水仙素中处理，再放入低温处理，然后把这些细胞破碎，经高速离心，将其染色体收集起来。

其次，将供体的染色体向受体细胞移植。常用的方法有下列4种：一是直接用微注射器向受体细胞内注射染色体悬浮液；二是将供体染色体和受体细胞共同培养，染色体被受体细胞以胞吞的形式摄入；三是将供体染色体与高浓度 $CaCl_2$ 混合均匀，滴加到受体细胞上；四是用卵磷脂与胆固醇混合液制成脂质体，用这脂质体将供体染色体包起来，再经 PEG 与受体细胞融合，达到染色体移植的目的。

经过上述染色体移植的受体细胞，只有为数不多的能在选择培养基中生长。这一阶段的细胞仍处于不很稳定状态，还需要经过多代的选择和检测，才能确定具有外来新特征的杂交细胞株系。

4.6 单克隆抗体技术

免疫反应是有机体对疾病具有抵抗力的重要因素。当有机体受抗原刺激后可产生抗体。抗体的特异性取决于抗原分子的决定簇，各种抗原分子具有很多抗原决定簇，因此，免疫动物所产生的抗体实为多种抗体的混合物。

单克隆抗体技术的建立，是免疫学领域的重大突破，对现代生命科学的研究、应用和发展起着巨大的推动作用，成为当代生物科学研究中最为活跃的领域之一。

4.6.1 单克隆抗体的概念和原理

抗体主要由B淋巴细胞合成。每个B淋巴细胞有合成一种抗体的遗传基因。动物脾脏有上百万种不同的B淋巴细胞系，含遗传基因不同的B淋巴细胞合成不同的抗体。当机体受抗原刺激时，抗原分子上的许多决定簇分别激活各个具有不同基因的B细胞。被激活的B细胞分裂增殖形成该细胞的子细胞，即克隆由许多个被激活B细胞的分裂增殖形成多克隆，并合成多种抗体。如果能选出一个制造一种专一抗体的细胞进行培养，就可得到由单细胞经分裂增殖而形成细胞群，即单克隆。单克隆细胞将合成一种决定簇的抗体，称为单克隆抗体。“单克隆抗体技术最主要的优点是可以用不纯的抗原分子制备纯一的单克隆抗体。其原因是，可以从产生各种不同抗体的杂交瘤混合细胞群体中筛选出产生特异抗体的杂交瘤细胞株”。

要制备单克隆抗体需先获得能合成专一性抗体的单克隆B淋巴细胞，但这种B淋巴细胞不能在体外生长，因此需要杂交瘤技术。建立杂交瘤技术首先是制备对抗原特异的单克隆抗体，所以融合细胞一方必须选择经过抗原免疫的B细胞，通常来源于免疫动物的脾细胞。脾是B细胞聚集的重要场所，无论以何种免疫方式刺激，脾内皆会出现明显的抗体应答反应。融合细胞的另一方则是为了保持细胞融合后细胞的不断增殖，只有肿瘤细胞才具备这种特性。选择同一体系的细胞可增加融合的成功率。多发性骨髓瘤是B细胞系恶性肿瘤，所以是理想的脾细胞融合伴侣。

其次，应用细胞杂交技术使骨髓瘤细胞与免疫的淋巴细胞二者合二为一，得到杂种的骨髓瘤细胞。这种使细胞合二为一的技术就是细胞融合。使用细胞融合剂造成细胞膜一定程度的损伤，使细胞易于相互黏连而融合在一起。最佳的融合效果应是最低程度的细胞损伤而又产生最高频率的融合。聚乙二醇（PEG1000～2000）是目前最常用的细胞融合剂，一般应用浓度为40%（体积质量）。

细胞融合是一个随机的物理过程。在小鼠脾细胞和小鼠骨髓瘤细胞混合细胞悬液中，经融合后细胞将以多种形式出现，如融合的脾细胞和瘤细胞、融合的脾细胞和脾细胞、融合的瘤细胞和瘤细胞、未融合的脾细胞、未融合的瘤细胞以及细胞的多聚体形式等。正常的脾细胞在培养基中存活仅5～7天，无需特别筛选，细胞的多聚体形式也容易死去。而未融合的瘤细胞则需进行特别的筛选去除。

融合杂交细胞的选择的原理依下列过程进行：细胞DNA合成一般有两条途径。主途径是由糖和氨基酸合成核苷酸，进而合成DNA，叶酸作为重要的辅酶参与这一合成过程。另一辅助途径是在次黄嘌呤和胸腺嘧啶核苷存在的情况下，经次黄嘌呤磷酸核糖转化酶（HGPRT）和胸腺嘧啶核苷激酶（TK）的催化作用合成DNA。细胞融合的选择培养基中有3种关键成分：次黄嘌呤、氨甲喋呤和胸腺嘧啶核苷，所以取三者的字头称为HAT培养基。氨甲蝶呤是叶酸的颉颃剂，可阻断瘤细胞利用正常途径合成DNA，而融合所用的瘤细胞是经毒性培养基选出的HGPRT－细胞株，所以不能在该培养基中生长。只有融合细胞具有亲代双方的遗传性能，可在HAT培养基中长期存活与繁殖。这样就可以筛选出我们所需要的融合杂交细胞。

最后，进行有限稀释与抗原特异性选择。在动物免疫中，应选用高纯度抗原。抗原往往有多个决定簇，一个动物体在受到抗原刺激后产生的体液免疫应答，实质是众多B细胞群的抗体分泌。而针对目标抗原表位的B细胞只占极少部分。由于细胞融合是一个随机的过程，在已经融合的细胞中，有相当比例的无关细胞的融合体，需细筛选去除。筛选过程一般分两步进行：一是融合细胞的抗体筛选，二是在此基础上进行的特异性抗体筛选。将融合的细胞进行充分稀释，使分配到培养板的每一孔中的细胞数在0至数个细胞之间（30%的孔为0才能保证每个孔中是单个细胞），培养后取上清以ELISA法选出抗体高分泌性的细胞。这一过程常被习惯地称作克隆化。将这些阳性细胞再进行克隆化，应用特异性抗原包被的ELISA找出针对目标抗原的抗体阳性细胞株，增殖后进行冻存、体外培养或动物腹腔接种培养。

通过上述的原理，可选育出杂交细胞。这种杂种细胞继承两种亲代细胞的特性，它既具有B淋巴细胞合成专一抗体的特性，也有骨髓瘤细胞能在体外培养增殖永存的特性，用这种来源于单个融合细胞培养增殖的细胞群，可制备抗一种抗原决定簇的特异单克隆抗体。

4.6.2 单克隆抗体的制备

制备单克隆抗体包括动物免疫、细胞融合、选择杂交瘤、检测抗体、杂交瘤细胞的克隆化、冻存以及单克隆抗体的大量生产，要经过一系列实验步骤。下面按照制备单克隆抗体的流程顺序，逐一介绍其实验技术。

4.6.2.1 细胞融合前准备

(1) 抗原提纯与动物免疫

对抗原的要求是纯度越高越好，尤其是初次免疫所用的抗原。如为细胞抗原，可取 1×10^7 个细胞作腹腔免疫。颗粒性抗原免疫性较强，不加佐剂就可获得很好的免疫效果；可溶性抗原免疫原性弱，一般要加佐剂。常用佐剂有：福氏完全佐剂和福氏不完全佐剂。

选择与所用骨髓瘤细胞同源的BALB/c健康小鼠，鼠龄8～12周，雌雄不限。为避免小鼠反应不佳或免疫过程中死亡，可同时免疫3～4只小鼠。

免疫过程和方法与多克隆抗血清制备基本相同，因动物、抗原形式、免疫途径不同而异，以获得高效价抗体为最终目的。免疫间隔一般2～3周。一般被免疫动物的血清抗体效价越高，融合后细胞产生高效价特异抗体的可能性越大，而且单克隆抗体的质量（如抗体的浓度和亲和力）也与免疫过程中小鼠血清抗体的效价和亲和力密切相关。末次免疫后3～4天，分离脾细胞融合。

(2) 骨髓瘤细胞

骨髓瘤细胞能产生并分泌大量的免疫球蛋白，这样的瘤细胞融合后，可能影响或降低所分泌抗体的滴度，所以必须选育出非分泌免疫球蛋白缺陷型的骨髓瘤细胞。

选择骨髓瘤细胞的条件：①该瘤细胞系的来源应与制备脾细胞小鼠为同一品系，以便两者的组织相容性抗原一致；②骨髓瘤细胞必须是静息状态，不产生γ球蛋白或不分泌到细胞外；③骨髓瘤细胞生长需要一个较高的细胞密度，最好 10^6 个细胞/mL；④生长速度快，繁殖时间短。

骨髓瘤细胞的培养适合于一般的培养液，如RPMI1640，DMEM培养基。上述骨髓瘤细胞系均为悬浮或轻微贴壁生长，只用弯头滴管轻轻吹打即可悬起细胞。

一般在准备融合前的2周就应开始复苏骨髓瘤细胞，为确保该细胞对HAT的敏感性，每3～6月应用8-氮鸟嘌呤筛选一次，以防止细胞的突变。

(3) 饲养细胞

在体外的细胞培养中，单个的或数量很少的细胞不易生存与繁殖，必须加入其他活的细胞才能使其生长繁殖，加入的细胞称之为饲养细胞，如正常的脾细胞等。以1mL吸管将供试小鼠的细胞种入微量培养皿，每孔0.05mL，含20 000个细胞，放入 CO_2 培养箱培养，即可供细胞融合和克隆化之用。免疫脾细胞指的是处于免疫状态脾脏中B淋巴母细胞棗浆母细胞。一般取最后一次加强免疫3天以后的脾脏，制备成细胞悬液，由于此时B淋巴母细胞比例较大，融合的成功率较高。

4.6.2.2 细胞融合

细胞融合的方法有物理法（如电融合、激光融合）、化学融合法和生物融合法（如仙台病毒），此处仅列举化学融合法中的一种即聚乙二醇融合法。

用作细胞融合剂的一般选用相对分子质量为 4 000 的分析纯的聚乙二醇，常用浓度为 50%，pH8.0 ~ 8.2（用 10% $NaHCO_3$ 调整）。也有采用 30% ~ 50% 浓度的 PEG 加上 10% 二甲亚砜，然后用离心法使细胞沉淀，根据需要加入适量的饲养细胞。大多数杂交瘤细胞在 10 ~ 20 天内出现，但也有在 1 个月左右才能出现的。杂交瘤细胞出现后，吸取上清液，检查抗体。对继续生长的杂交瘤细胞进行增殖传代。

一般在融合 24h 后，加 HAT 选择培养液。一般选择 HAT 选择培养液维持培养 2 周后，改用 HT 培养液，再维持培养 2 周，改用一般培养液。

克隆化一般是指将抗体阳性孔进行克隆化。经过 HAT 筛选后的杂交瘤克隆不能保证一个孔内只有一个克隆。在实际工作中，可能会有数个甚至更多的克隆，可能包括抗体分泌细胞、抗体非分泌细胞；所需要的抗体（特异性抗体）分泌细胞和其他无关抗体分泌细胞。要想将这些细胞彼此分开，就需要克隆化。克隆化的原则是，对于检测抗体阳性的杂交克隆应尽早进行克隆化，否则抗体分泌的细胞会被抗体非分泌的细胞所抑制，因为抗体非分泌细胞的生长速度比抗体分泌的细胞生长速度快，二者竞争的结果会使抗体分泌的细胞丢失。即使克隆化过的杂交瘤细胞也需要定期的再克隆，以防止杂交瘤细胞的突变或染色体丢失，从而丧失产生抗体的能力。

用克隆化的方法很多，而最常用就是有限稀释和软琼脂平板法。

有限稀释法。取 130 个细胞放入 6.5mL 含饲养细胞完全培养液，培养 4 ~ 5 天后，在倒置显微镜上可见到小的细胞克隆，补加完全培养液 200μL/孔。第 8 ~ 9 天时，肉眼可见细胞克隆，及时进行抗体检测。

软琼脂法。配制软琼脂即含 20% FCS（小牛血清）的 2 倍浓缩的 RPMI1640，按梯度浓度配制需克隆的细胞悬液。接着，将琼脂液在室温中分别与不同浓度的细胞悬液相混合。混匀后立即倾注于琼脂基底层上，使其凝固，孵育于 CO_2 孵箱中。4 ~ 5 天后即可见针尖大小白色克隆，7 ~ 10 天后，直接移种至含饲养细胞的 24 孔板中进行培养。检测抗体，扩大培养，必要时再克隆化。

及时冻存原始孔的杂交瘤细胞、每次克隆化得到的亚克隆细胞是十分重要的。因为在没有建立一个稳定分泌抗体的细胞系的时候，细胞的培养过程中随时可能发生细胞的污染、分泌抗体能力的丧失等。如果没有原始细胞的冻存，则会因为上述的意外而前功尽弃。

对制备的 McAb 进行系统的鉴定是十分必要的。应对其做以下方面的鉴定：

抗体特异性的鉴定。除用免疫原（抗原）进行抗体的检测外，还应用与其抗原成分相关的其他抗原进行交叉试验，方法可用 ELISA、IFA 法。

McAb 的 Ig 类与亚类的鉴定。一般在用酶标或荧光素标记的第二抗体进行筛选时，已经基本上确定了抗体的 Ig 类型。如果用的是酶标或荧光素标记的兔抗鼠 IgG 或 IgM，则检测出来的抗体一般是 IgG 类或 IgM 类。至于亚类则需要用标准抗亚类血清系统作双扩或夹心 ELISA 来确定 McAb 的亚类。在作双扩试验时，如加入适量的 PEG（3%），将有利于沉淀线的形成。

McAb 中和活性的鉴定。用动物的或细胞的保护实验来确定 McAb 的生物学活性。例如，如果确定抗病毒 McAb 的中和活性，则可用抗体和病毒同时接种于易感的动物或敏感的细胞，来观察动物或细胞是否得到抗体的保护。

McAb 识别抗原表位的鉴定。用竞争结合试验、测相加指数的方法，测定 McAb 所识别抗原位点，来确定 McAb 的识别的表位是否相同。

McAb 亲和力的鉴定。用 ELISA 或 RIA 竞争结合试验来确定 McAb 与相应抗原结合的亲和力。

4.6.3 单克隆抗体的应用及存在问题

单克隆抗体的特点是：理化性状高度均一、生物活性单一、与抗原结合的特异性强、便于人为处理和质量控制，并且来源容易。这些优点使它一问世就受到高度重视，并广泛应用于生物学和医学研究领域，如作为亲和层析的配体、作为生物治疗的导向武器、作为免疫抑制剂、作为研究工作中的探针、增强抗原的免疫原性、作为医学检验试剂等。

当然，单克隆抗体技术在发展中还存在一些问题。例如，虽然利用单克隆抗体技术在人类肺癌、肝癌、胃癌的治疗中取得一定效果，但有人认为如果单克隆抗体有足够细胞毒力去杀灭残留肿瘤细胞群，则它们也会杀死许多具有相关抗原的正常胚性细胞或分化细胞。而且肿瘤细胞产生一些封闭性抗体，把自己保护住，使单克隆抗体所携的药物不能很好地发挥作用。而更根本的问题在于，“单克隆抗体产物是从具有肿瘤细胞表型特征细胞而来的，那么来自这种细胞的产物是否有潜在的生物毒害作用，特别是可能释放致癌病毒”。

总之，尽管这项技术还存在某些问题和弊端，但我们有理由相信：单克隆抗体技术依然是一项具有普适性、发展空间非常宽阔的生命科学技术。治疗性单克隆抗体（单抗）的开发研制正成为生物技术工业的第二次创新高潮，目前，正在开发的治疗性单抗有 132 个，估计其中有 16 个产品能在 2004～2008 年间获得批准。而随着治疗性单抗现有产品销售额的持续增长及又一轮新产品的集中上市，预计在 2008 年治疗性单抗的全球市场销售额可达近 167 亿美元为 2002 年的 3 倍。

4.7 干细胞技术

“干细胞”的概念早在 19 世纪即已出现，自 20 世纪 50 年代科学家在畸形胎肿瘤中首次发现了胚胎干细胞以来，人们对干细胞及其应用的研究已有 50 多年历史了。但是，在 20 世纪末一项最重大的发现是人们分离到了人体多功能干细胞，因而引起了社会的高度重视，使干细胞的研究成为一大全球热点。

4.7.1 干细胞的基本概念

干细胞这一概念，自1896年Wilson用该术语描述线虫生殖系的祖细胞以来，得到越来越广泛的应用。尽管至今还没有一个可被广泛接受的定义，但按照最新的观点，这一概念与通过细胞增殖而不是细胞增大的生长相联系。

干细胞是指动物（包括人类）胚胎及某些器官中具有自我复制和多向分化潜能的原始细胞，是重建、修复病损或衰老组织、器官功能的理想种子细胞。

干细胞有下列4种特点：一是具有分裂成其他细胞的可能性；二是具有无限增殖分裂的潜能；三是可连续分裂几代，也可在较长时间内能够处于静止状态；四是以对称或不对称两种方式进行生长。

4.7.2 干细胞的基本类型

干细胞基本上可分为3种类型：第一类是全能性干细胞，即胚胎干细胞，是最原始的干细胞，具有自我更新、高度增殖和多向分化发育成为人类全部206种组织和细胞，甚至形成完整个体的分化潜能。当受精卵分裂发育成囊胚时，内层细胞团的细胞即为胚胎干细胞。第二类是多能干细胞，这种干细胞具有分化出多种细胞、组织的潜能，但失去了发育成完整个体的能力，发育潜能受到一定的限制，如骨髓造血干细胞。第三类是专一性干细胞，这类干细胞只能分化成一种类型或功能密切相关的两类细胞，如上皮组织基底层的干细胞、肌肉中的成肌细胞等。

4.7.3 干细胞生物学基础

干细胞的种类较多，因此，我们在胚胎发生的一般意义上讨论干细胞的生物学基础。

4.7.3.1 几个主要分子生物学特征

细胞（胚胎干细胞）含有丰富的碱性磷酸酶，它是ES细胞鉴定和区分ES细胞是否分化的重要标志之一。在已分化的ES细胞中碱性磷酸酶呈弱阳性或阴性。碱性磷酸酶是一种单脂磷酸水解酶，能在碱性条件下水解磷酸单脂释放出磷酸。碱性磷酸酶的高表达与未分化的多能干细胞密切相关。

胚胎阶段特异性表面抗原（SSEA），也是用于ES细胞鉴别，ES细胞的标志分子之一。SSEA是一种糖蛋白，常表达于胚胎发育早期的细胞，ES细胞中SSEA表达阳性。SSEA在ES细胞的表达有种属特异性。

ES细胞表现出高水平的端粒酶活性，不同于正常二倍体细胞，可能是其复制生命期限远比体细胞长的原因。细胞每复制1次，端粒就要减少50~100bp，细胞也随着衰老。因此，认为端粒酶减少是细胞衰老的重要机制之一。在ES细胞、生殖细胞和肿瘤细胞中，端粒酶呈高水平表达，而且端粒酶的活性也很高。这些细胞在每次分裂之后，可保持端粒长度，维持细胞的长期存活。

Oct-4/Oct-3 是含 POU 结构域的转录因子家族中的一员，由 Pou5 f1 基因编码，目前被广泛用于未分化状态的 ES 细胞鉴定。Oct-4 最早表达于胚胎八细胞期，发育到桑葚胚时，每个卵裂球中都可以检测到 Oct-4 大量表达，在胚泡期主要表达于内细胞群细胞。在胚胎植入后，只有原始外胚层有 Oct-4 的表达，到原肠形成后，只有原始生殖细胞表达 Oct-4。在体外培养的 ES 细胞中，Oct-4 呈强阳性表达。Oct- 4 是 ES 细胞是否具有多能性的重要标志分子。

ES 细胞还表达干细胞因子、生殖细胞核因子，CD30 ，GCTM-2 ，GenesisDG 和高相对分子质量糖蛋白 TRA-1-60 ，TRA-1-81 等。

ES 细胞来源包括桑葚胚、胚泡内细胞群，还有胎儿生殖嵴等。最近，Lanzendorf 等利用体细胞核移植技术培育人类早期胚胎，并成功从中分离出 ES 细胞。利用体细胞核移植技术分离培养 ES 细胞并诱导分化后用于疾病治疗的技术，目前称之为治疗性克隆。该技术有可能成为人类 ES 细胞体外分离培养的主要来源。

4.7.3.2 胚胎干细胞可塑性的理论基础

胚胎干细胞具有两个显著特征：一是它具有体外高度自我更新的能力；二是它可被定向诱导分化为体内各种类型的细胞。要充分利用胚胎干细胞，必须解决的首要问题是要搞清楚它是如何进行自我更新的。

将外源基因转入 ES 细胞研究其表达及微环境对细胞分化的影响，发现 ES 细胞的分化受内源性因素和外源性因素的共同调节。内源性因素即不同基因在不同时间和空间的开启和关闭及各种转录因子的表达等。外源性因素指细胞间的分化诱导、分化抑制作用及细胞外物质的介导作用等。

4.7.3.3 ES 细胞的分化潜能的理论基础

除去分化抑制物后，ES 细胞高分化的潜能体现在以下几方面：

①成畸胎瘤：将 ES 细胞注入同源动物皮下可形成畸胎瘤，包括 3 个胚层细胞。而 Thomson 将人 ES 细胞注入严重联合免疫缺陷小鼠，发现小鼠也形成了含有肠上皮、骨、软骨、平滑肌、心肌和神经等组织的畸胎瘤。

②成类胚体：培养 ES 细胞在非黏附底物中悬浮生长，或控制增殖细胞数目，能够使之生成类胚体，它是一个与畸胎瘤相似的多种系混杂的集合体，具有 3 个胚层组织，其中各种细胞分泌各自的生长和分化因子。

③直系分化：通过控制 ES 细胞生长环境，或遗传操纵特定基因表达，ES 细胞可直接分化成某特定种系细胞，如将神经决定基因 NeuroD2 和 NeuroD3 转入 ES 细胞，可使之分化为神经细胞。

④嵌合体形成：这种分化方式不同于形成类胚体的聚集过程，也叫非聚集分化，形成嵌合体。以注射或聚集的方法将 ES 细胞与完整胚泡融合，ES 细胞参与形成嵌合体的全部细胞种类，包括生殖系在内。

4.7.4 干细胞研究策略

开展干细胞研究一般要经过以下 3 个步骤：

(1) 获得干细胞系

这是本研究最重要的第一步。可以从动物或人的早期胚胎或各器官、组织中分离并经鉴定，且能在体外长期保持干细胞特性（一般应稳定传25代以上）。

目前，建立ES细胞系的方法有许多种，常见方法包括以下过程：①原始ES细胞获得，从受孕动物体内或体外受精卵培养中获得发育至桑葚胚或胚泡阶段的早期胚胎，用机械法分离、胰酶或胶原酶消化桑葚胚或胚泡内细胞群得到原始ES细胞悬液。② ES细胞传代培养，将ES细胞在改良Eargle培养液中培养2~3天，然后转到经放射线照射或丝裂霉素处理的成纤维细胞饲养层上进行传代培养。培养液含适当浓度的胎牛血清（FBS）、非必需氨基酸、α-巯基乙醇、白血病抑制因子（LIF）、干细胞因子（SCF）、碱性成纤维细胞生长因子（bFGF）和双抗等。细胞培养约1周，挑取细胞集落，用低浓度胰酶分散后，继续传代培养，约7~10天传一次。经反复传代培养，可获得生长旺盛的高纯度ES细胞。③ES细胞鉴定，长期培养的ES细胞呈巢式或集落式生长，边缘光滑，细胞排列紧密；形态学观察细胞呈圆形或梭形，体积小，核大，胞质少，可见一个或多个细胞核；ES细胞特异性碱性磷酸酶（AP）染色为阳性，细胞显示正常的核型，显示高水平的端粒酶活性和表达胚胎特异性抗原SSEA-1，SSEA-3，SSEA，TRA-1-60和TRA-1 -81等；撤除饲养细胞和分化抑制因子后继续培养，ES细胞可分化发育为含外、中、内3个胚层的拟胚胎体（EB），可检测到心肌细胞、造血细胞、毛细血管内皮细胞、腺体细胞和骨骼肌细胞等细胞的特异性抗原。培养介质中可检测到α-甲胎蛋白、绒毛膜促性腺激素等。将培养的ES细胞注入组织相容或免疫缺陷的SCID鼠体内可形成含肠上皮细胞、软骨细胞、平滑肌细胞、骨骼肌细胞、神经细胞、造血细胞和扁平上皮细胞等的畸胎瘤样组织。免疫组化分析，畸胎瘤样组织表达肌动蛋白、CD34、S-100、灵长类神经中丝、α-甲胎蛋白、细胞角蛋白等，表明ES或EG细胞具有多向分化潜能，可分化发育为胚胎早期的3个胚层的细胞。

建立ES细胞系的条件十分苛刻，既要维持细胞的未分化状态和分化潜能性，又要使其无限增殖，因此需要将ES或EG细胞置于饲养细胞上培养。培养液中除必需营养外，还得加入细胞分化抑制因子，如重组白血病抑制因子（LIF），IL-6等，同时还需要细胞生长促进因子，如干细胞因子（SCF）、碱性成纤维细胞生长因子（bFGF）等，即维持ES细胞处于自我更新的增殖状态需要以一定条件抑制其分化。目前认为，白血病抑制因子（LIF）可抑制鼠ES细胞分化，而人ES细胞需要有滋养层和血浆才可保证其不分化，无血浆环境培养则需要bF-GF′。究竟是何种关键因素在起作用尚属未知，可能的机制包括特异受体—配体作用、下游信号事件和细胞靶分子等。只有进一步阐明这些机制，建立不依赖滋养层的培养条件，才可能大范围地培养ES细胞。常用的饲养细胞有小鼠成纤维细胞系STO细胞、3T3细胞、OP9细胞、转入了SCF基因的STO#8细胞和原代培养的胚胎成纤维细胞等。饲养细胞的作用为提供ES细胞生长的环境和信号，并分泌多种细胞因子抑制ES细胞分化和促进其增殖。原代胚胎成纤维细胞比STO

等细胞系更有利于ES细胞生长，这可能与此细胞系因长期培养和反复冻存等使分泌细胞因子的能力下降有关。用表达SCF的STO #8细胞系培养ES细胞，其生长可不依赖外源性SCF。有人用卵巢、输卵管、子宫内膜细胞和胚胎成纤维细胞培养ES细胞获得成功，发现ES细胞在膀胱癌细胞、子宫颈鳞状上皮细胞癌细胞等肿瘤细胞饲养层上生长更旺盛。在维持细胞增殖的同时抑制其分化倾向是建立ES细胞系中需要解决的关键问题，饲养层细胞可分泌ES细胞分化抑制因子，但在培养液中加入外源性LIF可排除实验中的一些干扰因素。I、IF是理想的ES细胞分化抑制剂，外源性LIF可使ES细胞在未分化状态下长期培养，将LIF基因转入ES细胞可使ES细胞不依赖外源性LIF而长期不分化增殖，且不影响ES细胞的多向分化潜能性。SCF和bFGF对ES细胞生长起促进作用，但也有人认为bFGF和SCF对ES细胞生长无协同作用，在有膜结合形式的SC F存在的情况下，不需加入bFGF。值得注意的是，培养液中任何因素的改变都有可能启动细胞的分化机制，导致ES细胞分化。高浓度的胎牛血清并不利于ES细胞生长，不同批次的胎牛血清对促进ES细胞生长具有不同的效果。Berger等利用无LIF的培养系统建立了ES细胞系，即使在培养液中加入外源性LIF′抗体也不影响ES细胞生长，并可长期保持未分化状态和多向分化潜能，表明ES细胞可能具有异质性。不同种类动物的ES细胞以及同种不同品系动物的ES细胞的体外培养条件具有明显差异性，如129/Sv、BAL，B/C、BXSB/MPJ-Yaa和MBL/Mp-lpr/lpr鼠的ES细胞在体外的生长特性和对胰酶的敏感性明显不同。

(2) 建立干细胞诱导分化模型

可利用基因工程手段引入外源目的基因（对原有致病基因进行置换改造），探索诱导干细胞向特定组织、器官分化的化学或/和物理条件。

将抑制细胞分化的因素去除，如撤去饲养层细胞或LIF，或是改用悬浮培养，胚胎干细胞将聚集成团，形成类胚体。若改变细胞的培养条件，它们将会沿着某一特定的方向进行分化。改变细胞的培养条件是ES细胞进行定向分化的基本策略，目前常用的方法有3种：①向培养基中添加生长因子、化学诱导剂等；②将ES细胞与其他细胞一起进行培养；③将细胞接种在适当的底物上。这些因素将促使ES细胞中某些特定基因的表达上调或下降，从而引发细胞沿着某一特定的谱系进行分化。

(3) 评价诱导分化的干细胞和干细胞培养体系

将上述干细胞或干细胞培养体系植入动物或人的相应器官或组织，考察其效果。

4.7.5 干细胞研究的现状与展望

近年来，干细胞研究的领域引起众多的研究者的关注，他们已经在胚胎学、血液学、神经生物学、骨架生物学以及其他一些学科里集中对干细胞的生物学特性的特征分析取得了进展，探讨了干细胞在发生、发展、组织自身稳定以及再生中的作用，分离到了人体多功能干细胞，几种干细胞应用于临床病人的治疗之中

(如骨髓移植)，因而，引起社会的高度重视。干细胞技术必将在生物学以及医学领域引发突破性的科学进展，开创革命性的新疗法。

当然，干细胞的研究与技术目前还存在着诸多重要的技术难题，并非短期之内所能解决。首先，我们还不能完全排除治疗中ES细胞致癌和形成畸胎瘤的可能，因此，使用定向分化细胞时要确保没有未分化ES细胞的混杂，或设置自杀基因防止移植细胞恶变。其次，研究ES细胞的临床应用时，一定会触及体细胞克隆技术，也一定会损坏人类早期胚胎，这种研究会不会发展为生殖性克隆、是不是对人类胚胎的亵渎、是不是侵犯人权等，国际科学界争论十分激烈。各国出于法律、宗教和历史等诸多原因，在ES细胞研究这一敏感问题上，均采取十分谨慎的态度。毕竟生命科学关系到每一个人的生老病死，关系到人类的未来，来不得半点含糊和偏差。我们一定要非常谨慎地利用ES细胞，在为人类造福的同时应尽力避免受先进科学技术这一双刃剑的伤害。

复习思考题

1. 基本概念

细胞全能性　脱分化　体细胞胚　细胞融合　单克隆　抗体　核移植　干细胞

2. 简述植物细胞脱分化的条件。
3. 简述离体培养中器官发生的模式和过程。
4. 试说明体细胞胚与合子胚在形成途径和结构上的异同。
5. 影响组织培养的因素有哪些？
6. 植物组织培养的应用有哪些？
7. 怎样进行核移植？
8. 怎样进行染色体移植？
9. 单克隆抗体备制的主要过程有哪些？
10. 干细胞有哪几种类型？
11. 胚胎干细胞有哪些分子生物学的特征？
12. 干细胞的基本研究策略有哪几个步骤？

本章推荐阅读书目

细胞工程．安立国．科学出版社，2004.

被子植物生殖生物学．胡适宜．高等教育出版社，2005.

生物技术概论．宋思扬，楼士林．科学出版社，2003.

植物细胞工程．谢从华，柳俊．高等教育出版社，2004.

植物细胞工程．朱至清．化学工业出版社，2003.

植物细胞工程实验技术．孙敬三，朱至清．化学工业出版社，2006.

第5章　发酵工程

【本章提要】 发酵、发酵工程的概念；发酵类型、发酵技术的特点以及微生物发酵在工农业生产各领域中的应用；工业生产中常用的微生物种类及工业微生物的育种技术；发酵的基本过程；微生物液体发酵的3种类型，发酵罐类型及其特点和浅层固体发酵；常用发酵设备；发酵产品类型，发酵法生产乙醇、微生物药物生产工艺流程、柠檬酸发酵的原理及发酵工艺。

发酵（fermentation）一词，最初来自拉丁语“发泡”（fervere），是指酒精发酵时产生二氧化碳的现象。在生物化学中，发酵（狭义发酵）是指微生物的一种呼吸类型，为微生物在无氧时的代谢过程。在现代工业中，发酵（广义发酵）是指利用微生物在有氧或无氧条件下的生命活动来制备微生物菌体或其代谢物生产各种目的产物的过程，包括利用好氧微生物的需氧发酵，厌氧微生物的厌氧发酵及兼气厌氧微生物的兼气发酵。这里唱主角的是细菌、真菌等微生物。发酵工程始于20世纪40年代初，当时大规模生产抗生素工艺的建立，为发酵工程的发展奠定了基础。简言之，发酵工程就是通过研究改造发酵所用的菌以及应用技术手段控制发酵过程来大规模工业化生产发酵产品。目前医用抗生素、农用抗生素等已愈200个品种，绝大部分都是发酵工程的产品。除抗生素外，发酵工程产品还包括氨基酸、核苷酸、维生素、甾体激素、黄原胶、工业用酶，等等。我们日常生活中常见的味精、V_{B2}、Vc等也是发酵工程的产品。特别是近30年来，随着基因工程、代谢工程、组合生物合成等技术的迅猛发展，发酵工业的应用领域大大扩展，发酵工程的研究内容也日益拓展和丰富。

5.1　发酵类型及技术特点

5.1.1　发酵类型

主要有微生物菌体发酵、微生物酶代谢产物发酵、生物转化、工程菌发酵等几种。

(1) 微生物菌体发酵

传统的菌体发酵有用于面包制作的酵母发酵和微生物菌体蛋白（单细胞蛋白）的生产。现代菌体发酵则用于生产一些药用真菌及同等疗效的产品，采用真菌菌丝体发酵，如人工培养已批量生产冬虫夏草菌丝体、灵芝、猪茯苓、灰树花、姬松茸等菌丝体。利用微生物菌体发酵能将有机废弃物转化为良好的饲料。我国学者李树清等利用秸秆类农业有机废弃物稻草、稻草壳、玉米芯、棉籽屑、锯木屑、甘蔗渣和泥炭配制的食用菌培养基，获得了饲料生产（培养基底物发酵后为畜禽的优质饲料）和食用菌生产双丰收。在农业生物防治中还广泛采用微生物菌体作杀虫剂，如芽孢杆菌属的苏云金杆菌防治鳞翅目、直翅目、鞘翅目等昆虫，虫霉菌可作控制害虫密度的杀虫剂，白僵菌用于防治松毛虫、油桐蚜虫、大豆食心虫等害虫，利用枝状孢霉大面积防治松突圆蚧，使用汤氏多毛菌菌丝防治柑橘锈壁虱等。

(2) 微生物酶发酵

微生物种类繁多，已鉴定的约有20万种，使得人们可以从繁多的微生物中，选取生产所需酶的微生物，容易得到所需的酶类。微生物生长周期短，培养原料大都比较廉价，生产成本低，所以目前工业应用的酶类大多来自微生物发酵。微生物酶制剂已广泛应用于工农、医药等领域，特别是水解酶类中的α-淀粉酶制剂已广泛应用于发酵、食品、饲料、医药、造纸及纺织工业，其产量几乎占全部酶制剂产量的50%以上。

(3) 微生物代谢产物发酵

在菌体对数生长期所产生的产物，如氨基酸、核苷酸、蛋白质、核酸、糖类等，是菌体生长繁殖所必需的，这些初级代谢产物在生产上很重要，与之形成了为获取初级产物为目的的不同发酵工业。如微生物胞外多糖具有植物多糖不具备的优良性质，它们生产周期短，不受季节、地域和病虫害条件限制，经济上具有广阔的市场发展前景。在菌体生长静止期，某些菌体能合成一些具有特定功能的产物，如青霉素、红霉素等抗生素，还有生物碱、细菌毒素、植物生长因子等。由于抗生素既有抗菌又有抗病毒、抗癌作用，还有其他生理活性，因而抗生素生产已成为发酵工业的支柱产业。一些微生物发酵不仅能获取抗生素物质，还能得到一些非抗生素物质，比如从放线菌目小单胞菌属可获得大环内酯类抗生素，氨基糖苷类、氨沙类、糖类、寡糖类抗生素、烯二炔类抗肿瘤抗生素，以及异黄酮类、酯肽类、黑色素酶抑制剂、凝血酶、蛋白酶抑制剂、免疫抑制剂等非抗生素生物活性物质，这些都是极具商业价值的次生代谢产物。

(4) 微生物的转化发酵

微生物转化是利用微生物细胞的酶把一种化合物转变成结构相关的有价值的另一种产物，如人们利用植物乳杆菌发酵法生产乳酸脱氢酶（lactate dehydragenase，LDH）。微生物可进行的转化反应有脱氢、脱水、脱羧、缩合反应，氧化、氨化、脱氨反应以及异构化反应等。微生物发酵将乙醇转化成乙酸，算是最早的生物转化。葡萄糖酸杆菌能将D-山梨醇转变成L-山梨糖，葡萄糖可转化成葡萄糖酸再进一步转化成2-酮基葡萄糖，都是微生物转化的作用。

(5) 生物工程细胞发酵

用DNA重组的工程菌及细胞融合所得的杂交细胞等来进行发酵培养也可获得干扰素、胰岛素、青霉素酰化酶等多种代谢产品，用淋巴细胞杂交瘤可制备各种单克隆抗体用于免疫检测和疾病诊断。比如将重组大肠杆菌发酵生产的β-葡聚糖酶用于麦类饲料添加剂和啤酒工业生产中，极大地改善了它们的品质。20世纪末，瑞士、俄罗斯、德国一些公司相继构建一些核黄素高产枯草芽孢杆菌，这些工程菌株的应用使核黄素产量在原有基础上提高了近10倍。

5.1.2 发酵技术的特点

微生物发酵技术可以实现规模化生产，形成相关产业，不受气候季节的限制。微生物发酵技术具有其自身的一些特点：

(1) 发酵过程以微生物细胞完善的代谢调节机制使其细胞内复杂的生化反应高度有序进行，使得复杂的发酵过程得以在发酵罐中一次完成。

(2) 微生物的生物酶促反应，通常在常温常压下进行，反应条件温和，能耗少，设备简单。

(3) 微生物培养基原料通常以糖蜜、淀粉、玉米粉等碳水化合物为主，可以利用农副产品、糖厂下脚料、纸厂等工业废水、农作物秸秆、锯木屑等，不同微生物能从中选择性吸收所需营养物质。

(4) 微生物发酵既能获得低分子化合物，也容易生产高分子化合物，且能高度选择性地把复杂化合物进行生物转化。

(5) 发酵过程中培养基要求严格灭菌、去除非目的菌的杂菌污染，通入的氧气也是经过灭菌的洁净空气，设备换罐要严格清洗、灭菌。

5.2 微生物发酵工艺

发酵主要步骤包括培养基的配制，培养基、发酵罐及其他辅助设备的灭菌，将培养好的菌种按一定比例接入发酵罐中，控制发酵条件进行发酵，分离产物并进行精制以得到合格的产品，回收或处理发酵过程中所产生的废物等。

5.2.1 工业生产中常用微生物

工业生产中常用的微生物主要是细菌、放线菌、酵母菌和霉菌。

(1) 细菌

细菌是自然界中分布最广、数量最多的一类微生物，是单细胞原核生物，一般以典型的“一分为二”的裂殖方式繁殖。各种细菌由于种类不同和环境条件的差异，其菌体形态千差万别，其基本形态根据外形可分为球菌、杆菌和螺旋菌三大类。球菌按其细胞排列方式又分为单球菌、双球菌、葡萄球菌、链球菌等，杆菌有长杆菌、短杆菌、棒杆菌之分，螺旋菌有弧菌、螺旋菌之别。工业上常用的是球菌和杆菌，特别是杆菌（枯草芽孢杆菌、乳酸杆菌、醋酸杆菌、棒状杆菌、短杆菌等）在发酵工业上非常重要，用于生产淀粉酶、乳酸、醋酸、氨基酸和肌苷酸等。

(2) 放线菌

放线菌是一个原核生物类群，因其菌落呈放射状而得名，属于革兰氏阳性细菌，它是介于细菌与真菌之间的过渡类型。在自然界中分布很广，一般生长在有机质丰富的微碱性土壤中。放线菌主要以无性孢子进行繁殖。放线菌有许多交织在一起的纤细菌体，叫菌丝。部分生长在固体营养物上的营养菌丝发育后向空中延伸形成气生菌丝，在气生菌丝的顶端长出孢子丝，成熟后形成形态各异的孢子，孢子可随风飘散，遇到适宜环境就地安家落户，又萌生成新的放线菌。放线菌是最主要的抗生素产生菌，在医药工业中具有重要地位。目前已发现的6 000种抗生素中，有4 000多种是由放线菌产生的。放线菌除了能生产链霉素、金霉素、红霉素、庆大霉素等多种抗生素外，放线菌在工业上还有许多其他的重要作用。例如，利用放线菌生产维生素 B_{12}、β-胡萝卜素等维生素，蛋白酶、溶菌酶、葡萄糖异构酶等酶类。

(3) 酵母菌

酵母菌是一类最简单的真核微生物（真菌），在自然界中普遍存在，主要分布在偏酸性且含糖较多的环境中，比如在水果、蔬菜、花蜜的表面以及果园土壤中。绝大多数酵母菌都是单细胞，以发芽方式进行繁殖，有些酵母细胞也能以与细菌类似的裂殖方式来繁衍后代，芽殖和裂殖这两种方式都是无性繁殖。很多酵母如啤酒酵母还能通过产生子囊孢子行有性繁殖。我们日常吃的面包、馒头，喝的啤酒、葡萄酒等各种饮料，都是由酵母菌参与制造的。发酵工业上用啤酒酵母、假丝酵母、类酵母等酿酒、制造面包，生产脂肪酶、酵母菌体蛋白、维生素、甘油、甘露醇、乙酸乙酯和酶制剂，等等。

(4) 霉菌

霉菌是一类比酵母菌更高级、更复杂的小型丝状真菌。在自然界分布很广，喜欢偏酸性环境，多为好氧、腐生、少数寄生。霉菌繁殖能力很强，而且繁殖方式多种多样，自然界中霉菌主要依靠产生形形色色的无性或有性孢子进行繁殖。霉菌在食品和发酵工业上广泛应用，如接种鲁氏毛霉作腐乳、根霉能把淀粉转化为糖、米曲霉酿酒制酱醋等，红曲霉用于制作红曲为优良的天然食品着色剂。可利用根霉和曲霉生产柠檬酸、葡萄糖酸、L-乳酸、曲酸、衣康酸等多种有机酸。利用各种霉菌生产淀粉酶、蛋白酶、纤维素酶、果胶酶等多种酶制剂，有机酸以及青霉素、灰黄霉素等抗生素。

5.2.2 工业微生物育种技术

自然界中经长期进化而成的野生微生物具有严密的代谢调控机制，使得它们能恰到好处地合成满足自身生长繁殖所需的代谢产物，具有节俭的特性。而这种节俭特性却妨碍了野生微生物的工业应用。从自然界分离所得的野生菌种，不论在产量或质量上均难适合工业化生产的要求。在工业生产上我们需要微生物能够超量地生产我们所需的特定代谢产物。因此，在工业生产上所应用的生产菌株一般都是经过遗传改造的。这种以提高微生物菌株生产性能为目标，人为改造微生物菌株的遗传性状的过程称为微生物育种，这种菌株则称为工程菌。

通过微生物育种既能提高目标产物产量，又可改进菌株的其他与生产相关的性能，比如缩短生产周期、降低营养要求、提高对氧的吸收能力、合成新产品等。微生物育种除常规的诱变育种外，随着现代生物技术的发展，太空诱变育种、低能离子注入诱变育种、基因工程、代谢工程、组合生物合成等新技术已日渐加强。

（1）诱变育种

诱变育种在工业发酵菌种史上做出了重大贡献，它具有方法简单、投资少、收获大的优点，但缺乏定向性是其最大缺点。诱变育种的基本原理是利用一些物理的或化学的因素处理微生物细胞，使其遗传性状发生随机的突变，获得大量性状各异的突变株，然后再从大量突变株中以一定的方法筛选出生产性能改善的个体。常用的有紫外辐射、电离辐射等物理诱变法及碱基类似物、烷化剂等化学诱变剂两大类。

紫外线是最常用的，其波长范围为136～300nm，生物DNA的最大吸收峰波长在265nm左右，恰好位于紫外线的波长范围内。DNA吸收紫外线的能量后，引起分子激发而发生化学结构的改变，特别是嘧啶二聚体的形成。除紫外线外，快中子和放射性元素^{60}Co产生的γ-射线也是比较常用。烷化剂中亚硝基胍、甲基磺酸乙酯、5-氟尿嘧啶是常用的化学诱变剂。

诱变育种时，诱变剂的种类、剂量和处理方法的选择主要依赖于实践经验。经过诱变处理后，变异细胞一般只占存活细胞的百分之几，甚至更低。由于诱发的突变是随机的，诱变后得到的突变株既有生产性能提高的正突变株，而且更多的又是生产性能基本不变甚至下降的菌株，必须从这众多的突变株中分离和筛选出我们所需要的目的菌株。筛选突变株的工作量巨大，分为初筛和复筛两步，诱变和筛选的过程往往需要多次重复。在筛选突变株时，诸如菌落的形态变化、生理性状或生产性状，与产物密切相关的代谢途径，都是重要的参考因素。

一般筛选程序是：

第一代：出发菌株 $\xrightarrow{\text{诱变}}$ 分离到平皿上 ⟶ 挑选菌落200个
（有时还结合指示剂、显色剂或底物）（或打琼脂块菌落1000～3000块）

$\xrightarrow{\text{初筛}}$ 30～50株 $\xrightarrow{\text{复筛}}$ 3～5株……
（以提供第二代诱变出发菌株）

如此一直按第二代、第三代、第四代……直到选出符合要求的优良菌株。

（2）代谢控制育种

代谢途径包括分解和合成代谢体系，包含着物质代谢和能量代谢过程。微生物细胞内具有一整套可塑性极强和极精确的代谢调节系统。如果代谢调节系统失灵，就会出现途径障碍和改变。通过定向选育某种特定的突变型获得代谢调节机制不完善的高产菌株，以达到大量积累有益产物的目的，即所谓代谢控制育种。改变微生物的遗传型是控制代谢的有效途径。代谢控制育种在初级代谢产物的育种中得到了广泛应用，几乎全部氨基酸和多种核苷酸的生产菌株都有抗性或缺陷型遗传标记。代谢调控育种通过特定突变型选育，达到改变代谢通路、降低支路代谢终产物的产生或切断支路代谢途径及提高细胞膜透性，使代谢流向目的产物积累方向进行。在工业微生物育种中，利用营养缺陷型来阻断代谢流或切断支路代谢，使代谢途径朝着有益产物合成方向进行。这类实例很多，如谷氨酸棒杆菌生物素缺陷型是以葡萄糖或醋酸作为碳源，棒杆菌经诱变处理后，基因发生突变，不能合成相应的酶，导致乙酰辅酶A和生物素之间的合成反应受阻，切断了脂肪酸支路代谢，代谢只能向着L-谷氨酸合成方向进行，使谷氨酸产量得到累积。

(3) 基因工程育种

自Cohen和Boyer1973年首次成功地完成了DNA分子的体外重组试验，宣告了基因工程的诞生，这为微生物育种带来了一场革命性变化。基因工程菌产生的主要程序包括：目的基因的克隆，DNA重组体的体外构建，重组DNA导入宿主细胞，以及基因工程菌的选择。对工业生产来说主要是基因的表达产量、表达产物的稳定性、产物的生物活性和产物的易于分离纯化。进行基因表达设计时，必须考虑各种影响因素，选择最佳的基因表达系统。自1973年以来，特别是近20多年来，世界上以基因工程方法创造的各种工程菌不计其数，现仅用工程菌表达并已获批准上市的新型药物就有40多种。

5.2.3 培养基

5.2.3.1 培养基的种类

根据微生物的营养需求，将微生物生长繁殖和生物合成各种代谢产物所需的各种营养成分调制成合适的液体或固液混合物，即培养基。有些微生物能在简单的培养基中生长，如米根霉能在只含葡萄糖和无机盐的培养基中生长并将葡萄糖转化为L-乳酸。而另一些微生物则需要比较复杂的营养成分，除需要各种有机物作为碳源和氮源外，还需要添加某些维生素、氨基酸等化合物。依用途可将培养基分成孢子培养基、种子培养基和发酵培养基等。

孢子培养基是供制备孢子用的。生产上常用的孢子培养基有麸皮培养基、大(小)米培养基，由葡萄糖（或淀粉）、无机盐、蛋白胨等配制的琼脂斜面培养基等。种子培养基是供孢子发芽和菌体生长繁殖用的。发酵培养基是供菌体生长繁殖和合成代谢产物之用。

5.2.3.2 培养基的组成

由于菌种不同，所以培养基种类、培养温度和时间也不同，需要根据不同要求考虑所用培养基的成分与配比。而各种培养基的主要成分有碳源、氮源、无机盐、生长因子等。

①常用碳源包括可直接利用的葡萄糖、果糖等单糖，蔗糖和麦芽糖等双糖和缓慢利用的淀粉、纤维素等多糖。多糖必须经水解成单糖后才能供微生物利用、参与其代谢活动。玉米淀粉水解物是氨基酸、抗生素、核苷酸、酶制剂等发酵生产中常用的碳源。马铃薯、小麦、燕麦、高粱、淀粉则用于有机酸、醇等的生产。油脂还可作霉菌、放线菌的碳源用于发酵过程中。甲醇、乙醇、甲烷和烷烃化合物石油产品可作为细菌和酵母的碳源生产单细胞蛋白SCP。工农业生产中的

废弃物如秸秆、蔗渣、柠檬酸、糖蜜、动物粪便和其他纤维素等有机废物也可作为一些真菌和细菌的碳源用于生产蘑菇和单细胞蛋白。

②氮源是微生物发酵中所用的主要原料之一，包括黄豆饼粉、花生饼粉、棉籽饼粉、玉米浆、蛋白胨、酵母粉、鱼粉等有机氮源和氨水、氯化铵、硫酸铵、硝酸盐等无机氮源。

③微生物的生长繁殖等生理代谢活动和产物的生物合成还需要各种无机盐类如氯化钠、氯化钾、磷酸盐、硫酸盐以及铁、镁、锌、钴、锰等微量元素。

④培养基中还需添加维生素、氨基酸、脂肪酸、嘌呤和嘧啶衍生物或酵母膏、牛肉膏、蛋白胨及动植物组织浸液作为生长因子的来源，以维持微生物的正常生命代谢活动。

⑤水的质量对微生物的生长繁殖和产物合成有重要作用，发酵使用的水有地下水、自来水、河湖地表水，各种水源水的质量是不同的，水的硬度、碱度以及水的处理方法也不同。

5.2.4 发酵的工艺流程

发酵工艺从原料到产品的生产过程非常复杂，包括如下主要环节：①原料预处理；②培养基的配制；③发酵设备及培养基的灭菌；④无菌空气的制备；⑤菌种的制备和扩大培养；⑥发酵；⑦发酵产品的分离纯化（图5-1）。

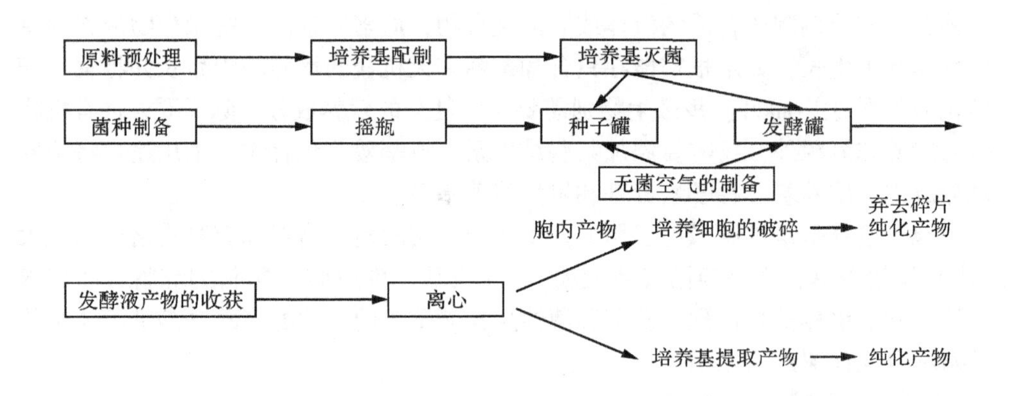

图5-1 发酵基本过程简图

（1）原料预处理

发酵工业上常用玉米、谷物、薯干、农副产品廉价原料作为微生物的食粮，这些原料需先经粉碎。对于很多不能直接利用的淀粉类原料，发酵前需将其水解为葡萄糖。先用淀粉酶将淀粉部分水解为糊精，再用糖化酶将糊精水解为葡萄糖。用作氮源的大豆饼粉、鱼粉等也要预先水解为微生物能够利用的多肽或氨基酸。

（2）培养基的配制和灭菌

工业上应用的发酵培养基大多是液体培养基。对于工业上广泛采用的间歇发酵过程，培养基的配制过程就在发酵罐中进行。当培养基配制完成后，可就地灭菌。最常用的培养基灭菌方法是采用高压水蒸气直接对培养基加热的湿热灭菌法，将培养基加热到121℃，持续20～30min以杀死培养基中的微生物，待冷却后接种，就可进行微生物培养。在配制培养基时，还应根据微生物对环境pH值的要求，用酸或碱将培养基的pH值调到合适的范围。

(3) 菌种的制备与种子扩大培养

进行发酵生产之前，都需要准备一定量的优质纯种微生物，即制备种子。从自然界分离得到的能产生目的产物的菌种，经分离纯化选育后的菌种或是经基因工程改造后的“工程菌”，才能供发酵使用。将储存菌种或冰箱中处于休眠状态的原菌种，接入试管斜面培养基上活化后，再经摇瓶和一级、二级种子罐逐级扩大培养，获得一定数量的生产用纯种。种子制备的工艺流程如图5-2所示。

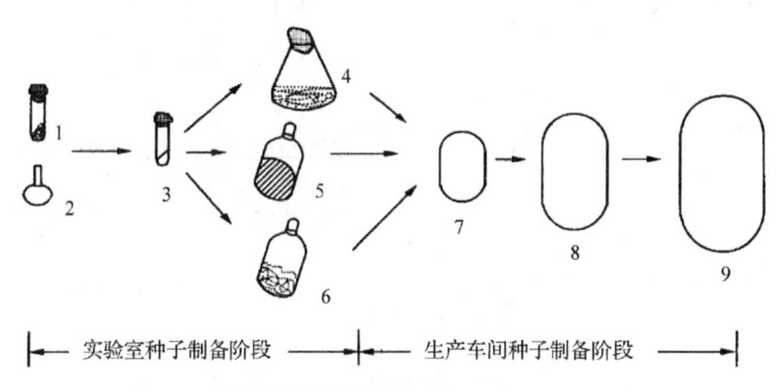

图5-2 种子扩大培养流程图（引自刘如林，1995）

1. 砂土孢子 2. 冷冻干燥孢子 3. 斜面孢子 4. 摇瓶液体培养 5. 孢子瓶斜面培养 6. 固体培养基培养 7、8. 种子罐培养 9. 发酵罐培养

(4) 无菌空气制备

好氧微生物的生长和产物生成过程都需要氧气，一般采用空气作为氧气的来源，在将空气通入种子罐或发酵罐之前，必须除去空气中的各种微生物以免发酵过程中受杂菌污染，使好氧发酵能正常进行。这样制备的不含微生物的空气称为无菌空气。工业上空气除菌是采用高空采风经空气压缩机加压后采用加热灭菌和过滤等手段灭菌而制得无菌洁净空气。

(5) 发酵

发酵是在无非目的的微生物状态下对单一微生物的纯种培养，由微生物合成大量的产物。所用培养基和设备都经过灭菌，通入的空气也是无菌空气。发酵罐内的菌液浓度、pH值、糖氮含量、溶氧浓度和产物浓度等参数变化是较为复杂的。根据发酵过程操作方式不同，可分为间歇发酵、连续发酵和流加发酵。

(6) 发酵产品及分离、提纯

发酵结束后，发酵产物有细胞内和细胞外产品。产品十分丰富，有醇类、有机酸、氨基酸、抗生素等。通常产物浓度低、组分复杂，且一些具生物活性的产物对温度、pH值、离子强度和物理剪切力等敏感，一些医药、食品用产品要求纯度高、安全性好。因此发酵产品的分离、提纯费用占整个成本的费用超过50% 。发酵产物分离提纯的一般工艺主要有：细胞破碎（用于释放胞内产物），固液分离去除细胞碎片，产物的初步分离和浓缩，产物的提纯和精制，产品包装（图5-3）。

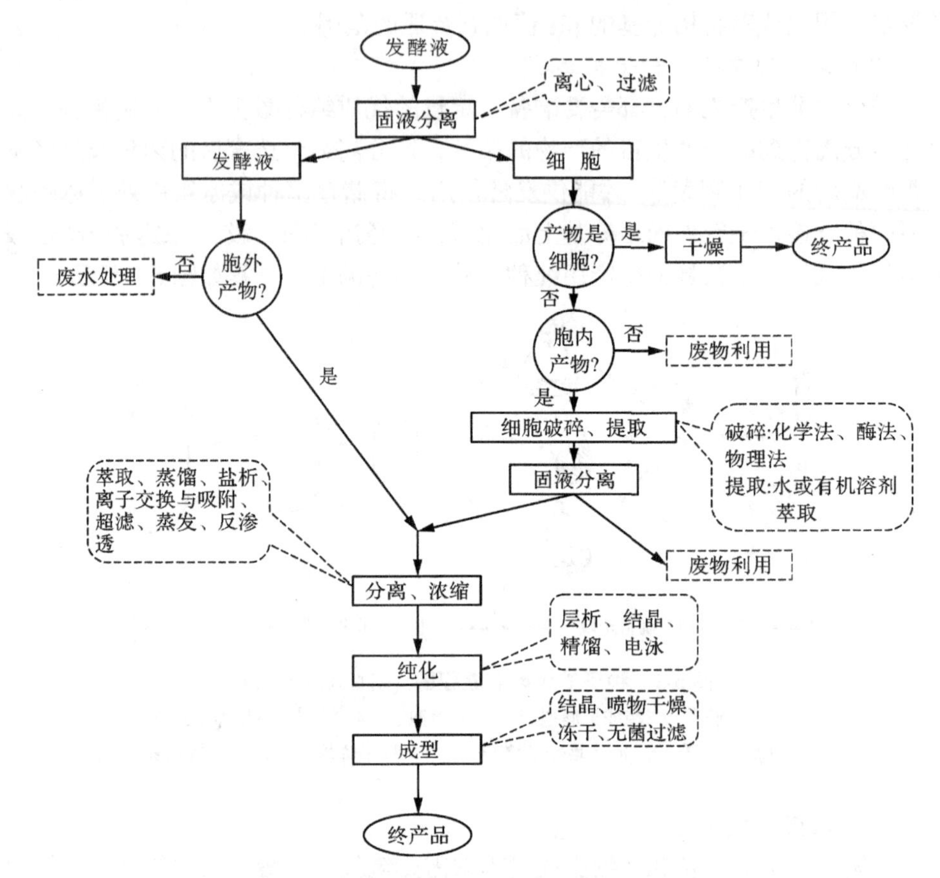

图5-3 发酵产品的分离纯化工艺简图

5.3 液体发酵

微生物液体发酵方式可分为罐批发酵（batch）、补料分批发酵（fed-batch）和连续发酵（continuous fermentation）3种类型。

5.3.1 发酵类型

（1）罐批发酵

罐批发酵是传统的发酵培养方式，其生产是间断进行的。营养基质和菌种一次加入进行培养，直到发酵结束，中间除了通入空气外，与外部没有物料交换。在发酵过程中由于细胞的生长状态、代谢和养分的消耗等多种因素的影响，培养基成分、微生物种群密度、微生物内部的化学组成和目的产物的含量都在不断发生变化。如考虑环境因素的限制，细胞数量与时间的关系，可观察到培养微生物的 6 个典型的生长时期：延迟期（lag）、加速期（acceleration）、对数期（log）、减速期（deceleration）、停滞期（stationary）和死亡期（death）（图 5-4）。

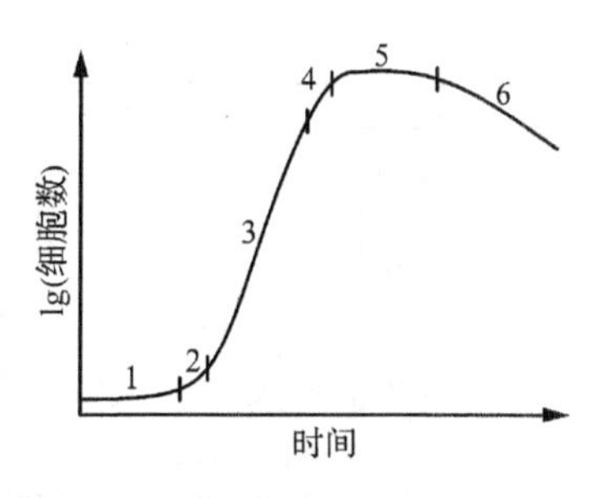

图 5-4 微生物的典型生长曲线

1. 延迟期 2. 加速期 3. 对数期 4. 减速期 5. 停滞期 6. 死亡期

一般来说，把微生物细胞接种到灭菌培养基中以后，细胞数目并不是立即增长，因发酵初期营养物过多，可能抑制微生物的生长，这一时期称为延迟期。在延迟期之后，对数期之前，细胞适应了新的环境，细胞生长速度逐渐加快的时期称为加速期。在细胞生长的对数期，细胞总量几次翻番，但是细胞特定生长速率保持不变。细胞特定生长速率 μ 是限制性底物（如碳源、氮源）浓度 S，细胞的最大特定生长速率 μ_{max}，和底物特异性常数 Ks 的函数，$\mu = \mu_{max} S / (Ks + S)$，其中 S 和 Ks 为浓度单位（g/L 或 mol/L 等）。当底物远远过剩（$S \gg Ks$）时，$\mu = \mu_{max}$，即此时是对数期最大的生长速率。当 $S < Ks$ 时，微生物迅速进入减速期。在减速期之后，由于某种关键底物（如碳源）被耗尽，或是一种或几种抑制生长的代谢产物的积累，培养体系中细胞数量的增长逐渐停止，细胞进入停滞期。大多数抗生素是在停滞期合成的。待细胞的能量耗尽，代谢停止，发酵则在细胞进入死亡期前就停止了，收获细胞就是在死亡期前进行的。罐批发酵每进行一次培养就要经过灭菌、装料、接种、发酵、放料等一系列过程。因此非生产时间较长，使得发酵产品的成本较高。但至今仍是常用的发酵方式，广泛用于多种发酵生产过程。

（2）连续发酵

所谓连续发酵是指在发酵过程中向发酵罐内连续地或定时地以一定的速度添加新鲜培养基（进料）并以相同的速度等量排出发酵液（出料）的操作方式。在稳定操作下，进料和出料的流量基本相等，从而使发酵罐内的液量维持恒定。在稳定状态下，微生物所处的营养物浓度、产物浓度、pH 值等保持相对恒定，可以有效地延长分批培养中的对数期，提高了设备的利用率，从而提高了生产效率。连续发酵的 pH 值和溶氧参数需要严格限制。连续发酵的进料流量与发酵液体积之比称为稀释率 D，当 D 大于细胞的最大生长速率时就会发生细胞流失，发酵无法继续进行。

连续发酵使用的反应器有搅拌罐式反应器和管式反应器（图 5-5）。罐式连续发酵的设备与罐批发酵设备无根本区别，可采用原有发酵罐改装。有单罐连续发酵和多罐连续发酵。连续发酵的控制一是恒浊法，即利用浊度来检测细胞的生长情况，通过自动控制仪表来调节输入物料的流量，以控制培养液中的菌体浓度达到恒定值。二是恒化器法，通过恒定输入的养料中某一种生长限制基质的浓度来控制菌体的密度。

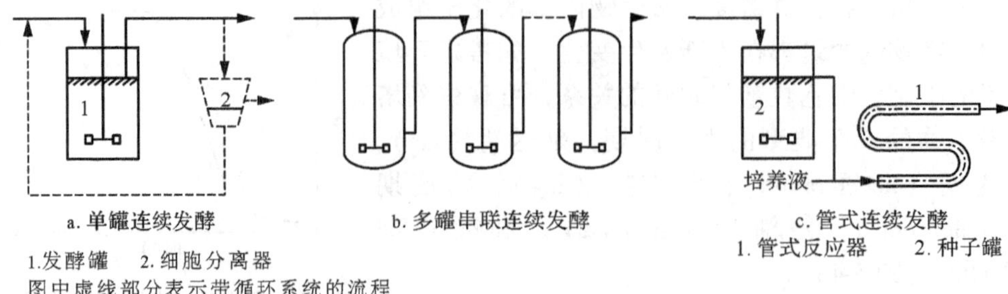

图5-5 搅拌罐式连续发酵系统（a、b），管式连续发酵（c）（引自宋思扬，2003）

连续发酵的优点是可以长期连续运行，生产能力可以达到间歇发酵的数倍。若能将微生物细胞固定化后用于连续发酵，其生产能力还可以更高。与罐批发酵相比，连续发酵优势在于，在稳定操作下，微生物所处环境相对恒定，连续发酵时细胞的生理状态更一致，利于微生物的生长代谢，从而使产品质量和得率相对稳定。设备的清洗、准备和灭菌次数少，设备利用率高，耗损少，省工省时。由于连续发酵的一次反应周期较长，停工时间相应较短，从而提高了工业发酵的效率。但难以解决的问题是，长期连续操作时杂菌污染且微生物菌体易发生变异。由于发酵中所用的菌种都是经过长期诱变育种选育的或基因工程改造的，在多次传代过程中难免发生基因突变，而且一旦突变后及污染的微生物都可能比高产菌株的生长速率快，因而它们往往成为生物反应器发酵罐中的优势菌，使目标产物产量大幅度下降。再有连续发酵对操作控制的要求比较高，对仪器设备及控制元件的技术要求较高。加之黏性丝状菌菌体易附着在器壁上生长并在发酵液内结团，给连续发酵操作带来困难。正是由于上述原因，连续发酵主要用于实验室进行发酵动力学研究，过程条件的优化试验等，在工业发酵中的应用不多见。有用于面包酵母和饲料酵母的生产，有机废水的活性污泥处理，用于菌种的遗传性质比较稳定的发酵，如酒精发酵等。新近的发展是将微生物细胞固定化后用于连续发酵，以生产丙酮、异丙醇、丁醇、正丁醇等重要工业溶剂，已研制出1 000L的连续发酵体系用于重组微生物发酵生产蛋白。

(3) 补料分批发酵

补料分批发酵又称半连续发酵是在发酵的不同时间不断加入新的培养基，使培养液中营养物浓度较长时间保持在一定范围内，这可以延长对数期与静止期(停滞期)的持续时间，增加生物量的积累，也能增加静止期的细胞代谢产物的积累。但静止期的微生物常常会产生蛋白酶或蛋白水解酶，因此在用重组微生物生产蛋白时，必须阻止发酵进行到静止期。补料分批发酵方式的一个重要问题是向发酵罐中加入什么物质以及何时加入这些物质。想直接检测发酵时的培养基浓度变化比较困难，人们就采用与之相关的其他因素，如pH值变化、CO_2产生、有机酸产生等作为检测标准，来推断应该在何时加入新的培养基。发酵过程中的补料技术也由少次多量、少量多次、逐步改为流加，近年又实现了流加补料的微机控制。流加发酵是介于间歇（罐批）发酵与连续发酵之间的一种操作方式。

它具备间歇发酵和连续发酵的一些优点，是一种工业发酵中较常采用的操作方式。流加发酵的特点是在流加阶段按一定规律向发酵罐中连续地补加营养物，而发酵罐不向外排放产物，罐中的发酵液体积将不断增加。直到规定体积后再放罐。流加发酵适合于细胞高密度培养，有报道称最高细胞培养密度已超过每升发酵液含200g干细胞。例如，在面包酵母的间歇培养过程中，会产生大量酒精，既耗费糖分又对酵母生长有抑制作用。为避免生成酒精，需根据酵母的好氧呼吸能力适时适量地向酵母提供糖类。采用流加发酵既能保证发酵罐中葡萄糖浓度维持在很低水平，防止生成酒精，又能为酵母生长提供充足的营养，最终达到高细胞密度，提高了酵母细胞产率，降低了能耗。流加发酵也广泛用于次级代谢产物的生产，如抗生素发酵，因为流加发酵能够大大延长细胞处于稳定期的时间，从而增加抗生素的积累。许多公司采用重复流加操作法的工艺生产青霉素。先是采用间歇操作培养以达到一定的菌丝浓度，这期间青霉素的产量很少，然后在间歇操作的指数生长末期，开始向反应器中流加碳源和氮源，其速率以满足抗生素生产所需为宜。在流加期间，发酵液体积不断增加。流加到一定时候，将反应器中的发酵液放出10%~25%，使发酵液体积始终不超过发酵罐的最大操作容积，从而在理论上可延长发酵周期。重复流加操作，每次放出的发酵液都含高浓度的青霉素。直至发酵产率明显下降，才最终将发酵液全部放出。

补料分批发酵技术广泛用于生产单细胞蛋白、氨基酸、生长激素、抗生素、维生素、酶制剂、有机溶剂、有机酸、核苷酸、高聚物等，不仅用于液体发酵中，也应用于固体发酵和混合培养中。

5.3.2 发酵罐

为特定生物化学过程的操作提供良好环境的容器都称为发酵罐。一个优良的发酵装置应具有严密的结构，良好的液体混合性能，较高的传质、传热速率，同时有配套的可靠检测控制的仪表。随着发酵工程的迅速发展，发酵罐的形状、操作原理和方法等都发生了很大变化，“生化反应器”已成为发酵罐的代名词。由于微生物有好氧和厌氧之分，所以其培养装置也分为好气发酵罐和厌氧发酵罐。好气发酵罐通常采用通风和搅拌来增加氧的溶解，以满足微生物代谢过程对氧的需要。根据搅拌方式的不同，好氧发酵设备又可分为机械搅拌式发酵罐和通风搅拌式发酵罐。

5.3.2.1 机械搅拌式发酵罐

这是发酵工厂常用类型之一。它是利用机械搅拌器的作用，使空气和发酵液充分混合，促进氧的溶解，以保证微生物生长繁殖和代谢活动对溶解氧的需要。

(1) 通用式发酵罐

通用式发酵罐是指既有机械搅拌又有压缩空气分布装置的发酵罐。它是广泛应用的深层好氧培养设备，也是目前大多数发酵工厂最常用的。体积一般 $20cm^3$ ~ $200m^3$，有的甚至可达500 m^3。发酵罐为封闭式，一般都在一定罐压下操作，罐顶和罐底采用椭圆形或碟形封头。为了便于清洗和检修，发酵罐设有手孔、人孔及爬梯，罐顶装有窥镜和灯孔，以便观察罐内情况。此外还装有各种接管，装于罐顶的接管有进料口、补料口、排气口、接种口和压力表等。装于罐身的接管有冷却水进出口、空气进口、温度和其他测控仪表接口。取样口则视操作情况装于罐身或罐顶，放料可利用通风管压出或在罐底另设放料口。在不影响无菌操作情况下，也有将进料、补料和接种口加以合并共用一个接管的。发酵罐一般有夹套和蛇套两种传热装置。通用式发酵罐大多采用涡轮式搅拌器，其首要作用是打碎空气泡，增加气—液接触面积，以提高气—液间的传质速率。其次是为了使发酵液充分混合，使液体中的固形物料保持悬浮状态。常用的圆盘涡轮搅拌器有平叶式、弯叶式和箭叶式3种。对于大型发酵罐，在同一搅拌轴上需配置多个搅拌器。搅拌轴一般从罐顶伸入罐内，但对体积100 m^3 以上的大型发酵罐，也可采用下伸轴。通用式发酵罐内的空气分布管是将无菌空气引入到发酵液中的装置，有单孔管及环形管等形式，一般装于最低一档搅拌器下面，喷孔向下，以利于罐底部分液体的搅动，使固形物不易沉积于罐底。空气由分布管喷出，上升时被转动的搅拌器打碎成小气泡并与液体混合，加强了气—液的接触效果。

(2) *自吸收发酵罐*

罐体的结构大致与通用式发酵罐相同，主要区别在于搅拌器的形状和结构不同。自吸式发酵罐使用的是带中央吸气口的搅拌器。搅拌器由从罐底向上伸入的主轴带动，叶轮旋转时叶片不断排开周围的液体使搅拌器中心形成负压真空，于是将罐外空气通过搅拌器中心的吸气管而吸入罐内，吸入的空气与发酵液充分混合后在叶轮末端排出。并立即通过导轮向罐壁分散，经挡板折流涌向液面，均匀分布。这种发酵罐的优点是气液接触良好，气泡分散较细，可提高氧在发酵液中的溶解度。缺点是进罐空气处于负压，因而增加了染菌机会。

5.3.2.2 通风搅拌式发酵罐

在通风搅拌式发酵罐中，通风的目的不仅是供给微生物所需要的氧，同时还利用通入发酵罐的空气，代替搅拌器使发酵液均匀混合。常用的有循环式发酵罐和高位塔式发酵罐。

(1) *循环式发酵罐*

它是利用空气的动力使液体在循环管中上升，并沿着一定路线进行循环，所以这种发酵罐也叫空气带升式发酵罐。带升式发酵罐有内循环和外循环两种，循环管有单根也有多根的。这种发酵罐内没有搅拌装置，结构简单，便于操作，而通风量又与通用式发酵罐基本相同。

(2) *高位塔式发酵罐*

它是一种类似塔式反应器的发酵罐，其高径比约为7。罐内装有若干块筛板。压缩空气由罐底导入，经过筛板逐渐上升，气泡在上升过程中带动发酵液同时上升，上升后的发酵液又通过筛板上带有液封作用的降液管下降而形成循环。省去了机械装置，如果培养基浓度适宜，而且操作得当，在不增加空气流量的情况下，基本上可达到通用式发酵罐的发酵水平。

5.3.2.3 厌氧发酵罐

厌氧发酵也称静止培养。严格的厌氧液体深层发酵的主要特色是排除发酵罐中的氧。罐内的发酵液尽量装满，发酵罐的排气口要安装水封装置，培养基应预先还原。接种量要大，一般接种量为总操作体积的10%~20%。酒精、丙酮、丁醇、乳酸和啤酒等都是采用厌氧发酵工艺生产的。

5.4 固体发酵

固体发酵是将发酵原料及菌体吸附在疏松的固体支持物（载体）上，通过微生物的代谢活动，使发酵原料转化为发酵产品。一些微生物生长需水很少，可利用一些疏松而富含必需营养物的固体物作培养基，来进行固体发酵生产。目前我国的酒类、酱油、食醋的酿造及大豆发酵食品的生产主要采用固体发酵。另外，蘑菇生产、奶酪、泡菜制作、有机肥料堆沤、青贮饲料、污水处理、湿法冶金等也是固体发酵的运用。

固体发酵所用原料一般多用工农业生产的副产品、废弃物、下脚料如麸皮、麦秆、花生饼粉、大豆饼粉、高粱、玉米粉、红薯粉等，按不同需要对原料进行粉碎、蒸煮等预加工以利微生物吸收利用，改善发酵生产条件，有的还需添加硫铵、尿素及一些无机酸、碱等辅料物质。

根据物料堆积的厚、薄和通气方式可将固体发酵分为浅层发酵、转桶发酵和厚层通气发酵3种方式。固体发酵一般都是开放式的，无菌条件要求不高，它的一般过程是：将原料预加工后再经蒸煮灭菌，然后制成含一定水分的固定物料，接入预先培养好的菌种，进行发酵。发酵成熟后要适时出料，并进行适当处理，或进行产物的提取。下面简要介绍浅层发酵的固体发酵过程：

①种曲制作：试管菌种⟶锥形瓶菌种⟶曲盒菌种⟶曲池。采用逐级扩大培养，一般采用含有麸皮的固态基质。

②成曲制作：将配好的物料蒸后冷却到40℃左右时按2%~4%的比例接入种曲，混合均匀后移入通风制曲池。曲层厚度25~30cm，曲料保持疏松，厚度一致，保温28~32℃，当曲成熟后保存备用。

③发酵：将种曲接入蒸后物料中，在40~50℃进行发酵，在此阶段利用成曲中微生物产生的酶对物料进行分解转化，产生所需要的代谢产物。

④产物的分离提取：根据产物的性质，按发酵生产的下游加工工艺流程进行（图5-6）。

固体发酵具有设备简单，诸如竹帘、苇帘、帘子、木盘、曲盘、曲箱等，方法简便，操作容易，原料粗放，能耗低等优点。可因陋就简、因地制宜地利用一些来源丰富的工农业生产副产品，因此至今仍在酒类、酱、醋等产品的生产上不同程度地沿用着。如中国农业大学用嗜热拟青霉菌以秸秆、玉米芯、蔗渣、麸皮等天然纤维质材料固体发酵生产木聚糖酶，以小麦秸秆为碳源时固体发酵8天，产木聚糖酶可达18 580U/g干基碳源，超过国际上报道的产木聚糖酶15 000U/g的水平。但固体发酵也具有劳动强度大，不便于机械化操作，微生物品种少、生长慢、产品有限的缺点。

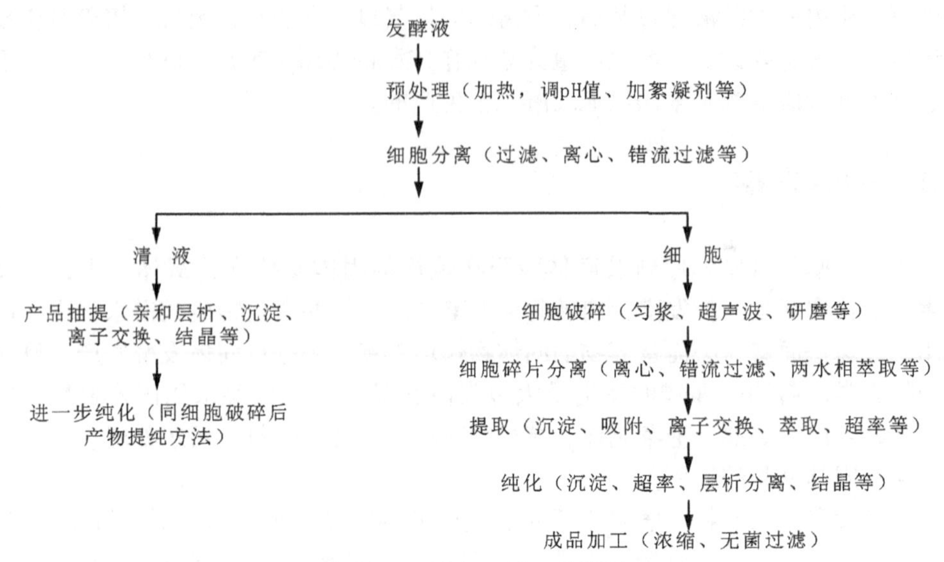

图5-6 下游加工的工艺流程

5.5 发酵工程的应用

由于发酵工业的主要原料大多是可再生的生物资源农副产品，完全符合绿色化学和可持续发展的原则，发酵产品已广泛应用于资源、能源、农业、人类健康及环境等各个领域。

(1) 大宗及精细化学产品

乙醇是最大的发酵产品之一，我国乙醇产量达200×10^4t，世界总产量约为1 500~2 000$\times10^4$t，乙醇是重要的基础化工原料，近些年来燃料乙醇的生产更突显重要。乳酸也具作为大宗化工产品的前景，而聚乳酸作为可生物降解的高分子材料具有巨大应用前景。此外发酵法生产的1，3-丙二醇、黄原胶、甘油、衣康酸等都是重要的化工原料。

(2) 有机酸、氨基酸及其他食品添加剂

20世纪末，微生物的初级代谢物的市场在100亿美元左右。柠檬酸、乳酸都是有机酸。以葡萄糖为原料发酵生产柠檬酸的实际质量产率可达1.0以上，20世纪末世界柠檬酸产量已超过100×10^4t。葡萄糖酸、苹果酸、酒石酸等都可以通过微生物发酵或转化生产。氨基酸广泛用于医药、食品、饲料等领域。20种氨基酸中除蛋氨酸主要依靠化学合成生产外，其他氨基酸都可以采用发酵法或酶法合成，其中年产量达80×10^4t的L-谷氨酸和35×10^4t的L-赖氨酸都是利用微生物发酵法生产的。聚天冬氨酸、聚赖氨酸等都是可生物降解的高分子材料，已经用于生物医药工程。

(3) 酶制剂

许多工业酶制剂都是利用微生物发酵生产的，其中产量最大的是水解酶类。例如，利用枯草杆菌能生产淀粉酶和碱性蛋白酶，利用黑曲霉可以生产糖化酶，利用绿色木霉可以生产纤维素酶，果胶酶、乳糖酶等都可以通过微生物发酵获得。水解酶都是胞外酶，表达水平较高，分离提取也较容易，因此生产成本低，现已广泛用于食品、纺织、洗涤剂等工业部门。其他酶类大部分在细胞内积累，需先破碎细胞壁再分离、提取、纯化。有时也可将含酶微生物细胞直接固定化作为生物催化剂用于生物转化，如可以将产葡萄糖异构酶的细菌或放线菌的细胞固定化用于高果糖浆的生产。

(4) 医药及检测试剂

微生物次级代谢产物包括各种抗生素，一些药物、杀虫剂、动植物生长因子等对人类生活和生产有着重大影响。微生物次级代谢物的市场份额在400亿美元以上。抗生素是一类包括多种结构和性质的具有生物活性的化合物，常见的主要抗生素类型有氨基糖苷类、β-内酰胺类、四环素类、大环内酯类及多肽类等。除青霉素外，大部分常见抗生素都是利用放线菌产生的。20世纪末，世界抗生素市场的年产值大约在280亿美元，其中青霉素类的抗生素产值44亿美元。微生物发酵生产的许多酶和抗体能用于分析检测，以用作各种疾病的诊断。

(5) 农用和兽用生物制品

微生物代谢产物的另一重要用途是农业和畜牧业，包括微生物肥料、杀菌剂、杀虫剂、除草剂及生长调节剂。第一个实际应用的生物杀虫剂是苏云金杆菌(Bt)现已广泛用于棉铃虫、螟虫等的生物防治。真菌中的白僵菌用于防治松毛虫、玉米螟等，绿僵菌用于防治金龟子。兽用驱虫药有盐霉素等。

复习思考题

1. 基本概念

发酵　发酵工程　微生物转化　诱变育种　工程菌　流加发酵　固体发酵

2. 工业生产中常用的微生物有哪几类？
3. 微生物发酵技术有哪些特点？
4. 举例说明工业微生物育种中的代谢调控育种。简述发酵的工艺流程。
5. 发酵有哪些操作方式？它们各有什么优缺点？
6. 微生物工程的技术和产品中，哪些对人类社会的可持续发展具有重大意义？为什么？
7. 简述柠檬酸的发酵工艺。

本章推荐阅读书目

发酵工艺原理．熊宗贵．中国医药科技出版社，1995.

微生物工程．曹军卫，马辉文．科学出版社，2002.

工业微生物育种学（第二版）．施巧琴，吴松刚．科学出版社，2003.

微生物工程工艺原理．姚汝华．华南理工大学出版社，1996.

环境微生物工程．马文漪，杨柳燕．南京大学出版社，1998.

第6章　酶工程

【本章提要】酶提取和分离纯化方法，酶和细胞的固定化概念、酶的固定化方法、固定化酶的指标和固定化酶的性质；酶的化学修饰和生物工程修饰两种方法；酶反应器设计原则和制作步骤，酶反应器的类型特点和选用原则；酶传感器的组成及优点；酶工程在食品、轻工业、医药、能源开发与环境工程中的广泛应用。

6.1　概　述

酶（enzyme）是一类由活细胞产生的，具有催化活性和高度专一性的特殊生物催化剂。酶特异地催化某个生化反应而它们本身却不参与反应，且具有反应效率高、反应条件温和、反应产物污染小、能量消耗低、反应容易控制等特点，这些特点相对于传统的化学反应来说具有较大的优越性。如细菌细胞直径不足2μm，每时每刻发生着1 500~2 000个生化反应，且具有惊人的合成效率，合成每个肽链只需3/100s，而现代最先进的蛋白质自动合成机合成每个肽链需要7min，两者相差200多倍。现已发现的酶约有几千种，定位于细胞的不同细胞器中，催化细胞生长代谢过程中各种不同的化学反应，使这些反应在常温常压条件下就可顺利进行。

6.2　酶的提取和分离纯化

6.2.1　酶的来源

酶普遍存在于动物、植物和微生物体内。酶的制备主要有3种方法，即直接提取法、微生物发酵生产法、基因工程技术生产酶。早期酶制剂是以动植物作为原料，从动植物细胞中直接进行提取，例如，可以从家畜胰脏中提取出胰酶；从菠萝皮中提取出菠萝蛋白酶；从麦芽中提取淀粉酶。但动植物生长周期长，易受地理、气候和季节等因素的影响，因此原料的来源常常受到限制，不适合于大规模工业化生产。而现在，生产酶制剂所需要的酶大都来自微生物。这是因为微生物发酵生产酶具有品种齐全、产量高、成本低、提高得率等优点。微生物具有较强的适应性和应变能力，可以通过适应、诱变等方法培育出高产量的菌种。另外，结合基因工程、细胞融合等现代化的生物技术手段，可以完全按照人类的需要使微生物产生出目的酶。酶发酵生产常用的微生物有枯草芽孢杆菌（*Bacillus subtilis*）、大肠杆菌（*Escherichia coli*）、黑曲霉（*Aspergillus niger*）、米曲霉（*As-*

pergillus oryzae)、青霉（*Penicillium* sp.）、木霉（*Trichoderma* sp.）、根霉（*Rhizopus* sp.）、毛霉（*Mucor* sp.）、链霉菌（*Streptomyces* sp.）、啤酒酵母（*Saccharomyces cerevisiae*）、假丝酵母（*Candida* sp.）。

6.2.2 酶的提取

不同细胞其内含物复杂而多样化，因此从不同细胞中提取酶的方法多种多样，但基本的酶提取程序如下：

破碎细胞——→溶剂抽提——→分离纯化——→浓缩——→干燥

6.2.2.1 细胞组织的破碎

植物细胞壁的主要成分是纤维素、果胶质和半纤维素等，抽提酶的缓冲液无法完全渗入到成块的组织中，所以必须充分破碎植物组织。

（1）机械法

机械法是指利用机械力的剪切作用，使细胞破碎。常用设备有高速组织捣碎机、匀浆器、研钵等。如研磨法，将剪碎的动物组织置于研钵或匀浆器中，加入少量石英砂研磨或匀浆，即可将动物细胞破碎，这种方法比较温和，适宜实验室使用。工业生产中可用电磨研磨。细菌和植物组织细胞的破碎也可用此法。组织捣碎法，是一种较剧烈的破碎细胞的方法，通常可先用家用食品加工机将组织打碎，然后再用10 000~20 000r/min的内刀式组织捣碎机（即高速分散器）将组织的细胞打碎，为了防止发热和升温过高，通常是转10~20s，停10~20s，可反复多次。

（2）物理法

物理法是指利用温度差、压力差或超声波等将细胞破碎。如压榨法是一种温和的、彻底破碎细胞的方法。在1×10^8~2×10^8Pa的高压下使几十毫升的细胞悬液通过一个小孔突然释放至常压，细胞将彻底破碎。这是一种较理想的破碎细胞的方法，但仪器费用较高。渗透破碎法是在低渗条件使细胞溶胀而破碎。超声波法是使用超声波振荡器使细胞膜上所受张力不均而使细胞破碎，破碎微生物细菌和酵母菌时，时间要长一些，处理的效果与样品浓度和使用频率有关。使用时注意降温，防止过热。反复冻融法是将待破碎的细胞冷至-15~-20℃，然后置于室温（或40℃）迅速融化，或在90℃左右维持数分钟，立即放入冰浴中使之冷却，如此反复多次，绝大部分细胞可以被破碎。如此反复冻融多次，生物组织经冻结后，细胞内液结冰膨胀而使细胞胀破，该方法简单方便，但要注意对温度变化敏感的蛋白质不宜采用此法。某些对温度敏感的酶，要求在0~4℃下操作。

（3）化学法

化学法是指利用甲醛、丙酮等有机溶剂或表面活性剂作用于细胞膜，使细胞膜的结构遭到破坏或透性发生改变，亦称溶剂处理法、表面活性剂处理法。如自溶法是将新鲜的生物材料存放于一定的pH值和适当的温度下，细胞结构在自身所具有的各种水解酶（如蛋白酶和酯酶等）的作用下发生溶解，使细胞内含物释放出来。使用时要特别小心操作，因为水解酶不仅可以使细胞壁和膜破坏，同时也可能会把某些要提取的有效成分分解了。溶胀法是细胞膜为天然的半透膜，在低渗溶液和低浓度的稀盐溶液中，由于存在渗透压差，溶剂分子大量进入细胞，将细胞膜胀破释放出细胞内含物。有机溶剂处理法是利用氯仿、甲苯、丙酮等脂溶性溶剂或 SDS（十二烷基硫酸钠）等表面活性剂处理细胞，可将细胞膜溶解，从而使细胞破裂，此法也可以与研磨法联合使用。

（4）酶解法

酶解法是指选用合适的酶，使细胞壁遭到破坏，进而在低渗溶液中将原生质体破碎，如用溶菌酶破坏微生物细胞等。利用各种水解酶，如溶菌酶、纤维素酶、蜗牛酶和酯酶等，于37℃，在 pH8 条件下处理 15min，可以专一性地将细胞壁分解，释放出细胞内含物，此法适用于多种微生物。可采用溶菌酶（来自蛋清）破细胞壁，而在破碎酵母细胞时，常采用蜗牛酶（来自蜗牛），将酵母细胞悬于 0.1mmol/L 柠檬酸—磷酸氢二钠缓冲液（pH 5.4）中，加 1% 蜗牛酶，在 30℃处理 30min，即可使大部分细胞壁破裂，如同时加入 0.2% 巯基乙醇效果会更好。此法可以与研磨法联合使用。

6.2.2.2 酶的提取方法

微生物发酵产生的酶种类很多，但是每种酶在细胞培养液中的浓度都很低，因此需要提取。根据酶在生物体内存在的部位，可以将酶分为两类：一类是存在于活细胞内的酶，称作胞内酶；另一类是分泌到细胞外的酶，称作胞外酶。胞外酶可以直接从细胞培养液中提取，胞内酶则需要将细胞破碎，然后进行提取。酶的提取是指在一定条件下，用适当的溶剂处理细胞破碎后的含酶原料，使酶充分地溶解到提取液中的过程。

（1）酸、碱、盐溶液提取

酶是两性电介质，故在等电点时溶解度最小，而偏离等电点 0.5pH 单位后，其溶解度大大增加。因此，等电点在碱性范围内的酶可用稀酸提取，等电点在酸性范围的酶可用稀碱提取，以提高酶的溶解度。低浓度的中性盐大大增加酶的盐溶，是由于盐离子和酶的极性基团之间静电作用而导致溶质溶解度增加，盐溶液浓度一般在 0.05 ~ 0.2mol/L，根据需要选用不同的 pH 值缓冲液提取。

（2）有机溶液提取

一些和脂质结合比较牢固或分子中非极性侧链较多的酶不易溶于水、稀盐溶液、稀酸或稀碱中，而易溶于有机溶剂，如乙醇、丙酮和丁醇。这些有机溶剂具有一定的亲水性，还有较强的亲脂性，是理想的脂蛋白的提取液。

（3）变性剂提取

蛋白质变性剂脲、胍等能使蛋白质结构松散，增加其溶解度。而改用缓冲液后又可以恢复蛋白质的结构。因此，用稀盐、稀酸或稀碱和有机溶剂难以提取的蛋白常用蛋白质变性剂来进行提取，如糖蛋白、膜蛋白等。

6.2.2.3 酶的分离纯化

酶的分离纯化是酶工程的主要内容之一，是酶的生产和应用及酶学研究的重要环节。

从提取液中获得所需要的某一种酶，必须将酶和提取液中其他的物质分离，才能得到高纯度、高质量的酶产品，这一过程叫酶的分离纯化。酶分离纯化的方法是根据酶的蛋白质特性而建立的，不同的酶需要不同的分离纯化方法。

（1）沉淀技术

在生化制备中，沉淀主要用于浓缩，或用于除去留在液相或沉淀在固相中的非必要成分。在生化制备中常用的沉淀分离法有以下几种。

①盐析沉淀法：蛋白质在稀盐溶液中，溶解度会随盐浓度的提高而上升（盐溶），但当盐浓度提高到一定程度后，溶解度逐渐下降，蛋白质析出（盐析）。盐析沉淀法的原理是蛋白质均易溶于水，但中性盐的亲水性大于酶分子的亲水性，所以加入大量中性盐后，夺走了水分子，暴露出疏水区域，同时又中和了电荷酶分子即形成沉淀。盐析法的一般步骤是：选择一定浓度范围的盐溶液，使部分杂质呈“盐析”状态，有效成分呈“盐溶”状态，离心后得到上清液，再选择一定盐浓度的溶液，使有效成分呈盐析状态，杂质呈盐溶状态，经离心沉淀可得到目的酶的初步纯化物质。由于酶和各种蛋白质通常是在低温下稳定，因而盐析操作也要求在低温下（0~4℃）进行。盐析法中常用的盐是$(NH_4)_2SO_4$。

②有机溶剂沉淀法：向酶溶液中加入有机溶剂能降低溶液的介电常数，减小溶剂的极性，从而削弱了溶剂分子与酶分子间的相互作用力，增加了酶分子间的相互作用，导致酶溶解度降低而沉淀。如使用的有机溶剂与水互溶，它们在溶解于水的同时从酶分子周围的水化层中夺走了水分子，因而发生沉淀作用。由于不同蛋白质在不同的有机溶剂中有不同的溶解度，故可在低温下，有机溶剂（如乙醇、甲醇、丙酮、二甲基甲酰胺、二甲基亚砜、乙腈和2-甲基-2，4戊二醇等）将目的酶沉淀出来后，应迅速溶于适当的缓冲液中。该法分辨能力比盐析法高，沉淀不用脱盐，过滤较为容易，但对具有生物活性的大分子容易引起变性失活，操作要求在低温下进行，蛋白质和酶的有机溶剂沉淀法不如盐析法普遍。

③等电点沉淀法：两性电解质在等电点处净电荷为零时溶解度最低，不同的两性电解质具有不同的等电点，以此为基础可进行酶分离。选用适当的缓冲液，调节pH值至目的酶等电点，则目的酶将从缓冲液中沉淀出来，再重新溶于适当的缓冲液中。不少蛋白质与金属离子结合后，等电点会发生偏移，故溶液中含有金属离子时，必须注意调整pH值。等电点法常与盐析法、有机溶剂沉淀法或其他沉淀方法联合使用，以提高其沉淀能力。

④PEG沉淀法：利用聚乙二醇（PEG）沉淀蛋白质，不易引起蛋白质变性，而且沉淀较完全。蛋白质相对分子质量大、浓度高、溶液中的pH值越接近等电点，沉淀效果越好。

⑤选择性沉淀法：根据不同蛋白质在不同理化因子作用下稳定性不同的特点，有选择性地使之变性沉淀，以达到分离提纯的目的。此方法可分为：利用表面活性剂（三氯乙酸）或有机溶剂引起变性；利用对热的不稳定性，加热破坏某些组分，而保存另一些组分。

（2）层析技术

①凝胶过滤层析：凝胶过滤是按照蛋白质相对分子质量大小和形状进行分离

的技术，又称凝胶层析。该方法是把样品加到盛满凝胶颗粒的层析柱中，然后用缓冲液洗脱。凝胶颗粒内部呈网状结构，大分子无法进入凝胶颗粒中的静止相中，只能存在于凝胶颗粒之间的流动相中，因而以较快的速度首先流出层析柱，而小分子则能自由出入凝胶颗粒中，并很快在流动相和静止相间形成动态平衡，因此，它是根据待分离物质的相对分子质量大小不同、在凝胶内流过的速度存在差异而进行分离的。凝胶过滤中应用的凝胶不溶于水，但在水中具有较大的膨胀度和较好的分子筛功能的一类化合物。常用的有葡聚糖凝胶、天然琼脂糖、交联琼脂糖、聚丙烯酰胺凝胶和交联葡聚糖与双丙烯酰胺共聚的凝胶等。

②亲和层析：利用生物大分子与其特异性配基之间的特异结合能力的特性，先将配基交联到层析介质上，制成亲和层析介质，如酶和底物、激素和受体、抗体和抗原的特异结合特点进行分离方法。将含有该生物大分子的待分离样品上样后，该生物大分子将被特异性吸附在亲和层析介质上，而样品中的其他物质全部流穿被去除；在改变洗脱条件时，就可以把被特异性吸附的生物分子洗脱下来。一种亲和层析介质只能用于一种或有限的一类生物分子的分离纯化。由于配基对之间结合的特异性，因而使其特别适合于从大量稀薄的样品中一次性分离到高纯度、高浓度的目标产物，产品制备的过程简便、高效，该方法在分离纯化生物大分子中应用十分广泛。

③离子交换层析：离子交换剂通常是一种不溶性高分子化合物，它的分子中含有可解离的基团，这些基团在水溶液中能与溶液中的其他阳离子或阴离子起交换作用。虽然交换反应都是平衡反应，但在层析柱上进行时，由于连续添加新的交换溶液，平衡不断按正方向进行。因此，可以把离子交换剂上的原子离子全部洗脱下来，同理，当一定量的溶液通过交换柱时，由于溶液中的离子不断被交换而浓度逐渐减少，因此也可以全部被交换并吸附在树脂上。离子交换剂是由基质、电荷基团和反离子构成的。离子交换剂有阳离子交换剂（如羧甲基纤维素、CM-纤维素）和阴离子交换剂（二乙氨基乙基纤维素）。阳离子交换剂中可解离基团是磺酸（$—SO_3H$）、磷酸（$—PO_3H_2$）、羧酸（COOH）和酚羟基（—OH）等酸性基。阴离子交换剂中的可解离基团是伯胺（$—NH_2$）、仲胺（$—NHCH_3$）、叔胺［$N—(CH_3)_2$］和季胺［$—N(CH_3)_2$］等碱性基团。当被分离的蛋白质溶液流经离子交换层析柱时，带有与离子交换剂相反电荷的蛋白质被吸附在离子交换剂上，随后用改变 pH 值或离子强度办法将吸附的蛋白质洗脱下来。离子交换层析的处理量大、操作简单、价格低廉、纯化后的生物大分子能很好地保持生物学活性，因此广泛应用于生物大分子的分离纯化工作中。

④等电聚焦电泳技术：等电聚焦技术是一种根据样品的等电点不同而使它们在 pH 梯度中相互分离的一种电泳技术。酶蛋白质分子具有两性解离及等电点的特征，在具有 pH 梯度的介质（其分布是从阳极到阴极，pH 值逐渐增大）中碱性区域的蛋白质分子带负电荷，向阳极移动，直至等电点；同理，位于酸性区域的蛋白质分子带正电荷，向阴极移动，直至它们的等电点上聚焦为止。在该方法中，等电点是蛋白质组分的特性量度，将等电点不同的蛋白质混合物加入有 pH

梯度的凝胶介质中，在电场内经过一定时间后，各组分将分别聚焦在各自等电点相应的 pH 值位置上形成一条非常窄的聚焦区带，用这种方法可以分离等电点不同的酶蛋白。

⑤吸附层析：吸附层析法是以吸附剂为固定相，根据待分离物与吸附剂之间吸附力不同而达到分离目的的一种层析技术。吸附能力大小取决于生物大分子的极性大小。常用的吸附剂有硅胶、氧化铝、活性炭、硅酸镁、聚酰胺、硅藻土等。

(3) 聚丙烯酰胺凝胶电泳

聚丙烯酰胺凝胶电泳是以聚丙烯酰胺凝胶作为支持介质的电泳方法。在这种支持介质上可根据被分离物质分子大小和分子电荷多少来分离。蛋白质在聚丙烯酰胺凝胶中电泳时，它的迁移率取决于它所带净电荷以及分子的大小和形状等因素。聚丙烯酰胺凝胶电泳分辨率高，普遍应用于蛋白质的分离纯化。

6.2.2.4 酶的结晶、浓缩和干燥

(1) 酶的结晶

改变溶液的某些条件，使其中的溶质以结晶态析出的过程叫结晶。不同酶具有不同的理化特性，即使同一种酶在不同环境中其结晶特点也不同。与酶的沉淀原理相同，酶在 pH 值接近等电点时有利于结晶，故结晶溶液一般选择在被结晶酶的等电点附近。低温条件降低酶的溶解度且不易变性，故酶结晶温度一般选择低温。常用的酶结晶法有盐析结晶法、有机溶剂结晶法、等电点结晶法等。

①盐析结晶法：指向结晶溶液中引入中性盐，逐渐降低溶质的溶解度使其过饱和，经过一定时间后晶体形成并逐渐长大析出溶液的方法。

②有机溶剂结晶法：指向酶水溶液中加入一定量亲水性的有机溶剂，降低溶质的溶解度，使其析出晶体的方法。

③等电点结晶法：根据酶溶液 pH 值在等电点时溶解度很低的特性而进行的。该方法常与盐析法和有机溶剂沉淀法或其他沉淀法一起使用。

(2) 酶的浓缩

在制备酶的过程中由于提取纯化而样品变得很稀，为了保存和鉴定的目的，往往需要进行浓缩。常用的浓缩方法有沉淀法、超滤法、吸附法等方法。

①沉淀法：包括丙酮沉淀法、免疫沉淀法、三氯醋酸沉淀法、硫酸铵沉淀法、有机溶剂沉淀法、聚乙二醇沉淀法等，原理请参考 6.2.2.3 内容。

②超滤法：是使用一种特别的薄膜对溶液中各种溶质分子进行选择性过滤的方法，液体在一定压力下（氮气压或真空泵压）通过膜时，溶剂和小分子透过，大分子受阻保留。

③吸附法：通过吸收剂直接除去溶液中溶液分子使之浓缩。所用的吸收剂必须与溶液不起化学反应，对生物大分子不吸附，易与溶液分开。常用的吸收剂有聚乙二醇、聚乙烯吡咯酮、蔗糖和凝胶等。使用聚乙二醇吸收剂时，先将生物大分子溶液装入半透膜的袋里，外加聚乙二醇覆盖置于 4℃ 下，袋内溶剂渗出即被聚乙二醇迅速吸去，聚乙二醇被水饱和后要更换新的直至达到所需要的体积。

(3) 酶的干燥

酶制备得到产品，为防止变质，易于保存，常需要干燥处理。最常用的干燥法有冷冻干燥法和真空干燥。

①冷冻干燥法：酶在低温结成冰，盐类及生物大分子不进入冰内而留在液相中，操作时先将待浓缩的溶液冷却，使之变成固体，然后缓慢地熔解，利用溶剂与溶质熔点介点的差别而达到除去大部分溶剂的目的。如酶的盐溶液用此法浓缩时，不含酶的纯冰结晶浮于液面，酶则集中于下层溶液中，移去上层冰块，可得酶的浓缩液。

②真空干燥：该法适用于不耐高温，易于氧化物质的干燥和保存，整个装置包括干燥器、冷凝器及真空干燥原理外，同时增加了温度因素。在相同压力下，水蒸气压随温度下降而下降，故在低温低压下，冰很易升华为气体。操作时一般先将待干燥的液体冷冻到冰点以下使之变成固体，然后在低温低压下将溶剂变成气体而除去。此法干后的产品具有疏松、溶解度好、保持天然结构等优点，适用于各类生物大分子的干燥保存。将某种酶的酶液进行干燥处理后，加入适量的稳定剂和填充剂，就制成了这种酶的粉状制剂。

6.3 固定化技术

分离纯化的酶制成酶制剂，以用来催化化学反应，但催化反应结束后，酶制剂和产物混合在一起，而且天然酶稳定性差、易失活、不能重复使用，并且反应后混入产品，纯化困难，使其难以在工业中更为广泛的应用。同时，酶的分离纯化以及它们的一次性使用也大大增加了其作为催化剂的成本，并且很难对酶制剂进行重复使用。为此，科学家设想将分离纯化的酶固定到一定的载体上，使用时将被固定的酶投放到反应溶液中，催化反应结束后又能将被固定的酶回收。在此条件下，固定化酶的概念和技术得以提出和发展，并成为近几年酶工程研究的重点。

固定化酶（inmobilized enzyme）是用适当的物质、化学方法把纯化的酶溶液固定于一定的空间内，使其成为既保持了本身的特性，又能在连续反应之后可以回收和重复使用的一种制品。固定化酶是将酶固定在载体上，提高酶的密度，使催化效率更高、反应更易控制，而且固定着的酶不会跑到溶液里与产物混合，这样酶便可反复使用，从而使产品成本降低。固定化后的酶在保持原有催化活性的同时，又可以同一般催化剂一样能回收和反复使用，可在生产工艺上实现连续化和自动化，更适应工业化生产的需要。固定化酶一般是呈膜状、颗粒状或粉状的酶制剂，它在一定的空间范围内使用，产品的纯度高。

细胞固定化技术是将完整的细胞连接在固相载体上，免去破碎细胞提取酶的程序，保持了酶的完整性和活性的稳定。一般来说，固定化细胞制备的成本比固定化酶低。固定化细胞具有无需进行酶的分离和纯化，细胞本身含有多酶，可催化一系列反应，酶的辅助因子可以再生，稳定性高，保持酶的原始状态，酶的回收率高，抗污染能力强等优点。随着固定化技术的发展，固定化微生物细胞又因其成本低廉，操作简单从而显出更大的优越性。

6.3.1 酶的固定方法

6.3.1.1 吸附法

吸附法是指通过载体表面和酶表面间的次级键相互作用而达到酶固定化的方法，将酶固定到非水溶性的载体上。该法具有操作简便、条件温和及吸附剂可反复使用等优点，但也存在吸附力弱，易在不适 pH 值、高盐浓度、高底物浓度及高温条件下解吸脱落的缺点。根据固定方式的不同，又可以分为物理吸附法、离子结合法和共价结合法。

（1）物理吸附法

该方法通过氢键、疏水键等作用力将酶吸附于不溶性的载体上。常用的载体有：高岭土、皂土、硅胶、氧化铝、磷酸钙胶、微空玻璃等无机吸附剂，纤维素、胶原以及火棉胶等有机吸附剂。吸附法的优点是操作简单，可供选择的载体类型多，吸附过程可同时达到纯化和固定化的目的，所得到的固定化酶使用失活后可以重新活化和再生。吸附法的缺点是酶和载体的结合力不强，会导致催化活力的丧失和沾污反应产物。

（2）离子交换吸附法

离子结合法是指在适宜的 pH 值和离子强度条件下，利用酶的侧链解离基团和离子交换基间的相互作用而达到酶固定化的方法。最常用的交换剂有 CM-纤维素、DEAE-纤维素、DEAE-葡聚糖凝胶等；其他离子交换剂还有各种合成的树脂，如 Amberlite XE-97、Dowe X-50 等。离子交换剂的吸附容量一般大于物理吸附剂。

（3）共价结合法

共价结合法是酶和载体以共价键的形式结合在一起的方法，这种方法需要酶和载体都具有氨基、羧基或羟基等官能团。由于酶与载体间连接牢固，不易发生酶脱落，有良好的稳定性及重复使用性，成为目前研究最为活跃的一类酶固定化方法。共价结合法载体的活化或固定化操作较复杂，要严格控制条件才能使固定化酶的活力高。蛋白质在共价连接中参加的基团，载体的物理和化学性质等对固定化酶都有影响。因此，人们常常将其与交联法联用。常用载体包括天然高分子（纤维素、琼脂糖、淀粉、葡萄糖凝胶、胶原及衍生物等）、合成高聚物（尼龙、多聚氨基酸、乙烯-顺丁烯二酸酐共聚物等）和无机支持物（多孔玻璃、金属氧化物等）。

6.3.1.2 包埋法

包埋法是将酶物理包埋在高聚物网格内的固定化方法。聚合物的单体和酶溶液混合后，再借助聚合促进剂的作用下进行聚合，将酶包埋于聚合物中以达到固定化的目的。包埋法的优点在于它是一种反应条件温和、很少改变酶结构但是又较牢固的固定化方法。包埋法的缺点是只有小分子底物和产物可以通过高聚物网架扩散，对那些底物和产物是大分子的酶并不适合。该法与吸附法的比较见表6-1。

表6-1 酶固定化方法的比较

特性	物理吸附	包埋法	共价结合法
制备	易	易	难
结合力	弱	强	强
酶活力	高	高	中
底物专一性	无变化	无变化	有变化
再生	可能	不可能	不可能
固定化费用	低	中	高

（1）凝胶包埋法

凝胶包埋法将个别酶分子包在高聚物格子中，可以将块状聚合形成的凝胶切成小块，也可以直接包埋在珠状聚合物中，后者可以使固定化酶机械强度提高10倍，并改进酶的脱落状况。将酶分子约束在凝胶的微细格子内如聚丙烯酰胺包埋是最常用的包埋法。先把丙烯酰胺单体、交联剂和悬浮在缓冲溶液中的酶混合，然后加入聚合催化系统使之开始聚合，结果就在酶分子周围形成交联的高聚物网络。它的机械强度高，在包埋的同时使酶共价耦联到高聚物上，可以减少酶的脱落。海藻酸钠也可以用来作为包埋载体，它从海藻中提取出来，可被多价离子Ca^{2+}、Al^{3+}凝胶化，操作简单经济。卡拉胶冷却成胶或与二、三价金属离子成胶，包埋条件温和无毒性，机械强度好，酶固定化后酶活回收率和稳定性都比聚丙烯酰胺法好。胶原和明胶也是常用的包埋载体，还有聚乙烯醇包埋法。

（2）微囊化包埋法

微囊法主要将酶封装在胶囊、脂质体和中空纤维中。胶囊和脂质体主要用于医学治疗，中空纤维主要适于工业使用。界面沉淀法是一种简单的物理微囊包埋法，它是利用某些高聚物在水相和有机相的界面上溶解度较低而形成的皮膜将酶包埋。界面聚合法是用化学手段制备微囊的方法。所得的微囊外观好，但不稳定，有些酶还会因在包埋过程中发生化学反应而失活。

（3）交联法

交联法是利用双功能或多功能试剂在酶分子间、酶分子与惰性蛋白间或酶分子与载体间进行交联反应，把酶蛋白分子彼此交叉连接起来，形成网络结构的固定化酶。常用的交联剂是戊二醛等水溶性化合物，戊二醛与酶分子中的游离氨基形成希夫氏碱，从而使酶分子相互交联成固定化酶。还有顺丁烯二酸酐、乙烯共聚物等与酶分子在六甲撑二胺作用下，相互间进行反应，也可制成固定化酶。

6.3.1.3 结晶法

结晶法是指首先使酶结晶，然后用戊二醛进行交联，或先使酶聚集沉淀，然后用戊二醛交联的固定化酶制成过程。

6.3.2 细胞的固定化及优点

利用胞内酶制作固定化酶时，先要把细胞打碎，才能将里面的酶提取出来，这就增加了工序和成本。20世纪70年代，科学家研制成固定化细胞，并且用于生产。固定化细胞是指直接将细胞固定在水不溶性载体上，在一定的空间范围内进行生命活动（生长、繁殖和新陈代谢）的细胞。直接固定含有所需胞内酶的细胞，并且就用这样的细胞来催化化学反应。细胞固定化方法主要有包埋法和吸附法。例如，将酵母细胞吸附到多孔塑料的表面上或包埋在琼脂中，制成的固定化酵母菌细胞，可以用于酒类的发酵生产。

固定化细胞的优点有：①可增殖，细胞密度大，可获得高度密集而体积小的生产菌集合体；②发酵稳定性好，可以较长时间反复使用或连续使用；③发酵液中含菌体较少，有利于产品分离纯化；④有利于需要辅酶和多酶系统才能进行的反应。

6.3.3 固定化酶的指标和固定化酶的性质

6.3.3.1 固定化酶的指标

固定化酶的测定指标有相对酶活力、酶的活力回收率、固定化酶的半衰期等。

(1) *相对酶活力*

具有相同酶蛋白量的固定化酶与游离酶活力的比值称为相对酶活力，与载体的结构、颗粒大小、底物相对分子质量大小及酶的结合效率有关。相对酶活力低于75%的固定化酶，一般没有实际应用价值。

(2) *酶的活力回收率*

固定化酶的总活力与用于固定化的酶的活力之百分比称为酶的活力回收率。将酶进行固定化时，总有一部分酶没有与载体结合在一起，测定酶的活力回收率可以确定固定化效果，一般情况下，活力回收率应小于1，若大于1，可能由于固定化活细胞增殖或某些抑制因素排除的结果。

(3) *固定化酶的半衰期*

即固定化酶的活力下降到为初始活力一半所经历的时间。它是衡量固定化酶操作稳定性的关键，其测定方法与化工催化剂半衰期的测定方法相似，也可以通过长期实际操作，也可以通过较短时间的操作来推算。

6.3.3.2 固定化酶性质

酶固定化后其性质将发生一些变化。

①酶的相对活力下降：固定化酶的活力通常用相对活力来表示。相对活力是指以游离酶的活力为100，与同样量的酶结合于载体后显示的活力之比。酶固定化后由于酶蛋白构象改变和空间位阻碍效应增加，因此直接影响酶的催化活力，同时酶空间位阻碍效应使酶分子附近的底物浓度减少，限制酶与底物的充分接触，酶的专一性也可能发生变化。

②酶稳定性提高：固定化酶的稳定性比游离酶好。酶的固定化将提高酶稳定性，其原因主要为以下几个方面。带电荷分子和酶分子之间产生了静电作用；蛋白水解酶在固定化后避免了酶自身的消化现象发生。少数酶的稳定性降低。

③最适pH值发生变化：酶固定化后催化底物的最适pH值和pH活性曲线常发生变化，其原因是微环境表面电荷的影响。对最适pH值有一定的影响。有的最适pH值增加，有的会降低。

④最适温度发生变化：在一般情况下，固定化后的酶失活速度下降，所以最适温度也随之提高，这是非常有利的结果。

⑤动力学常数的变化：将酶固定于载体上后，表观米氏常数往往比游离酶的米氏常数要高，而最大反应速度变小；而当底物与具有带相反电荷的载体结合后，表观米氏常数往往减小，这对固定化酶实际应用是有利的。此外，动力学常数的变化还受溶液中离子强度的影响，在高离子强度下，酶的动力学常数几乎不变。

6.4 酶的分子修饰

酶具有高度特异性和高催化特点，然而，许多天然酶热稳定性差，易受抑制，受蛋白酶水解而失活，或催化性能差，固定化回收活力低，导致许多分析用酶尚未能够发挥最好的作用。酶的分子修饰是指通过对酶蛋白主链的剪接切割和侧链的化学修饰对酶分子进行改造，以改变酶蛋白的物理化学性质以及生物活性或赋予其新的功能，并最终达到了人工设计合成高效的具有生物体活性的非天然的酶蛋白的过程。酶分子进行修饰的目的在于提高酶活力、改进酶的稳定性、改变pH值或最适温度、改变酶的特异性和催化反应类型、提高反应效率或允许酶在一个变化的环境中起作用。常用的酶分子修饰方法有两种。

6.4.1 酶分子的化学修饰法

用化学手段将某些化学物质或基团结合到酶分子上，或将酶分子某部位去掉或改变为其他基团，从而改变酶的物理化学性质，最后达到改变酶的催化性质的目的。大多数酶经修饰后，理化及生物学性质会发生改变，因此应根据具体情况选定修饰方法，同时应注意采取一些保护性措施来尽量维持酶的稳定性及得率。利用氨基修饰剂、羧基修饰剂、胍基修饰剂、巯基修饰剂、酚基修饰剂、分子内交联剂将修饰酶分子中的侧链氨基、胱氨酸的二硫键、羧基、组氨酸的咪唑基、色氨酸的吲哚基及甲硫氨酸的硫醚键等。①酰化试剂，如琥珀酸酐对氨基的修饰；②烷化剂，如碘乙酸对巯基的修饰；③氧化还原试剂，如巯基乙酸对二硫键的修饰；④亲电子修饰，如磺对酪氨酸的修饰；⑤形成酯或酰胺的试剂，如修饰醇或盐酸对羟基的修饰。

6.4.2 酶的生物工程修饰法

酶的生物工程包括基因工程和蛋白质工程。酶基因工程和酶蛋白质工程是有区别的。酶基因工程是通过基因操作把外源酶基因转入适当的生物体内，并在其中进行表达，它的产品还是该基因编码的天然存在的酶蛋白质（参见第2章）。酶的基因工程是通过微生物生产酶解决天然酶产量低的问题。目前已有100多种酶基因克隆成功，包括尿激酶基因、凝乳酶基因等，这些酶均可通过基因工程的方法大量生产。酶的蛋白质工程则更进一步根据分子设计的方案，通过对天然蛋白质的基因进行改造，来实现对其所编码的蛋白质的改造，它的产品已不再是天然的酶蛋白质，而是经过改造的，具有人类所需要的优质蛋白质。蛋白质工程改造酶是改变或去掉酶蛋白质一级结构中的某些氨基酸残基，从而改变酶相关的功能，使酶在不影响其他功能的前提下表现出某种新的特性或提高具有高度底物专一性及特殊催化活力的新型酶（参见第5章）。

6.5 酶反应器

由于固定化技术的发展，使酶可以和一般催化剂一样反复使用。同时，固定化细胞可以代替某些发酵过程，这样就产生了酶反应器。以酶为催化剂进行反应所需要的设备称为酶反应器。

6.5.1 酶反应器的设计原则

酶反应器是根据酶的催化特性而设计的反应设备，其设计的目标就是提高生产效率、降低成本、减少污染，以获得最好的经济效益和社会效益。其设计应遵循以下原则：①高容积的生产率；②简便有效地控制反应条件；③尽可能降低能耗；④反应器应是加工简便、易行、投资低。

6.5.2 酶反应器的类型

（1）搅拌式反应器

搅拌式反应器是具有搅拌装置的反应器，在酶催化反应中最常用的反应器，固定化酶和游离酶均可以用。由反应罐、搅拌器和保温装置组成。搅拌式反应器根据需要可以采用分批式、流加分批式和连续式3种。与之对应的有分批搅拌式反应器和连续搅拌式反应器。分批搅拌式反应器是将固定化酶和底物溶液一次性加到反应器中，反应一段时间后将反应液全部取出。流加分批搅拌式反应器游离酶和固定化酶均可用。操作时，先将一部分底物加到反应器中，与酶进行反应，随着反应的进行底物浓度逐渐降低，然后再连续或分次地缓慢添加底物到反应器中进行反应。反应结束后，将反应液一次性全部取出。连续搅拌式反应器只适用于固定化酶的催化反应。操作时，将固定化酶置于罐内，底物溶液连续从进口进入同时反应液连续从出口流出。在反应器出口处筛网或其他过滤介质，以截留固定化酶。也可以将固定化酶装在固定于搅拌轴上的多孔容器中，或者直接将酶固定于罐壁、挡板或搅拌轴上。

（2）填充床式反应器

填充床式反应器适用于固定化酶。反应器中固定化酶堆叠在一起固定不动，底物溶液按照一定的方向以一定的速度流过反应床，通过底物溶液的移动，实现物质的传递和混合。

（3）流化床式反应器

流化床式反应器是一种适用于固定化酶进行连续催化反应的反应器。该反应器中固定化酶颗粒置于反应容器中，底物溶液以一定的速度连续地由下而上流过反应器，同时反应液连续地排出，固定化酶颗粒不断地在悬浮翻动状态下进行催化反应。

(4) 鼓泡式反应器

鼓泡式反应器游离酶和固定化酶均可用。该反应器利用从反应器底部通入的气体产生的大量气泡，在上升过程中起到提供反应底物和混合两种作用，无搅拌装置的反应器。鼓泡式反应器进行固定化酶的催化反应时，反应系统中存在固、液、气三相，又称为三相流化床式反应器。

(5) 膜反应器

膜反应器中游离酶和固定化酶均可用，是将酶催化反应与半透膜的分离作用组合在一起而成的反应器。用于固定化酶催化反应的膜反应器是将酶固定在具有一定孔径的多孔薄膜中，而制成的一种生物反应器。

(6) 喷射式反应器

喷射式反应器是利用高压蒸汽的喷射作用，实现酶和底物的混合，进行高温短时催化反应的一种反应器。

各种反应器的特点见表6-2。

表6-2 酶反应器的类型及特点

反应器类型	适用的操作方式	适用的酶	特点
搅拌式反应器	分批式 流加分批式 连续式	游离酶 固定化酶 固定化酶	设备简单，操作容易，反应比较完全，反应条件容易调节控制
填充床式反应器	连续式	固定化酶	设备简单，操作容易，反应速度快。易引起固定化酶的变形或破碎
流化床式反应器	分批式 流加分批式 连续式	固定化酶 固定化酶 固定化酶	混合均匀，传质和传热效果好，温度和pH值的调节控制比较容易，不易堵塞
鼓泡式反应器	分批式 流加分批式 连续式	游离酶 固定化酶 固定化酶	结构简单，操作容易，剪切力小，混合效果好，传质和传热效率高
膜反应器	连续式	游离酶 固定化酶	结构紧凑，利于连续化生产
喷射式反应器	连续式	游离酶	体积小，混合均匀，催化反应速度快

6.6 酶工程的应用

6.6.1 酶工程在食品加工中的应用

酶在食品工业中的应用可以增加产量，提高质量，降低原材料和能源消耗，改善劳动条件，降低成本，甚至可以生产出用其他方法难以得到的产品，促进新产品、新技术、新工艺的兴起和发展。酶在食品工业中最大的用途是淀粉加工，其次是乳品加工、果汁加工、烘烤食品及啤酒发酵。与之有关的各种酶如淀粉酶、葡萄糖异构酶、乳糖酶、凝乳酶、蛋白酶等占酶制剂市场的一半以上。

6.6.2 酶工程在轻化工业中的应用

酶工程在轻工业中的用途主要包括：洗涤剂制造、毛皮工业、明胶制造、胶原纤维制造、牙膏及化妆品的生产、造纸、感光材料生产、废水废物处理和饲料加工等。在塑料工业与合成纤维工业中，已经可以用酶制剂催化氢化链烯的生产；一些纺织原料也可以利用酶制剂进行加工。

6.6.3 酶工程在医药上的应用

（1）制药、治疗

酶工程技术在制药工业上的主要应用具有以下 3 个方面。

①生物酶用于制备手性药物。目前已有 50 多种有机反应可通过微生物实现，广泛应用甾体激素、氨基酸、维生素和抗生素的制药中。

②生物转化，给已有药物添加基团，增加药效和功能。黑根霉一步生物转化孕酮为 11α-羟基孕酮，实现了甾体类激素的工业化生产。

③固定化酶技术用于制药。目前制药厂已经能够利用固定化青霉素酰化酶反应器，成批地生产用于合成氨苄青霉素等新型青霉素。用固定化大肠杆菌细胞（产生青霉素酰化酶）转化青霉素 G、V，除去侧链生产无侧链青霉素，即 6-氨基青霉烷酸。这些新型青霉素可以克服细菌抗药性，广泛应用于医药医疗领域。固定化 5-磷酸二酯酶水解转化酵母 RNA，生产 5-复合单核苷酸。固定化氨基酰化酶拆分化学合成的 DL-氨基酸，产生有活性的 L-氨基酸。

（2）诊断、检测

酶作为临床体外检测试剂，可以快速、灵敏、准确地测定体内某些代谢产物，也将是酶在医疗上一个重要的应用。如酶试剂盒、酶联免疫（ELISA）、酶标基因探针、酶传感器等，已在临床诊断上广泛应用。据同一原理，还研制出能够化验血糖数值的血糖快速测试仪，具有灵敏度高和速度快等优点。

6.6.4 酶工程在能源开发中应用

利用微生物或酶工程技术从生物体中生产燃料也是人们正在探寻的一条新路。例如，利用酶工程技术从植物、农作物、林业产物废物中的纤维素、半纤维素、木质素、淀粉等原料制造氢、甲烷等气体燃料，以及乙醇和甲醇等液体燃料。

6.6.5 酶工程在环境工程中的应用

工业高度发展的同时带来了环境污染。酶工程在环境污染中也具有很好的应用前景。如在产品加工过程中用酶来替代化学品可以降低生产活动中的污染水平，有利于实现工艺过程生态化或无废生产；酶作为生物催化剂，只对产品内容起作用，利于环境的保护；酶的反应条件温和，专一性强，催化效率高等自身的特点，决定了对污染物处理和环境监测具有高效、快速、可靠的优点。利用酶的催化特性可以应用于有用物质的生产或有害废物的分解。

复习思考题

1. 基本概念

酶 酶工程 盐析沉淀法 等电点沉淀法 离子交换层析 等电聚焦电泳技术 吸附层析技术 载体结合法 包埋法 交联法 酶反应器 酶传感器

2. 简述各种酶分离纯化方法的基本原理。
3. 简述各种酶固定化方法的基本原理。
4. 酶的基因工程改造和蛋白质工程改造有何区别?
5. 试论述酶工程的应用。

本章推荐阅读书目

酶与酶工程及其应用．孙君社．化学工业出版社，2006.
酶工程．罗贵民．化学工业出版社，2003.
现代生物技术概论．何忠效，等．北京师范大学出版社，2000.

下篇

技术应用篇

第 7 章　植物组织培养

【本章提要】 植物组织培养的基本概念、特点及作用等；植物组织培养相关的实验室建立、仪器与器皿、常用培养基组成及制备、无菌操作等通用知识；器官与组织培养、工厂化育苗和人工种子生产等技术、方法、影响因素；愈伤组织诱导和器官发生、体细胞胚的发生、细胞培养、花药和花粉培养、脱毒和快速繁殖等组织培养的常用技术。

7.1　概　述

植物组织培养是生命科学研究和应用中一个强有力的手段。在过去 40 多年中，植物组织培养得到了迅速发展，渗透到生物学科的各个领域，为快速繁育优良品种、培育无病毒苗木、进行突变体的筛选培育、种植保存等开辟了新途径；并广泛应用于农业、林业、工业和医药业，产生了巨大的经济和社会效益。植物组织培养不仅在农林业生产中具有重要作用，而且对于细胞学、胚胎学、遗传育种学、生理学、生物化学和植物病毒学都有很大的促进作用。因此，无论是在生产应用中，还是在理论研究上植物组织培养都是十分重要的。

7.1.1　植物组织培养的含义

植物组织培养（plant tissue culture）是指将植物离体的器官、组织、细胞或原生质体在人工配制的培养基上，在适宜的条件下使其生长分化形成完整植株的过程。根据植物组织培养的含义可以看出，植物组织培养必须具备三个基本条件：第一，进行植物组织培养必须有外植体（explant），即植物离体的用于组织培养的一部分，如根、茎、叶等器官，或者花药、胚乳、形成层等组织，甚至单细胞、原生质体。第二，组织培养要有适宜的环境条件，离体的植物材料需要在能够提供各种营养物质和调节物质的培养基上，在适当的光照、温度及湿度条件下，才能分化形成完整的植株。第三，组织培养必须在无菌条件下才能完成，避免微生物（细菌、真菌等）的污染，在组织培养中是一个十分重要的问题。组织培养所需要的适宜的环境条件不仅有利于外植体的生长，也适合微生物的生长。微生物进入培养基后，会迅速生长和繁殖，这不仅消耗了培养基中的养分，而且微生物的生长也会释放出一些有害代谢产物，从而抑制外植体的生长，甚至使外植体死亡。组织培养无菌条件的获得不仅取决于一定的实验设备，同时还要谨慎细致地操作。

在植物组织培养中，根据培养材料即外植体的不同，可将其分为器官培养、组织培养、细胞培养、原生质体培养等；根据培养方式的不同，植物组织培养可分为固体培养和液体培养。其中固体培养是指将培养基用琼脂等固化剂凝固后的培养状态；而液体培养则是将培养物放在液体培养基中培养的方式。为保证培养材料有较好的通气条件，液体培养常采用振荡培养、旋转培养、纸桥培养等方法。此外，在这两种培养方式的基础上又衍生出了看护培养、微室培养等特殊的培养方式。根据培养过程的不同，将植物组织培养中从植物体上分离下来的部分进行的第一次培养，称为初代培养（primary culture）；初代培养后将培养物转移到新的培养基上的培养都称为继代培养（subculture）。

7.1.2 植物组织培养的特点

植物组织培养作为生物学科研究应用中的有效手段，具有以下显著的特点：第一，培养条件可以人为控制；组织培养的材料是在完全人为的条件下生长的，不受其他任何自然条件的影响。第二，组织培养材料的生长周期短，繁殖率高；在人工控制的条件下，培养物往往在最佳条件下生长，通常1~2月即可完成一个生长周期；且组织培养的植物材料几乎没有休眠期，可以不分四季生长地繁殖，因此材料的繁殖是以几何级数增长的。第三，组织培养的管理方便，便于自动化控制和工厂化生产。组织培养可以省去田间管理的一些繁杂的工作，可以进行一些高度集约化的生产，从而节约人力、物力和土地。

7.1.3 植物组织培养的应用

随着植物组织培养的日益完善，其应用也日益广泛。植物组织培养主要的应用领域有以下几个方面：

7.1.3.1 组织培养在生产栽培上的应用

（1）苗木的快速繁殖

用组织培养法快速繁殖苗木是组织培养应用在生产上成效最显著的方面。植物良种苗木的繁育多是通过无性繁殖，以保持其他优良性状的遗传稳定性和一致性，但传统的无性繁殖方法繁殖数量少、速度慢，不能适应现代化生产的要求。利用组织培养技术进行繁殖，由于材料来自单一个体，遗传性状非常一致，并且材料的生长不受外界环境条件的影响，不受季节限制，可实现全年连续的生长和繁殖，因此比常规无性繁殖方法速度快得多。

以组培快速繁殖较成功的兰花的离体繁殖为例，一个外植体一年可繁殖近

400 万个原球茎。近年来利用组织培养快速繁殖的物种越来越多，到目前为止已有几千个种。植物组织培养已成为植物良种繁育的有力手段，并带来了巨大的经济效益，形成了一种新的产业。采用组培快速繁殖进行工厂化大规模生产的植物种类也愈来愈多，而不仅局限于花卉（如兰花、康乃馨等），也应用于水果（如香蕉、草莓等）、林木（如桉树）和珍稀植物上。除了对常规品种进行繁殖外，植物组织培养还可以繁殖植物不育系和杂交种，从而使其优良性状得以很好地保持。

（2）无病毒苗的获得

在很多植物的生长发育过程中，由于病毒的感染而使作物的产量和品质严重受损。草莓病毒病、马铃薯病毒病等都曾给农业生产带来重大的损失，由于这些植物病毒是通过植物组织内部的维管束传导的，因此在广泛使用常规无性繁殖的植物中，病毒就会带到新的个体发生病害。植物组织培养技术的发展证实利用植物茎尖分生组织进行培养可以脱除病毒。

目前全球通过茎尖培养脱毒获得无病毒种苗的植物已超过 100 多种，我国也已在柑橘、马铃薯、草莓、兰花等植物上成功获得无病毒苗。以马铃薯脱毒苗为例，先后在内蒙古、黑龙江、河北等地建立了无病毒马铃薯原种场，为全国各地提供无病毒种薯，平均增产 30% 以上，经济效益十分明显。因此，植物组织培养已经成为无病毒苗木获得的主要途径。

需要指出的是，茎尖培养获得的苗木不一定完全脱毒，须通过相应的病毒鉴定确定不带病毒后才能应用于生产。在无病毒苗木的生产中，也常将茎尖脱毒培养与组培快速繁殖结合起来以获得大量的无病毒苗用于生产。

7.1.3.2 组织培养在遗传育种上的应用

（1）胚胎培养的应用

在种属间远缘杂交时，常常因为杂种幼胚早期败育而不能得到杂种植物。通过离体培养技术，在杂种幼胚退化之前进行幼胚的培养，可使其发育成杂种植株，克服杂交不亲和的障碍。早熟种果树果实发育时间短，种胚发育不完全而不易发芽；三倍体果树的种子也不易发芽，这些问题都可以通过胚培养得以解决。在芸香科柑橘亚科的多种植物中，由于珠心多胚现象，往往合子胚发育不良，而得到一些假杂种；通过杂种胚离体培养可以克服多胚干扰，提高育种效率。此外，通过胚乳培养可获得三倍体植株，为诱导形成三倍体植株开辟了新途径；通过对三倍体加倍可获得六倍体，从而可育成多倍体的新品种。

（2）花药和花粉培养的应用

自 1964 年印度的 Guha 等人通过毛曼陀罗离体培养的花药获得单倍体植株以来，目前已有几百种植物花药培养成功。通过花药或花粉培养的单倍体育种已成为崭新的育种手段，花药或花粉培养单倍体的育种方法，不仅可以获得纯的品系，同时比常规育种的时间显著缩短，这对于提高杂交育种的效率，特别是多年生无性繁殖植物的杂交育种具有重要的意义。

7.1.3.3 组织培养在种质资源保存方面的应用

种质资源的利用是从收集开始的，收集的种质资源如何高效并安全地保存下来是一个重要的课题。近年来，随着植物组织培养技术的迅速发展，利用组织培养技术保存种质资源，建立“基因库”或“种质银行”，展现出许多田间保存种质所无法比拟的优越性。利用组织培养法可以在较小的空间内保存更多的种质资源，并且可避免病虫的危害，不受外界不利环境条件的影响；当需要大量保存种质资源的苗木时，可以在短时间内迅速繁殖。此外，利用组织培养法保存种质也有利于地区间、国际间种质资源的交换和转移。

7.1.3.4 组织培养在遗传、生理和病理学研究中的应用

组织培养技术的迅速发展，推动了遗传、生理及病理等学科的研究，成为现代生物科学研究和应用中不可缺少的常规方法；而遗传、生理以及病理学研究的进步，也为组织培养技术的进一步广泛应用提供了理论基础和依据。

花粉和花药培养可获得单倍体和纯合二倍体植株，这是研究细胞遗传的极好的材料。利用花药培养可进行远缘杂交，产生染色体的附加系和代换系等新类型，为研究染色体工程开辟新途径；花粉培养获得的单倍体只有一套染色体，而不存在对应的显形和隐性基因位点，因此一旦发生突变就会在植株上表达出来，从而有利于隐性突变体的筛选。此外，应用细胞培养技术，在人工控制的条件下，可以进一步深入研究植物细胞的生长、分化和发育；细胞与细胞之间的生理代谢活动与合成；营养细胞与生殖细胞的分化机制等问题，从而促进生理学基础研究的深入。

7.1.4 植物组织培养技术的展望

植物组织培养技术的发展已有100多年的历史，从1902年德国植物生理学家Haberlandt提出细胞全能性概念至今，植物组织培养在生命科学领域取得了令人瞩目的发展，解决了科研和生产中难以解决的许多问题。随着现代生命科学领域研究的不断深入，新发现、新创造的不断涌现，植物组织培养技术也同样会迎来更大的发展，从而在农业、林业、园艺、轻工业、加工业等方面发挥更大的作用，创造出更多的经济效益，对现代生物技术的发展起到不可替代的促进作用。

7.2 植物组织培养的基本要求

7.2.1 植物组织培养的基本流程

植物组织培养是在无菌条件下对植物体的任一部分（器官、组织、单细胞甚至原生质体）进行的培养。其基本要素包括外植体、适宜的环境条件及无菌条件。因此，植物组织培养及相关的操作要借助于一定的设施来完成。

组织培养实验室要以创造无菌环境为总体设计目标，具体操作要按照工作的目的和规模来决定，以便使组织培养实验室能达到高的利用率。此外，按照组织培养的几道工序，以自然工作顺序的先后合理布局实验室，从而使组织培养实验室的工作能有序、连续地进行。图7-1所示为植物组织培养工作的基本流程图。

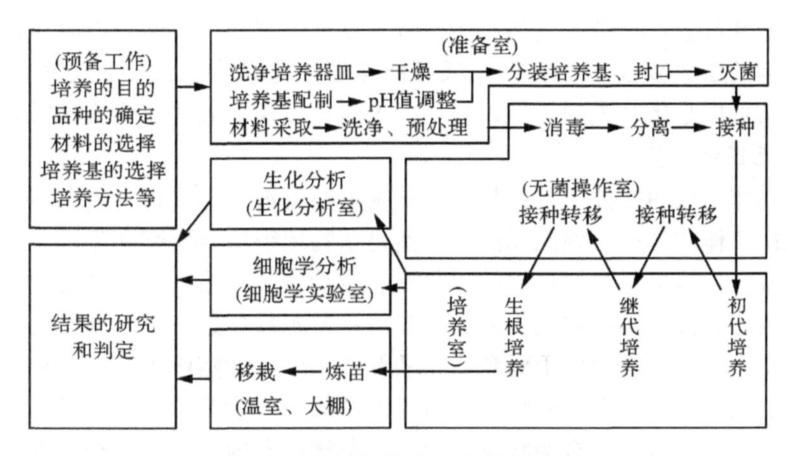

图 7-1 植物组织培养工作基本流程图

7.2.2 植物组织培养实验室的设置

理想的组织培养实验室或组培工厂应当选在安静、清洁但又交通便利的城市近郊；应当在所处城市常年主风向的上风方向，从而可以避开各种污染源，以确保组织培养工作的顺利进行。在它的设计中可以包括洗涤室、准备室、灭菌室、无菌操作室、培养室、生化分析室、细胞学实验室、摄影室等分室。此外，还应有炼苗、移栽的温室或大棚。在规模小、条件差的情况下，植物组织培养实验室可以在2~3间实验用房中建成；这些房间相连但又相互隔开，可以划分为准备室、无菌操作室、培养室。

(1) 准备室

准备室主要用于植物组织培养所需器具的洗涤、干燥和保存，培养基的配制、分装和灭菌，化学试剂的存放与配制，蒸馏水的制备和植物材料的预处理等操作，任务非常繁重。因此，在条件允许的情况下，准备室要尽量宽敞、明亮，并且通风条件要好。在准备室内要有良好的给、排水系统、较大的平面工作台、水槽以及放置各种试剂和培养器具的橱柜等。由于准备室兼顾组培苗的出瓶清洗与整理工作，若条件允许，可以将试管苗的出瓶与器具的洗涤单独分室进行。由于准备室内完成各种工作的需要，准备室内通常需要的设施如下：

①与给、排水系统连接的洗涤用水槽：根据实验规模可设置多个，常为1~2个。水槽应较大，为防止酸碱腐蚀，水槽可考虑用含铅质地。此外，为防止培养用器皿在清洗过程中碰坏，可以在水槽内铺设橡胶垫。

②实验台：在准备室进行的工作中，器皿的洗涤、干燥，培养基的配制分装，化学试剂的配制等都需要比较大的工作台面。组织培养准备室的实验台与一般化学实验室的要求相同，其高度以适合站着操作为宜，并且实验台面要能耐高温、耐酸碱腐蚀。准备室的实验台可以用水泥台面构筑，也可以选用一些适宜的板材类台面。

③药品橱和搁物架：常用的试剂应当根据试剂性质分类存放于药品橱中。强

酸强碱要分开放置；有机溶剂如乙醇等有挥发性的试剂，条件允许时应放在通风橱内。试剂的摆放要固定、有序，最好能按照字母顺序摆放，以方便查找和取用。搁物架可以是敞开式的，但以封闭式为佳，以便存放洗净的培养器皿等。

(2) 无菌操作室

无菌操作室也叫接种室，它是进行植物材料的消毒和接种、无菌材料的继代转移等无菌工作的场所，因此无菌操作室是植物组织培养研究和生产工作中非常关键的分室，直接关系着接种后的污染率、成功率。无菌操作室通常要求清洁干净、门窗密闭、没有对流空气；墙面要光滑平整不易积累灰尘、地面要平坦无缝等。无菌操作室内要定期用甲醛和高锰酸钾作用产生的蒸汽熏蒸。此外，无菌操作室内的适当位置要吊装紫外灯，用以对室内的空气除菌，使无菌操作室内保持良好的无菌状态或低密度有菌状态。由于无菌操作室内空气不流畅，在夏季长时间工作会使操作人员感觉很不舒服，因此如果条件允许，无菌操作室内可以安置空调，使室内温度保持舒适。

为了保持无菌操作室的无菌环境，根据实际条件可以在无菌室外设立缓冲间。缓冲间面积不需要很大，$3 \sim 5m^2$ 就可以满足需要了。缓冲间的设立可以使操作人员在进入无菌操作室前有个过渡，更换工作服、工作帽、拖鞋等，以减少将室外杂菌直接带入无菌操作室。在缓冲间内也应当安装紫外灯，以定期灭菌。

在条件较差的情况下，可以自制接种箱来完成无菌操作。接种箱所用的材料和规格可以自行设计，箱内装有紫外灯以便灭菌，同时也可安装日光灯以便照明使用。目前，超净工作台是普遍使用的无菌操作装置，无菌操作效果好，操作方便舒适，已成为各实验室无菌操作的首选设备。

(3) 培养室

培养室主要用作培养材料的培养和观察，是人为提供的植物生长的环境。培养的材料通常要求在一定的光照、温度、湿度和气体流通的环境下才能正常生长。因此，培养室要求既能控温又能通风，并有相应的照明设备。

培养室的温度应当可控，一般植物生长的适宜温度是25℃左右，因此，培养室的温度可以通过空调调节保持在25℃ ±2℃。对于不同的材料，当要求更高或更低的温度时，可以进行适当的调节以满足需要。

培养室的光照条件通常是采用日光灯，即在散射光下进行的。光照的时间根据需要而定，一般为10~12h；为了工作方便，光源的开闭可以由自动定时开关控制。在有些情况下，可能需要较强的光强或在完全黑暗的条件下进行培养，这就需要在培养室内做好相应的准备，比如设置备用强光光源、暗培养室等。由于培养室的用电量大、成本高，因此，在实际操作中可采取一些措施来节约能源、降低成本，如培养室要设立在南面、要有窗户，以利于采光，从而最大限度地利用自然光。此外，培养室的墙壁也可采用隔热性能好的材料建成隔热层，从而使培养室少受外界温度的影响等。

湿度也是培养室各种环境条件中需要考虑的问题，特别是在北方冬季，室内有加温设备，使得室内的空气干燥、湿度较低；这容易造成培养容器内培养基的干涸，因此应当采取措施，使培养室内湿度保持在70%~80%；但培养室内湿度也不应太高，以免增加培养物污染的机会。

(4) 温室（大棚）

组织培养获得的植物首先要在温室或大棚中进行炼苗、移栽后，才能最终移至田间，应用于生产。由于组培苗在弱光、异养条件下长成，因此，通过炼苗阶段使组培苗能逐渐适应外部自然强光环境，形成正常的光合作用和呼吸作用机制。如条件许可，温室大棚内也应当配备有温湿度控制装置、光照调节装置等配套设施。

(5) 其他分室

在植物组织培养工作中，还可以根据实验条件和工作需要设置进行生化分析的生化分析室，进行细胞学观察、分析研究的细胞学实验室，以及进行拍照、照片冲洗等的摄影室等，从而满足不同的工作需要。

7.2.3 植物组织培养实验室的布局

根据组织培养工作的顺序性及组织培养工作基本的设施需求，实验室的基本布局如图7-2所示。

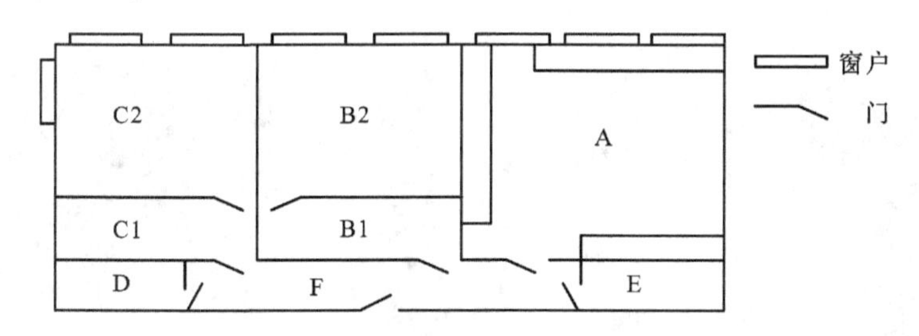

图7-2 植物组织培养实验室房间分布图

A. 准备室 B1. 缓冲间 B2. 无菌操作室 C1. 暗培养室
C2. 光培养室 D. 摄影室 E. 细胞学实验室 F. 走道

7.2.4 植物组织培养实验室的主要仪器设备

(1) 常规设备

①冰箱：植物组织培养实验室需配备有普通冰箱或冷藏箱，最好有－20℃低温冰箱。普通冰箱可以用来储存培养基母液、培养液、激素，需要低温保存的试剂及短期保存的植物材料等。－20℃低温冰箱则可以储存那些需要冷冻保持生物活性物质及较长时间存放的制剂，如酶等。

②天平：它是植物组织培养实验室内不可缺少的常规设备之一。根据实验室需要，通常组培实验室内需配备两种感量的天平。感量为0.1g的药物天平可以用来称取大量元素、蔗糖、琼脂等；感量为0.0001g的分析天平可用来称取微量元素和激素等；条件许可的话，最好配置感量为0.0001g的电子天平，从而可以方便快捷、灵敏准确地称取试剂。

③蒸馏水器：在植物组织培养实验室，蒸馏水是主要的实验用水；对于细胞

培养和原生质体培养时甚至要用到去离子水。因此，如果条件许可的话，实验室应自备一套蒸馏水发生器，从而批量制备实验用水。

④酸度计：植物组织培养中，培养基的 pH 值也十分重要。因此，在培养基配制时都需要用酸度计来测定和调整培养基的 pH 值。大规模生产时，也可用 pH 精密试纸来代替测定培养基的 pH 值。

⑤加温设备：如电炉、水浴锅等，可用来溶解难溶药品和熔化琼脂条配制培养基。

(2) 灭菌设备

①高压灭菌锅：高压蒸汽灭菌锅是植物组织培养中必备的实验设备之一，主要用于培养基、蒸馏水的灭菌消毒等。高压灭菌锅主要根据实验规模可选择购置多种不同型号的高压灭菌锅使用，有大型卧式、中型立式、小型手提式及电脑控制型等多种（图 7-3）。目前，大多实验室使用的是手提式高压蒸汽灭菌锅。此类灭菌锅有内热式和外热式两类，前者发热管在锅内，使用时较为方便；后者使用时需要电炉、液化气等加热。由于高压灭菌锅具有一定的危险性，因此，在使用之前，应认真阅读使用说明书，严格按操作规范进行操作。

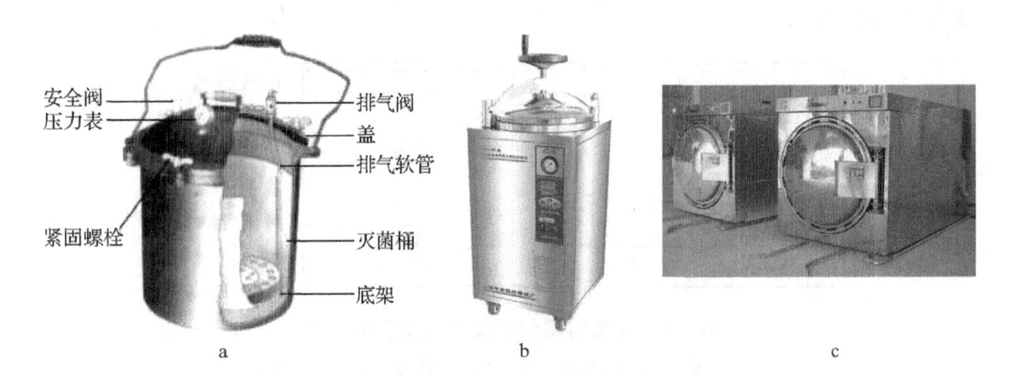

图 7-3 常见的几种高压灭菌锅类型

a. 手提式灭菌锅内部构造简图 b. 中型立式灭菌锅 c. 大型卧式灭菌锅

②烘干箱：洗净后的玻璃器皿，如果需要迅速干燥，可以在 80～100℃ 于烘干箱内烘干。另外，组织培养中用到一些玻璃器皿及金属操作器械也可以通过烘干箱 160～180℃ 温度，进行 1～3h 的高温干热灭菌。常用的烘干箱多为鼓风式电热烘干箱，它的优点是温度均匀，效果好。缺点是升温过程较慢，且需要注意的是干热灭菌结束后，不能立即打开烘干箱门，以免骤冷后玻璃器皿损坏，通常应当等温度降至 100℃ 以下时再打开箱门。

③酒精灯：在进行接种操作时，酒精灯常用于各种金属操作器械的灭菌。此外，电热灭菌器也可以用于各金属器械的灭菌。

④（微孔滤膜）过滤除菌器：在植物组织培养过程中，某些生长调节物质（如赤霉素 GA_3、玉米素 ZT、吲哚乙酸 IAA、脱落酸 ABA）、尿素以及某些维生素，酶类等，遇热容易分解或变性失去功能，因而不能进行高压灭菌，而采用过

滤的方法进行灭菌。过滤灭菌器的结构（图7-4）有金属的，也有耐高温塑料的；中间可以放置特制孔径的滤膜，用于各种液体的过滤除菌。由于操作简便，速度快，效果较好，现已在许多组织培养实验室中使用。在过滤灭菌器的使用中，滤膜的选择是除菌效果好坏的关键。通常过滤除菌时，如果先使用0.22μm滤膜的微孔易堵塞，可以先用0.60或0.45μm的滤膜进行初滤。过滤完毕后，滤膜即可丢弃，需要注意的是，滤膜支座在重复使用前应当用铝箔包裹或密闭于容器内进行高压灭菌。

图7-4 过滤灭菌器的规格及操作简图

（3）无菌操作设备

超净工作台目前已成为植物组织培养实验中最通用的一种无菌操作装置。超净工作台一般由风机、滤板、操作台、紫外灯和照明灯几部分组成。超净工作台的工作原理主要是：风机将空气经粗过滤器初滤后送入特制的高效空气过滤器，除去微生物后，再流向工作台面，在操作人员和操作台之间形成风带，使杂菌不能进入，从而形成一个无菌的工作台面。通过空气过滤器的作用后，空气中大于0.3μm的尘埃、真菌和细菌孢子等都已被除去，从而保证了台面的无菌状况。根据风幕形成的方式，超净工作台可以分为垂直式和水平式的两种；此外，根据操作人员的数量，超净工作台又可分为单人、双人及3人的（图7-5）。在具体购置时，可根据实验规模及实验室大小来选择。

超净工作台通常放置于无菌操作室内；超净工作台高效空气过滤器使用寿命的长短与空气的纯净程度密切相关，清洁的室内环境可以取得良好的无菌效果，并延长其使用寿命。此外，根据环境的洁净程度还要定期对粗过滤器中的过滤布进行清洗，以保证超净工作台的使用效果。在具体的使用中，只需提前开启紫外灯和风机，使其运转15min后即可进行操作。

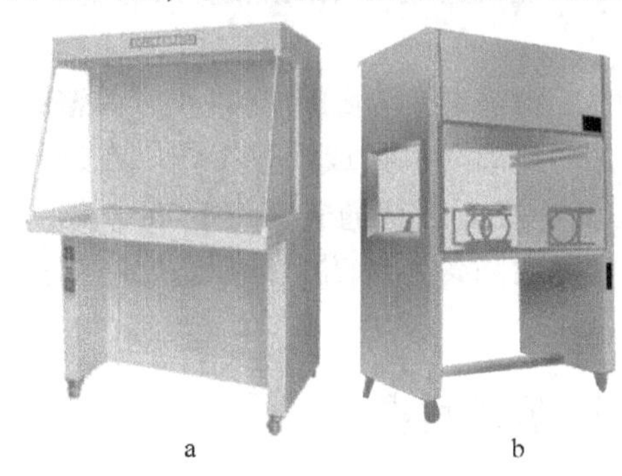

a b

图7-5 超净工作台图示

a. 单人水平式超净工作台

b. 双人垂直式超净工作台

a b

图7-6 组织培养用培养架

a. 木质培养架 b. 角钢组合式培养架

(4) 培养设备

①培养架：培养架主要用来放置培养容器；培养架的使用可以较大限度地提高培养室的空间利用率，从而有效降低成本。通常培养架的数量主要由生产或实验的规模来确定，而培养架的高度则可以根据培养室的高度而定。通常每个培养架设6层，总高度2.0m，每0.3m为一层，最下面一层距地面0.2m，架面宽以0.6m为宜，培养架的长度通常则由日光灯管的长度确定，大约1.2m，每层培养架上需安装1~2盏日光灯，以每盏灯有分开关，每个培养架有总开关较为方便，可以实现随时根据具体情况来调节光照强度的需要。此外，培养架可以是木质的，也可以用角钢组合而成（图7-6）；培养架面可以是玻璃的，也可以用板材，但在灯管与上一层架面之间最好装有隔热层，以免上层培养物底部受热。

②光照培养箱：在植物组织培养中，对于细胞培养或原生质体培养等对培养条件要求较为严格的研究中，可以利用可控光温的光照培养箱来进行。光照培养箱与培养室相比，温度与光照条件更为稳定和充分，灵敏度高，因而培养效果更好。

③恒温摇床：在植物组织培养进行液体培养时，培养材料完全浸入培养液中，会引起供氧不足。为了改善液体培养基中培养材料的通气状况，可用摇床来振动培养容器；振动速率可以根据培养的需要进行调节，以60~120次/min为低速，120~250次/min为高速。摇床工作时多采用水平往复式振荡，从而促进培养材料与空气的更好接触，满足生长需求。

(5) 其他设备

①显微镜：包括双目实体显微镜（解剖镜）、生物显微镜、倒置显微镜等。双目实体显微镜可用来解剖植物的器官，分离茎尖等培养材料；倒置显微镜则可以隔瓶或从培养皿底部观察培养材料的生长情况。此外，在条件许可的情况下，显微镜上最好带有照相设备，以便对观察材料进行摄影记录。若有条件还可以添置荧光显微镜等，从而可利用生物材料的荧光特性或选用荧光试剂进行相关的实验研究。

②离心机：在进行细胞或原生质体培养时，常需要制备细胞悬浮液，调整细胞密度，洗涤和收集细胞原生质体等，因此，需要离心机完成上述工作。在进行细胞沉降时，转速太大可能引起细胞的损伤，一般配置普通转速（4 000r/min）的台式离心机就可以了。但要分离蛋白质，或提取制备各种酶时，则需要有高速冷冻离心机。

7.2.5 植物组织培养实验室常用的器皿用具

(1) 培养用器皿

供植物组织培养和生长使用的器皿，既可用透明度好、无毒的中性硬质玻璃制成，也可用无毒而透明光滑的特制塑料制成。两者各具优点，前者透明度高便于观察，可多次重复使用，但缺点是玻璃制品易碎；后者为特制塑料，能耐受高压灭菌，也可多次重复使用，但随着时间的延长，透明度会逐渐下降，从而影响培养材料的光照。也可以使用那些厂家消毒灭菌后密封包装的塑料器皿，打开包装即可用于操作，非常方便，但一次性使用会使实验的费用大大增加。因此，通常根据实验的规模、研究的目的及培养方式选用不同类型的培养容器（图7-7）。

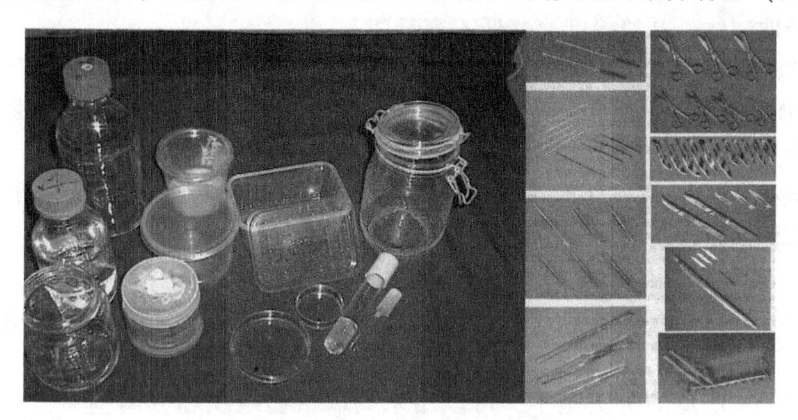

图7-7 组织培养常用器皿和操作器械简图

①试管：植物组织培养中常用的一种玻璃器皿，适合于少量培养基及筛选不同培养基配方时使用。组织培养所用的试管要求口径大、长度稍短的类型，以2cm×15cm或2.5cm×15cm为宜。

②三角瓶：组织培养中应用最多的器皿，有玻璃制及特种塑料制的。在组织培养过程中，无论是静置培养还是振荡培养，无论是固体培养还是液体培养，都可以使用三角瓶。通常三角瓶使用较多的是容量为50mL、100mL及150mL的，口径为2.5~3.0cm。使用玻璃制三角瓶时，还需配备专门的封口材料，可以用棉塞、专用封口膜、牛皮纸等；而塑料制的三角瓶大多配有螺丝口的瓶盖，使用起来方便许多。

③L型管和T型管：是专用于旋转式液体培养的试管。由于在转动过程中，管内培养的材料可以交替处于培养液和空气之间，因而使培养材料通气良好，有利于培养材料的正常生长。

④培养皿：有玻璃或塑料制的，适用于单细胞、原生质体的固体平板培养，室内催芽等。在进行无菌操作时，也可用于剥离茎尖、切割茎段等培养材料的处理工作。常用规格为直径10cm、9cm、6cm等。

⑤广口瓶：常用作试管苗大量繁殖用的培养瓶，一般选用规格为200~500mL的果酱瓶、水果罐头瓶等。因瓶口大，易于操作，且价格低廉而被许多组培工厂大量使用；但在使用中要注意封口，严格操作，从而防止污染的发生。

（2）操作用器皿

在组织培养实验室内，根据操作需要，主要的器皿有：

①试剂瓶：有各种不同规格的，如1 000mL、500mL、250mL、100mL等；也有透光不透光的，主要用来存放各种培养用液体，如培养基母液、激素母液及其他试剂等。根据试剂的数量及性质选择合适的试剂瓶。

②容量瓶：也有各种不同规格的，如1 000mL、500mL、250mL、100mL等，主要用来配制各种培养基母液、激素母液时的定容，结果要更为准确。

③量筒：可以有1 000mL、500mL、100mL、50mL等，主要用来配制各种消毒液及量取液体，其精确度要略低于容量瓶。

④移液管：主要用来吸取、转移培养基母液、激素母液等液体，常用规格有25mL、10mL、5mL、2mL、1mL等。对于用量较少的液体，移液管相对量筒可以实现准确量取。

⑤烧杯、量杯等：有不同规格如1 000mL、500mL、250mL、100mL等，可用于外植体消毒、量取液体等组织培养实验操作。

(3) 操作用器械

组织培养所需要的器械用具，可以选用医疗器械和微生物实验所用的器具(图7-7)。常用的器械如下：

①镊子：小型的尖头镊子，可以用来剥取植物组织和分离茎尖、叶片表皮等；较长的枪型镊子（20~25cm）则可以用来接种和转移植物材料。

②剪刀：有不同规格的手术剪和解剖剪（弯头或直柄)，可以用来剪取植物的材料。

③解剖刀：常用的解剖刀有活动的和固定的两种。前者可以更换刀片，在组织培养实验中适用于培养物的解剖、分离和切割。

④接种工具：包括接种针、接种钩及接种环等，有白金丝或镍丝制成，可用来接种花药或转移细小的植物组织等。

7.3 植物器官和组织培养

7.3.1 愈伤组织的诱导和分化

植物愈伤组织是指在培养或自然条件下，植物细胞脱分化，经细胞分裂所产生的一团无序生长的薄壁细胞，通常从植物组织和器官的机械损伤部位或切口处形成。愈伤组织可用于研究植物脱分化和再分化、生长和发育、遗传变异、育种及次生代谢产物的生产，还可作为悬浮培养的细胞和原生质体的来源。

7.3.1.1 愈伤组织的诱导

植物的各种器官及组织，在无菌和适宜的培养条件下，都可以产生愈伤组织，并能不断继代繁殖。

用于愈伤组织的诱导的基本培养多为高盐成分MS，LS，ER，B_5等培养基，以MS最为常用。植物生长调节剂在愈伤组织诱导中起主要作用，通常使用的生长调节物质主要是生长素和细胞分裂素，其中生长素诱导愈伤组织的能力最强，对于细胞分裂的诱导以及在其后的生长和增殖，都是必要的物质。常用的生长素是IAA、NAA和2,4-D，使用浓度为0.01~10mg/L。2,4-D是诱导愈伤组织和细胞悬浮培养的最有效物质，常用浓度为0.2~2.0mg/L。在多数情况下，只用2,4-D就可以成功地诱导愈伤组织，但若使用的浓度过高将对培养物产生抑制作用；此外，过长时间使用2,4-D也会导致培养细胞丧失器官发生能力。对于大多数双子叶植物来说，其外植体愈伤组织诱导和生长往往需要适合比例的生长素和细胞分裂素的配合。常用的细胞分裂素是KT和6-BA，使用浓度为0.1～10 mg/L。诱导和保持愈伤组织生长所需植物生长调节物质的种类和浓度，与外植体供体的植物种类、外植体本身的生理状态或对生长调节物质敏感性密切相关。

愈伤组织的形成大致可分为诱导、细胞分裂和细胞分化3个时期。

诱导期：愈伤组织的诱导阶段即启动期。当外植体受到外界条件的刺激，改变了原有的代谢方式，使发育方向逆转，合成代谢活动加强，细胞脱分化进入分裂状态。

分裂期：细胞迅速分裂，产生了结构疏松，缺少组织结构的薄壁细胞。

分化期：愈伤组织表层细胞的分裂逐渐减慢，直至停止。细胞分裂转向愈伤组织内部的局部位置。生长着的愈伤组织中常出现瘤状结构的拟分生组织，成为暂不再进一步分化的生长中心。分化的愈伤组织中形成分散的节状和短束状结构的维管组织，但不形成维管系统。

7.3.1.2　愈伤组织的继代培养

愈伤组织若在同一培养基上持续培养，由于培养基中的营养物质和水分消耗以及愈伤组织分泌的代谢产物不断累积，会导致愈伤组织块停止生长，直至褐化死亡。因此，愈伤组织在原培养基上生长一段时间，就必须转移到新鲜的培养基上进行培养，即继代培养。一般情况下，培养的愈伤组织需要每4～6周继代一次，通过继代，已建立起来的愈伤组织可以长期地被保存下来。

来源于不同外植体的愈伤组织形态结构和色泽各有不同。通常生长旺盛的愈伤组织呈乳黄色或白色，有的显淡绿色或绿色，老化的愈伤组织多转变为黄色至褐色。有的愈伤组织质地疏松脆软，有的则致密坚实。致密、呈颗粒状的愈伤组织往往具有分化形成不定芽和不定根的能力；淡黄或奶黄色松脆的愈伤组织常具有分化体细胞胚胎的潜力；白色或灰白色松软愈伤组织器官再生能力差。愈伤组织类型与培养基的成分，尤其是植物生长调节剂的种类和浓度有关。高浓度生长素可使致密坚实愈伤组织变得疏松柔软。

愈伤组织经长期培养后会出现遗传不稳定性，愈伤组织的遗传变异使得由此而生的植株也相应地在遗传组成上出现不一致性。将这一特性应用在育种上，可筛选出具有优良经济性状（如高产、优质、抗病）的细胞系，育成新的作物品种（图7-8）；还可筛选含有用次生物质的高产细胞株，用于次生物质的大规模生产。

图7-8　小麦愈伤组织的诱导及植株分化

7.3.1.3 愈伤组织的分化

在适当的培养条件下，愈伤组织可以发生再分化。愈伤组织的形态发生可通过器官发生和体细胞胚胎发生这两种途径形成再生植株。通常，愈伤组织的器官发生方式可以有4种类型。

① 根或芽分别在愈伤组织的不同部位产生，形成无芽的根或无根苗；② 先形成芽，在其基部长出根形成小植株；③ 先形成根，再从根的基部分化出芽而形成小植株；④ 先在愈伤组织邻近不同部位分别形成芽和根，然后两者结合起来形成完整植株，但此时根和芽的维管束一定要相连，否则，再生植株很难成活。

大量观察表明，通常愈伤组织培养器官再生时，在愈伤组织上先分化成芽，然后在芽基部很易形成根；而在愈伤组织上如先分化形成根，则往往抑制芽的分化形成。

对于愈伤组织诱导，增殖、器官发生和植株再生可以使用相同的基本培养基。植物生长调节剂对愈伤组织的形态建成起着非常重要的作用。Skoog 和 Miller（1957）提出了"激素平衡"假说，即较高浓度的生长素有利于根的形成，而抑制芽的形成，相反，较高浓度的激动素则促进芽的形成而抑制根的形成。后来，虽然发现有很多例外，但 Skoog 和 Miller 的经典模式依然对组织培养的器官分化，尤其是对双子叶植物有重要的指导意义。

7.3.2 植物的快速繁殖

7.3.2.1 快速繁殖的概念和应用

植物的快速繁殖又称微繁，是指利用植物体的一部分在人工控制的营养和环境条件下进行离体培养，使其在短期内获得遗传性一致的大量再生植株的方法。

植物的快速繁殖与传统的无性繁殖相比，具有繁殖速度快，效率高；培养条件可控制，差异小；占有空间小；管理方便，利于自动化控制等优点。通常用于：① 茎尖脱毒及无病毒苗木的试管快繁；② 稀缺或急需的良种繁殖；③ 珍稀濒危植物的繁殖；④ 自然界中无法进行有性繁殖或后代性状难以保证的植物的繁殖；⑤ 种质的试管保存与交换；⑥生产材料的工程化育苗等。

植物组织培养快繁技术在生产实践上的应用已十分广泛。20世纪90年代，世界上已有130科1 500种以上植物成功地采用组织培养技术产生植株，其中应用最普遍的是花卉业，其次是蔬菜、果树、林木和粮食作物。兰花、石竹、非洲菊、杜鹃、月季、草莓、苹果、柑橘、甘蔗、桉树等植物快速繁殖，已进入商品化生产阶段。

7.3.2.2 快速繁殖中植株的再生方式

植物离体培养中，由于植物的种类不同，采用的外植体类型不同及培养的条件差异，器官再生的途径也就不同。通常有以下5种类型，即短枝发生型、丛生芽增殖型、不定芽发生型、胚状体发生型和原球茎发生型。

(1) 短枝发生型

又称微扦插。将带芽茎段作为外植体，在适宜的培养环境中诱导顶芽或腋芽萌发，再将其剪成带芽茎段，反复继代扩繁后，诱导生根，最终形成完整植株。该法培养过程简单，遗传性状稳定，移栽成活率高，但繁殖系数较低。

(2) 丛生芽增殖型

又称芽生芽型。带芽外植体在适宜环境中培养，通过外源激素的诱导，离体芽不断分化形成丛生状芽，将芽丛反复切割继代培养，可在短期内形成大量新芽丛。丛生芽增殖型不经过愈伤组织，变异率小，能使无性系后代保持其优良性状，同时具有较高的繁殖系数，是大多数植物快繁的主要方式，在生产中普遍应用。

(3) 不定芽发生型

在适宜培养基和培养条件下，外植体脱分化形成愈伤组织，然后经过愈伤组织再分化诱导产生不定芽；或外植体不形成愈伤组织而直接从其表面形成不定芽。不定芽发生型增殖率高于丛生芽增殖型，也是许多植物快繁的主要方式。但是，外植体经愈伤组织形成的不定芽，难以保证遗传性状的稳定，特别是多次继代的愈伤组织，其器官分化能力也会逐渐降低。因此，不通过愈伤组织而直接形成不定芽的途径比经愈伤组织成芽的途径更为优越。

(4) 胚状体发生型

胚状体是指植物在离体培养条件下，非合子细胞经过胚胎发生和发育的过程形成的胚状结构，又称体细胞胚。胚状体由于具有胚芽和胚根的两极原基，不经生根培养即可直接形成完整小植株。胚状体的产生有两种方式，一是外植体首先经诱导产生愈伤组织，由愈伤组织进一步发育成胚状体；二是直接从外植体的某个部位分化出胚状体。

胚状体发生途径具有成苗数量大、速度快、结构完整的特点。它在针叶树木组培中应用很多。

(5) 原球茎发生型

原球茎发生型是兰科植物的一种快繁方式。原球茎原是兰花种子在发芽过程中形成的由胚性细胞组成、类似球茎的器官。它既可由种子萌发产生，也可在顶芽、侧芽培养时产生。原球茎可以增殖，形成原球茎丛，是兰花大规模无性繁殖的有效方法。1960 年，法国学者 G. Morel 开创原球茎繁殖体系，促使了兰花工业的形成。

7.3.2.3 快速繁殖的基本步骤

植物快速繁殖一般包括 4 个阶段，即无菌培养系的建立、组培苗的增殖、壮苗和生根、组培苗移栽。

(1) 无菌培养系的建立

无菌培养系的建立是快速繁殖的起始阶段，也是实现快速繁殖难度较大的阶段。在这个阶段，选取恰当的母株和外植体，获得无菌的繁殖体，诱导组培苗再生以及防止微生物污染和外植体褐变是成功获得组培苗的关键。

外植体的种类和选择：用来进行繁殖的材料，其母株应选择性状稳定、生长健壮、无病虫害的成年植株。如果田间母株污染严重，无菌培养物无法获得，可将其剪切后进行室内栽种培养，并喷洒杀虫剂和杀菌剂，待长出新枝后进行采样。另外，还要避免阴雨天在野外取样。

选材时，首先要根据植物的繁殖特点，选取相应的器官作外植体。尽可能选取自然无性繁殖的器官的适当部位为外植体。其次，还要考虑母株的生理状态、发育年龄、取材的季节和离体材料大小等。一般情况下，幼态组织较成年组织具有较高的形态发生能力，取材时的季节，也会影响外植体的形态发生能力，有的植物种类只有在特定的季节才适合培养。选取材料的大小无严格规定，较大的外植体有较大的再生能力，而小的再生能力也小；但过大的外植体，易引起污染。一般的根、茎、叶、花的培养材料，切割长度大致在0.5cm左右；茎尖、胚、胚乳等的培养，则按组织单位分割。

外植体的消毒和接种：将采集到的材料去掉老枝和不需要的部分。先用皂液或吐温洗涤，然后在流水中冲洗2~4h，再进行药剂消毒。材料消毒在超净工作台上进行。一般步骤是将冲洗好的材料用70%乙醇浸20~30s，再置于消毒药剂中浸泡（消毒的时间根据材料老嫩程度而定）。为了提高消毒效果，可同时使用二种消毒药剂交替浸泡或在混合液中浸泡。种子的消毒时间可稍长一些；花药外面常被花萼、花瓣或颖片保护着，通常处于无菌状态，所以只需表面消毒即可接种。常用的消毒剂及参考消毒时间见表7-1。将消毒液浸泡后的材料用无菌水清洗3~5次，每次3~5min，用无菌的吸水纸吸干水分，经过适当分割后接种于预先准备好的培养基中。在接种培养时，如果操作用的镊子或其他器具消毒不慎，培养的外植体也会被微生物所污染。为此既要做好对外植体的消毒灭菌，又要严格实行无菌操作。

表7-1 植物组织培养中常用的消毒剂及使用效果

消毒剂名称	使用浓度(%)	消毒时间(s)	清除难易	消毒效果
次氯酸钠	2~5	5~20	易	很好
次氯酸钙	9~10	5~20	易	很好
漂白粉	饱和溶液	5~20	易	很好
溴水	1~2	2~10	易	很好
过氧化氢	10~12	5~15	最易	好
氯化汞	0.1~1	2~15	较难	最好
酒精	70~75	30~60	易	好
硝酸银	1	5~20	较难	好
抗菌素	4~50mg/L	30~60	中	较好

外植体的启动培养：启动培养是外植体的第一次培养，又称初代培养。初代培养后的培养物转移到新鲜的培养基中，并可反复地多次移植、培养，称为继代培养。消毒后的材料可接入基本培养基中进行预培养，当确认外植体无污染并且成活后，转入启动培养基，亦可直接接入启动培养基。启动培养基的成分随植物种类、栽培方式和外植体类型的不同而异。MS培养基是应用最广泛的培养基，通常还需要加入一定比例的生长素和细胞分裂素。生长素和细胞分裂素的浓度及配比对外植体启动生长的方式有重要影响。接种后外植体能保持无菌、生长并通

过继代培养，表明已建立了无菌培养系。

(2) 组培苗的增殖

增殖培养是快速繁殖技术最重要的环节，其成功与否直接关系到培养系统能否用于生产。增殖培养是一个循环往复的继代过程，通常每4~8周继代一次。培养基的成分和培养条件对提高繁殖系数，控制无效苗的产生和细胞突变，维持组培苗正常生长发育和保持原品种特性至关重要。

(3) 壮苗和生根

若增殖培养基中细胞分裂素含量高，组培苗在增殖阶段中生长速度快，无根苗比较纤细，将影响生根率和移栽成活率。另外，有时组培苗的内源细胞分裂素水平较高，从培养基中除去几周后，仍不能停止增殖，生根效率低。因此，在诱导生根前需要继代到细胞分裂素含量较低的壮苗培养基上，降低内源细胞分裂素的水平和增殖率，促进组培苗生长粗壮，这个过程叫壮苗。当组培苗繁殖到一定数量后，就可以诱导其生根，形成完整植株。通常是将生长到一定长度（1~2cm）时的丛生芽切割分离成单株转移到生根培养基上。一般认为较低的矿质元素和蔗糖有利于生根，所以多采用1/2MS或1/4 MS培养基，除去培养基中的细胞分裂素，并加入适量NAA、IBA等生长素，浓度多为0.01~0.2mg/L。不同植物和不同增殖条件的影响下，组培苗生根频率有较大的差异。

此外，对一些容易生根的植物，可将无根组培苗用生长素处理后转移到瓶外的蛭石等介质中诱导生根。这种试管外生根的方法，在生产中可以大大降低成本。

(4) 组培苗的移栽

根诱导时间随植物种类而异，一般经过2~4周后，当组培苗茎基部长出白色幼根就可出瓶栽植。此时，组培苗从一个无菌的、光照温度恒定、湿度饱和的培养条件，直接转移到一个有菌、环境条件不稳定的土壤中，往往由于水分代谢失调而导致死亡。因此，要提高组培苗移栽的成活率，应注意以下几个方面：

炼苗：在培养瓶中的小苗，因湿度大，茎叶表面缺少防止水分散失的角质层，小苗根系不发达，所以移栽前一般需要进行炼苗或驯化的过程，使之逐渐适应自然环境条件。炼苗的一般方法是在移苗前逐步揭开封口膜或者瓶盖，逐渐降低湿度，增加光照强度，使叶片逐渐形成蜡质，产生表皮毛，完善气孔的开闭功能，减少水分散失，促进新根发生和形成根系。经过2周左右，在完全揭开封口膜或者瓶盖后组培苗没有发生萎蔫，就可以移栽到土壤介质中。

移苗：移苗时，要注意洗去残留在苗上的培养基。在种植前，小苗可用多菌灵、百菌清等杀菌剂浸泡3~5min，以防止微生物污染，提高移苗成活率。

栽植：栽植用的介质要疏松通气，保水性好。常用的介质有蛭石、珍珠岩、谷壳、锯木屑、炉灰渣等或将它们以一定的比例混合应用，为根系创造良好通气条件。种植用的介质事先应消毒灭菌，减少病虫害的感染。

管理：保证移栽环境条件有利于组培苗生长。移栽后必须用透明塑料薄膜覆盖或间歇喷雾，最初10~15d内应维持较高的相对湿度（90%~100%），以减少叶面的蒸腾。移苗初期浇灌纯水或低浓度的营养液，过高的土壤溶液浓度，会产生生理干旱。移栽温度一般为20～25℃，随不同植物种类而有所变化，喜温植物适宜较高温度，喜冷凉的植物则适宜较低温度。光照以漫射光为好，光照强度约在1 500～4 000lx，最高为10 000lx。较强的光照会使叶绿素受到破坏，叶片失绿发黄或发白，增加水分蒸腾，组培苗成活期延缓。移栽初期，组培苗经过4～6周锻炼后，即可转入正常的管理。

7.3.3 植物的脱毒培养

7.3.3.1 植物脱毒的概念及应用

自然界中，很多植物受病毒侵染引起病毒病。病毒对植物的危害是多方面的，被病毒侵染的植物往往激素平衡失调，植物生长受抑制，形态畸变，产量和品质下降。病毒可通过植物的无性繁殖、嫁接、传粉、与带毒植物接触等方式进行传播。同时，病毒还可以通过有性生殖经种子传递，使病毒代代相传，危害越来越严重。目前，对植物病毒病的防治尚无一种药物能够选择性地抑制病毒而不伤害植物，因此，使植物本身无毒化是当前解决病毒病害问题的有效方法。

植物脱毒就是利用物理、化学或植物组织培养等技术，脱除侵染植物细胞的病毒，获得健康的繁殖材料。

通过脱毒后的植株，可以提高产量，保持其优良品质，增强抗病性。通过植物组织培养进行脱毒是目前应用最广泛脱毒方法，近年来，已在大丽花、香石竹、菊花、兰花、马铃薯、甘薯、草莓、大蒜、苹果、香蕉等花卉、作物及经济林木的良种繁育中大规模应用。

7.3.3.2 植物脱毒的原理及方法

植物脱毒的技术有多种，其中应用最广泛的有3种：热处理脱毒法、茎尖培养脱毒法、抗病毒药剂脱毒法。

(1) *热处理脱毒法*

热处理脱毒的原理：1889年，印度尼西亚爪哇有人发现，将患枯萎病（病毒病）的甘蔗，放在50～52℃的热水中保持30min后，甘蔗再生长时枯萎病症状消失，生长良好。热处理能够去除病毒的原因主要是利用病毒和寄主植物对高温的忍耐能力的不同，将苗木、接穗或种子等繁殖材料在一定的高温下处理一段时间，钝化体内的病毒，使其失去侵染能力，同时保持植物本身的生活力，从而达到脱毒的目的。但并非所有的病毒对温度都敏感，一般认为热处理主要对球状病毒、类似线状的病毒，以及类菌质体所导致的病害有效，对杆状病毒和线状病毒的作用不大。

热处理脱毒的方法：热处理方法有湿热处理和干热处理两种。湿热处理是将剪下的植物材料在热水中浸泡数分钟或数小时，温度控制在50℃左右，若温度达到55℃时，大多数植物会被杀死。该方法简便，但易伤害植物材料，适合甘蔗、木本植物和休眠芽。

干热处理是把旺盛生长的植物移入热处理室中，用35～40℃热空气处理2～4周或更长时间，使病毒钝化。热风处理既适合休眠组织，也适用于正在生长的组织，特别是茎尖培养结合热风处理可以获得较理想的脱病毒效果。

热处理法中，最主要的影响因素是时间和温度（表7-2）。通常温度越高、时间越长，脱毒效果越好，但同时植物的生存率却呈下降趋势。所以，温度选择应当考虑脱毒效果和植物耐受性两个方面。

表7-2 不同植物及器官热空气处理的时间

植 物	器 官	病毒	处理温度(℃)	处理时间(d)
马铃薯	块茎	卷叶病毒	37	20
草莓	茎尖	黄边病毒	36	40
康乃馨	植株	各类病毒	38~40	60
苹果	茎	花叶病毒	37	7

(2) 茎尖培养脱毒法

茎尖培养脱毒原理：植物组织培养脱毒技术是基于人们对病毒在植物体内分布不均匀的认识。1943年，White发现，在植物体内，老的组织和器官含病毒多，幼嫩的茎尖组织（0.1~1.0mm）中病毒含量少，甚至不含病毒。1951年，Fulton研究烟草花叶病毒时发现，花叶的深绿色部分的细胞无病毒侵染。人们根据病毒在植物体内分布的这种不均一性，利用染毒植株中的无病毒组织，通过组织培养方法获得脱毒植株。

茎尖指茎的最幼嫩的顶端部分，由顶端分生组织及其下方的1~3个幼叶原基组成，约0.1~0.5mm。顶端分生组织则是指最幼龄叶原基上方的一部分，长度约为0.25mm。茎尖组织含毒量低的原因可能是由于病毒在植物体内主要通过维管束组织和细胞的胞间连丝系统转移，植物的茎尖分生组织中不存在维管束，细胞壁的胞间连丝也不发达，使病毒很难进入。此外，植物细胞分裂和病毒繁殖之间存在着竞争。在旺盛分裂的细胞中，代谢活性很高，使病毒无法进行复制。

茎尖培养主要用于消除病毒以及类病毒、类菌质体、细菌和真菌等病原物。大多数无病毒植物都是通过培养0.1~1.0mm长的茎尖外植体得到的。茎尖大小是茎尖培养能否脱除病毒以及脱毒效率的限制因子（表7-3）。茎尖外植体越小，获得无病毒苗比例越高，但无病毒植株的得率越少；外植体越大，再生植株的频率越高，但清除病毒的效果越差。

表7-3 一些植物茎尖培养脱除病毒时适宜茎尖大小

植物种类	病毒种类	茎尖大小(mm)	植物种类	病毒种类	茎尖大小(mm)
甘 薯	斑叶花叶病毒	1.0~2.0	康乃馨	花叶病毒	0.2~0.8
	缩叶花叶病毒	1.0~2.0	百 合	各种花叶病毒	0.1~0.2
	羽状花叶病毒	0.3~1.0	鸢 尾	花叶病毒	0.2~0.5
马铃薯	Y病毒	1.0~3.0	大 蒜	花叶病毒	0.3~1.0
	X病毒	0.2~0.5	矮牵牛	烟草花叶病毒	0.1~0.3
	卷叶病毒	1.0~3.0	菊 花	花叶病毒	0.2~1.0
	G病毒	0.2~0.3	草 莓	各种病毒	0.2~1.0
	s病毒	0.3	甘 蔗	花叶病毒	0.7~0.8
大丽花	花叶病毒	0.6~1.0	春山芋	芜菁花叶病毒	0.5

注：引自朱至清，2002。

茎尖培养脱毒方法：

a. 材料的选择和消毒。应选择具有培养需要的优良性状，生长良好，感病轻、带毒量少的植株作为脱毒的外植体材料。通常在生长旺盛季节选取新梢，摘取2~3cm长，除去较大叶片，用自来水冲洗后在超净工作台上表面消毒。

b. 茎尖剥离接种。将消好毒的材料置于双目解剖镜下，用尖细的镊子、解剖针、解剖刀等工具仔细剥离幼叶和叶原基，切取0.1~0.2mm大小、仅留1~2个叶原基的茎尖生长点，立即接种在培养基中。操作过程应迅速准确，防止污染。

c. 茎尖培养和植株再生。茎尖培养的培养基选择随不同的植物种类有所变化，一般多用MS培养基或改良MS培养基，WPM培养基有利于木本植物茎尖培养。同时，需要添加适宜的细胞分裂素和生长素。一般采用的生长素有NAA或IAA，由于NAA较稳定，效果也好，使用较普遍。应当避免使用易促进茎尖愈伤组织化的2,4-D。通过茎尖培养获得无根小苗后，经过生根即可移栽。

(3) 热处理结合茎尖培养脱毒

有些情况用单纯的热处理或单纯的茎尖培养均不易消除病毒，但将热处理和茎尖培养结合，不仅可以取稍大的茎尖，提高成活率，而且可以更有效地消除病毒。Quak将康乃馨用40℃高温处理6~8周后，再分离1 mm长的茎尖培养，成功地去除了病毒。热处理既可以在脱毒之前的母株上进行，也可以在茎尖培养期间进行。

(4) 抗病毒药剂脱毒法

近来的研究表明，抗病毒剂在三磷酸状态下会阻止病毒RNA帽子结构形成。常用的抗病毒化学剂有三氮唑核苷（病毒唑）、5-二氢尿嘧啶（DHT）和双乙酰-二氢-5-氮尿嘧啶（DA-DHT）等。经过抗病毒剂处理的嫩茎，切取茎尖，再进行组织培养，可提高脱毒率和成活率。采用抗病毒剂与茎尖培养相结合的脱毒方法，可以较容易地脱除多种病毒，而且这种方法对取材要求不严，接种茎尖可大于1mm，易于分化出苗。

(5) 其他脱毒技术

除了上述方法外，还可使用愈伤组织培养、微体嫁接离体培养、珠心胚培养等方法进行植物组织脱毒，各种方法相辅相成，可根据具体情况选择。

7.3.3.3 脱毒植株的检测和保存

经脱毒处理获得的再生植株中，许多病毒具有逐渐复苏的特点，因此在最初10个月中，必须每隔一定时期重复进行病毒鉴定，只有那些持续呈负反应的才是真正的无病毒植株。

脱毒苗经病毒检测不带病毒即可用来进行保存和繁殖生产。脱毒组培苗出瓶移栽后的苗木被称作原原种，为防止蚜虫等传播病毒的昆虫进入导致重新感染，一般多在科研单位的隔离网室内保存。原原种繁殖的苗木称作原种，多在县级以上良种繁育基地保存。由原种繁殖的苗木作为脱毒苗提供给生产单位栽培。这些原原种或原种材料，保管得当可以利用5~10年。

7.3.4 植物的胚培养

植物的胚培养是植物组织培养最早研究的内容之一，通常指从种子或果实中剥离出胚进行离体培养的技术。1925 年，Laibach 首次将离体胚培养技术用于种间杂交研究，成功地获得了亚麻种间杂种植株，首次证实了通过幼胚离体培养可以挽救在自然情况下败育的杂种胚。此后，离体胚培养技术被广泛地用于远缘杂交研究，如花百合（*Lilium henryi*）与王百合（*L. regale*），栽培番茄（*Lycopersicon esculentum*）和野生番茄（*L. peruvianum*）间、稻属的种间杂交、麦属的种间杂交等均通过离体胚培养技术获得了杂种胚。

7.3.4.1 胚培养的应用及意义

（1）克服远缘杂交不亲和性，拯救杂种胚

在远缘杂交育种中，常发生杂种败育的现象，主要原因有胚的发育不良，胚乳的发育不正常，杂种胚与胚乳之间生理上的不协调，等等。将败育前的幼胚进行离体培养是挽救杂种胚的有效途径。胚培养已使许多农作物、果树及园艺植物的远缘杂交育种得以实现。

（2）打破种子休眠

种子的休眠期从几天到几年不等。许多植物的种子休眠的原因是因为胚发育不完全或有抑制物存在而影响种胚发芽。通过幼胚培养，可促使这些植物的幼胚达到生理和形态上的成熟而正常萌发，缩短休眠期。

（3）克服种子自然不育性，繁殖稀有植物

有的植物由于长期营养繁殖使其种子生活力弱，萌发成苗率低。胚培养可促进这类种子萌发和形成幼苗。如芭蕉属（*Musa*）有许多结实的品种，自然情况下胚不能萌发，如果取出胚，在简单的无机盐培养基中就能很快使其萌发形成幼苗；利用胚培养还可挽救苹果等落叶果树的早熟胚。通过胚培养还可以使某些因变异产生的、具有较高经济价值的性状植物得以繁殖。

（4）种子生活力的快速测定

某些植物的种子休眠期长，应用一般的种子萌发试验测定其种子的生活力需要的时间长，尤其有的木本植物需要层积处理打破休眠。研究发现，经层积和未层积处理的种胚离体培养的萌发速率一致，因而胚的离体培养可以用于种子生活力的快速测定。

7.3.4.2 胚培养的类型和方法

被子植物中双子叶植物的合子发育为成熟胚，一般经历原胚、球形胚、心形胚、鱼雷形胚、子叶形胚（成熟胚）等阶段（图 7-9）。成熟胚的结构包括胚芽、胚轴、子叶、胚根、胚柄等部分。单子叶植

图 7-9 双子叶植物不同发育阶段的胚

物胚发育的差别在于仅有一枚子叶发育，但两者的结构基本相似。幼胚培养时，存在3种常见的发育方式：一种是进行正常的胚胎发育，形成正常的幼苗；另一种是幼胚在培养基的作用下，越过正常胚胎发育阶段，在未达到生理和形态成熟的情况下，萌发成幼苗，这种情况称为“早熟萌发”。早熟萌发的幼苗往往畸形孱弱，不能正常发育而导致死亡；第三种是幼胚在离体培养时，脱分化形成愈伤组织，这是由于培养基的成分不适宜，尤其是附加的生长调节剂浓度过高。根据胚的剥离时期不同，胚培养可分为幼胚培养和成熟胚培养。

（1）幼胚培养

幼胚培养指将子叶期以前尚未发育成熟的早期胚进行离体培养。远缘杂交所采用的离体胚培养主要是指幼胚培养。由于幼胚体内的养分积累有限，必须从培养基中吸取养分维持生长，因此，对培养条件和培养技术的要求较高。

① 材料的选择与灭菌：根据试验的目的选择授粉受精后发育到一定大小的子房。如培养远缘杂种胚，则必须在其夭折前进行。心形期前的未成熟胚培养难度大，可采用胚珠培养或子房培养的方法以提高其培养成功率。将子房表面消毒，吸干水分即可用于胚分离。

② 幼胚的分离及培养：在无菌条件下切开子房壁，用镊子取出胚珠，剥离珠被，细心剔除胚珠组织，取出完整的幼胚，接种在培养基上培养。植物的种类及发育时期的不同，幼胚分离的技术和难度也不一样。由于材料太小，可在体视显微镜下操作。整个操作过程需十分小心，以免损伤胚。

③ 培养的环境条件：种胚的生长发育和光温因子有一定关系。多数植物胚的生长以每天12h光照为宜，温度在25～30℃时生长良好。某些材料需较高的温度，如热带兰花杂交种胚的培养温度，以30℃最好。具有休眠习性的植物种子，如苹果、桃等，在接种后应当在4℃下预处理一段时间，然后转入常温下培养，才能正常萌发生长。

（2）成熟胚培养

成熟胚培养是指将子叶期以后的胚进行离体培养。成熟胚已储备了能满足自身萌发和生长的养分，培养技术较为容易，只要提供合适的生长条件及打破休眠，它就可在比较简单的培养基上萌发生长，形成幼苗。外植体的消毒，胚的剥离和培养可参照幼胚培养的方法。

7.3.4.3 影响胚培养的因素

（1）胚龄

不同发育时期的幼胚，离体培养成功的几率差异很大。一般胚龄越大，成功率越高；胚龄越小，成功率越低。研究发现，小于0.5mm的幼胚很难进行培养，因为幼胚细胞分化不完全，细胞可以逆转。心形胚时期以前，胚基本要靠胚乳及周围的组织提供养分，属异养期，只有到心形期才转入自养。幼胚的培养初期，完全处于异养阶段，需要提供完全的培养基。除通常需要的大量和微量无机盐外，还需要添加维生素、氨基酸和植物激素等，胚龄越小，培养基的成分就越复杂。随着胚龄的增加，离体胚对外源营养的要求渐趋简单，自养期的胚能在基本的无机盐和蔗糖培养基上生长。

(2) 培养基

培养基可选择通用的几种即可，具体可参见表4-1。

(3) 培养环境

大多数植物的离体胚培养温度为25～30℃。不同的植物类型对其温度要求也不相同。起源于低纬度地区的喜温植物要求较高的温度，而起源于高纬度地区的耐低温植物所需的温度相对较低。

一般认为光对于植物胚胎的生长并不很重要，甚至对胚胎发育有轻微的抑制作用，通常在黑暗或弱光下培养幼胚比较适宜。但对某些植物的胚，光能够抑制未成熟胚的早熟萌发。

(4) 胚柄

在幼胚培养中，胚柄的存在对幼胚的存活是关键，不带胚柄会显著降低形成小植株的频率，使用生长调节物质能取代胚柄的作用。成熟胚，不管有无胚柄的存在，均能在培养基中生长。

7.3.5 胚乳培养

胚乳培养是指将胚乳组织从母体上分离出来，通过离体培养，使其发育成完整植株的技术。

7.3.5.1 胚乳培养的意义

被子植物的胚乳是双受精的产物，是三倍体细胞。通过胚乳培养获得的三倍体植株，种子不能正常发育，可以形成无子果实，在植物产量与品种改良中具有十分重要的意义。有些具有重要经济价值的植物，如苹果、香蕉、西瓜等的三倍体已在生产中得到了利用。

胚乳培养在形成三倍体植株的同时，产生了大量不同倍性的混倍体和非整倍体，可为育种提供丰富的不同倍性材料。此外，三倍体植株经加倍后，可获得同源六倍体。植物的多倍体由于具有形态（根、茎、叶、花、果）巨大、代谢旺盛、生长速度快、抗病性强等特征，在育种上有重要的价值。

7.3.5.2 胚乳培养的方法

(1) 材料的准备

被子植物中受精作用完成后，胚乳的发育时期可分为早期、旺盛生长期和成熟期。胚乳培养的关键环节是选择合适发育时期的胚乳。研究表明，发育早期的胚乳和成熟期的胚乳愈伤组织的诱导率都较低，不适合进行培养。只有当胚分化完成后，胚乳细胞结构完整并充分生长，外观为半透明的固体状，富有弹性。此时的胚乳，生长旺盛，容易诱导产生愈伤组织，适宜体外培养。

取胚乳发育处于“细胞期”且生长旺盛的果实或种子进行表面消毒灭菌，然后在无菌条件下剥离胚乳组织进行接种培养。

(2) 培养基及培养条件

常用的基本培养基有 White、LS、MS 和 MT 等，其中以 MS 最为常用。生长素、细胞分裂素等生长调节物质对胚乳的愈伤组织诱导是必需的，一般需要添加一种生长素或同时加入生长素和细胞分裂素。此外，在培养基中还常添加水解酪蛋白（CH）、酵母浸提物（YE）、椰乳（CM）等天然有机物，以促进愈伤组织的产生和增殖。现有研究表明，如果培养基中的生长素浓度较高，胚乳先形成愈伤组织；如果激动素和细胞分裂素浓度较高或不含生长素，则直接产生芽（谢从华等，2004）。碳源通常使用3%~5%的蔗糖。培养基的pH值一般是在4.6~6.3之间，光照条件通常为每天10~12h。

胚乳培养时有带胚和不带胚两种培养方式。通常未成熟胚乳，尤其是处在旺盛生长期的未成熟胚乳在诱导培养基上无须胚的参与就能形成愈伤组织；而完全成熟的胚乳，特别是干种子的胚乳，生理活动十分微弱，带胚培养可提高成功率。这是因为胚在萌发时能产生某种物质，即所谓胚因子（embryo factor）使成熟胚乳组织活化，才能诱导形成愈伤组织。

（3）愈伤组织诱导

除少数寄生或半寄生植物可直接从胚乳中分化出器官，大多数被子植物的胚乳，无论是未成熟或成熟的，都需首先经历愈伤组织阶段，才能分化出植株。

（4）器官分化

通常胚乳细胞先诱导形成愈伤组织后，再分化器官，仅少数植物（桑寄生科Loranthaceae和檀香科Santalaceae）的植物能从胚乳细胞直接分化出不定芽。胚乳培养诱导产生的愈伤组织的分化和植株再生一般有两种途径，即分化形成芽、根等器官，再形成完整植株或直接形成胚状体。

到目前为止，胚乳愈伤组织通过器官发生途径再生完整植株的有苹果、梨、枇杷、马铃薯、枸杞、大麦、水稻、玉米、小黑麦、罗氏核实木、黄芩、石刁柏、猕猴桃和杜仲等少数植物。

7.3.5.3 再生植株的染色体倍性变异

长期培养的胚乳愈伤组织，细胞染色体的数目常发生变化，出现多倍性和非整倍性，这是由于愈伤组织形成时，细胞的异常分裂造成的。研究发现，经过继代培养的苹果愈伤组织，三倍体的细胞仅占2.5%~3.0%，而这种高比例的多倍性和非整倍性细胞，被认为是分化能力低的原因之一。此外，胚乳再生植株常出现同一植株不同倍性细胞的嵌合体。因此，必须对胚乳再生植株作细胞学鉴定，以确定其染色体的数目和倍性。

7.3.6 花药和花粉培养

7.3.6.1 花药和花粉培养的概念和应用

花药是植物花的雄性器官，包括二倍性的药壁和药隔组织以及单倍性的雄性生殖细胞——花粉粒。花药培养是指把发育到一定阶段的花药接种在人工培养基上，使其发育和分化成为植株的过程。花粉培养又叫小孢子培养，是从花药中分离出花粉粒，使之处于分散的或游离的状态，通过培养使花粉粒脱分化，发育成完整植株的过程。花药培养和花粉培养的目的都是通过离体培养，改变花粉的正常发育途径，使其分裂、分化，最终发育成单倍体植株。

1964 年，Guha 和 Maheshwari 首次成功地从毛叶曼陀罗（*Datura innoxia*）花药培养中获得单倍体植株，开创了利用花粉培育单倍体的新途径。据统计，至 1996 年，已有 10 科 24 属 34 种的 250 多个高等植物的花药培养获得成功，先后培育出烟草、水稻、小麦、玉米、甜椒、烟草等具有应用价值的新品种。

目前，花药培养和花粉培养主要应用在以下几个方面：

（1）植物育种

在植物育种中，利用 F_1 代杂交种的花药或花粉培养获得单倍体，并经染色体加倍后获得纯合二倍体（双单倍体）。纯合二倍体没有分离现象，可缩短育种周期 3～4 代，同时增加重组型的选择几率。

（2）突变体选育

单倍体植物只有一套染色体，不存在显、隐性的干扰，一旦基因发生突变，在当代花粉植株上即可表现出来，因此，可以大大提高抗性及其他突变体的筛选效率。

（3）遗传学研究

由于单倍体只含有一个单一功能的基因模式，排除了杂合性等因素的干扰，因此，单倍体是研究基因性质及其作用的良好材料。而且，利用单倍体还能产生非整倍体如单体、缺体和三体等，从而为研究细胞遗传学中突变的作用、染色体及染色体组的进化、染色体和基因的剂量效应、减数分裂配对的基础、数量性状遗传和连锁等许多基本问题提供了适宜的材料。

（4）分子生物学和遗传转化

通过花药和花粉培养产生的单倍体加倍后产生纯合的 DH 群体，可以结合 RFLP（限制性内切酶片段多态性）和 RAPD（随机扩增多态性 DNA）等分子标记技术，分析染色体之间的同源关系，并进行遗传图谱的构建。

转基因育种中，用单倍体作为转化受体，经过转化的单倍体加倍后则可以保证二倍体的两条染色体上均具有目的基因，提高转化效率。

7.3.6.2 花药培养

（1）外植体的选择

花药中花粉所处的发育阶段是花药培养成功的一个关键因子。对于大多数植物而言，单核中晚期到双核早期的花粉最容易形成花粉胚和愈伤组织（图 7-10）。因此，在进行花药培养时，首先要选取生长健壮且处于生殖生长高峰期的花药，用压片法镜检确定花粉发育时期。

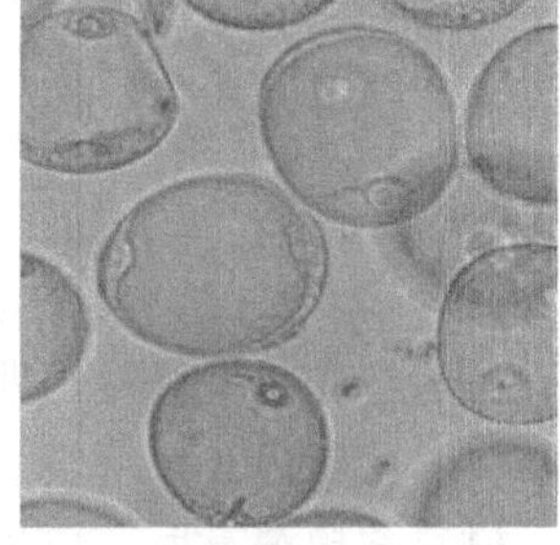

图 7-10 单核晚期小孢子

发育时期的鉴定可采取如下方法。将花蕾置于无菌条件下进行表面消毒，取出花药，在酒精中快速浸一下，用 1% 醋酸洋红压片法进行镜检，即可确定花粉的发育阶段。在花药培养中，一般在试验之前，对花粉发育时期与花药大小、花蕾大小、花冠展开程度等相对直观的形态特征进行相关研究，然后根据形态学指标判断花粉发育时期。

(2) 预处理

实验证明，对有的物种，在培养前对花药进行预处理，可显著提高花粉胚和花粉愈伤组织的诱导率。如大麦花药在4℃处理28d，可达到最好效果。常用的预处理方法有：高、低温预处理，离心预处理，化学试剂预处理等。

(3) 材料的消毒和接种

将花蕾或幼穗的表面用70%乙醇浸泡1min后，用0.1%氯化汞溶液消毒10~15min后用无菌水冲洗3~5次，吸干水分，在无菌条件下，小心剥取花药，将花药水平地放在培养基上进行培养。如果花蕾包裹严密，内部一般是无菌的，只需用70%乙醇作表面消毒。

(4) 培养基和培养条件

一般用于组织培养的培养基如MS、Miller和Nitsch培养基等也普遍适用于花药培养。不同的研究人员也根据不同植物的要求，设计出更适宜的培养基，如适宜烟草花药的培养的H培养基（1967）和广泛用于培养禾本科植物花药的培养N6培养基。花药中花粉对培养基的渗透压有一定的要求，可通过蔗糖浓度的调整来满足不同植物对渗透压的要求。一般认为，单子叶植物比双子叶植物需糖的浓度高；氮素的量和各种氮素的比例对培养效果也有明显的影响；培养基中生长调节物质的使用对花粉植株的诱导常常起决定作用；2,4-D对于许多植物的花粉启动、分裂，愈伤组织和胚状体的诱导均有促进作用；细胞分裂素（KT、BA）可以促进茄科植物花药的分化。因此，在选择植物花药基本培养基的同时，还应该根据其特殊需要选择其他添加物。

花药的培养可采用固体培养或液体漂浮培养等方法。采用液体漂浮培养法，可提高花粉胚和愈伤组织的形成比例。

花药培养一般在温度24~28℃。但在培养早期，较高的温度可提高愈伤组织的诱导率。花药培养一般是先暗培养，待愈伤组织形成后转移到光下促进分化。光照1 000~2 000 lx、光周期14 h。不同的植物，最适的培养条件不同。

(5) 植株再生

花粉植株可通过两种途径再生：一是由花粉诱导形成的胚状体途径，二是花粉诱导形成愈伤组织，进而分化形成不定芽。当花粉植株长到3~5 cm高时，需将其转移到生根壮苗培养基上，促进根系的发育和壮苗后进行移栽，方法与快速繁殖相同。

7.3.6.3 花粉培养

(1) 取材时期的确定

花粉培养实际上属于细胞培养的范畴。花粉培养的取材时期较花药更早一些。一般在花粉发育处于四分体到单核早期时取材较合适。

(2) 花粉的分离

材料常规消毒后，取出花药，用适当的方法进行花粉分离。常用的方法有：

① 挤压法（机械分离法）：将花药置于盛有少量液体培养基的培养皿中，用

平头的玻璃棒或注射器内管反复挤压花药，挤出花粉后，用镊子将花药残渣除去。或将花药残渣和花粉的混合液用不锈钢筛或尼龙网过滤（孔径较花粉稍大）后，滤液于500～1 000r/min 离心1～2min，花粉粒沉淀后，弃去上清液。再加入液体培养基或蔗糖溶液使花粉悬浮，洗涤2～3次，最后再用液体培养基离心纯化1次。此方法操作简便，适合于双子叶植物的花粉分离，但对禾谷类作物不太适用，并且容易损伤花粉粒。

② 花药漂浮释放法：将花药接种于液体培养基上漂浮培养，一定天数后，花药开裂，释放出花粉粒。定期将花药转移到新鲜培养基中，再释放花粉，连续收集。将收集的花粉悬浮在离心管中，离心洗涤2次（1 000 r/min 离心1～2min），培养时调整密度为10^5/mL。此方法操作简便有效，可以连续收集花粉，并且对花粉无损伤，但分离出花粉的数量相对较少。

③ 磁拌法：将花药接种于含有液体培养基的三角瓶中，然后放入一根磁棒，置于磁力搅拌器上，低速转至花药呈透明状。为了提高分离速度，在培养基中可加入几颗玻璃珠。此方法分离花粉比较彻底，但对花粉有不同程度的机械损伤。

（3）*花粉培养方法*

① 平板培养和液体培养：将分离出花粉粒，接种到固体培养基中进行培养或将花粉悬浮在液体培养基中，在摇床上振荡培养。

② 双层培养：在培养皿中先铺上一层固体培养基，再倒入少量液体培养基。将花粉置入液体培养基上培养。

③ 条件培养：在预先培养过花药的培养基中或者在培养基中加入失活处理过的花药提取物进行培养。

④ 微室培养：用滴管取1滴悬浮有花粉的液体培养基，滴在盖玻片上，然后翻过来放在一凹穴载玻片上，盖玻片四周用石蜡密封。这种方法的优点是便于在整个培养过程中进行连续的活体观察。

除上述培养方法外，在花粉培养中，还采用预处理、预培养、哺育培养和看护培养等措施，以提高花粉植株的诱导频率。

7.3.6.4 花粉植株的倍性鉴定和加倍技术

通过花药和花粉培养得到的植株，并不全部都是单倍体，其中往往有二倍体、多倍体和非整倍体。花粉植株的倍性鉴定可通过植株外形或测量体细胞的大小来判断，但准确的方法是用茎尖或根尖进行染色体制片和计数观察。

单倍体植物与它们的二倍体相比较，具有体细胞染色体数减半，生长发育弱，体形小，各种器官明显减小，雌雄配子严重败育的特点，通常需进行人工加倍形成纯合二倍体。人工加倍的方法最有效的办法是使用一定浓度的秋水仙碱处理单倍体植物的生长点或分蘖节。不同的植物种类对秋水仙碱的耐受力不同，使用的浓度和处理时间也不同。通常双子叶植物的处理浓度为0.2%～0.4%，处理时间为24～48h；禾本科植物处理浓度为0.05%～0.1%，处理时间为48～72h。处理应在较低温度、弱光或黑暗条件下进行。

7.4 体细胞胚胎发生与人工种子

7.4.1 人工种子的概念

人工种子的概念是在1978年由Murashige首次提出来的。人工种子又称合成种子、无性种子，通常是指将植物离体培养中产生的胚状体（体细胞胚）、不定芽、小鳞茎、顶芽、腋芽等繁殖体包裹在能够提供养分的胶囊（人工胚乳）和具有保护功能的外膜（人工种皮）内，形成类似于天然植物种子的结构。人工种子在适宜条件下能萌发生长成为完整的植株。

7.4.2 人工种子的结构和种类

7.4.2.1 人工种子的结构

完整的人工种子包括繁殖体、人工胚乳和人工种皮。

人工种子的繁殖体一般是指由组织培养产生的具有胚芽、胚根双极性，结构类似天然种子胚的胚状体。广义的人工种子的繁殖体除胚状体外，还包括愈伤组织、原球茎、不定芽、顶芽、腋芽、小鳞茎等结构。

人工胚乳是人工配制的胚状体生长发育需要的营养物质，包括矿质元素、维生素、碳源等基本成分，外加一定量的植物激素、抗生素等物质，尽可能提供胚状体正常萌发所需条件。

人工种皮指包裹在最外层的胶质化合物薄膜，要求人工种皮能够允许内外气体交换畅通，防止人工胚乳中的水分及各类营养物质渗漏，并具有一定的机械抗压性。包裹成功的人工种子既能通气、保持水分和营养，又能防止外部一定的机械冲击力。

7.4.2.2 人工种子的种类

由于不同植物种类诱导繁殖体的方法以及对作物遗传稳定性要求的不同，使人工种子繁殖体的种类多种多样。因此，广义的人工种子认为：无论经过干燥或不经干燥，是膜胶包裹还是裸露干燥的体细胞胚，只要能直接播种发育成植株，均可称为人工种子。

Redenbaugh（1991）将人工种子分为四类：

①裸露或休眠繁殖体：如鸭茅草干燥胚状体，在含水量降低到13%，有些还能成株。休眠微鳞茎、微块茎，不加包裹成株率也较高，它们对种皮包裹要求不严格，可以直接种植。

②种皮包裹的繁殖体：如胡萝卜干燥胚，由一层聚氧乙烯（polyoxethylene）包裹，胚重新水合后能够发芽。有些休眠的微鳞茎、原球茎可外包一层种衣。

③水凝胶包裹的胚状体、不定芽等繁殖体：可用水凝胶包裹胚状体，其中加入多种养分或激素而促进发芽，如水凝胶包埋的苜蓿体细胞胚。

④液胶包埋系统：含水的繁殖体处于液胶包埋中，如甘薯的体细胞胚。

7.4.3 人工种子的制作过程

植物人工种子制作的程序包括以下步骤：① 体细胞胚的诱导及同步化控制；② 胚状体的包埋；③ 人工种子的储藏及萌发。

7.4.3.1 体细胞胚的诱导及同步化控制

体细胞胚作为人工种子的核心，其质量好坏直接关系到人工种子制作的成败，影响到人工种子将来能否萌发和转化成正常的植株。高质量体细胞胚是指那些发育完整、生长健壮、具有明显胚根和胚芽双极性结构且萌发和转化成小植株的能力较高的胚。

胚状体是离体培养过程中植物再生的方式之一。可从悬浮培养的单细胞、愈伤组织、花粉或胚囊而获得。胚状体一般在培养物的表面产生，其形状与合子胚类似，但胚状体却是无性繁殖的产物。

胚状体和合子胚一样，其发育过程都要经历：原胚→球形胚→心形胚→鱼雷形胚→成熟胚等各个发育阶段。用于制作人工种子的胚状体应是成熟胚或接近成熟的胚，此时胚体积较大，内部物质积累也较丰富，结构也较完整，但在同批培养物中，体细胞胚胎的发育并不是一致的。为了使人工种子发芽整齐均匀，要求体细胞胚发育成熟必须一致，因此，胚状体须经同步化处理。

胚状体的同步化处理方法有如下两种：

(1) 物理方法

冷处理法：利用稳定刺激能提高细胞同步化程度的特性，对培养物进行低温处理，使细胞同步化而导致胚状体发生同步化。

渗透压法：不同发育阶段的胚具有不同的渗透压要求。利用调节渗透压的方法来控制胚的发育，可以较好地使胚状体同步化。

体积选择法：使用不同孔径的筛网过滤胚性细胞或悬浮液，按体积大小分离。或用 ficoll 不连续密度梯度离心收集同步化细胞，进行同步化培养。

(2) 化学方法

饥饿法：控制培养基成分，使悬浮培养中必要的营养物质消耗尽后，细胞进入静止期，重新加入所需的物质，培养物又能恢复生长并达到同步化。

抑制法：加入 DNA 合成抑制剂如 5-氨基尿嘧啶等，抑制细胞 DNA 的复制，当解除抑制后，细胞进入同步分裂。

7.4.3.2 胚状体的包埋

(1) 包埋剂

用作人工胚乳及人工种皮的理想的包埋材料应具备下列特性：① 无毒、无害，能支持胚状体；② 有一定的透气性、保水性，不造成人工种子在储藏保存过程中活力的丧失，又能保证其将来正常地萌发生长；③可容纳和传递胚胎发育所需的营养物质、生长和发育的控制剂，以及为延长储藏寿命而添加的防腐剂、杀菌剂等。

目前，研究和应用较多的包埋基质是水凝胶性的海藻酸钠，它具有生物活性、无毒、成本低、包埋制作工艺简单等优点。但也存在包裹层通透性太强，其中的营养物质、激素、防腐剂等容易在播种后随水流失，而且胶球容易黏连和失水干缩等缺点。因此，新的包埋基质层出不穷，如树脂、聚丙烯酸酯、甲基纤维素、铝胶囊、硅胶、琼脂、聚乙酰壳多糖等。新的包埋方法如聚合物直接包埋、容器包裹、组合方式包埋、液胶包埋、流体播种也随之出现。但由于海藻酸钠使用方便和价格低廉，仍是应用得较多的材料。

(2) 包埋方法

人工种子的包埋方法主要有液胶包埋法、干燥包裹法和水凝胶法。液胶包埋法是将胚状体或小植株悬浮在一种黏滞的流体胶中直接播入土壤。干燥法是将胚状体经干燥后再用聚氧乙烯等聚合物进行包埋的方法。水凝胶法是指通过离子交换或温度突变形成凝胶包裹材料的方法。目前研究中普遍是以海藻酸钠为包埋剂，采用水凝胶滴注法制作人工种子（图7-11）。制作流程如下：

① 在适宜培养基（含营养物质和激素等）中加入0.5%~5.0%的海藻酸钠(包埋胶囊硬度和颗粒大小取决于海藻酸钠浓度)，混合后加热制成胶状即为包埋剂；

② 将包埋剂湿热灭菌，待冷却后加入胚状体；

③ 用滴管将胚状体连同凝胶吸起，滴入2% $CaCl_2$ 溶液中停留5~10min，由于钙离子和钠离子交换，表面迅速发生络合作用，形成白色半透明的胶囊；

④ 将胶囊放入无菌水中浸洗20min左右；

⑤ 硬化的胶囊可用于人工播种，亦可用外膜材料（如 Elvax 4260）作进一步的外膜包裹，形成人工外种皮。给人工种子涂覆外膜的目的在于防止胶囊互相黏连，提高人工种子的保水能力和防止营养渗漏；保护人工种子不受土壤中的微生物、温度和pH值变化以及其他生物和物理化学因素的影响，同时又便于人工种子的运输、储藏和播种。

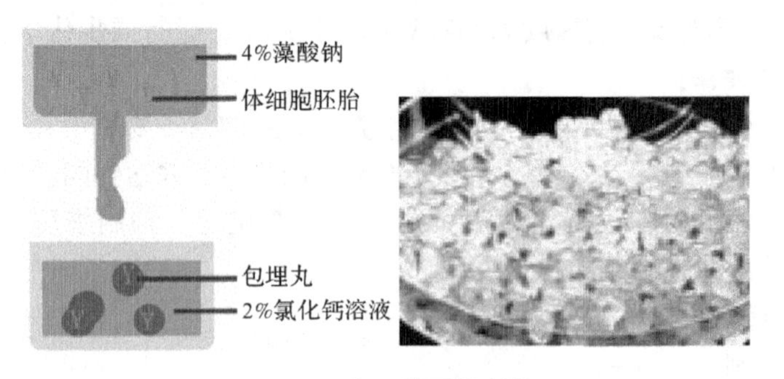

图7-11 人工种子的制作

7.4.4 人工种子的储藏及萌发

由于农业生产有季节性，要求人工种子能储藏一定的时间。但人工种子含水量大，常温下容易萌发，同时容易失水干缩、故储藏难度较大。利用低温、液体石蜡、干燥、脱落酸、蔗糖或几种措施综合处理可以不同程度地延长储存时间。干燥和低温相结合是目前使用最多的方法，也是目前人工种子储藏研究主要热点之一。

防腐是人工种子储藏和大面积田间播种的关键技术之一。由于人工胚乳中含有大量养分，储存过程中微生物容易生长，预先加入防腐剂、抗菌剂被证实具有较好的防腐效果。

Redenbaugh 等把人工种子中的胚状体胚根延长的过程称为发芽，而把胚状体发育成为植株的过程称为“胚胎转换”。因此，人工种子萌发成株的比率称为转换率（转株率）。人工种子在无菌条件下转换率较高，但在有菌条件下转换率较低，在正常的土壤条件下萌发成苗率就更低。如胡萝卜人工种子在无菌条件下的转换率为100%，而在有菌的土壤中的转换率只有2.1%~4.2%。胚状体的发育和完熟程度、遗传变异、人工种子的制作质量、田间管理等对其转换率都有极大的影响。研究表明，在培养基中加入脱落酸，可明显提高胚状体的质量，增加成株率。用不良环境压力法如次氯酸钠刺激法、高浓度糖法，诱导胡萝卜人工种子，可提高其发芽成苗的能力。

7.4.5 人工种子的意义和应用前景

人工种子与天然种子相比，具有以下几个方面的优势：

（1）繁殖速率快，在适宜的条件下，一个12L的发酵罐20d内生产的胡萝卜体细胞可制作1 000万粒人工种子。生产不受季节限制，一年四季都可在室内生产和扩大繁殖。

（2）人工种子从本质上说是无性繁殖。因此，即使外植体来自杂合体，用它诱导的繁殖体制作出的人工种子，在繁殖出来的植株群体中亦不出现性状分离，可固定杂种优势。

（3）在人工种子的制作过程中可加进一些营养物质、农药、菌肥或植物生长调节剂等，以改善种子的生长发育，提高抗逆能力。

（4）与普通的试管苗相比，人工种子具有可自动化批量生产、运输方便、可直接播种、发芽和生长发育比较整齐等优点。

人工种子从一诞生就向人类展示了诱人的前景，但由于技术上的限制，人工种子的应用到目前为止还很有限。一些具重要性状的植物基因型目前发生体细胞胚的能力较弱，再生系统尚不健全，难以形成有活力的胚并同步化发育；已经制作出来的人工种子的生产成本远高于自然种子，缺乏竞争力；人工种子的储藏、运输及机械化播种等问题尚未解决。但是，人工种子应用价值早已被各国政府所认识，我国在1986年就已把人工种子技术列入国家高新技术发展计划。随着技术上的不断成熟，其优势得到充分体现，人工种子将会得到越来越广泛的应用。

复习思考题

1. 基本概念

植物组织培养 外植体 初代培养 继代培养 愈伤组织 胚培养 胚乳培养 花药培养 花粉培养 胚状体 人工种子

2. 植物组织培养的实验室通常应怎样设置?
3. 进行植物组织培养需要哪些基本设备，各有何作用?
4. 植物常见的脱毒方法有哪些?如何检测再生植株的脱毒效果?
5. 试述利用茎尖分生组织培养脱除植物病毒的原理。
6. 离体繁殖中芽的增殖方式有哪些?各有何特点?
7. 愈伤组织在组织培养中作用是什么?
8. 试述幼胚培养和成熟胚培养的意义。
9. 幼胚培养时胚的发育方式有哪几种?各有什么特点?
10. 胚乳培养意义是什么?为什么胚乳培养物及其再生植株的倍性常发生紊乱?
11. 未授粉子房培养与授粉后胚珠子房培养有何不同?
12. 花药培养与花粉培养有什么不同?
13. 花药培养中再生植株的形成途径有哪些?
14. 单倍体植株有什么用途?查阅有关资料，简述我国单倍体育种的成就。
15. 试述植物工厂化育苗的全过程。
16. 如何进行组培育苗的生产成本与经济效益概算?
17. 简要叙述人工种子的概念和类型。
18. 人工种子研究的意义及如何提高人工种子的质量?

本章推荐阅读书目

植物组织培养教程（第3版）. 李浚明. 中国农业大学出版社，2005.
植物组织培养. 沈海龙. 中国林业出版社，2005.
木本植物组织培养. 沈惠娟. 中国农业科技出版社，1992.
观赏植物组织培养. 谭文澄，戴策刚. 中国林业出版社，1997.

第8章　树木细胞培养和次生代谢物质生产

【**本章提要**】植物次生代谢和次生代谢产物的基本概念，植物次生代谢产物的类型及其应用价值，紫杉醇、银杏内酯、喜树碱等重要的树木次生代谢产物及其应用价值；林木细胞的悬浮培养和单细胞培养技术；林木细胞规模化培养体系的建立、常见的生物反应器、培养过程中的工程技术问题、细胞培养产生的次生代谢产物的积累特性、提高次生代谢产物产量的途径和次生代谢产物的纯化和利用。

8.1　概　述

8.1.1　植物次生代谢和次生代谢产物

新陈代谢（metabolism）是指生物体内新旧物质的交换，是一切生物共有的生命活动过程。生物的生长、发育和繁殖都是通过新陈代谢来实现的，因此，新陈代谢是生命的源泉，没有新陈代谢就没有生命。1891年，A. Kössel将植物新陈代谢区分为初生代谢（primary metabolism）和次生代谢（secondary metabolism）。

绿色植物及藻类的细胞可以通过光合作用将二氧化碳和水转化成糖类，并放出氧气，生成的糖则进一步通过不同途径（如磷酸戊糖途径、糖降解途径、三羧酸循环）产生核酸合成的原料如核糖等，脂类合成的原料如丙二酸单酰辅酶A（malmyl CoA）等，并通过固氮反应得到一系列合成多肽和蛋白质的重要原料的氨基酸。这些过程是植物维持生命活动过程所不可缺少的，且几乎存在于所有的绿色植物中，所以称之为初生代谢。初生代谢与植物的生长和繁殖直接相关，是植物获得能量的代谢，为生物体的生存、生长、发育和繁殖提供能源和中间产物。糖、蛋白质、脂类和核酸等这些对植物有机体生命活动来说不可缺少的物质，称为初生代谢产物（primary metabolities）。

植物，尤其是高等植物，在一定的条件下，一些重要的初生代谢产物，如乙酰辅酶A、丙二酸单酰辅酶A及一些氨基酸等，作为原料或前体，又进一步经历不同的代谢过程，产生一些通常对植物的生长发育无明显用途的化合物，如黄酮、生物碱、萜类等，称为植物次生代谢产物（plant secondary metabolities）。次生代谢产物在植物中的合成与分解过程称为次生代谢。植物次生代谢产物有自己独特的代谢途径，通常是由初生代谢产物衍生而来。与初生代谢产物相比，植物次生代谢产物是指植物体中一大类并非生长发育所必需的小分子有机化合物，其产生和分布通常有种属、器官、组织和生长发育期的特异性。也有少数小分子有机物在代谢途径上与次生产物比较相似，但具有明显的生理功能，因而不把它们视为次生代谢产物，如萜类成分赤霉素、脱落酸等，均为植物激素。另外，胡萝卜素则为光合作用所必需。

8.1.2 植物次生代谢产物的类型及其应用价值

8.1.2.1 植物次生代谢产物的类型

植物次生代谢产物种类繁多，据保守估计已超过2万种。根据分子结构不同可大致分为酚类化合物（phenols）、萜类化合物（terpenoids）、含氮化合物、多炔类和有机酸等几大类。

(1) 酚类化合物

该类化合物可分为黄酮类、简单酚类和醌类。黄酮类是一大类以苯色酮环为基础，具有 C_6、C_3、CH_6结构的酚类化合物，其生物合成的前体是苯丙氨酸和马龙基辅酶 A（malonyl CoA）。根据 B 环上的连接位置不同可分为 2-苯基衍生物（黄酮、黄酮醇类）、3-苯基衍生物（异黄酮）和 4-苯基衍生物（新黄酮）。简单酚类是含有一个被烃基取代苯环的化合物。醌类化合物是有苯式多环烃碳氢化合物（如萘、蒽等）的芳香二氧化物，包括苯醌、萘醌、蒽醌等。

(2) 萜类化合物

是由异戊二烯单元组成的化合物。由 2 个、3 个或 4 个异戊二烯单元分别组成产生的单萜、倍半萜和二萜称为低等萜类。单萜和倍半萜是植物挥发油和香料的主要成分。许多倍半萜和二萜化合物是植保素。一些萜类成分具有重要的药用价值。如倍半萜成分青蒿素是目前治疗疟疾的最佳药物，抗癌药物紫杉醇是二萜类生物碱。甾类化合物和三萜为高等萜类。甾类化合物和三萜的合成前体都是含30 个碳原子的鲨烯，为高等萜类。植物体内三萜皂苷元和甾体皂苷元分别与糖类结合形成三萜皂苷，如人参皂苷和薯蓣皂苷等。

(3) 含氮有机化合物

主要包括生物碱、胺类、非蛋白质氨基酸以及生氰苷。含氮有机化合物中最大的一类是生物碱，这是一类含氮的碱性天然产物，已知的达 5 500 种以上，按其生源途径可分为真生物碱、伪生物碱和原生物碱。真生物碱和原生物碱都是氨基酸衍生物，但后者不含杂氮环。伪生物碱不是来自氨基酸，而是来自萜类、嘌呤和甾类化合物。许多生物碱是药用植物的有效成分，如小檗碱、莨菪碱等，还有些是植保素。胺类是 NH 中的氢的不同取代产物；非蛋白氨基酸，即蛋白质氨基酸类似物；生氰苷，即植物生氰过程中产生 HCN 的前体物质，如苦杏仁苷和亚麻苦苷。

此外，植物还产生多炔类、有机酸等次生代谢产物。多炔类是植物体内发现的天然炔类，有机酸广泛地分布于植物体的各个部位。

8.1.2.2 植物次生代谢产物的主要功能

(1) 植物次生代谢产物的药用价值

多种植物次生代谢产物具有重要的药用价值，如新疆紫草（*Arnebia euchr-*

oma）为我国传统草药，可用于烧伤、冻伤以及因细菌、真菌和病毒引起的各种皮肤病，此外还具有抗肿瘤活性，其主要的有效成分即为根中含有的次生代谢产物紫草宁；红豆杉中的紫杉醇和喜树中的喜树碱都具有良好的抗肿瘤功效；黄花蒿中的青蒿素为治疗疟疾的特效药物。再如三七、人参中的皂苷等也都是植物次生代谢产物。

(2) 植物次生代谢产物的农用价值

次生代谢是植物在长期进化过程中对生态环境适应的结果，许多植物在受到病原微生物侵染后，通过产生并积累次生代谢产物，用以增强自身的抵抗力，这样的次生代谢产物称为植保素（phytoalexin）。很多萜类、生物碱和酚类成分都是植保素，比如棉豆中存在的酚类化合物可抗黄萎病菌。

(3) 植物次生代谢产物的食用价值

在天然植物次生代谢物中，很多具有生物活性，它们的活性功能是合成物质无法替代的。随着人们生活水平和对生活质量要求的日益提高，人们便转向从自然界的植物材料直接获取天然物质，应用于食品工业。如从甜菜汁中提取色素用于冰淇淋，留兰香油中提取香精用于口香糖。花青素作为食用色素，香兰素作为食品调味剂，辣椒素用于辛辣食品添加剂，甜菜苷作为食品中的甜料等。

(4) 植物次生代谢产物的生态学意义

在漫长的生物进化过程中，不同的植物总是合成不同的次生代谢产物。当植物中出现某一种特定的次生产物，而这种产物又使得此种植物在其环境中处于有利地位时，这种植物便增加了存活和繁衍的机会，从而维护自己种群的稳定性，并可通过次生代谢产物维系与其他生物间的互惠关系。相对而言，那些不能合成这种特定次生产物的植物就有被淘汰的危险，而这种特定的次生物质本身也相对地得到了发展，其分布也更加广泛。

8.1.3 几种重要的树木次生代谢产物及其应用价值

(1) 银杏内酯

早在 1932 年就从银杏（*Ginkgo biloba*）叶中分离到的一类二萜类化合物，但直到 1967 年才阐明其复杂的倍半萜三内酯结构，包括银杏内酯（ginkgolides）A、B、C、J 和 M（银杏内酯 M 存在于银杏根中）。银杏内酯 B 是血小板激活因子（platelet-activating factor，PAF）抑制剂，能够改善血液循环，具有抗血栓形成和溶血栓活性、支气管松弛作用以及与免疫抑制剂的协同作用。多项临床试验将银杏制剂用于治疗大脑功能不全，还有的研究将银杏制剂用于治疗阿尔茨海默氏病（Alzheimer's disease），并发表了一些积极的结果。现在，银杏制剂已用作外周血管疾病和大脑功能不全的治疗药物。

(2) 紫杉醇

1971 年发现北美产的短叶红豆杉（*Taxus brevifolia*）茎皮提取物对白血病细胞有细胞毒活性。短叶红豆杉茎皮中紫杉醇（paclitaxel，taxol）含量仅为 0.01%，而 *T.* × *media* cv. Hicksii 中紫杉醇含量达到 0.06%。1971 年 Wani 等发表了抗癌活性成分紫杉醇的化学结构。1977 年发现紫杉醇具有稳定微小管蛋白的活性，可抑制小管蛋白的解聚作用，使细胞的装配和拆分失去时空上的控制，阻断细胞复制。1992 年底紫杉醇已被美国 FDA（食品和药品监督管理局）批准用于卵巢癌的治疗，对乳腺癌及某些肺癌治疗亦有成功可能。

（3）喜树碱

喜树碱（camptothecin）是一种五环奎琳类生物碱。1966 年美国学者从引种到美国的中国喜树（*Camptotheca acuminata*）中分离到抗癌活性成分喜树碱。近年发现喜树碱对拓扑异构酶 I 有显著抑制活性、阻断 RNA 和 DNA 合成，而表现出潜在的抗癌活性，受到高度重视。

8.2 细胞悬浮培养和单细胞培养

8.2.1 细胞悬浮培养

悬浮培养是细胞培养的基本方法，不仅为研究细胞的生长和分化提供了一个独特的实验系统，而且细胞增殖速度快，适于进行大规模培养，在植物产品工业化生产上有巨大的应用潜力。

在植物细胞悬浮培养中，以下 4 个方面直接影响着培养结果。

（1）愈伤组织的诱导

植物细胞悬浮培养中，单个游离细胞或小细胞团通常是由愈伤组织分离得到的。为了得到高质量的单个游离细胞或小细胞团，一般要求诱导产生的愈伤组织松散性好、增殖快、再生能力强。这样的愈伤组织在外观颜色上表现出鲜艳的乳白或淡黄色，在结构上则呈细小颗粒状，并且疏松易碎。

为了诱导产生理想的愈伤组织，有两点需要特别注意：一是选择适宜的外植体。在植物细胞悬浮培养过程中，诱导愈伤组织最常用的外植体包括幼胚、胚轴、子叶等。二是选择适宜的培养基。诱导愈伤组织培养基的关键在于含有较高浓度的激素，特别是生长素，同时添加必要的附加物质，如水解酪蛋白、脯氨酸、谷氨酰胺等。另外，为了获得均匀一致疏松的愈伤组织，通常要继代多次。

（2）悬浮系的建立与继代培养

一个成功的悬浮细胞培养系必须满足 3 个条件。首先，悬浮培养物应该具有良好的分散性，形成的细胞团应该较小，一般在 30~50 个细胞以下。其次，悬浮培养物要有好的均一性，细胞形状近似，小细胞团的大小也要大致相同，从外观上看，悬浮系为大小均一的小颗粒，培养基清澈透亮，细胞色泽跟愈伤组织一样呈现鲜艳的乳白色或淡黄色。再次，细胞生长迅速，悬浮细胞的生长量一般 2~3d 甚至更短的时间内便可增加 1 倍。

在得到所需要的愈伤组织后，就可以建立悬浮细胞系并进行继代培养。通常的做法是按照每克愈伤组织添加 10mL 培养基的比例将愈伤组织和培养基混合，装入 150~250mL 的烧瓶中在 120r/min 的条件下振荡培养 3d，然后将培养物过滤、离心，去除上清液，再加入新鲜培养基并调整细胞密度，根据新的密度一般

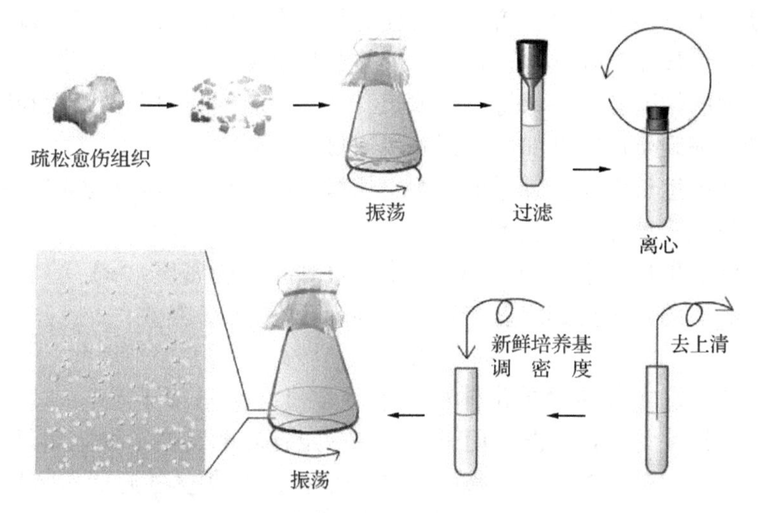

图 8-1 悬浮系的建立与继代培养（引自柳俊）

在 80r/min 的条件下进行继代培养（图 8-1）。

(3) 悬浮细胞的生长动态

对于任何一个建立的细胞悬浮系都应该进行动态测定，以掌握其生长的基本规律，为继代培养或其他研究提供依据。

①悬浮细胞生长曲线：根据悬浮培养细胞的变化和特点可以将其区分为不同的生长时期（图 8-2），各个时期表现出不同的特点。

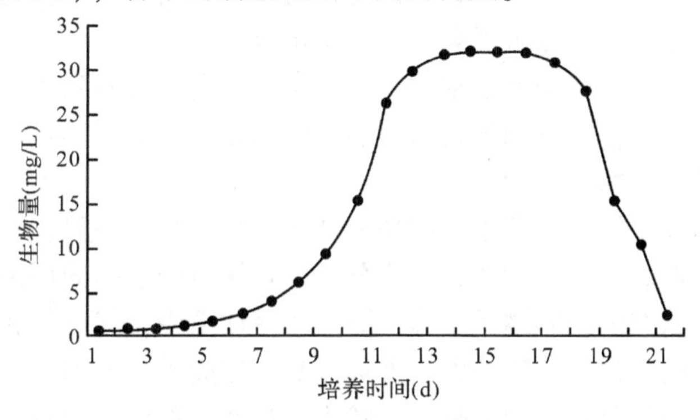

图 8-2 培养细胞的生长曲线（引自李志勇，2003）

滞后期：又叫延迟期，是细胞刚刚接种后进入一个新环境的适应期。此时细胞很少分裂，其长短主要取决于在继代时培养细胞所处的生长期和转入细胞数量的多少；加入条件培养基可以缩短滞后期。条件培养基为曾培养过一段时间组织或细胞的培养基。

对数生长期：细胞开始分裂，细胞数目缓慢增加，增长速率保持不变。缩短两次继代时间间隔，则可使悬浮培养的细胞一直保持对数生长期。

直线生长期：细胞生长旺盛，数目快速增加。

缓慢期：生长逐渐缓慢，培养液消耗将尽，有毒代谢物质增多，氧气减少。

静止期：生长几乎处于停止状态，细胞数目增加极少，甚至开始死亡。如果使处在静止期的细胞悬浮液保持时间太长，则会引起细胞的大量死亡和解体。

衰亡期：细胞死亡速度加快，开始快速自溶、死亡。

②悬浮细胞生长指标：悬浮细胞的生长指标可以根据不同培养时间的细胞数目变化，或细胞重量变化来表示。

悬浮细胞的生长速率（p）一般通过不同时间细胞密度（x）的自然对数与起始密度（x_0）的自然对数之差与培养时间（t）的比来衡量。

$$p = (\ln x - \ln x_0) / t$$

细胞生长情况亦可通过单位体积的细胞重量（鲜重或干重）来表示。一般鲜重只能反映细胞的生长情况，而干重则在一定程度上反映了细胞质量。鲜重和干重的测定方法比较简单，只需按一定体积取样，经真空过滤后称重即得鲜重，然后在 80℃ 条件下烘干细胞至恒重即可得到干重。

③影响悬浮细胞生长的因素：悬浮细胞的生长受到多种因素的影响，如起始愈伤组织的质量、接种细胞密度、培养条件等。在悬浮培养中，接种量的多少对细胞的生长往往有较大的影响。在细胞悬浮培养中，使悬浮培养细胞能够增殖的最少接种量称为最低有效密度。悬浮细胞的起始密度一般在 $0.5\times10^5 \sim 2.5\times10^5$ 细胞/mL，低于这一密度则会使细胞生长延迟，导致延迟期加长。

（4）*悬浮培养细胞的同步化*

细胞同步化（cell synchronization）是指通过一定技术处理使同一悬浮培养体系的所有细胞都同时通过细胞周期的某一特定时期。

植物细胞在悬浮培养中处于细胞周期的不同时期会影响到次生代谢产物的产生。因此，使培养细胞达到同步化对植物细胞培养非常重要。可以采用物理或化学方法促进培养细胞的同步化。

①分选法：处于细胞周期不同时期的细胞体积大小有差异，而处于同一时期的细胞大小则近似。通过细胞体积大小分级，直接将处于相同周期的细胞进行分选，然后将同一状态的细胞继代培养于同一培养体系中，就可使相同培养体系中的细胞具有较好的一致性。该法的主要优点是操作简单，不需要对培养基成分进行调整，更重要的是分选细胞维持了自然生长状态，不会因为在培养基中加入抑制剂或进行其他处理而对细胞活力产生影响。缺点是有时候由于分选技术的不同使得分选的精细程度存在较大差异。梯度离心是细胞分选的常规方法，较精细的分选方法是利用流式细胞仪。

②冷处理法：低温处理有时候也可以提高细胞悬浮培养体系中培养细胞的一致化程度。梅兴国等（2001a）采用在 4℃ 低温培养 24h，恢复培养 24h 处理中国红豆杉（*Taxus chinensis*）细胞，其分裂指数可达 10.26%，获得了比较明显的同步化效果。

③饥饿法：在一个细胞培养体系中，若断绝供应某一种细胞分裂所必需的营养成分或激素，造成细胞生长所需的这一基本成分丧失，就会导致细胞因养分缺

乏产生饥饿而使细胞分裂受阻，从而停留在某一分裂时期而达到同步化的目的。当在培养基中加入所缺乏的成分或者将饥饿细胞转入完全培养基中进行培养时，饥饿细胞又可重新恢复分裂。当细胞处于不同种类成分饥饿状态时，可以获得处于细胞周期不同时期的同步化细胞。

④抑制剂法：该方法是通过一些 DNA 合成抑制剂处理培养中的细胞，使细胞滞留在 DNA 合成前期，当解除抑制后，即可获得处于 G1 期的同步化细胞。常用的抑制剂主要有 5-氟脱氧尿苷（5-flouorodeoxyuridine，FudR）和羟基脲（hydroxyurea，HU）。通过抑制剂获得的同步化细胞基本处于同一个细胞周期，在除去抑制剂后可以不进行分选直接培养，用羟基脲获得同步化细胞的方法在小麦、玉米、西芹等植物细胞培养中都曾经应用过。

⑤有丝分裂阻抑法：用秋水仙素处理指数生长的悬浮培养物，浓度一般控制在0.2%，处理时间以4~6 h为宜。

无论何种细胞同步化处理，对细胞本身或多或少都有一定的伤害。如果处理的细胞没有足够的生活力，不仅不能获得理想的同步化效果，还可能造成细胞的大量死亡，因此在进行同步化处理之前，细胞必须进行充分的活化培养。用于处理的细胞系最好处于对数生长期。

8.2.2 单细胞培养

单细胞培养，又叫单细胞克隆技术。该种细胞培养技术并不是指培养的只有单个细胞，而是指接种的细胞群体中，不存在悬浮培养中所可能存在的小细胞团，而是纯粹的单离细胞。单细胞培养主要是建立单细胞无性系，观察培养的细胞个体如何进行分裂、分化、生长及发育，为大规模培养奠定基础。单细胞培养的基本方法有3种，即平板培养、看护培养和微室培养。

8.2.2.1 平板培养

平板培养是指将制备好的单细胞悬浮液，按照一定的细胞密度，接种到1mm左右的薄层固体培养基上进行培养的技术。其操作方法是将含有游离细胞和细胞团的悬浮培养物过滤，除去组织块和大的细胞团，保留游离细胞和小细胞团。将液体培养基加入0.6%~1% 的琼脂，使其融化，冷却到35℃ 时，将培养基与上述细胞悬浮培养液等量混合，迅速注入并使之铺展在培养皿（约1 mm厚）。用封口膜封严培养皿，置于25℃ 黑暗中培养。可定期镜检观察细胞的生长。

平板培养的主要技术要点包括单细胞的分离、单细胞悬浮液的制备和植板等。

①单细胞的分离：叶片是分离单细胞的最好材料。酶法是最为常用、最为有效地获得单细胞的方法。主要是根据植物细胞壁的组成特点选用果胶酶或纤维素酶等将细胞壁物质分解掉从而释放出游离细胞。由于小细胞团不能超过6个细胞，酶处理后过滤时网筛的网眼要合适。

②单细胞悬浮液的制备：分离的单细胞经培养基洗涤2次以后，调整密度为5×10^5/mL。

③植板：将1份已调整好密度的单细胞悬浮液与4份35℃的固体培养基充分混合均匀，然后均匀地平铺在培养皿中，其厚度为1～2 mm。待植板后的培养基完全凝固后，用石蜡或parafilm封口膜将培养皿封严以防污染。在25℃黑暗条件下培养3周即可长出肉眼可见的愈伤组织。

平板培养的效果一般用植板率来衡量。植板率是指能长出细胞团的单细胞在接种单细胞中占的比率。即：植板率（%）＝每个平板上形成的细胞团数/每个平板上接种的细胞团数×100%。式中每个平板新形成的细胞团数的计数方法有两种：一是直接计数法，计量时要掌握合适的时间，即细胞团肉眼已能分辨，但尚未长合到一起的时候。二是感光法，在暗室的红光下将一印相纸放于欲计数的培养皿下，其上放一光源使培养皿中细胞团印到相纸上，冲洗照片计数。

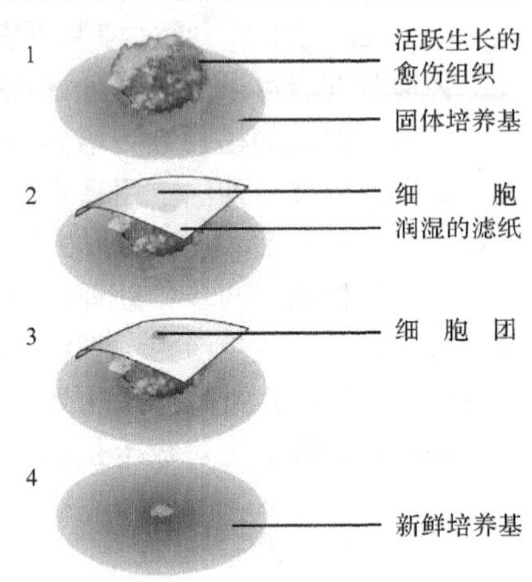

图8-3 看护培养（引自柳俊）

8.2.2.2 看护培养

看护培养的操作方法是首先在固体培养基上置入一块活跃生长的愈伤组织，然后在愈伤组织上放一小片滤纸，待滤纸湿润后将细胞接种于滤纸上。当培养细胞长出微小细胞团后，将其转移至琼脂培养基上让其迅速生长（图8-3）。首先放入的这块愈伤组织对接种于滤纸上的单细胞起到看护作用，故也被称为看护组织。该法的优点是简便、成功率高，缺点是不能在显微镜下直接观察。

8.2.2.3 微室培养

微室培养（microchamber culture）是由Jones等于1960年设计的，即人工制造一个小室，将单细胞培养在小室中的少量培养基上，使其分裂增殖形成细胞团的方法。该法的操作过程为（图8-4）：由悬浮培养物中取出一滴含单细胞的培养液，置于一张无菌载玻片上，在培养基的四周与之隔一定距离涂上一圈眼膏，然后在左右两侧各加一滴胶并分别置一张盖玻片，第三张盖玻片架在前两个盖玻片之间，这样一滴含有单细胞的培养液就被覆盖于微室之中，最后把筑有微室的整张载玻片置于培养皿中进行培养。当细胞团长到一定大小时，将其转移到新鲜的液体或固体培养基上继代培养产生单细胞无性系。通过微室培养技术，可对细胞培养过程连续进行显微观察，了解

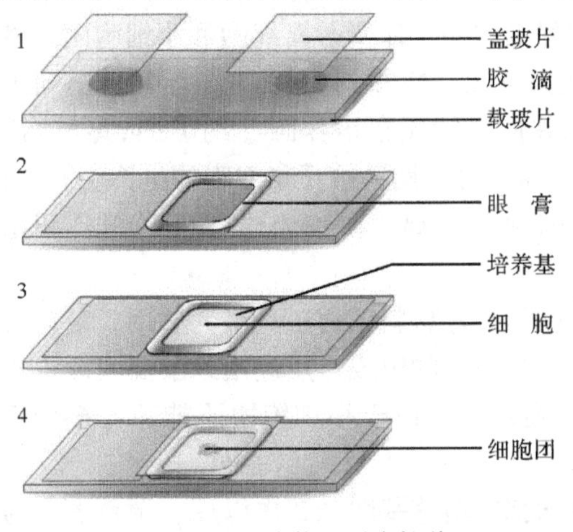

图8-4 微室培养（引自柳俊）

一个细胞经过生长、分裂、分化，形成细胞团的全部过程。这一方法同样可用于原生质体培养观察细胞壁的再生与细胞分裂的过程。这是微室培养的优点，但由于微室培养中的培养基量少，水分难以保持，培养基的养分及 pH 值等也易于变动，细胞短期培养后往往不能再生长。

此外，在单细胞培养中，还可以采用饲养层培养基技术和双层滤纸植板培养技术等。

8.3 林木细胞的大规模培养

利用林木细胞培养生产次生代谢产物，在规模上有更高的要求。从工程的角度讲，必须要进一步研究和开发适宜于植物细胞生长和生产的生物反应器，建立最佳的控制和调节系统。从培养技术方面讲则需要满足 3 个条件：①培养的细胞在遗传上是稳定的，以便得到产量恒定的次生代谢产物；②细胞生长及生物合成的速度快，在较短的时间内能得到较高产量的目的产物；③代谢产物能够在细胞中积累而不被迅速分解，最好能被释放到培养基中，以便于提取，并保证连续生产。

8.3.1 林木细胞规模化培养体系的建立

8.3.1.1 种子细胞选择

理想的种子细胞的获得包括外植体选择和高产细胞系的选择两个环节。外植体选择首先是选择林木种类和基因型。不同林木种类产生的次生代谢产物不同，同一树种的不同基因型产生的次生代谢产物在量上不同，从根本上讲都是因为它们具有不同的遗传基础。因此，在确定目标次生代谢产物后，首先必须准确选择那些能够生产目的代谢产物的林木种类及其品种或基因型（单株）。在此基础上，还要选择合适的组织器官，因为林木次生代谢产物的积累具有组织器官特异性。

不同细胞系生产次生代谢产物的能力也各不相同。因此，为了提高次生代谢产物产量，还需要筛选高产细胞系：首先得到悬浮细胞系；然后要对单细胞克隆进行有效成分分析以筛选次生代谢产物产量高的单细胞克隆（无性系）；最后，要对筛选得到的高产细胞系进行增殖培养。

为了提高筛选效率，还可根据后续的培养条件适当增加选择压力，也可采用一些诱导突变的方法进行高产突变细胞系筛选。如梅兴国等（2001b）通过在培养基中添加 1.6 mmol/L 的 L-苯丙氨酸，筛选出了抗苯丙氨酸的中国红豆杉细胞变异系，其紫杉醇含量比原型细胞系高出 3～5 倍。

8.3.1.2 种子细胞增殖与放大培养

选择得到高产细胞系后，要让种子细胞进行增殖并进行放大培养。其主要目的是：获得大量活跃生长的细胞群体，为细胞大批量生产提供基础材料；为大体积反应器培养提供必要的技术参数。种子细胞增殖初期一般采用摇瓶培养。摇瓶体积一般从几百毫升到几升逐渐放大。在放大培养过程中，必须不断检测由于培养体积的增加引起的细胞生长特性和目的次生代谢产物含量的变化。当细胞数量达到一定要求后，应转移至体积较小的生物反应器模拟大规模细胞培养条件进行培养。

8.3.1.3 大规模培养体系的建立

为了达到工厂化生产林木次生代谢产物的目的，必须在种子细胞放大培养的基础上建立大规模培养体系。林木细胞大规模培养，根据一个培养周期中是否添加培养基可分为：成批培养、连续培养、半连续培养等方式。

成批培养是指在一个培养体系中接种细胞和添加培养基后，在培养过程中既不添加培养基也不更换培养基的培养方式，所以培养物的体积是固定的。成批培养的优点是培养装置和操作简单，但也存在严重的缺陷，即在细胞培养过程中，细胞生长、产物积累以及培养基的理化状态常常随培养时间而改变，导致培养检测十分困难。同时，成批培养的时间较短，次生代谢产物的产量不够高，而且一个培养周期后细胞和培养液必须同时取出以提取目的次生代谢产物，下一个培养周期又必须重新接种种子细胞，因此增加了培养成本，也会降低产品的市场竞争力。

连续培养是指在培养过程中，不断向培养体系中添加新鲜培养基，同时以相同的流量从培养体系中取出培养液，从而维持培养体系内在细胞密度、产物浓度以及理化状态相对平衡的一种培养方式。连续培养进入稳定状态后，细胞生长速率与稀释率相同。这种培养方式的最大优点是可以延长细胞培养周期，从而延长目的次生代谢产物的积累时间，增加目的次生代谢产物产量。同时，由于系统进入稳定状态后，细胞密度、基质、产物浓度等趋于平衡，因而对系统的检测非常方便。但连续培养方式所用培养装置相对比较复杂，对反应器的设置要求更高。

半连续培养是一种介于成批培养和连续培养之间的培养方式。其基本方法是在完成成批培养一个周期后，从培养系统中取出大批细胞悬液，保留小部分细胞悬液作为下一个培养周期的种子细胞，然后加入新鲜培养基进行培养。这种方式可以节省种子细胞培养的成本，同时保留的培养液也有利于细胞分裂启动。但在大多数情况下，由于保留的细胞悬液中细胞状态存在较大差异，特别是有些衰老细胞不能及时淘汰，从而会影响下一细胞培养周期细胞生长的一致性。

林木细胞大规模培养基本培养方式的选择应根据所生产的目的次生代谢产物的积累特点而定。由于不同细胞所需要的培养条件不尽相同，通常还需要根据培养细胞的不同要求进行相应改进。比如当细胞生长和次生代谢产物合成需要的培养基不同时，就需要采用两步法培养体系，即先在细胞生长培养基中培养细胞，使其达到批量化生产次生代谢产物所需要的数量，当细胞生长到能够合成次生代谢产物时，再将其转移至次生代谢产物合成培养基中培养生产目的次生代谢产物，在此阶段又采用连续培养方式以延长细胞生产时间，提高次生代谢产物产量。

8.3.2 生物反应器

生物反应器是适用于林木细胞规模化培养的装置。林木细胞培养反应器的设置，除了要考虑有利于培养细胞生长，同时还要考虑有利于目的次生代谢产物的积累和分离。总体上讲，适合林木细胞培养的反应器应该具有适宜的氧浓度、良好的流动性和较低的剪切力。

8.3.2.1 搅拌式生物反应器

是林木细胞培养的首选反应器。为了适合林木细胞特性，通常要做一些改进。比如，搅拌式生物反应器应用于林木细胞培养存在的主要问题是林木细胞的细胞壁对剪切的耐受力差。因较大的剪切力容易损伤细胞，直接影响细胞的生长和代谢。搅拌器搅拌转速越高，产生的剪切力越大，对林木细胞的伤害越大。因此，对剪切力敏感的细胞不适用于传统的搅拌式反应器。为此，可以改变搅拌形式、叶轮结构与类型等方式减小因搅拌而产生的剪切力，并使其具有缓和的流场及良好的混合性能。另外，由于林木细胞生长周期长，需要随时补充水分和营养，因此必须设计加液装置；由于林木细胞的生理活动需要新鲜空气，且细胞代谢也可能产生有害气体，所以必须设计通气装置；为便于取样观察，一般还设计有取样口。

8.3.2.2 气升式生物反应器

由于机械搅拌式反应器的剪切作用难以避免，同时搅拌器转动的中轴往往是容易使培养物污染的部位，因此，发展出空气提升式生物反应器。气升式生物反应器具有结构简单、没有泄漏点、剪切力小、氧传递速率较高、在长期的林木细胞培养过程中容易保持更好的无菌状态、且运行成本和造价低等优点。但其缺点是操作弹性小、低气速在高密度培养时、搅拌不均匀、混合效果较差、林木细胞生长较慢。

气升式生物反应器用于林木细胞悬浮培养，给林木细胞的生长和代谢合成都提供了适宜的环境，因此必须结合林木细胞的生理特性对其加以改进才能更好地适应林木细胞悬浮培养的要求，进而更广泛地用于工业化生产。

8.3.2.3 固定化生物反应器

固定化技术尤其适合于细胞培养生产活性代谢物质。林木细胞固定化培养具有以下优势：细胞位置的固定使其所处的环境类似于在林木体内所处的状态，相互间接触密切，形成一定的理化梯度，有利于次生代谢产物的合成；由于细胞固定在支持物上，培养基可以不断更换，可以从培养基中提取产物，免除了培养基中因含有过多的初生产物对细胞代谢的反馈抑制，也由于细胞留在反应器中，新的培养基可以再次利用这些细胞生产次生产物，从而节省了生产细胞所付出的时间和费用；正是由于细胞固定在一定的介质中，并可以从培养基中不断提取产物，因此，它可以进行连续生产。还可以较容易地控制培养系统的理化环境，从而可以研究特定的代谢途径，并便于调节。

林木细胞固定化培养时必须考虑以下几个问题：所选用的林木细胞的次生代

谢产物的产量是否很高，细胞生长速度是否较慢并能维持较长时间的生活能力；所选用的固定支持物对细胞的存活是否有影响，对产物的合成是否有阻碍；终产物是否能释放到培养基中，如果产物不释放到培养基中，是否能采用物理（电击）或化学（离子渗透法）方法使其释放而又不影响细胞生活力。

8.3.3　培养过程中的工程技术问题

8.3.3.1　悬浮培养系统必须适应林木细胞特性

与微生物相比，林木细胞具有如下特性：①细胞体积大，其平均直径一般约为10～200 μm，比微生物大30～100倍。②很少以单细胞形式悬浮生长，通常是以2～200个细胞、直径2 mm大小的非均相集合细胞团的方式存在，当细胞浓度高、黏度大时容易产生混合和循环不良等问题。③具有很强的抗张强度，但却使其抗剪切能力相当弱，在培养过程中容易被剪切力高的反应器损伤。在大规模的培养中，林木细胞对剪切力的敏感性一直是力求解决的主要技术问题之一。剪切力对林木细胞的伤害主要为机械损伤，表现为细胞团变小、细胞破损等，从而造成细胞内含物释放到培养基中，改变了培养系统的理化特性如pH值、流变特性等，进而影响整个培养系统的细胞生长和产物积累。因此目前林木细胞反应器的设计原则为提高混合程度和降低剪切力。④生长速度慢，操作周期长，分批培养一般需要2～3周，半连续或连续培养时间一般长达2～3个月。同时培养基营养成分复杂，有利于微生物生长，因此林木细胞培养中维持无菌环境难度更大也更重要。

8.3.3.2　林木细胞培养液的流变特性

林木细胞培养液的流变特性主要是指其黏度变化。培养液的黏度变化是由细胞密度和细胞状态变化引起的；如烟草培养液的表观黏度在培养过程中主要是由培养细胞密度的增加引起的，当细胞密度低于7 g/L时，培养液的黏度基本保持不变，而当细胞密度高于此值时，培养液的黏度即增加。长春花细胞培养，当细胞密度在10 g/L时，培养液属于假塑性流体，此时培养液的黏度依赖于细胞年龄、形态和细胞团的大小。在相同物质浓度下，大细胞团的培养液表观黏度明显大于小细胞团培养液的表观黏度。

8.3.3.3　林木细胞培养过程中氧气（O_2）和二氧化碳（CO_2）的调节

与微生物不同，林木细胞培养一般需要光照，通过光合作用合成有机化合物，因此O_2和CO_2的含量与传递对培养过程影响较大。

（1）O_2的传递

与微生物不同，所有的林木细胞都是好气的，在培养过程中需要连续不断地供氧。由于林木细胞对培养液中氧的浓度非常敏感，因此要严格控制溶解氧的浓度，避免溶解氧过高或过低而对培养过程产生不良影响。

氧气从气相到细胞表面的传递是林木细胞培养中的一个最基本的问题，受到通气速率、培养液混合浓度、培养液流变特性、气液界面面积等因素的影响；而氧的吸收与反应器类型、细胞生长速率、温度、pH值、营养组成、细胞浓度等有关。氧的传递状况通常用体积氧传递系数（KLa）来表示，KLa 表示培养液单位时间、单位体积的氧量，对培养细胞的生长和次生代谢产物的生产都有重要影响。如在 4L 的气升式反应器中进行长春花细胞培养时，KLa 在 $20h^{-1}$左右时，细胞生长与次生产物合成均维持在良好状态；又如在 15L 的通风式反应器中培养的烟草细胞，当 KLa 值在 $5\sim10h^{-1}$的范围内，随着 KLa 的增加，生物量和代谢产物也呈线性增加。

（2）CO_2 含量

在要求培养基充分均匀的同时，O_2 和 CO_2 的浓度必须达到某一平衡状态，细胞才能很好地生长，而且 CO_2 与培养液的 pH 值密切相关，可以通入一定量的 CO_2 来维持一定的 pH 值或与氧气达到平衡状态。同时，林木细胞能非光合地利用 CO_2，如在通气调节过程中，混入 2%~4% 的 CO_2，能够消除高通气速率对长春花细胞生长和产生代谢产物的不利影响。

8.3.3.4 泡沫和器壁表面黏附性

林木细胞大规模培养中容易产生大量泡沫，且覆盖有蛋白质或黏多糖，因此黏度也更大，细胞极易包埋在泡沫中从循环的培养液中带出来，形成非均相培养而影响培养系统的稳定性和生产率。对此，可以采用化学消泡剂进行消泡，常用的化学消泡剂包括天然油脂类（玉米油、豆油、棉籽油、鱼油等）、高碳醇类（十八醇、乙二醇聚合物）、聚醚类（聚氧丙烯甘油、聚氧乙烯丙烯甘油）和硅酮类（聚二甲基硅氧烷）等。在林木细胞培养过程中选用化学消泡剂时必须根据培养的林木种类和次生代谢产物特性具体选择。此外，还可以利用机械装置进行机械消泡。其优点是无需在培养液中加入其他物质，从而减少了由于消泡剂引起的污染和对后续分离工艺的影响。但其缺点是消泡效果常不如化学消泡迅速彻底，同时机械消泡也会增加培养装置的复杂性。

在林木细胞培养过程中，培养细胞常会黏附于培养容器内一些挡板、反应器部件、电极等表面。有些黏附的细胞不容易去除（如电极表面），可以采用在一些容易黏附细胞的物体表面涂以硅油等消除或降低黏附性。

8.4 细胞培养的次生代谢产物积累和分离纯化

8.4.1 次生代谢产物积累的特性

培养条件下植物细胞次生代谢产物的积累主要有 3 种类型：①生长偶联型，即次生代谢产物的合成与细胞生长成正比，如长春花属植物中长春花碱的合成、烟草细胞中的烟碱合成、薯蓣属植物中薯蓣皂苷的合成等；②中间型，即次生代谢产物仅在细胞生长下降时合成，细胞处于指数生长期或停止生长时产物都不合成，如蒽醌类物质合成的细胞、托品类生物碱类合成的植物细胞等都属于此类；③非生长偶联型，即次生代谢产物在细胞生长停止以后才开始合成，如紫草宁的合成。

8.4.2 提高次生代谢产物的途径

8.4.2.1 选择适宜的起始材料，筛选高产细胞系

植物种类、取材部位不同，目的次生代谢产物含量存在显著差异。因此，必须选择能够高效合成目的产物的植物种类，还应考虑器官和组织特异性。如以东北红豆杉叶片为外植体诱导形成的愈伤组织中紫杉醇的含量是以幼嫩茎和芽两种外植体诱导产生的愈伤组织中紫杉醇的含量的3倍。

在外植体诱导出愈伤组织后，为了达到工业化生产的目的，还要筛选高产、稳产的细胞系。杜金华和郭勇（1997）用小细胞团法筛选出的花色苷含量高的玫瑰茄（*Hibscus sabdariffa*）细胞系，花色苷含量和产量分别比对照提高了14.5倍和16倍。

8.4.2.2 选用合适的培养基

在生产次生代谢产物的植物细胞培养中，培养基需要满足两个条件：①要有利于植物细胞大量生长增殖；②要有利于细胞合成和积累次生代谢产物的需要。满足此种条件的培养基包括培养条件必须通过实验选择。

一般来说，增加培养基的N、P和K的浓度能促进细胞生长，而适当增加糖浓度则有利于次生代谢产物的合成。

8.4.2.3 前体饲喂

前体（precursor）是指某一代谢中间体的前一阶段的物质。例如，葡萄糖是糖原或乳酸的前体物质，原叶绿素是叶绿素的前体物质，原维生素是维生素的前体物质。一般在生物合成反应的中间过程中，某一阶段前的物质，都可以说是该阶段物质的前体物质，但按惯例通常不包括极简单的原料物质。在培养基中加入已知的或假定的前体化合物，可以消除关键酶的阻碍或阻断内源性中间体的分隔和有效储存，从而可使目的产物产量提高。陈永勤和朱尉华（1997）研究发现，在培养基中添加0.05～0.2 mmol/L的苯丙氨酸、苯甲酸、苯甲酰甘氨酸、丝氨酸和甘氨酸，能使东北红豆杉（*Taxus cuspidata*）中紫杉醇含量高出1～4倍，这些物质参与了紫杉醇侧链的合成。

细胞次生代谢是一个复杂的生理生化代谢过程，对于某一目的次生代谢产物来讲可能存在多种前体物质，而同一种前体物质又可能有多条代谢途径，从而形成不同的代谢产物。因此，添加前体物质必须在充分了解目的代谢产物的代谢途径的前提下，针对其合成的关键生化过程进行前体物质添加。由于多数前体物质对细胞本身生长并不十分有利，前体物质的添加时间常常影响培养效率，前体物质的浓度对产物合成速率也会有一定影响，如一些次生代谢途径中，过量的底物反而会产生反馈抑制。因此，必须根据细胞培养过程和培养条件，适时适量地添加前体物质。

8.4.2.4 利用诱导子

植物细胞次生代谢除了自身的遗传或发育基础外，通常还与诱导因子有关。在一些不良环境或有微生物侵入的情况下，细胞次生代谢活动显著增强。因此，

人为合理地应用这些诱导因子，就有可能提高目的次生代谢产物的产量。

诱导子（elicitor）也称激发子，是指能够诱导植物细胞中一种或几种反应，并形成细胞特征性自身防御反应的分子。

诱导子可根据在细胞内或细胞外形成分为内源性诱导子（endogenous elicitor）和外源性诱导子（exogenous elicitor）；或根据来源分为生物诱导子（biotic elicitor）和非生物诱导子（abiotic elicitor）。生物诱导子是指植物在防御过程中为对抗微生物感染而产生的物质，包括各种病原菌、植物细胞分离物、降解细胞壁的酶类、有机体产生的代谢物以及培养物滤液中的成分。非生物诱导子包括化学伤害胁迫（重金属盐类、去污剂、乙烯、氯仿、杀真菌剂等）和物理伤害胁迫（紫外线、辐射等）。

已有研究表明，不论是生物诱导子还是非生物诱导子，均能有效促进细胞培养中紫杉醇的产量。李家儒等（1998）用真菌橘青霉菌菌丝体的粗提物作为诱导子来提高红豆杉悬浮培养细胞中紫杉醇的含量，发现在细胞生长第 20 d（即指数生长期末）加入 2 mL 诱导子/100 mL 培养液诱导紫杉醇的效果最好可达 199.1μg/g 干重（对照为 0）。Wu 等（2001）发现稀土元素镧浓度为 5.8 μmol/ L 时对云南红豆杉（*Taxus yunnanesis*）细胞的刺激作用最大，紫杉醇产量从（2.61 ±0.37）mg/ L 增长到（9.89 ±1.92）mg/ L，几乎提高了近 4 倍。

8.4.2.5 选择适宜的培养技术

培养技术的选择包括对反应器的选择和对培养方式的选择。培养技术的选择不仅要考虑细胞生长和次生代谢产物积累的效率，同时还要考虑技术基础和生产成本。固定化培养是植物细胞规模化生产较为理想的系统，在条件允许的情况下，可优先考虑。但由于目前用于固定细胞的材料的限制，使其生产成本较高，因此，还应考虑目的代谢产物的经济价值及其市场状况。

为了同时满足细胞生长和产物合成的需要，通常采用两步培养法。这样根据生长及代谢的需求，调整培养基组分和培养条件，使生长和代谢均能在最适的途径下进行，能较好地解决细胞生物量增长与次生代谢产物积累之间的矛盾，大大提高目的产物的产率。新疆紫草细胞在两步培养过程中第 1 步培养细胞生长迅速，与接种量相比，干重增加 5 倍，但色素合成较少，外泌至培养基中的色素质量浓度为 58 mg/ L，胞内为 134 mg/ L，当换入 M-9 培养基后，细胞生长明显减弱，细胞内色素上升很快，到培养结束后，胞内色素质量浓度达1 300 mg/ L，培养液中色素质量浓度为 60 mg/ L。

为了解决目的代谢产物对合成的反馈抑制可以采用两相培养技术，主要由培养相和提取相组成。两相培养技术是指在植物细胞培养体系中加入水溶性或脂溶性的有机化合物，或者是具有吸附作用的多聚化合物，使培养体系由于分配系数不同而形成上、下两相，细胞在其中一相中生长并合成次生代谢物，这些次生代谢物又通过主动或被动运输的方式释放到胞外，并被另一相所吸附。这样由于产物的不断释放与回收，可以减少由于产物积累在胞内形成的反馈机制，有利于提高产物积累含量，并有可能真正实现植物细胞的连续培养，从而大大降低生产成本。根据分离相的性质，两相培养可以分为液—液培养系统和液—固系统。在液—液培养系统中，分离相主要使用液体石蜡、烷类化合物、甘油。而在液—固系统中，提取相是以固体形式存在于系统中，主要通过吸附分离目的代谢产物，目前使用的主要有活性炭、硅酸镁载体、氟石、蚕丝以及树脂等。一般来说，提取相的选择目标是具有较大的分离能力，同时没有毒副作用，不影响产物的化学稳定性。

近年来，一些新的培养技术也取得了良好的进展。比如利用器官组织在反应器中的发状根（hairy root）培养生产次生代谢产物的技术，已在人参、丹参、紫草、颠茄、黄芪等植物中进行了探索性研究，并取得良好进展，人参、紫草、红豆杉、长春花等细胞培养和发状根培养在国际上已接近或达到工业化生产规模。发状根是双子叶植物各器官受发根土壤杆菌（*Agrobacterium rhizogenes*）感染后产生的病态组织。如黄遵锡等（1997）用菌株A4感染短叶红豆杉芽外植体诱导出发状根，5株发状根在无激素的B5液体培养基中悬浮培养20 d，生物量平均增加约9倍，是同等条件下短叶红豆杉愈伤组织液体培养物的2.9倍，发状根紫杉醇含量为愈伤组织的1.3~8.0倍。

体细胞胚规模化培养用于次生代谢产物的生产在少数植物中开展了研究。

8.4.2.6 利用代谢途径调控和代谢途径基因工程

次生代谢产物的产生，受到多种生化代谢途径的控制，通过对代谢途径和关键酶进行深入研究，便可以在酶水平上对代谢途径进行调控，进而调控次生代谢产物的生产。随着对控制次生代谢产物代谢的关键酶基因的研究，亦可以利用基因工程手段，对次生代谢中的关键酶基因进行修饰和改造，以提高次生代谢产物的产量。

8.4.3 次生代谢产物的纯化和利用

8.4.3.1 细胞破碎

利用细胞工程生产的有用次生代谢产物，根据其能否通过细胞膜分泌到培养基中去的特点，可分为胞内次生产物和胞外次生产物。在大量生产胞内物质时，必须培养大量细胞用来提取；而生产胞外物质如生物碱、黄酮、蒽酮、各种色素等，细胞都可以自发地将其释放到培养基中。

对胞内分泌体系，传统的分离方法是必须通过破碎细胞来释放出产物。有多种破碎细胞的方法可供选择：如通过压力的突然变化，使细胞破碎的压力差破碎法；利用超声波发生器所发出的10~25 kHz的声波或超声波的作用，使细胞膜产生空穴作用而使细胞破碎的超声波破碎法；通过各种化学试剂对细胞膜的作用而使细胞破碎的化学破碎法；通过细胞本身的酶系或外加酶制剂的催化作用，使细胞外层结构受到破坏，而达到细胞破碎目的酶促破碎法等。

细胞破碎大大减少了细胞的使用周期，给本已生长缓慢的植物细胞培养增加了一个非常不利的因素，而且会降低收率、增加生产成本。由于生物制品的价格很大程度上取决于产物分离提纯过程，下游分离成本占总成本的比例高达50%~90%。为此，科学家们在不降低细胞活性的前提下，发展了促使胞内产物释放到胞外培养基中的促进释放技术。如改变培养基组成、电刺激法、二甲基亚砜（DMSO）类物质的化学渗透法和由培养基与萃取剂组成的双液相培养等，都是普遍采用的方法。

8.4.3.2 次生代谢产物的提取

对胞外分泌体系、经过细胞破碎处理的胞内分泌体系，或者采用了促进释放技术处理的细胞，可以应用多种方法提取培养体系中的次生代谢产物。

化学溶剂提取是采用单一化学溶剂或两种或多种溶剂进行提取。例如，花青素采用含有 1% 盐酸的甲醇提取，倍半萜内酯采用氯仿提取，银杏黄酮采用 75% 的乙醇溶液提取等。

水溶液提取是利用某些植物细胞次生代谢产物的亲水特性，在水溶液中溶解度较大进行提取的方法。例如，超氧化物歧化酶等酶类、小檗碱等胺型生物碱、芸香苷等苷类、甘草酸等有机酸等。

有些植物次生代谢产物能够随水蒸气蒸馏而不被破坏，可以采用水蒸气蒸馏提取，例如，大蒜素、丹皮酚等挥发成分，麻黄碱、烟碱、槟榔碱等小分子生物碱，小分子香豆素等。这些化合物微溶或不溶于水，在 100℃ 左右有一定的挥发性，当用水蒸气加热时，水蒸气将这些化合物一起带出。

植物次生代谢产物的提取过程受到各种外界条件的影响。其中主要影响因素是次生代谢产物在所使用的溶剂中的溶解度及其向溶剂相中分散的速度，同时受到温度、pH 值、提取液体积等的影响。

8.4.3.3 次生代谢产物的分离

分离提取出来的次生代谢产物所采用的方法，主要有沉淀分离、层析分离、萃取分离等三大类。

沉淀分离是通过改变某些条件或添加某种物质，使次生代谢产物在溶液中的溶解度降低，从溶液中沉淀析出，而与其他杂质分离的技术过程。沉淀分离是植物次生代谢产物的分离纯化过程中经常采用的方法。沉淀分离的方法有多种，如金属盐沉淀法、等电点沉淀法、有机溶剂沉淀法、盐析沉淀法、复合沉淀法、选择性变性沉淀法等。

层析分离是利用混合液中各组分的物理化学性质（分子的大小和形状、分子极性、吸附力、分子亲和力、分配系数等）的不同，使各组分以不同比例分布在两相中。其中一个相是固定的，称为固定相；另一个相是流动的，称为流动相。当流动相流经固定相时，各组分以不同的速度移动，从而使不同的组分分离纯化。层析分离设备简单、操作方便，在实验室和工业化生产中均广泛应用。常用的分离植物细胞次生代谢产物的层析方法有吸附层析、分配层析、离子交换层析、凝胶层析和亲和层析等。

萃取分离是利用物质在两相中的溶解度不同而使其分离的技术。萃取分离中的两相一般为互不相溶的两个液相，有时也可采用其他流体。萃取分离在植物次生代谢产物的分离纯化中广泛使用，并已经工业化生产。按照两相组成不同，萃取可以分为有机溶剂萃取、双水相萃取和超临界萃取等。

8.4.3.4 次生代谢产物的结晶

结晶是溶质以晶体形式从溶液中析出的过程。结晶是植物次生代谢产物分离纯化的一种手段。它不仅为次生代谢产物的结构与功能等的研究提供了适宜的样品，而且为较高纯度化合物的获得和应用创造了条件。

结晶的方法很多，主要的有盐析结晶法、有机溶剂结晶法、透析平衡结晶法、等电点结晶法等。在结晶之前，溶液必须经过纯化达到一定的纯度以有利于结晶。为了获得更纯的次生代谢产物，一般要经过多次重结晶。每经过一次重结晶，纯度均有一定的提高，直至恒定为止。在结晶时，溶液中次生代谢产物应达到一定的浓度。一般结晶时溶质浓度应当控制在处于稍微过饱和的状态。此外，在结晶过程中还要控制好温度、pH 值、离子强度等结晶条件，才能得到结构完整、大小均一的晶体。

8.4.3.5 次生代谢产物的干燥

在植物次生代谢产物的生产过程中，为了得到固体产物，便于保存、运输和使用，一般都必须进行干燥。常用的干燥方法有真空干燥、冷冻干燥、喷雾干燥、气流干燥和吸附干燥等。

复习思考题

1. 基本概念

细胞培养　悬浮培养　单细胞培养　植板率　细胞同步化　细胞固定化　平板培养　看护培养　微室培养　诱导子　生物反应器

2. 植物次生代谢产物有何主要功能？银杏内酯、紫杉醇、喜树碱等有何应用价值？
3. 好的悬浮细胞系有哪些特征？悬浮细胞培养各个时期有何特点？怎样促进培养细胞同步化？
4. 如何建立林木细胞规模化培养体系？
5. 林木细胞培养常用的反应器有何主要特点？林木细胞培养过程中有何主要工程技术问题？
6. 如何提高植物次生代谢产物的产量？
7. 如何对植物细胞次生代谢产物分离纯化？

本章推荐阅读书目

植物细胞工程．谢从华，柳俊．高等教育出版社，2004.
植物细胞工程实验技术．孙敬三，朱至清．化学工业出版社，2006.
植物细胞培养工程．元英进．化学工业出版社，2004.
次生代谢及其产物生产技术．曹福祥．国防科技大学出版社，2003.
植物细胞培养技术与应用．郭勇，崔堂兵，谢秀祯．化学工业出版社，2003.

第9章　菌根技术

【**本章提要**】菌根的概念、类型，菌根对宿主植物的作用；形成菌根的真菌和宿主植物；外生菌根与VA菌根研究方法；菌根技术的应用及菌根技术应用中注意的问题。

9.1　菌根的概念及类型

9.1.1　菌根的概念

菌根（mycorrhiza）是植物的根系与土壤真菌形成的一种互惠共生体系。菌根形成后菌根真菌从植物体内获取必要的碳水化合物及其他营养物质，而植物也从真菌那里得到所需的营养及水分，从而它们达到一种互利互助，互通有无的高度统一的关系，菌根既具有一般植物根系所具有的特征，又有专性真菌所具有的特征。因此，菌根被认为是植物与菌根真菌共同进化的产物。

9.1.2　菌根的主要类型

根据菌根形态学及解剖学特征的不同可把菌根分为3个主要类型：外生型菌根、内生型菌根和内外生型菌根。目前，研究最多的是外生型菌根和内生型菌根中的丛枝菌根。

（1）外生型菌根（ectomycorrhiza）

外生型菌根又称菌套菌根，它是菌根真菌的菌丝体包围宿主植物尚未木栓化的营养根，其菌丝不穿透宿主植物的细胞壁，在宿主植物细胞壁之间蔓延生长。外生菌根具有以下主要特征：①在植物营养根表面，形成一层由菌根真菌的菌丝体紧密交织而形成的菌套（fungal mantle），在菌套表面往往有特征不同的外延菌丝；②在根皮层细胞间，由于菌丝体的生长，宿主植物外皮层细胞一个个地被真菌菌丝所包围，形成了网格状的结构，称之为“哈蒂氏网”（hartig net）（图9-1）；③宿主植物营养根通常变短、变粗、变脆；④植物营养根发生明显的颜色变化；⑤营养根无根冠和根毛。

外生菌根根据真菌、树种和环境的不同，会形成不同形状的菌根形态。如棒状、二叉状、羽状、塔状、疣状或块状等（图9-2）。

外生菌根的颜色就是菌套的颜色，新鲜菌根的颜色十分繁多，这也是外生菌根重要的形态特征之一。其颜色的变化主要取决于菌根真菌菌丝的颜色、菌套的厚度和树木营养根的底色。但受真菌菌丝体颜色的影响最大。如土生空团菌（*Cenococcum geophilum* Fr.）菌丝为黑色，形成的菌根就是黑色；卷边桩菇

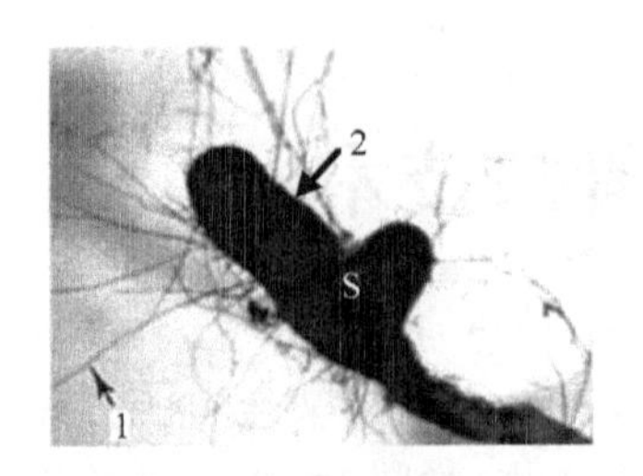

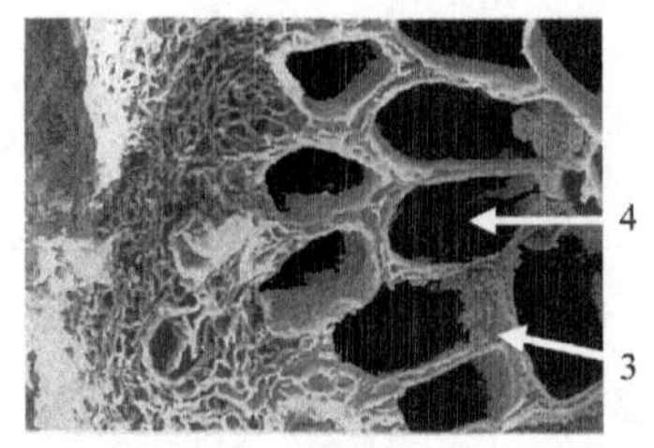

图 9-1 外生菌根的菌套及哈蒂氏网结构与形态（引自 Brundrett，1996）

1. 外延菌丝 2. 菌套 3. 哈蒂氏网 4. 宿主细胞

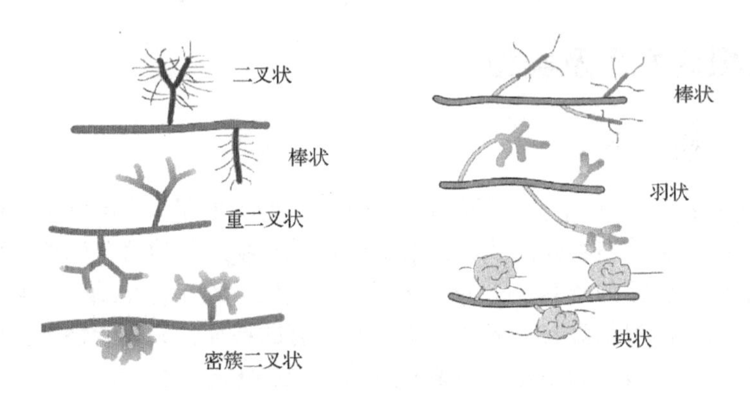

图 9-2 外生菌根分叉形状示意图（引自 Brundrett，1996）

（*Paxillus involutus* Fr.）菌丝为浅黄褐色，形成的菌根多为黄褐色；彩色豆马勃［*Pisolithus tinctorius*（Pers.）Couch.］菌丝为黄褐色，形成的菌根也是黄褐色。

（2）内生型菌根（endomycorrhiza）

内生型菌根是指菌根真菌的菌丝体侵入到宿主植物细胞内部，在根皮层细胞内形成不同形状的吸器，宿主植物的根一般无形态及颜色的变化，在根表面也没有菌套和外延菌丝，仍可见到根毛，用肉眼很难发现或区别是否有菌根形成。在植物根系皮层组织的细胞间有纵向的胞间菌丝，但不形成“哈蒂氏网”。内生菌根包括：泡囊丛枝菌根（vesicular arbuscular mycorrhiza，简称 VA 菌根）、杜鹃类菌根（ericaceous mycorrhiza）及兰科类菌根（orchidaceous mycorrhiza）。目前，在内生菌根中研究最多，并普遍存在的是泡囊丛枝菌根，大约全球 90% 以上的有花植物，以及蕨类和苔藓都具有泡囊丛枝菌根。它们的分布几乎遍及世界各地。植物根被泡囊丛枝菌根真菌感染后，通过显微镜能明显地看到根部皮层组织的细胞间或细胞内有泡囊、丛枝（图 9-3）和内生菌丝，在根的表面和根际土壤中有外生菌丝、孢子和孢子果等结构。

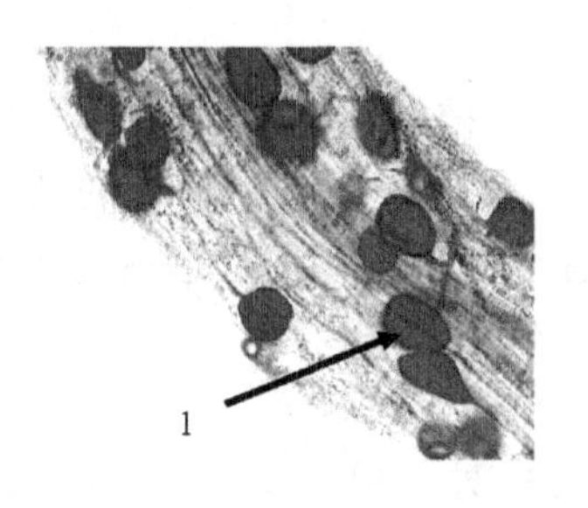

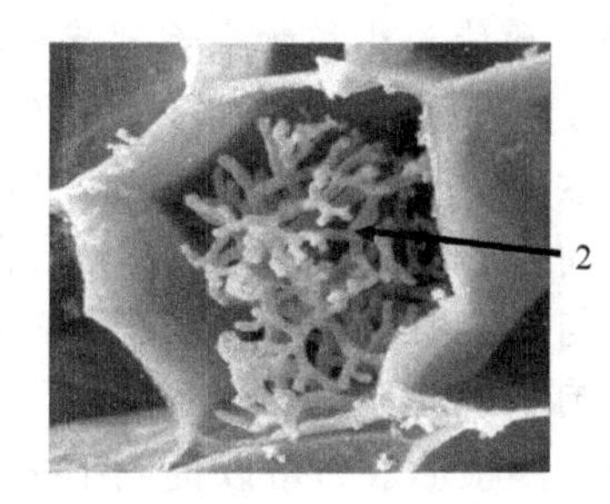

图 9-3 VA 菌根的泡囊与丛枝（引自冯固，2001；Brundrett，1996）
1. 泡囊 2. 细胞内丛枝

9.2 菌根对宿主植物的作用

（1）菌根能扩大宿主植物根的吸收面积

植物形成菌根后可以通过以下机制扩大宿主植物的吸收面积：

①外生菌根形成后在根表面有许多外延菌丝，土壤中有外生菌丝或菌索，它们都是菌根的主要吸收器官，它们的数量和长度远远超过根毛，从而在较大范围内帮助宿主植物吸收营养与水分。

②外生菌根根系上的菌套能使根系明显增粗，从而增大了根系与土壤的接触面积，进而增大了根系对营养与水分的吸收面积。

③菌根的吸收功能可维持一个生长季，而一般根毛的吸收功能只能维持几天（Trappe & Fogel，1977），从时间的角度看菌根能更长时间帮助植物吸收水分与各种营养。

④VA 菌根的根外菌丝可以穿透土壤密度为 $1.8g/cm^3$ 的土壤来帮助植物吸收所需营养与水分，研究还表明 VA 菌根的根外菌丝能够伸达数厘米，甚至 20cm 外的范围内帮助宿主植物吸收养分与水分（Rhodes *et al.*，1995），这无疑扩大了宿主根系的吸收范围。

（2）增加宿主植物对磷及其他矿质营养的吸收

菌根能够促进植物对磷及其他矿质营养的吸收，主要通过以下途径实现：

①研究表明，在土壤中不可给态的磷可达50%~75%，甚至高达95%~99%。那么，在土壤中就形成了一个植物根系无法吸磷的“贫磷区”。而菌根的菌丝非常纤细，穿透力又强，可伸展到“贫磷区”外或岩石缝隙中吸收矿质磷素，而一般植物的根系无法实现。菌根吸磷的速率通常为根毛的 6 倍（Sanders *et al.*，1973）。

②菌根还能分泌大量的草酸，通过与铁、铝等螯合，释放出土壤中固定态的磷酸根，从而对植物吸收磷产生有利的作用（Lapeyrie *et al.*，1987）。

③菌根能产生磷酸酶，把不溶性的磷转变为可溶性的磷（Ho & Zak，1979），从而为植物吸收矿质磷创造了有利条件。

④研究结果表明，菌根还能促进宿主植物对微量元素，如 Zn、Cu、Mg、Fe、B、Si 等的吸收，满足植物正常生长、发育所需。

(3) 菌根真菌能产生植物生长调节物质

菌根真菌在生长和共生过程中可产生多种植物生长调节物质，如细胞生长素、细胞分裂素、赤霉素、维生素 B_1、吲哚乙酸等。这些激素同植物本身所产生的激素具有同样的性质。并且，菌根真菌产生的激素有时是在与植物形成菌根之前，在菌丝与宿主植物一接触就产生刺激作用。

(4) 菌根可提高植物的抗逆性

研究表明，菌根形成后可以提高宿主植物对干旱、盐碱、pH 值及重金属等胁迫环境的抗性，从而提高宿主植物在这些胁迫条件下的生存能力。雷增普研究表明，在绝对干旱条件下，4 个月龄的油松菌根苗死亡半数所需时间比非菌根苗要推迟 17d。白淑兰等研究证实，纯培养条件下黏盖牛肝菌（*Suillus bovinus* Kuntze）纯培养菌丝对液体培养基中 Zn^{2+}、Cd^{2+} 具有显著的吸附作用，并且接种黏盖牛肝菌的油松苗对 Zn^{2+}、Cd^{2+} 污染土壤具有明显的耐受性，当 Cd^{2+} 浓度为 40mg/L、Zn^{2+} 浓度为 400mg/kg 时，接种黏盖牛肝菌的油松苗能够正常生长，而不接种的油松苗此时死亡。

(5) 菌根改善植物根际环境

菌根真菌的活动直接或间接地影响植物根际微生态域变化，根际微生态域变化又会影响到根际微生物区系的功能与活性，进而影响到宿主植物根系对养分吸收与利用的效率。据张献义研究表明，菌根化的火炬松和湿地松根际黏胶层空间范围大大超过无菌根的根际（张献义，1995）。黏胶层物质可扩大根部离子交换区域，加速离子交换速度，扩大养分吸收和储运，能有效地促进宿主植物的生长与发育。

(6) 菌根增强植物的防病、抗病能力

菌根防病抗病能力主要通过以下几种机制实现：①菌根能产生抗生素，抑制某些根部病原菌生长与繁殖；②菌根的存在使植物根际营养更加合理，微生物区系更加完善，从而在根际周围形成一个由根际微生物构成的保护层；③外生菌根紧密交织的菌套产生机械屏障作用，对病原菌穿透根部组织，以及机械损伤具有一定的阻碍和保护作用。

9.3 形成菌根的真菌和宿主植物

9.3.1 形成外生菌根的真菌

据有关专家估计，全球能形成外生菌根的真菌有 49 个科约 133 个属，有 6 000种以上的真菌能够形成外生菌根。形成外生菌根的真菌多属于担子菌亚门层菌纲的各属真菌，如牛肝菌属（*Boletus* Dill. ex Fr.）、黏盖牛肝菌属（*Suillus* Mich. ex Gray.）、鹅膏菌属（*Amanita* Pers. ex Gray.）、乳菇属（*Lactarius* Pers. ex Gray.）、红菇属［*Russula*（Pers. ex Fr.）Gray.］、桩菇属（*Paxillus* Fr.）、丝膜菌属（*Cortinarius* Fr.）、枝瑚菌属［*Ramaria*（Fr.）Bon.］等，这些真菌通常都能在地面上形成子实体，即蘑菇。还有腹菌纲的须腹菌属（*Rhizopogon* Fr.）、豆马勃属（*Pisolithus* Alb. et Schw.）和硬皮马勃属（*Scleroderma* Pers.）。子囊菌亚门的空团囊菌属（*Cenococcum* Fr.）、埋盘菌属（*Peziza* Dill. ex Fr.）和块菌属（*Tuber* Mich. et Fr.）等。接合菌亚门中的内养囊霉属（*Entrophospora* Ames et Schneider）。我国仅据目前已报道的统计，能形成外生菌根的真菌约有28个科63个属。

9.3.2 形成VA菌根的真菌

与外生菌根真菌相比，形成VA菌根的真菌种类要少得多。主要是球囊霉门（Glomeromycota）球囊霉纲（Glomeromycete）。包括球囊霉目（Glomerale）、类球囊霉目（Paraglomerale）、原囊霉目（Archaeosporale）、多样囊霉目（Diversisporale）等4个目的10个属的真菌。

9.3.3 形成外生菌根的宿主植物

形成外生菌根的植物约占有花植物的3%（Smith & Read，1997），绝大部分都是乔灌木树种，只有极少数是草本植物和亚灌木。研究表明，我国能形成外生菌根最多的植物科为：松科（Pinaceae）、柏科（Cupressaceae）、槭树科（Aceraceae）、桦木科（Betulaceae）、杨柳科（Salicaceae）、壳斗科（Fagaceae）、核桃科（Juglandaceae）、椴树科（Tiliaceae）、榆科（Ulmaceae）、蔷薇科（Rosaceae）等植物。

9.3.4 形成内生菌根的宿主植物

研究表明，在自然情况下，陆生植物中除一些植物能形成外生菌根，加之十字花科、藜科、莎草科和灯心草科植物很少形成菌根外，其余90%以上的陆生植物均可形成内生菌根。

9.4 菌根研究方法

9.4.1 外生菌根研究方法

9.4.1.1 外生菌根的调查

根据不同目的与要求，菌根调查可分为一般调查、重点调查和调查研究3种。通过相关调查，可以收集到有关生态、分布及菌根与环境的关系，甚至更加深入的现象或规律性的资料等。

（1）调查时间

最好选择在4～10月，各地区视本地气候和降雨时间的不同选择合适的时间，以林地上菌根真菌子实体大量产生的季节为最佳，可以最大限度地收集到更多种类的菌根真菌子实体，使得调查结果更符合客观实际。

（2）调查内容

根据菌根调查种类的不同，调查的内容也有一定的差异。如一般调查主要调查内容多为菌根真菌种类、多度，以及各树种菌根感染情况等，对于立地条件、地质地貌、森林植被、宿主种类等相关资料也应做相应的记录，必要时应收集一定数量的标本，详细填写调查表，并拍照或绘制草图等。而重点调查是在一般调查的基础上，对某些值得深入研究的问题进行的调查，可设置一些标准地，其研究内容更加深入系统。调查研究属于实验研究。

9.4.1.2 样本的采集与保存

(1) 菌根标本的采集

①一般来说，菌根标本的采集较容易，对于幼树或根系较少的树木，可将根系全部挖出，选其典型的菌根形态作为标本。对于森林中的大树，可以挖其某一侧根取其典型的菌根作为菌根样品，挖出的根系需要小心处理，可用铁铲等工具剥去表面泥土，注意不要碰断菌根，装入塑料袋中用松软保湿的东西填充，然后带回室内洗净后进行详细观测。②菌根真菌子实体标本采集较麻烦些，因为菌根真菌子实体易损坏，而且子实体上的许多特征或结构均为分类鉴定的重要依据，标本的损坏可能会导致鉴定错误或无法鉴定。因此，菌根真菌的标本要求比较完整，采集时应选择新鲜、完整、有代表性的子实体，用小刀从子实体基部挖取，以保证菌体的完整。对于有些基部连有菌索的子实体，应进行菌索追踪调查。对采集到的标本应及时进行处理，一定进行形态特征观察和记录，以及从不同角度对其拍照。一般同一种标本要采5份以上。如果需保留菌种，应尽快进行分离培养。

(2) 菌根标本的制作与保存

常见菌根及菌根真菌子实体标本可分为干标本及浸泡标本两种。①子实体干标本可将采集的子实体用铁丝钩悬挂于烘箱的网架上，用50℃烘箱烘至干燥为止，然后放入专用纸袋或纸盒中，在专门的标本箱内保存，同时放一些卫生球等防虫防腐药物以防虫蛀和霉变。菌根干标本制作相对容易些，采用蜡叶标本制作法或将近干的标本夹在塑料膜中塑封。②菌根和菌根真菌子实体浸泡标本一般用FAA固定液浸泡即可，浸泡标本一般使用玻璃器皿密封保存，可随时取出观察。

9.4.1.3 菌根形态观察

(1) 菌根形态观察

菌根形态观察的内容包括：菌根形态，菌根分枝情况，长度及直径大小，菌根颜色等。外部形态观测一般选用10~40倍解剖镜进行，最好使用新鲜样品，除了进行形态、颜色观察外，还应进行形态特征的描述或绘图，有条件最好进行显微拍照。

(2) 菌根感染率统计

菌根感染率是检验菌根形成与感染强度的重要指标，也是对某试验效果好坏的重要评价指标之一。常见的统计方法有：

①目测法：对于大批量苗木进行菌根感染率检查时，采用目测法比较快捷有效。即：随机抽取待测苗木，观察根系上有菌根的根系数量占总根数的百分比来估计菌根感染率，最后确定整批苗木的菌根感染率。

②划线交叉法：随机抽取要调查的苗木，从中再随机抽取一定量的侧根剪成0.5cm或1cm的根段。如果根样太多，可以用对角线法进行缩减。然后把根样放入划有$1cm^2$方格盛水的培养皿中，用解剖针使之分散铺匀，统计与方格线相交的菌根及普通根的数量，计算菌根感染率，最后推算整批苗木的菌根感染率。

（3）菌根解剖学特征的观察

菌根解剖学特征观察是菌根研究中又一重要内容，观察内容包括：菌套厚度、菌套内菌丝排列特征、哈蒂氏网结构等。尤其菌套及哈蒂氏网结构的观察最为重要，因为菌套与哈蒂氏网的存在与否，是衡量是否有外生菌根形成的重要证据。菌根解剖学特征观察通常需要制作徒手切片或石蜡切片（具体方法可参考植物显微技术）。把制作好的玻片标本，放在光学显微镜上观察，从而判断菌根感染情况、菌套结构与厚度、菌套各层菌丝的厚度、排列及其类型，外延菌丝特征，哈蒂氏网结构等，最好用测微尺对其各种特征的相关数据进行测量。

9.4.1.4 菌根真菌的分离与培养

（1）真菌子实体分离法

子实体分离法是菌种分离最简单、最可靠的一种方法。首先选择新鲜、幼嫩、未开伞、无损伤、无病虫害的子实体，去其表面杂物及泥土。再用75%酒精进行表面消毒，用已消毒的手从子实体菌柄基部将子实体掰开，用无菌解剖刀在掰开的子实体内部不同部位切取菌块，迅速放入试管斜面上，封好，并做好标记，以免混淆。然后置于25℃左右的温箱中培养。当菌体萌发时，尤其是同一试管中有污染时一定要及时将萌发的菌丝用解剖针挑起移入新的培养基中，分离的菌种一定要经过几次转接以纯化菌种。分离时最好在采集的当天进行。

（2）菌根组织分离法

在菌根真菌无子实体，或需要开展回接试验时，应该考虑直接从菌根组织上分离菌种。用菌根组织分离菌种时要求被分离的菌根样品要新鲜、幼嫩、无污染，要分离的菌根样品在采集时就要注意保持湿润，采回的样品最好立即分离。分离时首先将样根洗净，在解剖镜下切取新鲜菌根组织若干，按形态特征进行简单归类，再用75%酒精浸泡3~5min，用无菌水冲洗几次，最后用0.1%升汞溶液消毒30~60s后，用无菌水冲洗3次后置于消毒滤纸上吸去表面水分，用无菌解剖刀将菌根组织切成小片，均匀摆放在培养基中。于25~26℃温箱中培养。分离培养后应每天进行观察，及时淘汰污染的培养皿或菌落。萌发后将不同形态或颜色的菌丝及时挑出转皿，分别再培养，直至纯化为止。

9.4.1.5 菌种的保藏与复壮

菌种保藏对于菌根研究也是很重要的一项工作。菌种保藏的原则是：要保存菌种的生命力，同时也不至于使菌种退化。目前，在多数实验室最方便可行的保藏方法是低温冰箱保存。将试管菌种用消毒报纸包好后置于3~5℃冰箱中。一方面可降低菌种生活力，抑制其生长；另一方面也可以使培养基不致很快干燥，保存期间也不易受污染。这种保存方法也需要定期转管移植，一般5~6个月要移植一次。另外，对于保藏菌种的冰箱一定要保证洁净，尽量不放置其他物品。

在菌根研究中经常会遇到原来生长很好的菌种在某一阶段生长不正常，这可能是菌种在同一培养基中多次转接，使菌种缺乏某些需要的营养所致或受环境的影响。所以这时就需要采取一些措施进行菌种复壮。常用的方法有调换新的培养基进行培养或把菌种包好暂时放到3~5℃的冰箱中7~10d，然后再进行接种会收到较好的效果。

9.4.1.6 外生菌根的人工接种

人工接种也是菌根研究中一项十分重要的工作，它是指人为将菌根真菌的繁殖体放置于宿主植物的根系附近使之与植物根系相接触，以诱导菌根的形成。接种方法主要有：

(1) 组培苗接种

组培苗接种可在芽条移入瓶后5~10d内进行，每瓶接入2~3个0.25cm² 大小的平板菌块后继续培养，如果幼苗在瓶内生长时间较长，幼苗在瓶内生长期间就可形成菌根。菌种接入时间、接种量等要取决于菌种的生长速度和苗木生长速度，生长较快的菌种，可推迟接种或减少接种量；反之，则可提前接种或加大接种量，苗木生长快的可以提早接种。

(2) 幼苗接种

幼苗接种是在苗圃中菌根化容器苗培育时对移栽的幼苗进行接种或在实验室进行各种菌根研究试验时，对幼苗进行接种的方法。既可节省用工，也可节约菌剂，而且也可达到批量接种的目的，如将菌剂制成泥浆对幼苗进行蘸根，或将菌剂配制成黏稠状菌悬液浸根4~6h，也可达到接种的目的。为了促使根系尽快感染菌根，还可在蘸根或浸根前适当剪去一些过长或受伤的根系，起到截根菌根化的作用。

(3) 接种后的管理

为了达到接种的目的，还必须对接种的苗木进行认真管理。一般来说，接种后尽量不使用除草剂、杀菌剂、杀虫剂等化学药剂，控制水肥条件，切忌水分过多，以免影响菌根的形成，同时增加光照强度对菌根形成也十分有利。

9.4.2 VA菌根研究方法

虽然人们很早就发现了VA菌根的存在，但菌种的获得一直是阻碍VA菌根研究的关键。直到1961年，Gerdemann & Nicolson使用“湿筛倾析法”从土壤中分离出VA菌根真菌的孢子果和孢子，并采用盆栽方法进行VA菌根的接种与扩繁，才给VA菌根研究的发展带来了突破，同时也解决了森林土壤中由于有机质过多而导致孢子果及孢子分离十分困难的技术问题，从此，人们对VA菌根的研究进入了新的阶段。

9.4.2.1 VA菌根的调查与样品的收集

(1) VA菌根样品的收集

VA菌根真菌的孢子和孢子果一般存在于宿主植物根际附近的土壤里，所以VA菌根的调查首先要收集各种植物的根际土壤，然后在室内进行处理，从中获得孢子和孢子果再进行分类鉴定。因此，VA 菌根真菌样品的收集也就是不同类型或不同作物根际土壤样品的收集过程。VA 菌根真菌一般分布在土壤的耕作层中，绝大多数与营养根共生，那么 VA 菌根真菌样品采集，应收集目的植物营养根和根际土壤样品。样品的收集可以用小铲收集。调查时需要记录的生态因子包括：海拔、地形、气候及植被、土壤类型、宿主植物、附近植物种类及其生长发育阶段等；室内分析部分包括土壤类别、土壤性质、湿筛结果、菌种鉴定初步结果等。有时还需要测定目的植物根系的自然感染率等。

（2）VA 菌根真菌孢子的收集与筛析

①将收集的土壤样品混匀，称取 50～100g 放在一个烧杯中，用清水浸泡 20～30min，使土壤分散。若土壤分散困难，可延长浸泡时间或放少许分散剂，直至完全分散为止。②选择孔径分别在 0.8～0.005mm 范围内的洁净土壤筛，使小孔径筛放在最下层，分层重叠，并使筛面适当倾斜。③用玻璃棒搅拌烧杯中的土壤浸泡液，停放稍许等大的石砾或杂物沉积在容器底部后，将上层的土壤悬浊液轻轻地倒在最上一层的土壤筛内，最好集中在一个较小的范围内倾倒，以保证筛出的孢子尽量集中，减少损失。④用清水充分冲洗每个孔径筛面上的筛出物，尽量使每个筛面上留有本应滞留的孢子，直至没有土壤微粒为止。⑤用清水分别冲洗各筛面的筛出物，装入离心管内，加水至离心管的 1/2 处，以 2 000～3 000r/min离心 5min。⑥去除水面杂物及上清液，有时上清液内含有较轻的孢子，应先镜检后再丢弃。保留下部沉淀物，加入 45%～50% 的蔗糖溶液至离心管的 1/2 处，再用 2 000～3 000r/min 离心 1～2min。⑦此时孢子多浮于液体表面，可分别将上清液倒入放有滤纸的最小孔径的筛网上，用清水仔细冲洗，去其糖液，然后再将孢子仔细冲入培养皿中镜检即可。

9.4.2.2 VA 菌根真菌的扩繁

为了达到纯化菌种的目的，有时必须进行菌种的扩繁，这里介绍一种常用的方法——单孢培养法。单孢培养是在筛出孢子的基础上，挑选单个孢子，直接接种在消毒基质上，并种上无菌宿主幼苗，利用其根系进行生长繁殖，经过一段时间后，整个基质所带菌种就是由单一孢子繁殖而来的纯菌种（图 9-4）。

9.4.2.3 VA 菌种样品的保存

前面提到 VA 菌根真菌的孢子一般是存在于土壤样品中，所以 VA 菌根真菌样品一般是以土壤样品的形式进行保存，装于塑料袋或布袋内，以 5℃ 条件下保存效果较好。也有研究证实，VA 菌种保存在宿主植物根段内更有利于菌种生活力的维持，因此，对菌根感染率高的也可直接保存宿主植物根系。

9.4.2.4 VA 菌根侵染状况观察

VA 菌根研究与外生菌根研究一样，在菌根调查或接种试验研究时，需要对宿主菌根侵染情况进行观察。但 VA 菌根感染情况观察不能像外生菌根那样，可以由外部形态特征来判断，而必须经过显微制片等一系列工序，并通过在显微镜下观察后方能判断其感染情况。

（1）根样的采集

根样的采集必须具有代表性，若是采集多个植物的根样，就应分别每株取样

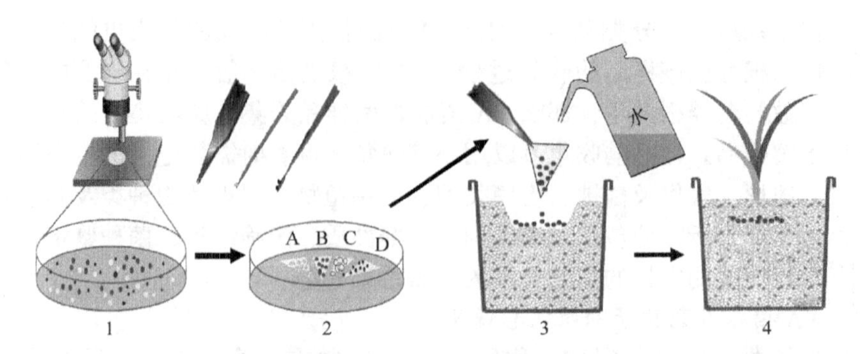

图9-4 单孢分离法（引自 Brundrett，1996）
1. 在解剖镜下筛选孢子 2. 挑选相同类型孢子置于不同的滤纸上
3. 把同种孢子放入已消毒的盆钵基质中 4. 播入宿主植物种子使其生长繁殖

后再进行混合，然后从中取样；若是单株植物，应分别从苗木根系不同方位取样，混合后再按所需的样品量进行取样。取样后首先清洗根样，再用洁净的吸水纸吸其表面的水分，然后分别剪成1cm长的根段，放入FAA固定液中固定。

（2）*根样的染色*

植物被VA菌根真菌侵染后与外生菌根最大的区别是根的颜色没有明显变化，那么要清晰地观察是否有VA菌根真菌侵染，必须对所采的根样进行染色处理，目的是使VA菌根真菌着色，以方便进行显微观察。Phillips和Hayman（1970）的染色法是比较常用的方法。

（3）*划线交叉法统计菌根感染率*

与外生菌根感染率的统计方法相似，只是这里观察的是经过染色的根段。即把经过染色的根样放入划有1cm^2方格盛水的培养皿中，用解剖针摊匀，在40~100倍的解剖镜下观察并统计与方格线相交的菌根及普通根的数量，计算菌根感染率。

9.4.2.5 VA菌根真菌的鉴定

同外生菌根真菌鉴定一样，国内目前对VA菌根的鉴定仍然是以菌根真菌孢子形态、大小、颜色、孢子壁层次结构、纹饰、内含物以及着生排列情况、联孢菌丝特征、内生泡囊形状等指标为主要依据，当然，如能使用某些生物化学、分子生物学等手段进行鉴定更为理想。

9.5 外生菌根真菌的扩大繁殖

9.5.1 菌根真菌的固体培养

固体培养是利用一些固体基质作原料，经过消毒灭菌后，直接将平板、固体或液体菌种接入其中，置于25~27℃的温度条件进行培养，使菌丝体迅速生长与繁殖，达到菌种扩繁的目的。固体基质可选择植物废料，如棉籽壳、草炭、泥炭、香蕉茎、稻草、玉米芯等，还可选择一些矿质材料，如蛭石、土壤、浮石等，也可取其中上述一些材料的几种，按一定比例配制。再在选择的基质中加入必要的碳源、氮源等营养物质及水分，经混合拌匀消毒灭菌后进行接种培养。

9.5.2 菌根真菌的液体培养

液体培养是按照菌种生长特性配制适合的营养液，经过灭菌后接种菌根真菌菌丝体，在摇床或发酵罐内进行培养与繁殖，以最佳的营养条件达到较高的繁殖指数，生产出更多菌丝体的一种方法。利用液体培养菌种的方法，其菌丝体的繁殖速度远远高于固体培养，一个繁殖周期，菌丝体的增殖倍数可达固体培养的 10 倍，甚至更高。因此，液体培养是菌种扩大繁殖的重要方法之一。液体培养的菌丝体可以直接制成液体菌剂，用于苗木接种；也可以进一步接入液体或固体培养基中，再次扩大繁殖，也可以利用菌丝体生产出其他类型的菌剂，如胶囊菌剂。

9.5.3 菌根菌剂的类型及其生产

(1) 液体菌剂

液体菌剂的生产方式有 3 种形式。①以菌丝体为材料，制作成的液体菌剂，可通过摇床或发酵罐生产菌丝体，然后经粉碎并配以适当的水即可直接用于接种。②以孢子粉为材料，制作成孢子粉悬浮液，即可直接用于接种。这种菌剂的孢子粉可以是人为生产，也可以是从自然条件下采集子实体，收集其中的孢子，如马勃类菌根真菌产孢子量非常大，可以充分利用这一优势。然后再根据不同的情况配制成不同浓度的孢子悬浮液，直接应用。③将菌根真菌的子实体直接放在粉碎机中粉碎，加入适量水或营养液，配制成适合浓度的子实体菌悬液，直接接种即可。后两种液体菌剂生产方便，完全可以发动群众自制，最大限度地降低育苗成本。

液体菌剂的使用方法可以分为注射、淋根、浸根等多种形式，也可将菌剂与黏土按一定比例配制成泥浆，再进行苗木蘸根效果可能更好。

(2) 固体菌剂

固体菌剂是利用多种固体原料混合后，加入适当营养物质，灭菌后人工接入菌根菌种，在适宜温度条件下生产而成的菌剂类型。另外，还可以采集菌根真菌的子实体粉碎后混以适量的固体材料，如蛭石、砂土等。制作成固体菌剂直接用于接种。固体菌剂的使用方法有撒施及穴施。

固体菌剂制作方法简单，方便运输及储存，容易为群众所接受。有条件的地方，群众也可就地生产，避免长途运输。

(3) 胶囊菌剂

胶囊菌剂是今后菌剂研发的主要方向。它是以海藻酸盐为载体，将菌根真菌的菌丝体经粉碎后作为材料包埋在其中，成为一种丸状的菌剂类型。其主要生产方法：首先在摇床上或液体发酵灌内生产菌根真菌的菌丝体，其次是将菌丝体粉碎再与海藻酸盐溶液混合，最后是将混合物滴入固化剂（$CaCl_2$）中使其成形。

胶囊菌剂的特点是储存、运输、使用均很方便，接种成本低，易实现工业化与规模化生产，而且效果较好。但应该注意的是，在生产过程中一定保证固化剂浓度能够使包埋的菌丝萌发，并在生产过程中时刻检查其浓度，切忌浓度过大而影响菌丝的活力。

9.5.4 菌剂检测与储存

菌根菌剂如果作为一种商品，应当符合一定的质量标准，除了对使用者负责外，这也是生产经营者所必须具备的科学态度与敬业精神。目前，我国还没有菌根菌剂的质量检测标准，其他国家也不多见。菌剂既然是商品必须在包装箱上印有菌剂名称、商标、标准号、生产许可证号、生产厂名、厂址、生产日期、有效期、批号、净重，以及防晒、防潮、易碎、防倒置等标志。内包装上应标注有菌种名称、合格证、有效菌含量、产品性能及使用说明。如果没有以上标注就属于不符合标准的产品，即为“三无”产品，甚至为假冒伪劣产品，消费者一定慎重选用。

一般消费者拿到菌剂产品后除应检查产品的上述相关资料外，还应注意以下指标：①从外观看菌剂颜色是否纯正，有无杂菌污染，有无臭味。一般合格的菌剂产品都具有清香的蘑菇味，不会有其他怪味。②如果是固体菌剂，要看水分是否适当，水分过多或过于干燥都会影响菌丝体的活力。③有效期不得低于6个月。④胶囊菌剂应该有一定的弹性，水分必须适宜。⑤外包装是否符合微生物肥料包装、运输、储藏的要求等。

菌剂储存于3～5℃环境中，保持洁净、避光，特定的冷藏室储存效果最佳。

9.6 菌根技术应用中注意的问题

菌根技术目前在许多国家都在应用，尤其发达国家把菌根技术作为造林生产的常规技术必须予以使用，否则不允许造林。但是，这并不说明菌根是一种“灵丹妙药”，不是一种菌种在任何场合、任何条件均可取得良好效果。众所周知，菌根对某些病害具有防治作用，但它不是“农药”，它不会像农药那样立竿见影；还有，菌根虽然具有促进植物生长的作用，但它并非“肥料”。它是一种生物制剂，它的应用会受到许多环境因素的制约，同时，也不是任何一个菌种对任何植物都有效，这里涉及宿主植物与菌根真菌之间的相互识别机制，换句话说就是存在着优良“菌树组合”问题。菌树的这种共生关系之间包含着非常复杂的生理生化过程，虽然人们已研究了100多年，然而还有大量问题尚待人们去解决。因此，只有在人们全面地、正确地认识了菌根，才可能灵活应用，让它发挥出最有效的作用，为恶劣生境的植被恢复与重建增添新的活力。

（1）适地适树适菌

造林工作提倡“适地适树”。那么菌根技术的应用也应为特定立地条件生长的树种选择最适合的菌种，称之为“适地适树适菌”。只有这样才能最大限度地发挥菌根的有益作用。

（2）林业技术的配合

菌根技术的应用必须配合于适当的生产技术措施，原则是为菌根真菌的继续生长与菌根形成创造最适合的条件。否则菌根无法发挥其应有的作用。①植物与真菌生长都需要一定的营养条件，所以，需要施入一定的肥料，但肥料过多不仅会造成浪费，而且会降低菌根的作用。因此，在生产中适当地施肥是正确运用菌根技术的一个重要方面。②过于黏重的土壤接种时可适当混合一些通气性好的基质会收到较好的接种效果。③菌根技术应用过程中最好不要使用化学药剂，尤其是杀菌剂、除草剂的使用更要慎重，因为这些药剂的使用会直接杀死菌根真菌，影响菌根真菌生存环境，会降低菌根侵染率及菌根作用的发挥。所以，育苗前一定做好病虫害的预防工作，减少化学药剂的使用。

（3）正确而灵活运用接种技术

①菌根的形成是在植物的营养根上，所以，接种时应尽量使菌剂直接与苗根接触，在短期内使其侵染形成菌根，尽早发挥菌根的有益作用。②接种以幼苗期接种为最好，以春季新的营养根生长时为最佳。③接种量也应适当，接种量的大小与菌根形成的速度有直接关系。幼苗接种量可小一些，大的苗木接种量可适当加大，一般在生产应用前适当做生产小试为更科学合理。

复习思考题

1. 基本概念

菌根　外生型菌根　内生型菌根　VA 菌根　泡囊　丛枝　菌套　外延菌丝　外生菌丝　哈蒂氏网　菌根真菌　湿筛倾析法　液体菌剂　固体菌剂　胶囊菌剂　适地适树适菌

2. 怎样判别植物是形成外生菌根还是形成了 VA 菌根？
3. 谈谈菌根形态观察及菌根感染率的统计方法。
4. 菌根对宿主植物的作用有哪些？
5. 幼苗接种方法及菌根技术应用中应注意的问题有哪些？

本章推荐阅读书目

菌根研究及应用．弓明钦，陈应龙，仲崇禄．中国林业出版社，1997.

丛枝菌根及其应用．刘润进，李晓林．科学出版社，2000.

丛枝菌根生态生理．李晓林，冯固．华文出版社，2001.

Working with mycorrhizas in Forestry and agriculture. Brundrett M, Bougher N, Dell B, *et al.* ACIAR, Monograph, 1996.

第10章　植物遗传图谱构建与基因定位

【**本章提要**】遗传连锁图谱的概念，遗传标记的种类，主要DNA分子标记的原理、特点与应用，遗传作图群体建立及遗传连锁图谱构建，QTL定位分析方法，主要植物遗传图谱构建及QTL研究进展，分子标记辅助选择育种。

遗传连锁图谱（genetic linkage map）就是通过遗传重组得到的分子标记和基因在染色体上的线性排列图。遗传连锁图谱的构建是基因组研究中最基础的工作，是基因组结构和功能研究的基础。通过遗传连锁图谱可以进行重要性状的QTL定位，从而进行分子标记辅助选择育种。构建不同种或不同属植物的遗传连锁图，还可进行比较基因组学研究，分析物种的结构和进化关系。若要开展遗传连锁图谱的构建首先应该先来了解遗传标记。

10.1　遗传标记

10.1.1　遗传标记的种类

在植物遗传育种研究中，需要利用既稳定又容易鉴别的遗传标记来研究性状的遗传和变异规律。遗传标记（genetic markers）是指可以稳定遗传的、容易识别的、特殊的遗传多态性表现形式。在植物遗传育种研究中应用的遗传标记需要具备以下条件：①多态性高，能够提供丰富的变异信息；②多为共显性，以便鉴别纯合体与杂合体；③稳定性好，不易受环境的影响；④分析成本低，容易观察记载。遗传标记主要包括形态学标记（morphological markers）、细胞学标记（cytological markers）、生化标记（biochemical markers）和分子标记（molecular markers）4种类型。

（1）形态学标记（morphological markers）

形态学标记是指那些肉眼能够观测到的外部形态特征性状的标记。如植株高矮、叶型、叶色、穗型、籽色、株型、分枝等。广义的形态标记还应包括生理特性、生殖特性、抗逆性和品质特性等有关性状。形态标记比较直观，经济方便，一直是植物种质资源研究和遗传育种常用的标记。在分析性状之间的连锁关系时，一般是用具有特定形态特征的遗传标记材料进行杂交试验，然后通过两点或三点测验法来确定标记基因与目标性状之间的关系，由此可以绘制出目标性状基因的连锁图。所以，形态标记是十分常用且较重要的一类遗传标记。

（2）细胞学标记（cytological markers）

细胞学标记是指那些能够明确显示出遗传多态性的细胞学特征性状的标记。

如染色体结构的变异和染色体数目的变异特征，这些变异特征经常会引起某些表现型性状的异常，从而表现出相应的形态学特征，分别反映了染色体在结构上和数量上的遗传多态性。染色体的结构特征包括染色体的核型和带型。染色体的数量特征是指细胞中染色体数目的多少，包括整倍性的变异和非整倍性的变异。细胞学标记虽然可以弥补形态标记的某些不足，但是细胞学标记存在耗时费力、非染色体变异性状难以检测、基因的精细定位困难等缺点。所以，到目前为止，可供广泛利用的细胞学标记还很少。

(3) 生化标记 (biochemical markers)

生化标记是指以基因表达的蛋白质产物为主的能够明确显示遗传多态性的一类遗传标记。主要包括储藏蛋白、同工酶和等位酶标记。种子储藏蛋白是一类非酶蛋白，主要包括清蛋白、球蛋白、醇溶蛋白和谷蛋白四类。它们的含量因植物种类不同而异，被广泛用于作为农作物种子纯度鉴定的生化标记。同工酶和等位酶是一类酶蛋白标记。同工酶是指具有功能相同但结构及组成上有差异的一类酶，即一个以上基因位点编码的酶的不同分子形式。而等位酶是指一个基因位点的不同等位基因编码的酶的不同分子形式。通过电泳和组织化学活性染色方法就能辨别出反映这种酶的多态性谱带。具有分析用样少、可直接反映基因产物的差异和受环境影响小等优点。所以，在 20 世纪七八十年代被广泛应用于植物遗传育种研究之中。

(4) 分子标记 (molecular markers)

分子标记是指在分子水平上 DNA 序列的差异所能够明确显示遗传多态性的一类遗传标记。DNA 水平上的遗传多态性是表现为核苷酸序列上的任何差异，因此，DNA 分子标记在数量上是十分丰富的。这种 DNA 分子水平上的差异需要通过一定的技术方法来进行检测。自 1974 年 Grodzicker 等人根据限制性核酸内切酶和核酸杂交技术原理建立了限制性片段长度多态性技术以来，分子标记技术发展十分迅速，相继又有许多种类分子标记技术问世。目前，DNA 分子标记技术已被广泛应用于种质资源研究、系统进化分析、品种鉴定、遗传图谱构建、基因定位及分子标记辅助选择育种等方面。

本章将着重介绍 DNA 分子标记的原理及在遗传图谱构建和基因定位中的应用。

10.1.2 DNA 分子标记

20 世纪 80 年代末以来，DNA 分子标记技术的发展大大促进了遗传连锁图谱的构建，特别是以 PCR 技术为基础的分子标记，如 RFLP、RAPD、AFLP、SSR、EST 等在植物遗传连锁图谱构建中发挥了巨大作用。自 1987 年 Donis-Keller 等人首先构建了第一张人的 RFLP 遗传图谱以来，许多物种的遗传图谱构建工作取得了长足进展。在短短的十几年内，模式植物拟南芥和主要农作物的遗传连锁图的绘制均已完成，为基因的精细定位和物理图谱的构建奠定了基础。

开发和利用新型分子标记是遗传连锁图谱构建和基因定位中最基础的工作。

DNA分子标记与其他标记相比，具有明显的优越性。其主要优点为：①它克服了形态标记数量上的有限性和同工酶标记的时空表达问题。②大多数分子标记是共显性的，基因组变异极其丰富。分子标记在数量上几乎是无限的，在植物发育的不同阶段、不同组织的DNA都可用于标记分析。③DNA分子标记不受环境影响，其变异只是源于等位位点DNA序列的差异。④不需专门创造特殊的遗传材料。基于上述优点，分子标记技术已成为植物遗传连锁图谱构建和基因定位的有力工具。目前已有20多种，而常用的有RFLP、RAPD、AFLP、SSR和EST等分子标记技术。下面分别介绍它们的基本原理、特点和应用。

10.1.2.1 限制性片段长度多态性

限制性片段长度多态性（restriction fragment length polymorphisms，RFLPs）标记技术是用核苷酸片段为探针来检测DNA分子经限制性内切酶酶切后片段长度的差异。Bostein于1980年首先提出用RFLP作为标记构建遗传图谱的设想，1987年由Donis-Keller等人建成了第一张人的RFLP遗传图谱，作为第一代DNA分子标记的出现，为早期遗传图谱的构建战略和技术带来了革命性的变化。

（1）RFLP标记的基本原理

利用限制性内切酶酶解样品DNA，从而产生大量的限制性片段，通过凝胶电泳将DNA片段按照各自的长度分开。当酶解片段数量比较多时，电泳后虽按片段长度分开，但实际仍是形成连续的带，为了把多态片段检测出来，需将凝胶上的DNA变性，通过Southern转移至支持膜上（如硝酸纤维素滤膜或尼龙膜），使DNA单链与支持膜牢固结合，再用经同位素或地高辛标记的探针与膜上的酶切片段分子杂交，通过放射自显影显示出杂交带，不同材料显示的杂交带位置不同，即检出RFLP。当利用同一种限制性内切酶，酶解不同品种或同一品种的不同个体时，由于目标DNA既有同源性又有变异，因而酶切片段长度就有差异，这种差异就是RFLP。

（2）RFLP标记的特点

RFLP是一种非常丰富的DNA分子标记，具有以下特点：①变异更稳定。其表现不受环境条件的影响，其他变异均是从表型或基因作用产物来研究遗传和变异的，而RFLP则是直接研究基因的构成；②比生化标记更丰富，区分能力更强。RFLP标记范围遍及全基因组，可被广泛用于基因的分子标记定位、数量性状微效基因的质量化及用于杂种优势的理论探讨和一些预测；③其标记为共显性，能区分纯合子和杂合子，且非等位基因间无互作，其标记数目几乎是无限的；④结果稳定可靠，重复性好，特别适合于建立连锁图，早期的连锁框架图几乎都是利用RFLP标记构建的。

由于RFLP必须经过DNA酶切、电泳、Southern杂交，因而，它费时、费力、周期长，每次实验检测的位点较少，对DNA需求量较大（5～10μg），需用放射性同位素或非放射性荧光物标记探针，探针的种属特异性较强，开发探针的费用较大。

（3）RFLP标记在植物育种中的应用

① 定位主效基因：育种的目的在于同时操作多个性状，有许多因素会影响

育种进程，一些抗病基因和质量性状基因虽然遗传简单，但在早期或早代鉴定有一定的困难。当有了与目的基因紧密连锁的标记时，依据目的基因与 RFLP 探针之间的连锁关系，可以对许多不同的抗病基因或农艺性状进行同时筛选，而且可以在性状表达前进行间接筛选，并在后代植株开花前制定下一步杂交计划。

② 定位数量性状位点（QTL）：在育种过程中，许多重要的可遗传的性状是多个基因共同作用的结果，如产量、品质、耐旱性、抗病性等性状常常是多数量遗传，控制其表达的基因数目、染色体位置或各功能以及它们之间的互作关系不很清楚，将这些复杂的性状分解为单个的遗传组分，即称作数量性状位点（QTL），有了高密度的 RFLP 连锁图谱，就可以对分离的 RFLP 标记和所研究的目标性状间进行相关分析，这种相关表明了影响性状的基因与 RFLP 标记之间的连锁。

③ 标记辅助选择（MAS）：育种中一个关键问题是如何打破有利的基因和不利基因的连锁，实现优良性状基因的重组而获得较理想的基因型。在回交育种的过程中，打破这种连锁是一个非常漫长的过程，而利用 RFLP 标记与回交育种相结合后可以快速改良现有品种的某一个特定性状，凡能用 RFLP 标记的基因都能迅速、有效地转移到另一个品种中。与常规方法相比，标记辅助选择可以使选择效率提高 50 倍，随着 RFLP 连锁图谱的逐步饱和，选择重组个体的效率将会不断提高。

④ 杂种优势预测：预测强优势的组合是 RFLP 研究的目的之一。Smith 等（1990）对玉米进行的研究结果表明，RFLP 数据得到的各自交系聚类图与它们的育种史相一致，因此认为，结合系谱知识和所定位染色体上 QTL 的 DNA 标记来度量相似性，将会使玉米育种家预测高产玉米杂交系谱。Bernardo（1994）对有亲缘关系的一套杂交种的实验结果表明，根据亲本的 RFLP 数据和产量，可有效地预测单交种的产量。

10.1.2.2 随机扩增多态性 DNA

随机扩增多态性 DNAs（random amplified polymorphic DNAs，RAPDs）标记是在 PCR（polymerase chain reaction，PCR）技术基础上，由 Williams 等人于 1990 年第一次运用随机引物扩增寻找多态性 DNA 片段作为分子标记。它是用单个随机引物（8～10 个碱基）非定点地扩增 DNA 片段，然后用琼脂糖胶或聚丙烯酰胺凝胶电泳分离扩增片段来进行 DNA 多态性研究。

（1）RAPD 标记的基本原理

RAPD 是建立在 PCR 和电泳基础上的一种分子标记技术。PCR 是利用 DNA 聚合酶（如 Taq DNA 聚合酶）在体外条件下，催化一对人工合成的寡聚核苷酸引物间的特异 DNA 片段合成的基因体外扩增技术。它包括 3 个基本过程：①变性（denaturation）过程，即在较高温度（93～95 ℃）下，使模板 DNA 变性解链成单链 DNA，以提供 DNA 复制的模板；②退火（annealing）过程，即在较低温度（36～55 ℃）下，使加入的引物与待扩增的 DNA 区域特异性地结合（或叫退火）；③延伸（extension）过程，即在适当温度（通常为 72℃）下，加入的底物

(通常为4种脱氧核苷三磷酸dATP，dGTP，dCTP和dTTP)和DNA聚合酶以DNA链为模板，从与待扩增DNA区域特异性结合的引物的3′端开始进行DNA链的延伸（即合成一段新的互补DNA链）。这3个过程组成一个循环周期，上一个周期合成的产物又可作为下一个周期的模板，如此往复循环，靶DNA的拷贝数理论上呈2^n增长。经过n次（通常为30～50次）循环后，靶DNA的拷贝数理论上将达$2\times10^{6\sim7}$。

RAPD标记是由美国杜邦公司的Williams和加利福尼亚生物研究所的Welsh(1990)等人创立的分子标记方法。它以PCR技术为基础，其基本方法和步骤均与PCR相同，但RAPD采用的是随机引物，即人工设计合成的一系列长度为10 bp左右的通用引物，通过筛选的方式对所研究的基因组进行PCR扩增。根据概率论原理，这些引物至少会有一些与模板DNA序列互补，从而扩增出特异的DNA片段。经过检测记录所得到的DNA多态性片段就可以作为基因组相应区域的RAPD标记。实验证明，每个引物检测基因DNA多态性的区域是有限的，但是这一问题可由引物的多样性来解决。所以，运用RAPD标记技术使得对整个基因组DNA进行多态性检测成为可能。

(2) RAPD标记的特点

主要特点是：①采用随机引物，RAPD技术可以在对物种没有任何分子生物学研究背景的情况下，对物种的基因组进行DNA片段多态性分析；②RAPD引物一般为10 bp的短核苷酸片段，整个基因组内的结合位点多，大部分生物公司都可提供几百种引物，且二种甚至多种引物可以混用，综合运用上百种引物，可以对基因组进行地毯式的多态性分析，检测基因组间的微小差异；③RAPD引物可大规模生产，大大降低了分子生物学研究成本；④不需要放射性标记、分子杂交等工作，非常简便，而且DNA用量少；⑤采用较低的退火温度，既保证了短核苷酸引物与模板结合的稳固性，又允许一定程度的误配，增大了引物在基因组DNA中配对的随机性，提高了对DNA的分析效率；⑥RAPD标记多数以孟德尔方式稳定遗传，为显性表达，这同时意味着它不能用来鉴别杂合子和纯合子。

与RFLP相比，它较便宜，方便易行，非常灵敏，DNA用量少（5～20ng），不需DNA探针，设计引物也不需预先克隆标记或进行序列分析，不依赖于种属特异性和基因组的结构，合成一套引物可以用于不同生物基因组分析，用一个引物就可扩增出许多片段，而且不需要同位素，安全性好。因此，RAPD是在遗传图谱构建中应用最广泛，特别是在寻找与目的基因连锁的分子标记方面的报道最多，林木第一张遗传连锁图谱就是在1992年由Tulsieram等人用RAPD标记技术构建的。但RAPD技术受条件影响很大，对设备、条件及操作的要求都很严格，若达不到要求，稳定性和重复性就很难保证。许多文献报道，RAPD技术得出的实验结果很难在不同实验室通用，因而不能达到全球数据共享及进行合作研究等目的。因此，近两年在遗传作图中应用逐渐减少。

(3) RAPD标记在植物育种中的应用

①亲缘关系与遗传距离的分析。研究物种的亲缘关系以及遗传距离分析在植

物育种的亲本选配中有着重要的指导意义，它所代表的是基因组 DNA 水平上的差异，不受外界环境及植物生长发育阶段的影响，其结果相对来说比较客观、稳定，因而 RAPD 标记被广泛应用于植物的亲缘关系及遗传距离分析的研究。②DNA 指纹库的建立和种子纯度的鉴定。在同一物种的各个品种间存在大量的多态性标记，DNA 指纹就是一些特异 DNA 标记的组合，各品种的独特的指纹片段构成该物种的 DNA 指纹库，根据种质资源 DNA 指纹的多态性，可以对各种材料的变异丰富度做出综合性评价。③构建分子标记连锁图。构建高密度的分子标记连锁图是基因的精细定位、物理图谱的构建和以遗传图谱为基础的基因克隆等技术的重要基础。在分子标记连锁图的构建中，RAPD 标记通常与其他标记相结合，例如，左开井等利用 RFLP、SSR 和 RAPD 标记构建陆地棉高密度的分子标记连锁图。美国的 Cornell 实验室发表了一张水稻的分子标记连锁图，该图谱中有包括 RAPD、RFLP、AFLP 等共计 700 多个分子标记。④控制重要性状基因的图谱定位。利用不同的分离群体如回交群体、F_2 群体、重组自交系、DH 群体等均可对目标基因进行定位，研究人员利用 RAPD 标记对植物的质量性状进行了大量的定位研究。分子标记的产生和发展可把控制数量性状的单个 QTL 区分开来，为 QTL 的定位、克隆和选择提供了有利的工具。⑤利用分子标记进行辅助选择育种。就是利用分子标记与目标性状紧密连锁的关系，用分子标记对作物品种选育材料对全基因组及目标区域进行选择，从而获得期望的新材料。随着 RAPD 标记技术的日益成熟，育种专家已将 RAPD 标记应用于分子标记辅助选择并培育出了一批优良品种（系）。⑥杂种优势的预测。杂种优势利用是植物品种改良的一条重要途径。关于杂种优势的预测，人们曾通过地理距离、生理生化、形态解剖等途径进行探索，结果都不理想。20 世纪 80 年代末，分子标记开始运用于杂种优势预测的研究。如利用 RAPD 方法研究玉米自交系间的 RAPD 遗传距离与其杂交组合 F_1 产量、特殊配合力、中亲杂种优势值的关系，认为 RAPD 遗传距离与组合产量、中亲优势值、双亲特殊配合力存在极显著的正相关，说明用 RAPD 遗传距离在杂交组合选配中有一定的参考价值。

10.1.2.3 简单序列重复标记

简单序列重复（simple sequence repeat，SSR）标记也是一类基于 PCR 技术的分子标记，这类标记由几个核苷酸（一般为 1～6 个）为重复单位，重复 5～100 个单位，随机分布于每个基因组中 10^4～10^5 微卫星区域，又称微卫星（microsatellite）标记、简单序列长度多态性（simple sequence length polymorphism）标记。由于微卫星寡核苷酸序列在同一物种的不同基因型之间差异很大，很快发展成为一种新型分子标记，并在人类和小鼠中构建了以微卫星为主的遗传连锁图。目前，树木中的微卫星发展尤为迅速，现已在松树、杨树、桉树、果树、栎树等许多树木中发现有微卫星，并且已被用于指纹分析和遗传连锁图谱构建。

（1）SSR 标记的分析程序

SSR 标记分析是建立在 PCR 技术基础上的，较 RFLP 分析易操作，且易于实现自动化。其分析程序包括引物获取、PCR 扩增、电泳、显色和数据处理等。

SSR引物获得有两种途径：①应用含有特定SSR序列的探针从酶切的基因组文库中检测，对检测的阳性克隆进行测序后，根据SSR序列侧翼的一段保守DNA序列设计与其互补的寡聚核苷酸引物对，再用引物对进行基因组DNA体外扩增，从中筛选特异引物。②从GenBank和EMBL等公共的DNA数据库中获取所需要的引物序列，这种途径经济简单。获得引物后，对研究材料进行PCR扩增，产物通过琼脂糖凝胶电泳、聚丙烯酰胺凝胶电泳或聚丙烯酰胺变性凝胶电泳等进行分离，最后用银染法、溴化乙锭染色法等显色观察，记录并处理数据。

(2) SSR的特点

SSR具有以下特点：①均匀、随机、广泛分布于整个植物基因组中；②SSR序列的两侧顺序较保守，在等位基因间多相同；③多数SSR无功能作用，增加或减少几个重复序列的重复数不影响生物的正常生长发育，因而在品种间具有广泛位点变异，比RFLP及RAPD分子标记更具多态性；④呈孟德尔式遗传，共显性，因而对个体鉴定具特殊意义；⑤仅需微量组织，即便DNA降解，也能有效地分析鉴定；⑥虽然开始筛选重复序列和引物设计过程较慢，但只要确定了引物，结果很稳定。

由于微卫星标记具有简单、稳定、多态性丰富、DNA用量少、结果分析容易等优点，将迅速代替RFLP和RAPD标记。在木本植物中，SSR随机分布于整个基因组中，它呈共显性和多等位性，且知道该标记所在的染色体位置，目前认为它最适合于构建遗传连锁框架图。但迄今在树木中开发的SSR引物数量有限，只是在松树、桉树和杨树等几个重要树种中开发了一些SSR引物。这些引物不足以构建高密度遗传连锁图，所以要想广泛使用SSR，必须大力构建基因组文库，开发SSR引物。

(3) SSR在植物育种中的应用

①遗传作图：在大麦中已研究了60个RAMP，鉴定出45个SSRs位点，其中5个位点与RFLP位点共分离，在原先RFLP图谱中添加了40个新位点，这些位点主要分布在大麦第6号染色体上。

②遗传标记：Devos (1995) 用构成C-麦醇溶蛋白假定基因的 $(CAA)_n$ 微卫星和 $(CAG)_n$ $(CAA)_n$ 复合微卫星框内的前侧专一DNA序列为引物并结合其反转引物 (reverse primer) 扩增r-麦醇溶蛋白基因的微卫星序列，也开发了一套引物来扩增低相对分子质量麦谷蛋白基因的微卫星序列。

③绘制DNA指纹，鉴定品种：Yanagisawa (1994) 用地高辛标记的SSR互补寡聚核苷酸作探针研究了43份栽培大豆和14份野生大豆材料的多态性和亲缘关系。用 $(AAT)_6$ 作探针获得了每个栽培品种的明显不同的指纹，每个品种中各个体间的DNA指纹基本相同；用 $(CT)_8$、$(GAA)_5$ 和 $(AAGG)_4$ 作探针在野生大豆材料中基本上未发现多态性，但在豆科各物种之间呈多态性。在植物中用各种重复序列和重复单位数目不同的SSR作探针的DNA指纹可用来鉴定品种和估计不同品种间的遗传距离。

④进化和遗传多样性研究：SSR已被广泛用于大麦、大豆、水稻、小麦等植

物的遗传多样性研究。一系列研究结果表明，SSR 位点的等位基因数且比其他任何标记所揭示的等位基因都多，SSR 等位基因数目与重复单位数目有明显的正相关，SSR 序列位点标记比 RFLP 和 RAPD 标记更能有效地揭示遗传多样性，特别适用于其他类型标记所揭示变异水平低的物种。

10.1.2.4 扩增性片段长度多态性

扩增性片段长度多态性（amplified fragment length polymorphisms，AFLPs）是 1992 年荷兰科学家 Zabeau 和 Vos 发明的一种新型 DNA 分子标记技术。该技术是对限制性酶切片段的选择性扩增，因此，又称为基于 PCR 的 AFLP。

（1）AFLP 的原理

基因组 DNA 经限制性内切酶双酶切后，形成相对分子质量大小不等的限制性酶切片段，将特定的接头（adapter）连接在酶切片段的两端，形成带接头的特异片段，通过接头序列和 PCR 引物 3′末端的识别，特异性片段经变性、退火和延伸周期性循环扩增，再通过变性聚丙烯酰胺凝胶电泳将这些特异限制性片段分离开来，最后通过放射自显影或银染技术得到清晰可辨的指纹。限制性片段用二种酶切割产生，一种是罕见限制性内切酶，一种是常用限制性内切酶。这项技术包括 3 个步骤：①基因组 DNA 被限制性内切酶切割，然后与 AFLP 聚核苷酸接头（adapter）连接；②利用 PCR 方法，通过变性、退火、延伸循环，选择性扩增成套的限制性片段，经过多次循环，可使目的序列扩增到 0.5 ~ 1.0μg；③利用聚丙烯酰胺凝胶电泳分离扩增的 DNA 片段。利用一套特别的引物在不需要知道 DNA 序列的情况下，可在一次单个反应中检测到大量的片段。由于 AFLP 扩增可使某一品种出现特定的 DNA 谱带，而在另一品种中可能无此谱带产生，因此，这种通过引物诱导及 DNA 扩增后得到的 DNA 多态性可作为一种分子标记。所以说 AFLP 技术是一种新的而且有很大功能的 DNA 指纹技术。

（2）AFLP 标记的特点

AFLP 是 RFLP 和 PCR 两者的结合，它集中了二者的长处，既有 RFLP 的可靠性，又有 PCR 技术的方便性。也就是说它不仅具备了其他 DNA 分子标记技术所具有的优点，如多态性丰富，共显性表达，不受环境影响，无复等位效应，而且还具有带纹丰富，DNA 用样量少，灵敏度高，快速高效等特殊优点。AFLP 技术虽然看似程序复杂，步骤繁多，但酶切连接和预扩增一次就足以为选择性扩增提供足够的模板。在 AFLP 技术中，每一步都很重要，预扩增尤为重要，因为它起了纯化模板和为选择性扩增提供足够模板的作用。随着 AFLP 技术的广泛开展，大多数实验室已不再受 AFLP Kit 的限制，用银染代替同位素且摸索了一套适用于植物基因组分析的 AFLP 优化体系。和传统方法相比，银染检测手段的 AFLP 技术可使成本降低几十倍且节省时间，特别对于缺少遗传研究基础的林木树种来说，AFLP 是最适合于构建高密度遗传连锁图谱的标记之一。尽管该技术应用时间不长，在林木遗传图谱构建和基因定位中的使用却十分广泛，预计 AFLP 技术将在林木分子标记辅助育种中发挥更大的作用。

（3）AFLP 技术的应用

①遗传作图：自 1980 年 Botstein 等提出用 RFLP 构建人的遗传图谱以来，现

已构建了许多生物的 RFLP 图，但大多数图谱的密度较低。由于 AFLP 技术重复性好，且在一次实验中可观察到大量的 DNA 多态性片段，比 RAPD、RFLP 好。AFLP 不仅能缩小目标基因与连锁标记之间的距离，而且在 RFLP 遗传图上，可增加染色体末端标记和填充 RFLP 空隙，不干扰 RFLP 标记簇，因而 AFLP 可以构建高密度遗传连锁图。

②AFLP 辅助轮回选择育种：一个作物品种往往是多年直接选择和间接选择的结果，随着有关的品种或种中理想性状的转移，品种逐步得到改良，这一过程需要用带理想性状的材料与需改良的品种相杂交，再经过选择获得。而在植物轮回选择育种过程中，亲本基因组对于子代的品种种质贡献是不同的，这对于选择是一个很重要的问题，利用 AFLP 技术有助于克服早期选择的盲目性。

③利用 AFLP 技术研究基因表达与调控：基因的表达，首先要转录出 mRNA，再翻译成蛋白质，而后控制生物代谢过程。研究基因表达的传统方法是利用 cDNA文库筛选和 Northern 杂交，但这种方法不能同时比较植物发育的不同时期。最近利用由 AFLP 衍生的 cDNA-AFLP 技术来研究基因表达是非常有效的方法，可同时比较植物发育的不同时期以及分离某些重要基因。

④分类和进化研究：品种间存在较多的形态差异，这些差异在农业上很重要，也是致力于系统发育关系研究的分类学家所关注的。由于 AFLP 技术可在一次实验中同时检测到更多的多态性片段，有助于遗传差异的更完全综合和在相似群进一步分类，因而可用于鉴定不同品种，进行分类和研究。

10.1.2.5 表达序列标签

表达序列标签（expressed sequence tag，EST）是指从不同组织构建的 cDNA 文库中，随机挑选不同的克隆，进行克隆的部分测序所产生的 cDNA 序列，一般长 300~500bp。EST 技术是 1991 年建立起来的一种相对简便和快速鉴定大批表达基因的技术。它是将 mRNA 转录成 cDNA 并克隆到载体构建成 cDNA 文库后，大规模随机挑选 cDNA 克隆，对其 5′或 3′端进行一步法测序，所获序列与基因数据库已知序列比较，从而获得对生物体生长发育、繁殖分化、遗传变异、衰老死亡等一系列生命过程认识的技术。EST 片段的多态性较高，可用来建立遗传图谱。

（1）EST 标记的原理

EST 标记是根据表达序列标签本身的差异而建立的 DNA 标记，它同样也是以分子杂交或 PCR 为核心技术。因此，EST 标记可分为两大类：第一类是以分子杂交为基础的 EST 标记，它是以表达序列标签本身作为探针，与经过不同限制性内切酶消化后的基因组 DNA 杂交而产生的，如很多 RFLP 标记就是利用 cDNA 探针而建立的；第二类则是以 PCR 为基础的 EST 标记，是指根据 EST 的核苷酸序列设计引物，对基因组特定区域进行特异性扩增后产生的，如 EST-PCR、EST-SSR 标记等。

（2）EST 标记的特点

由于 EST 来源于编码区，故用它建立的分子标记在很多方面都具有优越性。

①如果发现1个EST标记与1个有益性状在遗传上是连锁的，它很可能直接影响这一性状；②那些与某些候选基因或特定组织中差异显示的EST具有同源性的EST，能够成为遗传作图的特定目标；③EST来源于编码DNA，通常其序列保守性程度较高，EST标记在家系和种间的通用性比来源于非表达序列的标记更高。正因如此，EST标记特别适用于远缘物种间比较基因组研究和数量性状位点信息的比较。同样，对于1个特定物种如若缺少DNA序列的资料，来源于其他种的EST也可作为有用的遗传图谱制作基础来使用。用EST绘制的遗传图谱将加速种间连锁信息的传递速度。

（3）EST标记的应用

①利用EST标记绘制遗传图谱：与其他标记相比，EST标记作图的优势是直接构建了转录图谱，转录图谱为染色体DNA的某一区段内所有可转录序列的分布图，它可以与基因组文库序列比较，提供内含子结构、可选择的剪切方式、转录起始与制止位点等信息。它为表达基因的结构提供了一个初步的描述，认清其遗传进化。通过把转录图谱与以基因组其他区域为目标的标记技术相结合，就能得到清晰的植物基因结构和进化的图谱。

②资源分析与品种鉴定：资源的收集、分类和利用都离不开有效的鉴定手段，遗传资源的评价对其有效地保存和利用至关重要，利用分子标记可极大地提高这方面工作的效率。因为EST显示的是编码基因而不是非翻译区域的差异，而EST标记将为揭示不同品种或材料间的差异提供一条新途径。

③比较基因组学研究：EST来源于编码DNA，通常其序列保守性程度较高，EST标记比源于非表达序列的标记具有更高的通用性。正因如此，EST标记特别适用于远缘物种间比较基因组研究和数量性状位点信息的比较。Cato等人2001年从松树里得到的60个EST有75%可转化成能用于辐射松和火炬松遗传作图的遗传标记，认为用EST标记绘制遗传图谱可以加速种间连锁信息的传递速度。

由此可见，利用EST建立遗传标记是一条简便、快速、有效的途径。而且这种标记具有其独特的优点，在绘制遗传图谱、资源分析、品种鉴定及其比较基因组学研究方面具有广泛的应用前景。

由于分子标记相对于经典的形态标记有着无可比拟的优越性，因而分子标记的使用范围越来越广泛。在实际应用中，不同的分子标记技术具有不同的特点，现将目前常用的几种分子标记汇于表10-1。

表10-1 几种常用分子标记的特点

标记名称	RFLPs	RAPDs	AFLPs	SSRs	ESTs
发明人及年代	Bostein,1980	Williams等,1990	Zabeau和Vos,1992	Litt等,1989	Adams等,1991
主要原理	限制性内切酶酶切片段及Southern杂交	随机PCR扩增	限制性酶切片段的选择性扩增	PCR扩增	Southern杂交或PCR扩增

（续）

标记名称	RFLPs	RAPDs	AFLPs	SSRs	ESTs
探针或引物来源	特定 DNA 序列作探针	单个随机引物（8~10个碱基）	由核心序列、酶切位点及选择性碱基组成的特定引物	特异引物	特异引物
DNA 质量要求	高，5~30μg	中，10~100ng	高，50~100ng	中，10~100ng	中，10~100ng
标记类型	共显性标记	显性标记	显性标记	共显性标记	
基因组丰富度	中等	很高	高	高	中等
多态性水平	中等	较高	非常高	高	中等
检测基因组区域	单/低拷贝区	整个基因组	整个基因组	重复序列	编码区
可检测座位数	1~4	1~10	20~100	1~5	1~4
可靠性	高	中	高	高	高
杂合子的确定	可以	不能	可以	可以	可以
遗传图谱的利用	种特异性	杂交组合特异性	杂交组合特异性	种特异性	种特异性
克隆和序列分析	需要	不需要	不需要	需要	需要
实验周期	长	短	较长	短	短
实验成本	高	低	高	高	高

近20多年来，开发创立的分子标记很多，除了上述列出的几种常用分子标记外，还有一些标记，如：ISSR（inter-simple sequence repeat polymorphic DNA）标记，VNTR（variable number of tandem repeats）标记，SCAR（sequence characterized amplification region）标记，CAPs（cleaved amplification polymorphism sequence-tagged sites）标记，STS（sequence-tagged sites）标记等。这些分子标记都在不同程度上得到了应用，在遗传图谱构建和基因定位中将会有更好的应用前景。

10.2 遗传作图群体

遗传图谱构建主要包括以下4个环节：①选择合适的作图分子标记；②根据要研究的遗传材料之间的多态性确定亲本组合，建立作图群体；③作图群体中不同植株个体或品系标记基因型的分析；④借助计算机利用专门软件进行标记之间的连锁分析，建立连锁群。因此，要构建一张理想的遗传连锁图谱，选择合适的亲本材料并建立分离理想的作图群体是十分重要的。这直接关系到构建图谱的难易程度、图谱的准确度及适用性。

根据遗传材料的稳定性，一般可以将遗传作图群体分为两类：一类为暂时性分离群体，另一类为永久性分离群体。

10.2.1 暂时性分离群体

暂时性分离群体主要包括回交群体（BC_1）、F_1 群体和 F_2 群体3种。

(1) 回交群体

回交群体是由所研究的材料中选择出来的亲本杂交获得的 F_1 与其亲本之一

进行交配产生出来的群体。由于这种群体的配子类型较少，在统计及作图分析比较简单。但它的不足也正是因为配子类型少，所能提供的信息量相对较少。另外，可提供作图的材料有限，不能多代使用。

(2) F_1 群体

F_1 群体是指利用目标性状差异较大的种间或种内两个杂合基因型个体进行交配得到的群体。在该类群体中，由于分子标记在一个亲本中呈杂合形式存在，而在另一亲本中呈零等位状态，因此，标记在 F_1 群体中则以符合拟测交比例 1:1 的形式分离，从而可分别构建亲本特异的分子标记遗传连锁图。此策略特别适用于生长周期较长、建立 F_2 或回交群体较困难的多年生植物。

(3) F_2 群体

F_2 群体是由所研究的材料中选择出来的亲本杂交获得的 F_1 自交得到的分离群体。建立 F_2 群体相对比较省时，对于雌雄同株或同花的短周期植物来说，不需要太长的时间便可获得一个较大的群体。而且 F_2 群体包含的基因型种类较全面，可提供的信息量大，作图的效率高。但是 F_2 群体中每一个单株所能提供的 DNA 是有限的，而且只能使用一代，故属于暂时性分离群体。如果 F_2 群体是通过远缘杂交而来的话，则远缘杂交亲本后代会向两极严重分离，标记比例就会偏离 3:1，进而限制了 F_2 群体的作图效率。另外，对于那些雌雄异株，且长周期的植物（如树木）来说，要建立 F_2 群体是十分困难的，即便建立了群体也不是真正意义上的 F_2 群体。

10.2.2 永久性分离群体

永久性分离群体主要包括双单倍体群体和重组自交系群体。

(1) 双单倍体群体

双单倍体（doubled haploid，DH）群体是通过对 F_1 进行花药离体培养或通过特殊技术获得目标植物的单倍体植株，再经过染色体加倍后获得的双单倍体，又称加倍单倍体群体。这样的 DH 群体相当于是一个不再分离的"F_2 群体"，能够长期保存使用。但由于建立 DH 群体需要组织培养技术和染色体加倍技术，相对而言建立群体的技术较复杂。另外，由于 DH 群体规模往往较小，所以，能够提供的信息量一般比 F_2 群体的要低一些。

(2) 重组自交系群体

重组自交系（recombinant inbred lines，RIL）群体是由 F_2 经过多代自交，即一粒传（single seed descendant，SSD），使后代的基因型变得相对纯合的群体。建立 SSD 群体的基本程序是：用两个品种杂交产生 F_1，F_1 自交后得到 F_2，从 F_2 群体中随机选择数百个到上千个单株进行自交，每株只种一粒，再自交直到 $F_6 \sim F_8$ 代，最后形成数百个重组自交系。SDD 群体一旦建立起来，将是十分有用的群体。SDD 群体可以长期世代繁衍保存，有利于不同的实验室开展协同研究，而且作图的准确性高。

与暂时性分离群体相比，永久性分离群体具有以下两方面优点：①群体中各个品系的遗传组成相对固定，可以通过种子繁殖代代相传，不断增加新的遗传标记，并可以在不同的研究小组之间共享信息；②可以对性状的鉴定进行重复试验，以得到更为可信的结果。这对于那些抗病虫害的抗性性状和那些受多个基因控制的易受环境影响的数量性状的分析而言尤为重要。RIL 群体的缺点是建立群体所需时间长，工作繁琐，而且有的物种很难产生 RIL 群体。对于林木树种来说要想建立 RIL 群体几乎是不可能的。

现将几种不同的作图群体的特点列于表 10-2。

表 10-2 不同作图群体的特点

群体	BC_1	F_1	F_2	DH	RIL
群体形式	F_1 回交后代	种间或种内个体杂交子代	F_1 自交后代	F_1 花粉植株个体	F_2 个体自交后代
性状研究对象	个体	个体	个体	品系	品系
准确度	低	较低	较高	高	高
要求群体规模	大	大	大	中	中
分离比例	1:1	1:1、1:2:1 或 3:1	1:2:1 或 3:1	1:1	1:1

10.3 遗传图谱构建

遗传图谱构建是基因组学研究中的重要环节，是基因定位与克隆以及基因组结构和功能研究的基础。构建遗传图谱的基本原理是由于真核生物在遗传过程中细胞发生减数分裂，染色体要进行重组和交换，这种重组和交换的概率会随着染色体上任意两点间的相对距离的远近而发生相应的变化，据此可以推断出同一条染色体上两点间的相对距离和位置关系，由此构建的图谱被称为遗传图谱（genetic map）。基因组计划实施以来，遗传作图进展非常迅速，在短短的几年内，模式植物和主要农作物的遗传连锁图的构建均已完成，为基因的精细定位和物理图谱的构建奠定了基础。由于林木自身的一些生物学特性，如许多树种起源复杂、高度杂合，难以获得像农作物那样的纯系，被认为是树木遗传作图研究的难点。在此主要介绍遗传图谱构建中分子标记分离数据的收集与处理、构建遗传连锁图的方法和常用的作图软件，以及主要林木遗传连锁图谱研究的进展。

10.3.1 遗传图谱概述

10.3.1.1 经典遗传图谱

经典遗传图谱是利用形态学、细胞学、生理和生化等常规标记来构建的遗传图谱。长期以来，多数生物的遗传图谱几乎都是基于这些常规标记来构建的。这些遗传标记由于在作图群体亲本材料中的多态性数量有限和不稳定性等特点，造成构建的遗传连锁图谱包含的标记极少、图距大、饱和度低等缺点。因此，经典遗传图谱的分辨率很低，应用价值有限。

10.3.1.2 分子遗传图谱

分子遗传图谱是以DNA标记技术，如RFLP、RAPD、AFLP、SSR等在DNA分子水平上的变异作为遗传标记构建的遗传图谱。Bostein于1980年首先提出了利用RFLP作为标记构建遗传连锁图谱的设想。在1987年由Donis-Keller等发表了第一张人类的RFLPs连锁图，其饱和度远远超过了经典的遗传图谱。目前，重要农作物（如水稻、小麦、玉米、大豆等）和重要树种（如松树、桉树和杨树等）分子遗传图谱的构建工作均已完成，为控制植物重要经济性状、生物胁迫和非生物胁迫的基因进行数量性状定位（quantitative traits loci，QTLs）和质量性状定位的研究奠定了基础。

10.3.2 遗传图谱的制作

10.3.2.1 分子标记分离数据的收集与处理

遗传连锁分析的第一步是获得作图群体中不同个体的DNA多态性资料。由于各种分子标记最后显示的形式，均以电泳分离的谱带来呈现。因此，从群体中收集分子标记分离数据的关键是将电泳的带型数值化，转化为可供计算机分析处理的信息。进行这种转换与作图群体的类型以及标记的显隐性有关。对于共显性标记（如RFLPs和SSRs等）在F_2群体的亲本P_1和P_2中具有多态性，且各显示一条带，而在群体中不同个体间应显示3种带型，即P_1型（显性纯合）、P_2型（隐性纯合）和杂合体（显隐性）类型。通常将含有P_1带型的F_2个体赋值为1，P_2带型的个体赋值为3，杂合体带型赋值为2。而对于显性标记（如RAPDs和AFLPs），由于无法区分标记的杂合基因型，因此仅有2种基因型赋值，即显性纯合和显隐性杂合为一类，将其赋值为1，而隐性纯合为一类，赋值为0。数据的收集和处理应注意以下几个问题：①不能轻易利用没有把握的数据。由于分子标记的多态性分析涉及较多实验步骤，在操作过程中难免出现错误或经常会得到谱带不清晰的实验结果，若在连锁分析时利用错误的数据，将会影响该标记在图谱上的位置以及与其他标记的连锁关系。因此，在连锁分析时，应舍去那些没有把握的数据，或者通过重复实验获得正确的实验结果。②注意亲本基因型。如果已知某两个基因座位是连锁的，而所得结果显示这二者是独立分配的，这可能是由于亲本类型决定的错误，可试改变基因型，再重新计算。③当两亲本出现多条谱带的多态性时，应通过共分离分析来区别其是属于同一基因座位还是分别属于多个基因座位，若属于多个基因座位，应逐带收集分离数据。

10.3.2.2 连锁的两点测验

当两对基因位于同一染色体上且相距较近时，在分离后代中必然表现为连锁遗传。连锁的基本检测是对分离的成对基因座位进行统计学分析和评价。在进行连锁检验之前，必须了解各检测基因座位的等位基因分离是否符合孟德尔分离比例，这是连锁检验的前提。在植物中常见的作图群体为F_2、BC_1和F_1群体，而显性和共显性标记在这些群体中的孟德尔分离比例见表10-3。由表中可见，显性和共显性标记在F_2群体中的期望孟德尔分离比例分别为3∶1和1∶2∶1；在BC_1群体中的分离比例均为1:1；而对于F_1群体，显性标记的期望孟德尔分离比例为1:1或3:1，共显性标记则为1:1或1:2:1。

标记在目标群体中的分离比例是否符合期望的孟德尔分离比，一般采用χ^2检验。只有当待检验的两个标记基因座位各自的分离比例正常时，才可以进行这两个座位的连锁分析。目前，在一般植物和树木的分子遗传图谱制作过程中，经常可见到许多分子标记偏离期望的孟德尔比例，这被称为标记的偏分离（segregation distortion）现象。造成偏分离的原因目前还不十分清楚，一般认为与染色体缺失、遗传分离机制、发育能力基因、花粉致死等基因的存在有关，以及由于隐性致死等位基因造成遗传负荷表达等因素有关。偏离期望孟德尔分离比的标记一般被认为与遭受直接选择的基因存在连锁。当偏分离的原因不清楚时，偏分离标记应该抛弃，而不用于遗传连锁图谱构建。但这样会造成连锁群上的部分区域丢失。基于这个原因，所有的标记都应进行连锁分析而用于图谱构建。但偏分离标记会增加作图时类型I错误，也就是说否定了表10-3所列的各种分离假设。此外，偏分离标记会使连锁群上标记间遗传距离不太准确。

表10-3 显性和共显性标记在植物作图群体中的期望孟德尔分离比

群体	F_2	BC_1	F_1
显性	3:1	1:1	1:1或3:1
共显性	1:2:1	1:1	1:1或1:2:1

10.3.2.3 利用MLE法估计重组值

两个连锁基因座位上不同基因型出现的频率是估算重组值的基础。通常情况下，重组值的估计是根据分离群体中重组型个体数占总个体数量的比例来计算。但该方法无法得到估计值的标准误，因而也就无法对估计值进行显著性检验和区间估计。而采用极大似然法（maximum likelihood estimation，MLE）对重组率进行估计就可以解决上述问题。因此，在分子遗传图谱构建中重组率是通过极大似然估计法得到的。

10.3.2.4 似然比与连锁检验

在人类遗传学研究中，由于通常不知道父母的基因型或父母中标记基因的连锁是相引还是相斥，也就无法通过计算重组体出现的频率来进行连锁分析，因此，通常采用似然比（Likelihood ratio or odds ratio）的方法进行连锁分析。这就是比较观测资料来自某一假设（如两个标记间以r的重组率相连锁）的概率与来自另一假设（通常为非连锁$r=1/2$）的概率。这两种概率之比为一种假设相对于另一假设的似然比，即$L(r)/L(1/2)$。为了计算上的方便，这一比值常取以10为底的对数，称为LOD值，即$LOD=\log10[L(r)/L(1/2)]$。对于不同的r值，LOD值是不同的。一般而言，当两个标记位点连锁时，$L(r)/L(1/2)>1$，则相应的LOD为正。而当$L(r)/L(1/2)<1$时，相应的LOD值为负。为了证实两对标记基因之间存在连锁，一般要求LOD值大于3，这样才能证实这

两对基因间存在连锁，而 *LOD* 值小于 -2 时，则可否定连锁的存在。在人类和其他生物（包括一般植物和林木）遗传图谱的构建中，似然比的概念也用来反映重组率估值的可靠性程度或作为两个基因座位是否真的存在连锁的一种判断尺度。

10.3.2.5 多点分析与基因直线排序

前面介绍的都是两点间的连锁测验及重组率估算，即每次只考虑两个标记基因座位间的关系。在遗传图谱构建中，两点分析只是一个起点。两点分析仅利用了有限数目标记共有的信息，所估计的重组率只是一个大概值。要从这样的重组率去推测基因的排列顺序可能会导致不正确的结论。因此，应同时考虑多个标记基因座位的共分离，这样才可以获得有关这些基因座位排列顺序的可靠信息。

极大似然估计法和似然比法，可以用于各种标记座位排列顺序的比较，从多种可能的图谱中挑选出具有最大可靠性的图谱，并计算出这些基因座位之间的重组率。为了得到多标记位点分析的最大似然值，须采用迭代法（iteration method）来进行连锁分析。人类遗传学研究中常用的迭代法是 EM 算法，这种迭代法可用于处理那些不完整的观测资料。EM 算法每一迭代步骤包括一次求期望（expectation，*E*）和随后的一个最大化（maximization，*M*）。EM 算法仅为进行 *E* 和 *M* 步骤提出了特定的程序，必须根据具体应用使算法具体化。

Lander 等于 1987 年编制了计算程序 Mapmaker，采用 Marhov 重建法进行遗传重建，以获得最大似然的遗传连锁图。当 *LOD* 值上下迭代间的增量低于某一给定的阈值（tolerance，*T*）时，就认为该步骤收敛了。Lander 等证明似然值不会随迭代而减少，因而只要选用一个正的 T 值就可以了。在实际计算中，常选的 *T* 值为 0.01 或 0.001。

对于 *M* 个位点有 *M*！/2 种可能的基因排列顺序，每一排列顺序都可以得到一个各自最大的 *LOD* 值。比较这些可能的排序，*LOD* 值最大者即为最佳的顺序。

每一种生物的染色体数是固定的，位于同一染色体上的分子标记将连锁在一起形成一个连锁群。按照多点作图的原理，同一染色体上的标记联系在一起的可能性将大于其他染色体上的标记。先对所有的标记进行初步分群，然后在每一群内寻找可能性最大的排序，最终获得所有连锁群的标记排序，再利用缺体、三体等非整倍体通过原位杂交的方法，可以将连锁群与相应的染色体相对应。树木的遗传图谱构建所采用的分析方法都是参照人类或植物作图的分析方法，所以在进行林木遗传图谱构建时，必须针对所用的作图群体和标记类型选择合适的分析模型。

10.3.2.6 构建遗传连锁图所用的软件

植物遗传连锁图谱构建中应用的主要软件有以下几种：MAPMAKEREXP3.0、JoinMap2.0、CRI-MAP、MAPQTL3.0 等。MAPMAKEREXP3.0 是一种用于构建遗传连锁图谱，并利用连锁图谱进行复合性状基因定位的软件，所分析的群体类型包括 BC_1、F_2、F_1 等。JoinMap2.0 主要应用于构建遗传连锁图谱，但在 PC 机上没有提供图形化输出功能，适合于 BC_1、F_2、DH 等群体。MAPQTL3.0 功能特别

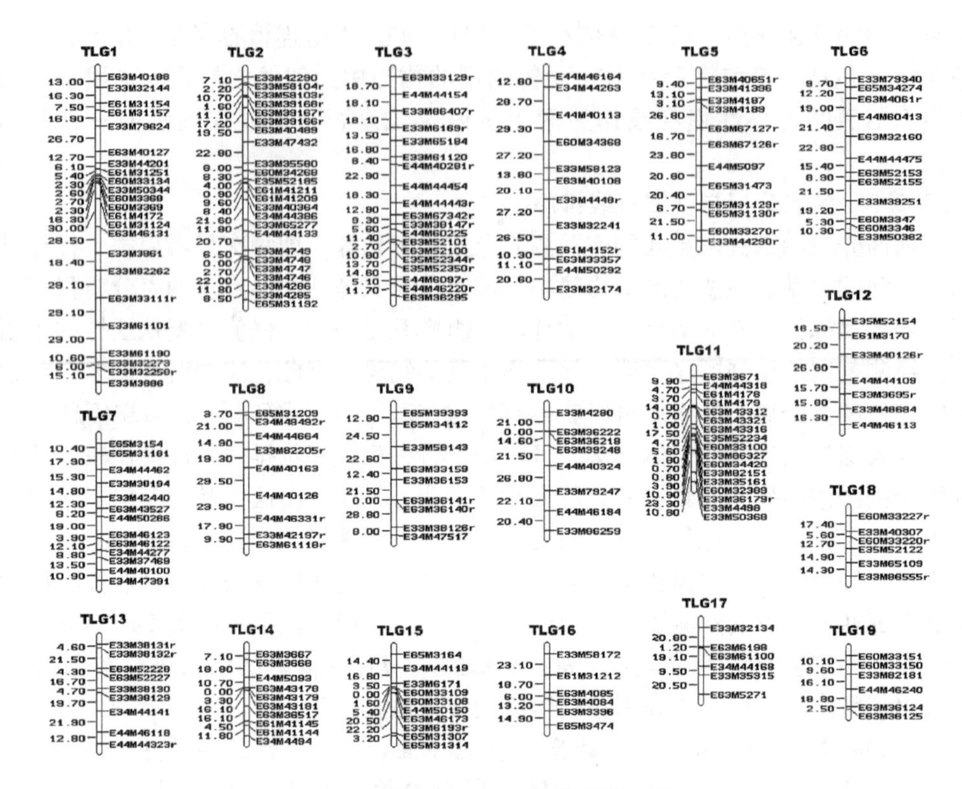

图 10-1 毛白杨 AFLP 遗传连锁图谱

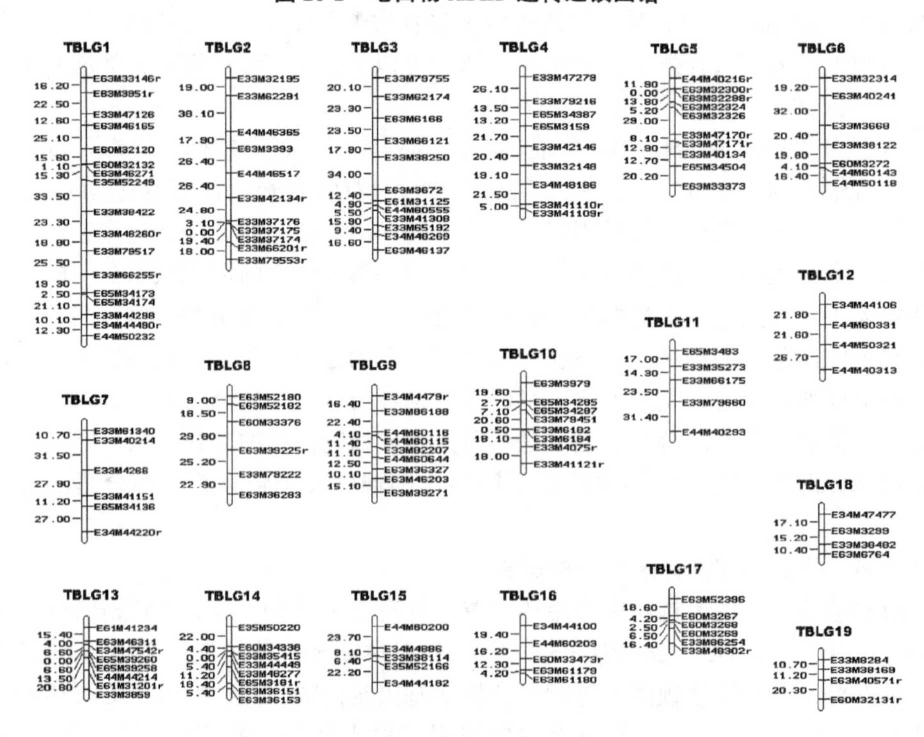

图 10-2 毛新杨 AFLP 遗传连锁图谱

强大，可以用3种不同的方法：区间、MQM和非参数法进行QTL作图，分析的群体类型包括BC_1、F_2、DH等。

目前，林木树种的遗传图谱构建取得了较大进展，主要林木的遗传图谱研究进展情况见表10-4所示。其中毛白杨和毛新杨的AFLP遗传图谱见图10-1和图10-2。

表10-4 已发表公布的主要林木的遗传图谱研究进展

树种	作图群体类型和大小	标记类型	标记数量	遗传图谱长度(cM)	主要研究者及年份
杨树					
美洲山杨	F_1 的60个单株	RFLP，等位酶	57	664	Liu *et al.*，1993
毛果杨×美洲黑杨	F_2 的90个单株	RFLP，STS，RAPD	131	1 255.3	Bradshaw *et al.*，1994
美洲黑杨	F_1 的127个单株	AFLP，SSR	238	2 178	Cervera *et al.*，2001
欧洲黑杨	F_1 的127个单株	AFLP，SSR，STS	222	2 356	Cervera *et al.*，2001
毛果杨	F_1 的105个单株	AFLP，SSR，STS	194	1 920	Cervera *et al.*，2001
毛果杨×美洲黑杨	BC_1 的180个单株	AFLP，SSR	544	2 481	Yin *et al.*，2004
毛新杨	BC_1 的120个单株	AFLP	144	1 956	Zhang *et al.*，2004
毛白杨	BC_1 的120个单株	AFLP	218	2 683	Zhang *et al.*，2004
松树					
湿地松	F_1 的68个单株	RAPD	73	782	Nelson *et al.*，1993
火炬松	F_2 的95个单株	RFLP，等位酶	75	632	Devey *et al.*，1994
火炬松	F_2 的95个单株	AFLP	184	1 528	Remington *et al.*，1999
长叶松	F_2 的200个单株	AFLP，RAPD，蛋白质	397	1 873	Costa *et al.*，2000
桉树					
巨桉	F_1 的61个单株	RAPD	240	1 552	Grattapaglia *et al.*，1994
尾叶桉	F_1 的61个单株	RAPD	251	1 101	Grattapaglia *et al.*，1994
尾叶桉	F_1 的93个单株	RAPD	269	1 331	Daniel *et al.*，1996
巨桉	F_1 的93个单株	RAPD	236	1 415	Daniel *et al.*，1996
亮果桉	F_2 的118个单株	RFLP，RAPD，等位酶	330	1 462	Byrne *et al.*，1995
细叶桉	F_1 的91个单株	AFLP	268	919	Margues *et al.*，1998
蓝桉	F_1 的91个单株	AFLP	200	967	Margues *et al.*，1998
蓝桉	F_1 的148个单株	RFLP，SSR，等位酶	249	1 375	Thamarus *et al.*，2002

10.4 基因定位

10.4.1 质量性状基因定位

质量性状的基因定位是基于控制目标性状的基因已定位于某一染色体或连锁群的前提下，选择该连锁群上与控制目标性状的基因紧密连锁的分子标记，从而将检测到的标记用于一般植物和林木育种方案的制定中。目前在质量性状基因定位中，主要采取近等基因系分析法和混合分群分析法。

10.4.1.1 近等基因系分析法

近等基因系分析法（near isogenic lines，NILs）是基于在所研究的品系内不存在个体基因型间的差异，而品系间除目标性状外遗传背景基本一致的作图群体，结合有效的分子标记技术，检测到与控制目标性状基因相连锁的分子标记用于标记辅助早期选择或育种中。因此，一般情况下，凡是能在近等基因系间揭示多态性的分子标记，就很可能位于目标基因的两翼附近。如 Young 等于 1988 年利用 NILs 群体和 RFLP 技术检测到了与番茄抗病毒基因 *Tm*-2a 相连锁的 RFLP 标记。Martin 等利用 NILs 群体检测到了与番茄抗细菌病毒基因相连锁的 RAPD 标记。Park 等利用 NILs 群体检测到了与普通豆抗锈病基因相连锁的 RAPD 和 SCAR 标记。需要指出的是，由于连锁累赘（linkage dragging），即在成对 NILs 间有差异的目标基因区段可能还连锁着其他有差异的 DNA 区段，有时在 NILs 中揭示的有多态性的标记位点可能与目标基因相距较远，甚至还可能位于不同的连锁群上。

10.4.1.2 混合分群分析法

混合分群分析法（bulked segregation analysis，BSA）的原理是将分离群体中的个体依据研究的目标性状（如抗病、感病）分成两组，将每组内一定数量植株的 DNA 混合，形成按表型区分的 DNA 池，用作模板进行标记分析。由于分组时仅对目标性状进行选择，因此两个 DNA 混合池之间理论上就应该在目标基因区段存在差异，这一点非常类似于 NILs，故也称作近等基因池法。由此克服了许多作物没有或难以创造相应 NILs 的限制。该方法首先由 Michelmore 等于 1991 年建立，并采用该方法成功地检测到了与莴苣抗霜霉病基因相连锁的 3 个 RAPD 标记。随后有研究者利用 BSA 法结合分子标记技术在水稻、小麦、豆类和马铃薯等作物和杨树、松树等主要树种中检测到了与生长、抗病等基因相连锁的分子标记。如 van der Lee 等利用 BSA 法结合 AFLP 标记在马铃薯分离群体中检测到了与无毒性基因相连锁的 4 个标记 *Avr*4、*Avr*3、*Avr*10 和 *Avr*11。其中，第一个标记 *Avr*4 定位于连锁群 A2-a 上，其他 3 个标记 *Avr*3、*Avr*10 和 *Avr*11 被定位于连锁群 VIII 上。Jeong 等利用相同的策略检测到了与大豆镶嵌病毒抗性基因 *Rsv*3 相连锁的 AFLP 标记并将其定位于连锁群 B2 上。Mammadov 等检测到了与大麦叶片锈病抗性基因 *Rph5* 相连锁的 AFLP、RFLP 和 SSR 标记，并将其定位于大麦染色体 3H 的短臂上。

在树木中，有研究者利用 BSA 法结合不同的分子标记技术和已构建的遗传连锁图检测到了控制杨树叶锈病、叶枯病、糖松松疱锈病、辐射松纺锤形锈病、日本黑松松针胆汁蚊虫病、榆树黑叶斑病和桃树根结线虫病等相连锁的分子标记，并将其进行了图谱定位，这些与目标基因紧密连锁的分子标记的发现，使进一步克隆目标基因，进行基因转移成为可能。如 Cervera 等以美洲黑杨 × 黑杨的 F_1 代的叶片为材料，利用 AFLP 技术和 BSA 法，检测到了 3 个与抗杨树叶锈病基因紧密连锁的 AFLP 标记；Villar 等利用 BSA 法和 RAPD 技术相结合，检测出与杨树抗叶片锈病相连锁的 5 个 RAPD 标记；Devey 等对糖松进行了抗松疱锈病基因局部作图，利用抗感型植株的种子的胚乳组织建立抗感病基因池，采用 800 个

RAPD 随机引物共获得 10 个与抗松疱锈病基因相连锁的标记，其中一个标记 OPF-03/810 与抗松疱锈病基因仅相距 0.9 cM；Wilcox 等利用 RAPD 标记技术和 BSA 相结合，用 60 对引物组合筛选抗病池和感病池，对火炬松抗松疱锈病（*Fr*1）基因局部区域作图，共获得该区域 13 个 RAPD 标记，其中的 *J*7-485a 与 *Fr*1 基因相距仅 2cM；Kondo 等以日本黑松为材料，利用 RAPD 技术和 BSA 相结合对控制日本黑松 PGM 的基因进行了分子标记，用 1 160 个 RAPD 随机引物进行筛选，共获得 3 个 RAPD 标记（OPC06580，OPD01700 和 OPAX192100），这 3 个 RAPD 标记与控制该虫的基因遗传距离分别为 5.1 cM，6.7 cM 和 13.6 cM，并将它们定位在已绘制的日本黑松遗传连锁图上。运用 BSA 法进行基因定位时，除要考虑分离群体中个体的表现型与其基因型的关系外，还需要注意多态性标记与目标基因间的距离不可太远，以及构成近等基因池的株数要适中。

10.4.2 数量性状基因定位

植物的大多数重要农艺性状（如产量、品质、成熟期等）和林木的重要经济性状（如树高、胸径、材积、材质和抗逆性等）大多为数量性状。若采用经典的数量遗传学来研究这些性状，只能把控制某一性状的多个基因作为一个整体来进行研究，这样是无法鉴别出单个数量基因以及与之有关的染色体片段，更难以确定数量性状基因位点在染色体上的位置，以及与其他基因的关系，也就无法采用现代分子遗传学所发展的基因克隆和转移等方法对数量性状进行遗传操纵。解决这一问题的关键在于通过 QTL 作图将影响数量性状的多个基因剖分开来，如研究质量性状基因位点一样，对这些数量性状基因位点进行研究，研究这些基因在染色体上的位置，并寻找与其紧密连锁的分子标记，这不仅可以对 QTL 所在的基因组进行一段一段地分析，而且可以直接测量过去所不能鉴别的各染色体区段的效应，从而确定其在染色体上的位置、单个效应及互作效应。近年来，随着高密度遗传连锁图谱的构建和不同统计方法的开发，对模式植物、主要农作物和林木的 QTL 作图进行了广泛的研究，取得了重要的研究进展，为分子标记辅助育种奠定了重要基础。

QTL 分析就是要检测到目标数量性状与在群体中处于分离状态的标记之间的关系。QTL 分析有两个基本步骤，即对标记进行作图、找到性状与标记之间的内在联系。QTL 分析主要包括以下几种方法。

10.4.2.1 单标记作图法

单标记作图法（single marker mapping）是发展较早且较为简单的一种单标记基因型与表型连锁分析的统计方法。其原理是用方差分析、回归分析或似然比检验方法逐一分析每一分子标记基因型与表型值之间的关系。例如，在一个 F_2 群体中存在一个分子标记 M，如果纯合基因型 M_1M_2 个体的产量显著高于纯合基因型 M_2M_2 个体，那么就推断可能存在一个与该标记连锁的 QTL。这种方法虽然简单，但存在以下几个方面的缺点：①如果显著性水平定得太低，则会出现假阳性；②由于位于同一条染色体上的基因之间存在一定的连锁关系，任何一个 QTL

都可能与几个分子标记相连锁；③由于检测到的QTL不一定与特定的分子标记是等位的，因此它的确切位置和效应难以弄清；④该方法不能检测出基因型与环境互作的存在；⑤检测效率不高。因为该法不能确定某标记究竟与一个还是多个QTL连锁，不能确定QTL的可靠位置，以及不能分辨QTL效应和重组率。

10.4.2.2 区间作图法

区间作图法（interval mapping）首先由Lander和Botstein（1989）提出，其基本原理是，对一条染色体上两个相邻标记之间的区间进行扫描，用最大似然法确定每个区间内各种位置上存在QTL的可能性，这可用似然比对数（*LOD*）值（即在特定位置存在一个QTL的似然性与不存在QTL的似然性的比值的对数）来判断。如果*LOD*值超过指定的显著性水平，则认为该位置可能存在一个QTL。这需要确定适当的显著性水平以避免产生假阳性，同时还把置信区间定义为对应于峰值两侧各下降1个LOD值的图谱区间。由于分析软件MAPMAKER/QTL使用简便，使得区间作图法成为目前应用最广泛的QTL分析方法。

与单标记作图法相比，区间作图法具有下列优点：①通过支持区间可以清楚地推断QTL在整个染色体组的可能位置；②假设一条染色体上只有一个QTL，对该QTL的位置和效应的估计是渐进无偏的；③检测QTL所需的个体数较少。当然该方法也存在着以下一些缺点：①某一区间的检验统计量可能受到位于该染色体上其他区域QTL的影响，即便在某一区间不存在QTL，由于受邻近区域QTL的影响，在此区间检验的统计量仍有可能极为显著，由此产生的QTL是有偏的；②如果在某一染色体上存在2个或2个以上QTL，则正在检验的位置的统计量就会受到所有这些QTL的影响，且由此估计的位置及所鉴别的QTL的效应可能也是偏的；③一次只能用QTL两侧的两个标记信息，标记信息的利用率较低。

10.4.2.3 复合区间作图法

为了克服区间作图法的上述缺陷，最好的解决办法是使统计模型针对所有可能存在的QTL。然而，在开始时并不知道QTL的位置，同时对两个或更多的QTL进行搜寻给计算上带来了极大的不便。为此，Zeng（1994）和Jansen，Stam（1994）提出了一种解决方案，即在进行区间作图的同时，还要考虑到来自其他QTL的方差，其方法是用根据基因组其他区域的标记得到的部分回归系数来进行估计。这种方法被称为复合区间作图（composite interval mapping，CIM）。

在理论上，复合区间作图比区间作图的检测能力更高、更准确。这主要是因为其他QTL的效应不再是剩余方差的一部分，同时复合区间作图法也去除了由连锁的QTL带来的偏差。Zeng的研究表明，有充分的理由相信用复合区间作图检测到的QTL位于两个或几个最近的背景标记之间。在模型中包括的背景标记很多，会大大降低QTL的检测能力，这是因为它们会消耗掉有限的自由度，并且如果背景标记离检测位置太近，它们会吸收相当部分的目标QTL效应，这样假的QTL峰就与真的QTL峰难以区分。如果包括的背景标记太少，复合区间作图法与区间作图法就没有太大区别。因此，需要找到合适的背景标记数目。总之，复合区间作图法主要有如下优点：①将多维检测问题简化为一维检测问题，单个 QTL 的效应和位置的估计是渐进无偏的；②以连锁标记为检验条件，极大地提高了 QTL 作图的精度；③同时利用了所有信息，比其他 QTL 作图方法更为有效；④仍然可利用 QTL 似然图谱来表示整个基因组上每一点 QTL 的证据强度，从而保留了区间作图的特征。

10.4.2.4 多区间作图法

Kao 等（1999）提出了 QTL 作图的另一新的统计模型，称之为多区间作图法（multiple interval mapping，MIM）。该方法可同时利用多个标记区间进行多个 QTL 的作图，MIM 模型也用最大似然法估计遗传参数。与 CIM 相比，MIM 法可使 QTL 作图的精度和有效性得到改进。QTL 间的上位性、个体的基因型值和数量性状的遗传力可以得到准确估计和分析。应用 MIM 模型，提出了以似然比检验统计量为临界值的分步选择步骤来证实 QTL。应用估计的 QTL 效应和位置，可以探索对于特殊目的和要求的性状改良的标记辅助选择的最佳策略。当然，将现行的 QTL 作图模型推广到多 QTL 模型中，以进行多 QTL 作图，这样 QTL 可以在模型中直接控制，从而进一步改进 QTL 作图。与其他方法相比，MIM 在 QTL 检测中更有效、更精确。以 MIM 结果为基础，由单个 QTL 贡献的遗传方差组成也可以估计，并且可进行标记辅助选择。MIM 模型有两个问题需要解决，一是特定正态混合模型的参数估计。如当 QTL 数目增大时，估计的 QTL 效应和位置的最大似然估计值很快变得不太合适。为了解决这一问题，Kao 和 Zeng（1997）提出的一般公式可获得参数估计的最大似然估计值；二是 MIM 模型中如何寻找 QTL。鉴于此，在 QTL 作图策略中提出了分步模型选择步骤的方法。

10.5 分子标记辅助选择育种

分子标记辅助选择（marker assisted selection，MAS）是利用与目标性状基因紧密连锁的分子标记进行间接选择，从而对植物的复杂数量性状进行选择。它是对目标性状在分子水平上的选择，不受环境影响，不受等位基因显隐性关系干扰，选择结果可靠；可以在早期世代和植株生长的任何阶段进行选择，从而大大缩短育种周期。目前，分子标记辅助选择已被成功地应用于基因聚合、基因转移和基于 QTL 的基因克隆等育种方案中。在本节中，将对分子标记辅助选择育种在植物育种方案中的具体应用和影响分子标记辅助选择的因素进行介绍。

10.5.1 分子标记辅助选择育种的应用

随着多种分子标记技术的开发利用，高密度遗传连锁图谱的构建以及控制数量性状和质量性状基因的精细定位，使得 MAS 应用于植物遗传改良成为现实，并已取得了长足的进展，主要体现在以下几个方面。

（1）基因聚合

所谓基因聚合（gene pyramiding）就是将分散在不同品系上的优良性状（如高产、优质、抗病虫等）通过杂交、回交、复合回交等一系列手段聚合到同一个品种中。这主要应用于质量性状的遗传改良。如小麦—黑麦1BL/1BS易位系中1RS对籽粒产量有显著的贡献，但却与劣质面粉品质有关。为了将1RS上的高产基因与劣质蛋白基因分开，英国科学家利用分子标记技术，从具有B缺体的1BS/1RS杂交后代中筛选具有1RS的个体，而其中的劣质位点已被小麦的醇溶蛋白位点取代的重组类型，通过与优良品质小麦品种的连续回交，在每个回交世代使用分子标记进行选择，最后进行田间产比及室内面团品质分析，得到了优质高产的小麦品系。

这一策略也被成功地应用于水稻抗病基因聚合育种中。如在水稻抗白叶枯病方面，Huang等于1997年运用标记辅助育种策略分别将2~4个抗白叶枯病基因*Xa*4、*Xa*5、*Xa*13和*Xa*21聚合到同一个水稻品种中。再如，在水稻抗稻瘟病方面，Hittalmani等于2000年选用3个含单抗性基因的NILs分别两两杂交，从其杂交子代中分别选取含有两个抗性基因的植株，然后再将各含两个抗病基因的单株继续聚合杂交，从其杂交后代中选取含有3个抗病基因的品种。柳李旺等(2003)将棉花(*Gossypium hirsutum*)胞质雄性不育恢复系0-613-2R与转BT基因抗虫棉R019杂交、回交产生BC_2群体。再利用CMS恢复基因*Rf*1紧密连锁的3个SSR标记和BT基因特异的STS标记进行选择，从而培育出同时含有*Rf*1和*BT*基因的抗虫棉品种。

(2) 基因渗入

基因渗入(gene transgression)是指将供体亲本中有利的基因(目标基因)渗入到受体亲本遗传组成背景中，从而达到改良受体亲本个别目标性状的目的。这也就是人们所说的分子标记辅助高世代回交育种。在这一育种过程中是将分子标记技术与回交育种相结合，快速地将与标记连锁的基因转移到受体亲本中，而受体亲本的遗传组成背景基本未变。如Ming等(1997)把抗玉米花叶病毒的*mv*1基因定位在3号染色体上后，利用RFLP标记php20508和umc102作辅助手段通过回交策略把抗性基因转移到了感病高产自交系中，降低了成本、缩短了时间。Toojinda等(1998)首先检测到了与控制大麦锈病抗性的两个QTLs，利用这两个QTLs连锁的分子标记，在子代中检测到携带有两个QTLs的抗性单株与轮回亲本进行杂交得到了产量高且抗病的植株。Chen等(2000)以IRBB21为供体材料，对生产上广泛使用的明恢63进行抗性改良，检测到了4个与*Xa*21紧密连锁的PCR标记。其中*RG*103、248与*Xa*21共分离，*C*189、*AB*9分别在*Xa*21两侧0.8 cM和3.0 cM处，并且选用了标记间最大图距不超过30cM，且均匀分布于每条染色体的128个RFLP标记用于背景选择。通过两代正向选择和负向选择，将导入片段限定在3.8 cM以内。在BC_3F_1代的250个抗性植株中，运用RFLP标记选择到2株除目标区域外遗传背景完全恢复为明恢63的个体，自交一代后运用标记248选出基因型纯合的抗病单株，从而得到改良的明恢63品种。

(3) 多个数量性状的MAS

在育种实践中，育种者往往需要将多个优良性状聚合到一个品种中，这些性状又多为数量性状。目前建立的基于QTLs的MAS选择育种可以实现这一目标。

在这一方面，较成功的例子是 Bouchez 等（2002）报道了利用 MAS 策略将控制收获期、麦粒湿度和麦粒干重的 3 个 QTLs 进行了检测，并将其转移到目标品种中去。他们首先将控制这 3 个性状的基因进行了 QTL 分析。研究发现，对于收获期，检测到了两个主效 QTLs，分别位于连锁群 8a 和染色体 10 上，分别解释表型变异的 28.2% 和 16.9%；对于麦粒湿度，在连锁群 8a 上检测到一个主效 QTL，可解释表型变异的 38.8%；而对于麦粒干重，在连锁群 8a 和染色体 10 上检测到 5 个 QTLs，可解释表型变异的 42.5%。研究者欲将通过 MAS 结合杂交育种将这些 QTL 整合到育种品系中。他们从先前得到的 BC3 家系中选取了两个优良单株，分别含有上述描述的部分 QTLs。他们将这两个近交品系进行了杂交，利用了 MAS 策略从后代中选取了含有上述的 QTLs，达到了 MAS 辅助玉米育种的目的。此外，Schneider 等（1997）利用 5 个 RAPD 标记在干旱胁迫和非胁迫两种条件下对大豆组合 SierraLerra-2RB 杂交后代实施辅助选择，结果表明旱胁迫条件下 MAS 可以使产量提高 11%，非胁迫条件下则使产量提高 8%，而基于常规的表型选择未能提高产量。

10.5.2 影响分子标记辅助选择的因素

（1）QTL 作图的精确性

在实施利用检测到的 QTL 进行 MAS 时，第一个遇到的困难就是 QTL 的位置和效应预计的精确性。因为 QTL 没有不连续的表型影响，从而不能当作孟德尔遗传因子来进行基因定位。它的作图是基于在基因组某一染色体上存在一个或多个 QTL 的最大似然性来进行基因定位。而很难以最大的可能性来进行 QTL 的准确定位。单靠增加遗传连锁图上标记的密度来提高 QTL 作图的分辨率是不大奏效的。但增加作图群体的大小或利用近等基因系进行 QTL 作图便可大大提高 QTL 作图的精确性。一般情况下，MAS 群体大小不应小于 200 个。选择效率随着群体增加而加大，特别是在低世代、遗传力较低的情况下尤为明显。

（2）标记与 QTL 间连锁的紧密程度

正向选择的准确性主要取决于标记与目标基因的连锁强度。标记与基因连锁得越紧密，依据标记进行选择的可靠性就越高。若只用一个标记对目标基因进行选择，则标记与目标基因连锁必须非常紧密才能达到较高正确率。如果用两侧相邻标记对目标基因进行跟踪选择，也可大大提高选择正确率。

（3）性状的遗传力

性状的遗传力显著影响 MAS 的选择效率。遗传力较高的性状，根据表型就可较有把握地对其实施选择，此时分子标记提供信息量较少，MAS 效率随性状的遗传力增加而显著降低。在群体大小有限的情况下，低遗传力的性状 MAS 相对效率较高，但存在一个最适大小范围，如在 0.1～0.2 时，MAS 的效率会更高，在此限之下 MAS 效率又会降低。

（4）世代的影响

在早期世代的群体里，具有变异方差大、重组个体多和中选概率大等特征，因此，背景选择时间应在育种早期世代进行，随着世代的增加，背景选择效率会逐渐下降。在早期世代，分子标记与QTL间的连锁不平衡性较大，随着世代的增加，效应较大的QTL就被固定下来，MAS效率随之降低。

(5) 控制目标性状基因的QTL数目

一般来说，随着QTL数目的增加，MAS的效率也会逐渐降低。当目标性状由少数几个基因（1~3个）控制时，用标记选择对提高遗传增益非常有效。但当目标性状由多个基因控制时，由于需要进行较多世代的选择，加剧了标记与QTL位点的重组，从而就会降低标记的选择效率。

复习思考题

1. 基本概念

遗传连锁图谱　遗传标记　形态标记　细胞标记　生化标记　分子标记　RFLP　RAPD　AFLP　SSR　EST　QTL　作图群体　分子辅助选择育种

2. 遗传标记主要有哪些？各有什么优缺点？
3. 主要的分子标记有哪些？各有什么特点？
4. 遗传作图群体有哪几种类型，各自具有什么特点？
5. QTL定位分析的方法及其原理是什么？
6. 试述林木树种遗传连锁图谱构建及QTL定位的研究新进展。

本章推荐阅读书目

植物生物技术．张献龙，唐克轩．科学出版社，2004.

作物育种生物技术．陈佩度．中国农业出版社，2001.

林木遗传图谱构建和QTL定位统计分析．施季森，童春发．科学出版社，2006.

Genome mapping in Plant. Andrew H. Paterson. Academic Press, 1996.

第11章　植物基因的分离克隆

【本章提要】 目的基因分类、基因克隆方法分类以及基因分离克隆方法的选择策略；已知基因产物及已知部分或全部DNA序列的基因的分离克隆方法；酵母双杂交体系、噬菌体展示技术、文库扣除杂交法、抑制消减杂交法及代表性差异分析法等基因分离克隆方法的基本原理与操作程序；植物基因文库技术分离克隆植物基因的方法原理和操作程序，图位克隆和mRNA差异显示技术分离目的基因的基本原理与方法步骤。

11.1　概　述

植物中蕴藏着丰富的有用基因，这些基因在植物遗传改良中具有重要的作用。分离克隆这些基因是利用基因工程进行植物遗传改良的前提。这些基因各自具有特定的核苷酸序列，在染色体上有特定的位置，编码特定的mRNA，具有特定的功能，有些基因具有差异表达特性。基因的这些特性是对其进行分离克隆的重要依据，目前分离克隆目的基因方法都是依据基因的基本特性创建的。由于基因的多样性，分离克隆基因的方法也多种多样。同时，随着现代分子生物学与生物技术的迅速发展，基因分离克隆的新技术不断被创立。根据基因的特性，选择恰当的方法是成功地分离克隆目的基因的前提。

11.1.1　待分离克隆的基因分类

根据基因的情况，分离克隆的目的基因可以归纳为3大类：

第一类，已知基因的序列。① 已知DNA序列，有3种情况：已知目的基因的全部或部分DNA序列；已知其他物种的同类基因的DNA序列；已知目的基因cDNA的全部或部分序列。② 已知目的基因表达产物蛋白质的序列。在已知基因序列的情况下，一般采用PCR技术或探针分子杂交技术来分离克隆目的基因。

第二类，已有基因图位或标记、转座子等条件的基因。可分别采用图位克隆技术、T-DNA标签法及转座子标签法等分离克隆目的基因。

第三类，未知目的基因序列。可细分为：① 差异表达序列，即目的基因的表达具有组织、器官及时间差异性，可采用随机引物多态性扩增技术、定向引物扩增技术和DDRT-PCR、SSH-PCR、RAP-PCR、DNA-RDA、cDNA捕捉法等进行克隆；② 无差异表达的目的基因，可采用文库筛选法、功能组蛋白分离法及直接测序法等进行分离克隆，这种情况的难度最大、最繁琐。

11.1.2 基因分离克隆方法的分类及选择策略

现有基因克隆方法可以归纳为以下5大类：① 以已知序列为基础的克隆方法；② 以分子标记连锁图谱为基础的克隆方法；③ 以人工突变体为基础的克隆方法；④ 以表达差异为基础的克隆方法；⑤ 利用生物信息学手段的克隆方法。由于待分离克隆的目的基因的条件不同，分离克隆的方法也就不一样。针对目的基因的具体条件，可采取以下策略选择分离克隆的方法：

(1) 如果已从某种植物甚至微生物中分离到某个基因，则可根据此基因的核苷酸序列特点，利用序列克隆法从另一种植物中克隆出这个基因。

(2) 如果能分离、纯化目的基因表达的蛋白质产物，则可根据蛋白质的氨基酸序列反推出相应的核苷酸序列，再据此序列合成寡聚核苷酸探针，从cDNA文库或基因组文库中钓取目的基因。该法存在两种主要限制因素：一是大多数基因的产物尚不清楚；二是需要纯化足够的蛋白质用于氨基酸序列测定或抗体制备。

(3) 如果一种植物的转座子研究得很清楚，或通过转化较容易获得，则可利用转座子标签法分离克隆此基因。该法具有一定的局限性。原因是可供利用的转座子种类太少，转座子的转化不容易，且不同植物间转座频率差异很大。

(4) 如果要分离克隆控制缺失突变体表现型的基因，则可利用差减杂交法。在植物中应用此法，首先应通过辐射诱变等手段获得缺失突变体。该法的缺点是应用范围较窄，步骤繁琐。

(5) 如果目的基因已被定位在分子连锁图上，且离分子标记足够近，则可利用图位克隆法进行分离克隆。到目前为止，已应用该法成功地分离克隆了许多基因。利用该法分离克隆基因时，首先要采用各种方法对目标基因进行定位，再结合染色体步移和筛选YAC文库等才能分离基因，因此难度大、时间长、花费大。

(6) 对于差异表达基因的分离克隆，可利用差异表达分析法。该类方法中已发展起来多种方法，如DDRT-PCR、cDNA-RAPD、cDNA-AFLP、RDA和SSH等，可根据具体情况选用。

(7) 如果要分离植物包含的多数基因，就要进行DNA的全序列测定，再通过计算机分析，找出分布在DNA两条链上所有可能的可读框（ORF），最终达到分离克隆任意基因的目的。

11.2 基因文库的构建与基因克隆

基因文库（gene library）是指某一生物类型全部基因的集合。某生物DNA片段与载体分子重组，然后转化宿主细胞，转化细胞在选择培养基上生长出的单个菌落（或噬菌斑、成活细胞）即为一个DNA片段的克隆。全部DNA片段克隆的集合体即为该生物的基因文库。

构建基因文库是分离克隆目的基因的主要途径。基因文库的构建包括以下基本程序：①植物 DNA 提取及片段化，或是 cDNA 的合成；②载体的选择及制备；③DNA 片段或 cDNA 与载体连接；④重组体转化宿主细胞；⑤转化细胞的筛选。

11.2.1 基因文库的种类

根据基因类型，基因文库可分为基因组文库及 cDNA 文库。根据功能，基因文库可分为克隆文库及表达文库。根据构建基因文库的载体，可分为质粒文库、噬菌体文库、黏粒文库及人工染色体文库。

(1) 基因组文库与 cDNA 文库

基因组文库：某生物的全部基因组 DNA 切割成一定长度的 DNA 片段克隆到某种载体上而形成的集合。根据 DNA 来源，基因组文库又有核基因组文库、叶绿体基因组文库及线粒体基因组文库。

cDNA 文库：某生物某一发育时期所转录的 mRNA，经反转录形成的 cDNA 片段与某种载体连接而形成的克隆的集合。

这两种文库的区别在于 cDNA 文库有时效性和组织器官特异性。cDNA 文库的遗传信息供体是某一时空条件下的植物细胞总 mRNA，它在转录水平上反映该植物的特定组织（或器官）在特定发育时期和特定环境条件下的基因表达情况，因而不包括该植物有机体的全部基因。同时，cDNA 文库只反映 mRNA 的分子结构，因为 cDNA 中不含有真核基因的间隔序列及调控区，所以，确切地说 cDNA 并不是真正意义上的基因。研究植物功能蛋白序列、分离植物特定组织或发育阶段特异表达的基因时，应构建 cDNA 文库。

基因组文库的遗传信息供体是基因组 DNA，因而无发育时期及组织器官特异性，在一个完全的基因组文库中包含着基因组 DNA 上的所有编码区及非编码区序列的克隆。基因组文库可真实地显示基因组的全部结构信息。研究 mRNA 分子中不存在的序列及基因组作图时，应构建基因组文库。

(2) 克隆文库及表达文库

克隆文库是用克隆载体构建的。载体中具有复制子、多克隆位点及选择标记，可通过细菌培养使克隆片段大量增殖。从克隆文库中分离目的克隆主要利用核酸探针，可以是根据蛋白质序列合成的寡核苷酸探针，也可以是同种或同属植物的同源序列探针。

表达文库是用表达载体构建的。载体中除上述元件外，还具有控制基因表达的序列（如启动子、SD 序列、ATG、终止子等），可在宿主细胞中表达出克隆片段的编码产物。从表达文库中分离目的克隆，除了利用核酸探针外，还可利用免疫学探针及生物功能进行筛选。表达文库适合于那些不知道蛋白质的氨基酸序列、不能用核酸类探针筛选的目的基因的分离。

(3) 不同载体的基因文库

目前，用于构建基因文库的载体主要有质粒、噬菌体、黏粒及人工染色体四大类。每类中又有多种不同的载体。不同的载体适于构建不同的基因文库。

质粒文库：质粒不能用于构建植物核基因组文库，通常只用来构建短序列的克隆文库。

噬菌体文库：目前用于基因克隆的噬菌体载体及其衍生载体很多，如单链的 M_{13}噬菌体载体、λ 噬菌体载体、P_1 噬菌体载体、噬菌粒（phagemid 或 phasmid）等。使用最多的是 λ 噬菌体载体，有插入型及置换型两种类型。插入型 λ 噬菌体载体一般只能容纳 10kb 左右的外源片段，只能用于 cDNA 文库构建。置换型 λ 噬菌体载体可容纳较大的 DNA 片段，可用于构建植物核基因组文库。

黏粒文库：黏粒也称柯氏质粒（cosmid），是人工构建的由 λ 噬菌体的 cos 序列、质粒的复制子序列及抗生素抗性基因序列组合而成的一类特殊的质粒载体。黏粒载体兼具 λ 噬菌体载体和质粒载体的主要性质，还具有抗生素基因，可通过抗生素抗性筛选重组子，也加上了设在插入失活基因内的多克隆位点。黏粒文库的克隆容量大，与 YAC 文库相比，克隆的嵌合体问题不大，且黏粒转化效率高，黏粒文库构建比 YAC 文库构建省时得多。

人工染色体文库：人工染色体载体是利用真核生物染色体或原核生物基因组的功能元件构建的能克隆大于 50 kb DNA 片段的人工载体。有的载体既可用于克隆，又能直接转化植物，是进行植物基因功能研究的良好载体。近年来陆续发展起来的人工染色体文库有 YAC 库、BAC 库、BIBAC 库、PAC 库及 TAC 库。

11.2.2　植物 cDNA 文库构建

cDNA 文库构建共分 3 个阶段：① mRNA 分离纯化；② cDNA 合成；③ cDNA克隆。mRNA 分离纯化此处不再赘述，以下仅对第②和第③阶段的主要环节作一简要介绍。

11.2.2.1　cDNA 合成与末端修饰

（1）cDNA 合成

cDNA 第一链的合成是根据 mRNA 的 3′端都带有 poly（A）尾的特点，以 oligo（dT)$_{12\sim18}$为引物，以 mRNA 为模板，在反转录酶的作用下，复制出与 mRNA 互补的 DNA。

cDNA 第二链的合成有自身引导合成法、置换合成法、引导合成法等 3 种方法。① 自身引导合成法利用 cDNA 第一链的 3′端形成的发夹结构为引物，自身引导合成互补的第二链，最后用 DNase S1 酶将发夹的单链环切除，得到 cDNA 第二链，并形成双链分子。② 置换合成法用 RNase H 将 RNA：DNA 杂交分子中的 RNA 切割成小片段，以这些小片段为引物，在 DNA 聚合酶 I 的作用下合成 cDNA 第二链，并用 DNA 连接酶连接各小片段 DNA。③ 引导合成法用 DNA 末端转移酶在 cDNA 第一链的 3′末端加上一个人工合成的寡聚核苷酸片段，再用另一个与其互补的人工合成引物来引导合成cDNA第二链。利用同时带有可引导合成 cDNA 第一链与第二链的同聚尾，以及克隆到质粒和 λ 噬菌体载体的限制酶切位点的合成引物——衔接头，可以简化上述引导合成法合成 cDNA 的步骤。

cDNA 的 PCR 扩增。cDNA 文库构建通常需要 μg 级的 mRNA（Gasser *et al.*，

1989)。因此，常利用PCR来扩增cDNA。方法有如下两种：

方法一：末端转移酶加尾法扩增cDNA。扩增步骤：① 以oligo（dT）为引物进行反转录，合成cDNA第一链；② 用末端转移酶在cDNA第一链末端加上同聚物尾；③ 以5′端带有特异序列（与上述oligo（dT）5′端序列相同）的oligo（dG）和oligo（dT）为引物，进行1轮（或几轮）PCR循环，形成双链cDNA；④ 用oligo（dG）和oligo（dT）5′端的特异序列为引物，进行PCR扩增，得到带人工特异末端的cDNA。如果两5′端特异序列不同，则可实现cDNA的定向克隆。

方法二：寡核苷酸衔接子法扩增cDNA。此处介绍以磁珠为载体进行cDNA扩增的方法，具体步骤如下：① 用oligo（dT）磁珠从总RNA中分离出mRNA，但不将mRNA从磁珠上洗脱下来，直接以oligo（dT）为引物合成cDNA第一链；② 用置换法在磁珠上合成cDNA第二链，并利用T4 DNA聚合酶使cDNA产生平末端。必要时用多聚核苷酸激酶使5′末端带上磷酸基团；③ 利用连接酶在cDNA游离端连接上衔接子。衔接子一端为平端，另一端长短不齐，平端没有5′磷酸基团，凸出部分不具回文结构，因而不会形成多联体，且短链不能与cDNA共价相连；④ 在74℃加热10 min，使衔接子的短链脱落，然后在DNA聚合酶作用下使第一链3′端以衔接子长链为模板延伸。补齐之后，提高温度，使双链cDNA变性，第二链因失去与磁珠的氢键连接而进入溶液；⑤ 加入PCR引物（序列与衔接子的长链相同），经PCR反应重新合成cDNA第二链，然后通过变性作用使新合成的第二链进入溶液；⑥ 将溶液转移到新的管中，以第二链为模板，以5′端带有特异序列（该序列可与衔接子长链序列相同，也可与之不同。不同时可产生定向克隆）的oligo（dT）为引物，合成反义链；⑦ 最后，以衔接子的长链序列及oligo（dT）引物5′端的特异序列为引物，扩增cDNA。第⑤步中重新合成第二链的目的是获得全长cDNA。因为，第二链的第1次合成是置换合成法，有时会存留一些缺口或未连接之处，造成第二链不完整，这样的第二链在PCR时很难被扩增。带有第一链的磁珠可以循环使用，用于合成全长cDNA。

（2）cDNA的末端修饰

合成的cDNA在克隆前还要进行末端修饰，目的是使之能与载体的相应末端连接。末端修饰的方法主要有3种：

方法一：同聚物加尾。即利用末端脱氧核苷酸转移酶，在DNA分子的3′—OH加上一系列同种脱氧核苷酸。一般给cDNA加上oligo（dC），载体加上与之互补的oligo（dG），然后二者的黏性末端连接。形成重组体时，还要用连接酶及大肠杆菌聚合酶Klenow片段补平因尾长短不一出现的缺刻。

方法二：加接头（linker）。接头是一些人工合成的8~12 bp长的双链平末端片段，片段中含有一个能产生黏性末端的限制酶位点。先利用T4 DNA连接酶将接头连接到cDNA平末端（非平端可通过Klenow作用补平），然后再用限制酶消化，产生带黏性末端的cDNA。采用此方法时，必须通过甲基化酶作用保护cDNA中的酶切位点，或者使用限制酶切位点在高等生物细胞内较为罕见的接头。

（3）加衔接子（adaptor）

衔接子也是人工合成的短的双链DNA片段。与接头不同的是，其一端为平末端（供与平末端 cDNA 连接），另一端是已形成好的限制酶黏性末端（供与载体相连），但 5′末端无磷酸基因。

11.2.2.2 cDNA 克隆

（1）cDNA 克隆的载体

cDNA 克隆的载体主要是质粒载体及 λ 噬菌体载体。质粒载体适于高丰度的 mRNA，且质粒 cDNA 文库很难长期保存。λ 噬菌体 cDNA 文库可以扩增，并可长期保存而不丢失活力，且文库筛选较为方便，因而在植物 cDNA 文库构建中用得较多。用于植物 cDNA 文库构建的 λ 噬菌体载体主要有 λgt10、λgt11、λZAP 等，这三种载体均为插入型。

λgt10 为免疫区插入型克隆载体，又称为免疫功能失活型载体。插入外源 DNA 的重组体形成清亮的噬菌斑，而非重组体形成混浊的噬菌斑。用 λgt10 构建的 cDNA 文库用核酸探针筛选。

λgt11 是 β-半乳糖苷酶失活型载体，克隆位点位于 *lac*Z 基因内，重组体感染 lac^- 大肠杆菌，在有 IPTG 和 X-gal 的培养基上形成白（无）色噬菌斑，非重组体

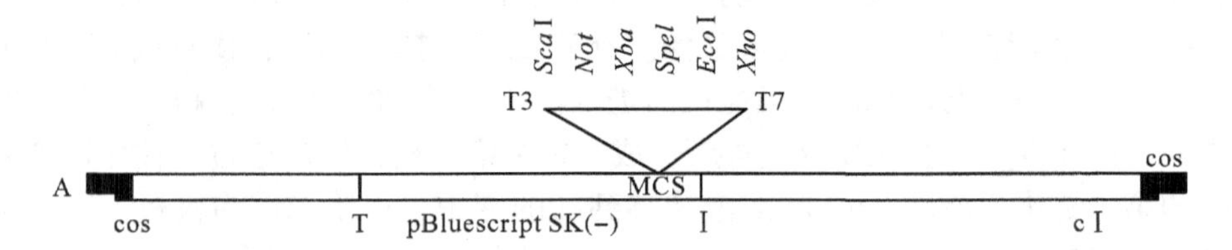

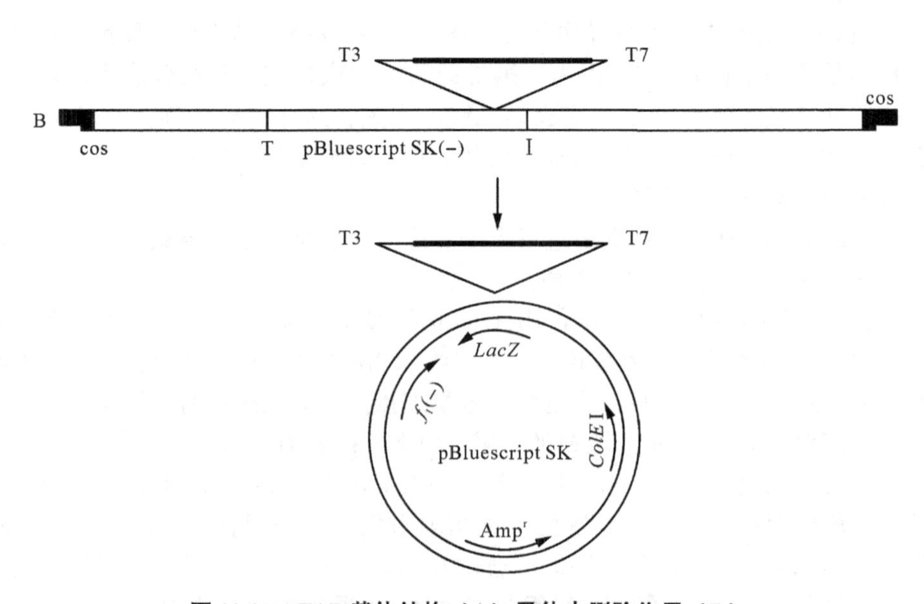

图 11-1 λZAP 载体结构（A）及体内删除作用（B）

（引自王关林、方宏筠《植物基因工程》，2002）

MCS：多克隆位点；黑粗线：外源 DNA；T3、T7：噬菌体启动子；I：起始信号；T：终止信号；cos：黏性末端

形成蓝色噬菌斑。用λgt11构建的cDNA文库既可用常规的核酸探针筛选外，又可以用免疫学探针（抗体探针）进行筛选。

λZAP载体（结构见图11-1）具有体内删除及转录功能。它具β-半乳糖苷酶的插入失活效应，可用X-gal显色反应筛选重组体；能以*lac*Z启动子表达融合蛋白，可用抗体探针筛选目的基因；在多克隆位点两端有一对T3和T7噬菌体RNA聚合酶启动子，具有转录功能；该载体上整合了噬菌粒pBluescript SK（-）序列，因而具有体内删除特征，当有辅助噬菌体存在时，在辅助噬菌体基因Ⅱ蛋白的作用下，按滚环单链复制方式生成单链DNA，因此，条件具备时，pBluescript SK可以从λZAP载体上删除下来。克隆在λZAP上的外源DNA插入在pBluescript SK（-）的多克隆位点上，能随噬菌粒一起删除。删除后，外源DNA可直接在pBluescript SK（-）上进行测序等工作，也可进行转录。

（2）cDNA文库构建流程

经过末端修饰后的cDNA，与载体连接形成重组体，这个过程就是cDNA克隆。以λ噬菌体载体构建cDNA文库为例，将重组体进行体外包装，形成有感染

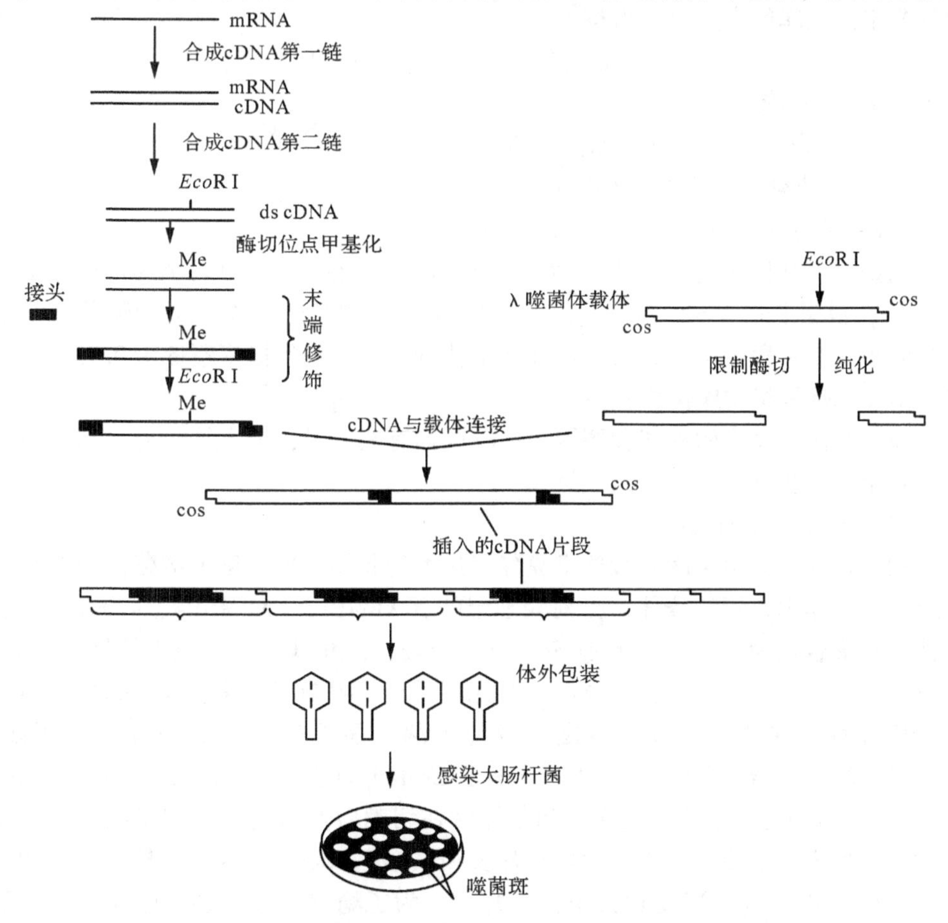

图11-2 用插入型λ噬菌体载体构建cDNA文库的流程

力的噬菌体颗粒，再感染大肠杆菌，每个重组噬菌体可产生一个噬菌斑，所有的噬菌斑即构成一个 cDNA 文库。现将用插入型 λ 噬菌体载体构建 cDNA 文库的操作流程归纳如下（图 11-2）：① 以 oligo（dT）为引物，在反转录酶的作用下合成 cDNA 第一链；② 采用自身引导合成法、置换合成法或引导合成法等方法合成第二链，形成双链 cDNA；③ cDNA 分子中 *Eco*R I 酶切位点的甲基化；④ 采用同聚物加尾、加接头、加衔接子等方法对 cDNA 进行末端修饰，使之形成黏性末端；⑤ 根据大小选择 cDNA；⑥ 用 *Eco*R I 酶切 λ 噬菌体载体，然后将经过末端修饰后的 cDNA 与载体臂连接形成重组 DNA；⑦ 将重组 DNA 包装到 λ 噬菌体颗粒内，并在大肠杆菌中铺平板进行检测；⑧ 小量提取 λ 噬菌体，分析 cDNA 插入片段；⑨ 获得完整的 cDNA 文库。

11.2.3 植物基因组文库构建

11.2.3.1 文库克隆数目

要使所构建的基因组文库能够覆盖整个基因组，文库的克隆数目必须达到一定的要求。文库的克隆数目可按公式

$$N = \ln(1-P)/\ln(1-x/y)$$

式中 N——克隆数目；

P——设定的概率值（如：0.99）；

x——克隆片段平均大小（15～20 kb）；

y——植物基因组大小（以 kb 计）。

例如，若某植物基因组大小为 4×10^8bp，克隆片段平均大小为 20kb，$P=0.99$ 时，根据上式 $N\approx1\times10^5$。含 1×10^5 个克隆的基因文库相当于覆盖了 5 倍的基因组，在片段随机分布时，从文库中找到任一序列的概率不低于 0.99。

11.2.3.2 基因组文库构建程序

植物基因组文库的构建程序因载体不同而有些差异，但大同小异，通常包括以下几个基本步骤。

（1）克隆载体的制备

构建植物基因组文库一般要求克隆容量大的载体。置换型 λ 噬菌体载体是基因组文库构建中常用的载体，目前较理想的有 λEMBL3、λEMBL4、λ2001，这些载体的克隆容量为 25kb，都具有 Spi^- 正选择表型，并具有易于重组体增值的 *chi* 位点。制备置换型 λ 噬菌体载体时，首先用适当的限制酶消化载体，除去载体中间的填充区。在填充片段与臂之间设计了两个靠近的限制酶切位点（例如，λEMB3A 的多克隆位点区有 *Sal* Ⅰ-*Bam*H Ⅰ-*Eco*R Ⅰ-填充片段-*Eco*R Ⅰ-*Bam*H Ⅰ-*Sal* Ⅰ序列），目的是为了防止填充区和载体臂在切割后重新连接。制备载体时，用两个限制酶进行双酶切，消化后填充片段和载体臂末端不再匹配，从而不会相连接，然后用 PEG 选择沉淀除去小接头片段。为了稳定实验体系，应经同一次酶切产生大量的载体臂备用。

人工染色体的克隆容量大，是植物基因组文库构建的重要克隆载体。本章的

11.2.4 将专门介绍植物人工染色体文库构建。因此，对于人工染色体载体的制备此处不再赘述。

(2) 大相对分子质量的植物基因组 DNA 制备

大相对分子质量的 DNA 是构建大片段 DNA 文库的前提。在提取过程中，植物基因组 DNA 易受到机械剪切和核酸酶的酶切作用，难以获得大片段的 DNA 分子。为了获得大片段的植物基因组 DNA 分子，已经发展了一些比较完备的方法，应用较多的主要有低熔点琼脂糖包埋法和脉冲电泳分离法两种。①低熔点琼脂糖包埋法：将新鲜植物样品在液氮中研磨，然后溶解在缓冲液中形成原生质体，再利用低熔点琼脂糖包埋原生质体，形成琼脂糖包块。低熔点琼脂糖的应用可有效防止大片段 DNA 的降解，且形成的琼脂糖珠有利于细胞核充分裂解和 DNA 酶切。②脉冲电泳分离法：琼脂糖包埋法提取大片段的 DNA 分子易受到植物细胞器 DNA、细胞壁以及酚类物质等污染。后来发展的细胞核完整包埋法及脉冲电泳法制备大片段 DNA 的技术能较好地克服这些缺点。脉冲电泳分离法是在包埋的基础上，利用蛋白酶 K 部分消化组织中的蛋白质，然后利用脉冲电泳获得大于 2Mb 的 DNA 分子。

(3) DNA 插入片段的制备

可采用机械切割法或限制酶酶切法（即部分酶切）。机械切割法可获得较均一的随机片段，但需经末端修饰、甲基化，连上接头，再用限制性内切酶消化产生黏性末端后，才能用于克隆。

用限制酶酶切法可直接产生黏性末端，但片段的随机性较差，因此采用该法时，文库的克隆数目应大于计算值。此外，所用限制性内切酶应是识别 4 核苷酸序列，并且产生的末端能与载体上多克隆位点的酶切序列相匹配。通常使用 *Sau*3AI，它识别 4 核苷酸序列，并与经常在多克隆位点上出现的 *Bam*HI 位点相匹配。用限制酶酶切法产生随机片段的关键是控制反应时间及酶量。为防止酶切片段重新连接，可采用下面两种方法：① 用小牛肠碱性磷酸酶（CIAP）除去 5′末端磷酸基团；② 用大肠杆菌 DNA 聚合酶 Klenow 片段将 DNA 酶切片段的凹端不完全补平。如果基因组 DNA 片段是经过不完全补平处理的，在连接时双臂也必须进行不完全补平。

为了获得纯度高、含量多的大片段，并减少大片段的降解，人们采用了许多新方法。例如，在部分酶切前，对大片段 DNA 进行适当的脉冲电泳，除去小片段；经部分酶切以后，再选择一定大小的片段 DNA。大片段的选择一般都经过两次脉冲电泳。

(4) 载体与外源片段的连接

片段大小对连接有较大的影响，随着目标片段的增大，连接效率呈下降的趋势。影响连接的因素还有酶、缓冲液、无菌水的 pH 值、载体与外源插入片段的比例等。实践经验表明，对于 BAC 文库的构建而言，载体与外源片段的比例在 1:(5~15)之间时，载体与外源片段的连接效率最高。

对于置换型 λ 噬菌体载体而言（图 11-3），此步为载体与外源片段连接及重组 DNA 体外包装。连接时会形成大小不同的串联体，即“臂—插入片段—臂—臂—插入片段—臂”结构。串联体中按“左臂—插入片段—右臂”顺序连接，且两 *cos* 位点的距离在 39 ~ 52 kb 的片段都能被包装进噬菌体头部。串联的 λDNA 分子是体外包装反应的最有效底物，DNA 浓度高时有利于形成这种串联体，DNA 浓度低时容易环化而难于被包装。所以连接反应要在较高的 DNA 浓度（200 ng/μL）下进行。臂与插入片段质量比为 2∶1 左右。如果插入片段平均为 17kb，大约使用 4μg 臂、1μg 插入片段。实际工作中，最好通过臂与插入片段的连接实验及体外包装反应来确定它们的质量关系。

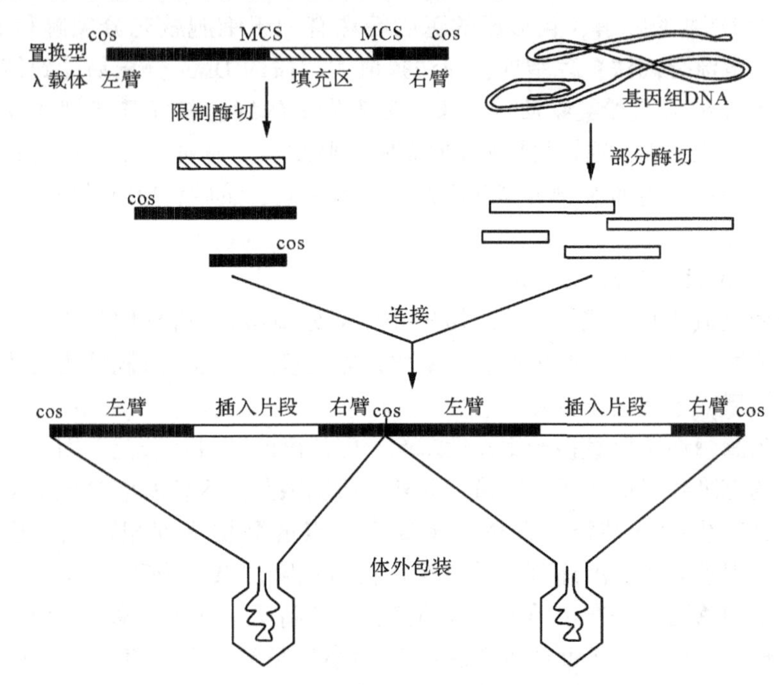

图 11-3 置换型 λ 噬菌体载体结构及克隆原理示意图

（改自王关林、方宏筠《植物基因工程》，2002）

（5）载体的遗传转化

一般采用电转化的方法来转化受体细胞。转化的效率因片段的大小而异。也有用 PEG 介导法，为了提高转化效率，采用 PEG 对连接液进行适当浓缩，转化效率有望提高。

对于置换型 λ 噬菌体载体而言，此步为重组 DNA 体外包装形成的噬菌体感染大肠杆菌。

（6）克隆的挑取和验证及基因组文库的保存

置换型 λ 噬菌体载体克隆的基因组 DNA 片段可根据噬菌斑进行挑取。至于基因组文库的保存，基因组较小的文库采取单克隆保存比较理想；对于基因组较大的生物，使用混合池保存的方法比较合适。

11.2.4 植物人工染色体文库构建

在高等动植物的基因组分析、真核基因功能研究及定向克隆等工作中，常需要克隆几百至几千 kb 的大片段 DNA。构建大容量的克隆载体是解决这一问题的重要途径。20 世纪 80 年代以来，各种大片段 DNA 克隆载体系统相继创立，出现了多种人工染色体，如酵母人工染色体（yeast artificial chromosome，YAC）、细菌人工染色体（bacterial artificial chromosome，BAC）和 P1 噬菌体及其衍生人工染色体（P1-derived artificial chromosome，PAC）、可转化人工染色体（transformation-competent artificial chromosome，TAC），还有哺乳动物人工染色体（mammalian artificial chromosome，MAC）、人类人工染色体（human artificial chromosome，HAC）和植物人工染色体（plant artificial chromosome，PAC）。此处以酵母人工染色体（YAC）文库为例，简要介绍人工染色体文库的原理与构建技术。

11.2.4.1 YAC 文库的原理

在真核细胞周期中，线状染色体自我复制、分离和传递至少依赖于染色体上的 3 个关键序列：① 自主复制 DNA 序列（autonomously replicating sequence，ARS），确保染色体在细胞周期中能够自我复制，维持染色体在细胞世代传递中的连续性；② 着丝粒 DNA 序列（centromere DNA sequence，CEN），确保复制了的染色体能够平均分配到子细胞中；③ 端粒 DNA 序列（telomere DNA sequence，TEL），与端粒酶结合，完成染色体末端复制，同时防止染色体融合及降解。

以上 3 个关键序列是染色体自主复制功能的起码的和足够的结构基础，所有真核染色体中都含有这 3 个功能元件。用 DNA 重组技术将这 3 个元件分别从染色体上分离出来，并按顺序重组，就构成了“人造微小染色体”（artificial mini-chromosome），它在酵母细胞内可进行正常的复制和有丝分裂。对其进行改造，组装上作为载体所必需的其他功能序列，就成了人工染色体载体。这种载体可以插入很大的片段，大的多于 1 兆。由于 YAC 插入片段长，故只需较少的克隆数目便可覆盖整个基因组。因此，YAC 载体是构建植物核基因组文库及基因作图的重要工具。

11.2.4.2 YAC 的载体系统

现有的 YAC 载体系统主要有两类。一类是将上述 3 个元件及构成载体所必需其他元件组装在 pBR322 的合适位点上，形成一个环形质粒，如 pYAC4（图 11-4）。另一类 YAC 载体系统由一对载体构成，如 pJS97/pJS98，两个载体都有端粒、酵母复制起始位点、克隆位点及各自的选择标记，其中一个载体上还有着丝粒及供鉴定转化子的 *sup*11 基因，外源 DNA 序列连接到这一对载体中。

为了使载体能在大肠杆菌中复制和保存，在两类载体中都带有大肠杆菌复制起始点（ori）和氨苄青霉素抗性选择标记基因（*amp*）。为了筛选转化子，载体上还带有插入失活的赭石突变的抑制基因（*sup*4 或 *sup*11）。在 *ade*2-1 赭石突变的宿主细胞中，如果没有外源基因插入，则突变基因受抑制，受体菌为 Ade^{+} 形成白色菌落。当有外源基因插入，*sup*4 表达被阻断，抑制作用被消除，受体菌为

Ade，菌落为红色，含有 YAC 克隆的菌落为红色。

11.2.4.3 植物 YAC 文库的构建

YAC 文库构建包括植物核基因组 DNA 制备及部分酶解、载体制备及连接、YAC 克隆转化酵母原生质体等步骤。YAC 克隆过程见图 11-4。

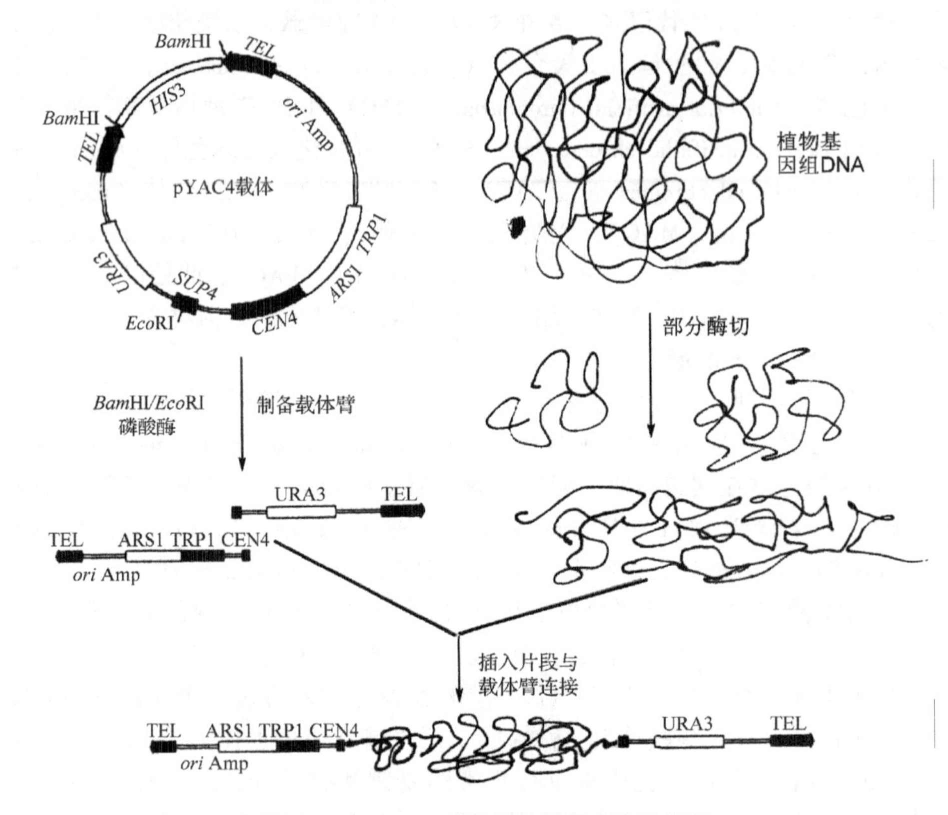

图 11-4 pYAC4 载体结构及其克隆示意图

（改自王关林、方宏筠《植物基因工程》，2002）

（1）大片段 DNA 制备及部分酶解

构建植物 YAC 文库要求外源 DNA 片段在 100 kb 以上，因而必须从植物材料中制备出大于此数量级的核 DNA。首先制备除去细胞壁的原生质体或先分离出完整的细胞核，然后温和裂解原生质体及细胞核。为防止裂解时的机械剪切，应将原生质体包埋在纯净的低熔点琼脂糖中进行蛋白酶消化。纯化的细胞核可直接用蛋白酶消化。消化后，用与克隆位点相同的限制酶对 DNA 样品进行部分酶解。将限制酶与甲基化酶（如 *Eco* RI 及 *Eco* RI 甲基化酶）混合使用，利用两种酶对同一位点的竞争作用来控制酶解程度，可得到较均一的部分酶解产物。包裹在琼脂糖中的 DNA 较难与酶均匀接触，可用琼脂糖酶处理释放出 DNA，然后再进行限制性酶切。部分酶解后的样品要经脉冲场凝胶电泳（PFGE）来选择片段大小。PFGE 能分辨大至 12 000kb 的 DNA 分子，因而适宜对 YAC 克隆片段（10 ~ 1 000kb）的分析。在克隆过程中，为了减少 DNA 的物理损失，常使用多胺类物质（YAC 克隆时只使用亚精胺）通过离子间的相互作用稳定 DNA。

（2）载体的制备及与植物基因组 DNA 片段的连接

YAC 载体可作为一个质粒在大肠杆菌中增殖。制备 YAC 载体时，先从大肠杆菌中提取质粒，并采用 CsCl-EB 密度梯度离心进行纯化。然后，分别用切出端粒和切出克隆位点的限制性内切酶完全消化载体，用过量碱性磷酸酶脱去 5′-磷酸，以酚/氯仿抽提，得到具有克隆位点的左右两臂。

载体连接前，使用多聚核苷酸激酶让 5′端带上磷酸基团，取少量进行连接反应以检查克隆位点是否完整。正式连接时，应使用过量的载体（摩尔数 20 倍于植物 DNA）。连接产物用脉冲场凝胶电泳分离。大于 300kb 的连接产物集中于胶孔下面形成一条带。在克隆过程中，两次用 PFGE 选择片段大小对于提高载体容量及大片段克隆的转化效率十分重要，因小片段比大片段容易转化。不进行筛选时，只能得到平均插入片段为 150 kb 的克隆。

（3）克隆片段的转化及克隆的鉴定

一般采用 PEG 法将 YAC 克隆转化酵母原生质体。转化时应设有质粒 YCP50 转化的正对照及载体 DNA 转化的负对照。用不含氨基酸的 SORB 选择平板于 30℃培养，挑选菌落。

进行 YAC 克隆的鉴定时，将若干菌落（一般为 20 个）集合培养，在低熔点琼脂糖凝胶中裂解细胞，利用脉冲场凝胶电泳分离细胞 DNA，检查是否有新出现的片段。然后，将 DNA 转到尼龙膜上，用 pBR322 质粒 DNA 作探针，进行分子杂交以鉴定人工染色体；再用植物总 DNA 探针，进行分子杂交以鉴定植物 DNA 克隆。

（4）文库的保存及筛选

文库的保存采取以单个克隆有序排列的方式。简便的方法是将每一个单个克隆转到 96 孔板中的单个孔内，于 -80℃保存，培养基中应有 20% 的甘油。

YAC 文库的筛选方法有多种，最常用的有菌落原位杂交法和 PCR 筛选法。PCR 筛选法克服了菌落杂交法的一些不足，是正在发展的快捷有效的方法（详见 11.2.5 从基因文库分离目的基因）。

YAC 文库的最大优点是克隆容量大。利用 YAC 可以克隆植物完整的大而复杂的基因，便于对植物基因结构及功能调控进行全面分析，同时可以通过长程重叠片段克隆绘制出植物基因组物理图谱及序列图谱。另外，YAC 载体既可作为一个质粒在大肠杆菌中增殖，因而可用于亚克隆进行序列分析，又可作为真正的染色体在酵母细胞中复制并进行有丝分裂。当然，YAC 文库也有一些不足，如稳定性较差，嵌合现象严重，内部有重排现象，等等。YAC 文库已在植物的基因克隆中得到了广泛的应用。拟南芥、玉米、番茄、大麦、甜菜、水稻、马铃薯等植物都已成功构建了 YAC 文库。

11.2.5 从基因文库中分离目的基因

从文库中筛选分离目的基因的方法主要有以下几种：①核酸杂交法；②免疫

学检测法；③DNA 同胞选择法；④PCR 筛选法；⑤其他方法。

(1) 核酸杂交法

核酸杂交法是常用、可靠的经典方法，不管文库中所含的序列是否是全长，也不管是否表达，均能被同时检出。该法适用于大量群体的筛选，可同时快速筛选克隆数目极大的文库。

核酸杂交法所用的核酸探针有多种。利用 cDNA 探针可以从核基因组中分离目的基因。筛选低丰度 mRNA 的 cDNA 克隆时，要使用扣除探针。总 cDNA 探针可用于筛选高丰度 mRNA 的 cDNA 克隆及用于差别杂交筛选特异表达的 cDNA 克隆。筛选已知部分序列的目的基因克隆，通常使用按已知序列信息合成的寡核苷酸探针。分离植物同源基因时，可采用根据保守序列合成的同源探针。筛选已知其编码产物部分序列的目的基因克隆，应使用猜测体探针。

(2) 免疫学检测法

免疫学检测法使用抗体探针，通过检测重组克隆表达出的蛋白质来筛选目的克隆。抗体探针只适用于表达文库的筛选，并只能筛选出表达了的克隆。

(3) 同胞选择法

同胞选择法按矩阵分置亚库。通过 mRNA 与 cDNA 杂交后释放出 mRNA，使其在无细胞蛋白合成体系中翻译，然后对翻译产物进行免疫沉淀、PAGE 电泳鉴定或活性分析等来筛选目的克隆。该法要求全长 cDNA，一般只在无其他筛选方法可用或表达产物很小时才使用。

(4) PCR 筛选法

PCR 筛选法对细菌文库、噬菌体文库、YAC 文库等都适用，灵敏度较高，且不需要放射性物质。设计合理的 PCR 引物是该法的关键之一。cDNA 文库筛选应使用上游引物，以筛选出全长 cDNA 克隆。YAC 文库可使用序列标志位点 (STS) 引物。此外，PCR 反应时要有宿主细胞 DNA 及植物 DNA 样品作对照，并尽可能对实验条件进行优化。

为了通过尽可能少的 PCR 反应次数，从含有成千上万个克隆的基因文库中筛选出目的克隆，PCR 筛选法一般采取混合克隆的 PCR。具体做法是采用“反应池”策略（图 11-5），使用由 8 × 12 孔组成的 96 孔微反应板。下面分别情况作一简介。

①以单个克隆形式保存的基因文库（如本章介绍的 YAC 文库）：将各个单克隆分别置于 96 孔板的一个孔内，例如，2 304 个克隆分别置于 24 个反应板中；先以反应板为单位，将 96 个克隆混合成一个所谓的“反应池”进行 1 个 PCR 反应，如图 11-5 中 A 所示，从 24 个 PCR 反应中选出具有阳性克隆的反应板；再将该板中 12 个横向克隆及 8 个纵向克隆分别混合，形成 12 个横向池及 8 个纵向池，进行 20 个 PCR 反应，如图 11-5 中 B 所示，横向阳性池与纵向阳性池交叉孔即为阳性单克隆。这样，通过 44 个 PCR 反应可从 2 304 个克隆中初步筛选出单个的阳性克隆。对选出的阳性克隆还要再进行一次高特异性的 PCR 反应，以排除假阳性的可能。

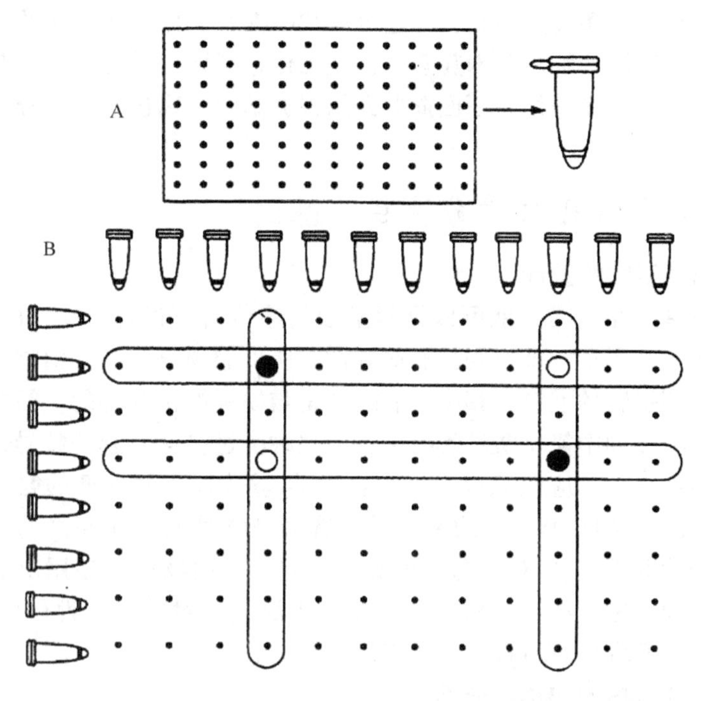

图 11-5 基因文库 PCR 筛选的“反应池”策略示意图

（引自王关林、方宏筠《植物基因工程》，2002）

②以混合形式保存的文库：先将文库分成几份，每份为一个“反应池”进行 PCR 反应，选出阳性池，然后将阳性池的混合克隆稀释，等量分置于 96 孔板中，按上述方法进行横向池及纵向池的 PCR 反应，筛选出的阳性克隆群（阳性交叉孔的样品）再次稀释，重复上述过程。在依次稀释过程中，克隆的混合程度逐渐下降，一般稀释 2～3 次后可将阳性克隆样品转入平板培养，将长出的一个个菌落或噬菌斑分别置于 96 孔板的各个孔内，进行如上筛选，最终一般可获得单个阳性克隆。

（5）*其他方法*

近年来，一些能与被检基因表达产物结合的大分子被用作探针，用于 cDNA 表达文库筛选目的基因。例如，根据钙调蛋白（calmodulin）在 Ca^{2+} 存在时能同多种酶结合形成复合物的原理，采用放射性标记的钙调蛋白，可以从表达文库中筛选出与钙调蛋白结合的酶的 cDNA 克隆。又如，根据转录因子能与启动子特异结合的原理，可用启动子片段筛选转录因子 cDNA 克隆等。

11.3 已知基因产物的基因克隆

在已知基因产物的情况下，就可以氨基酸序列为基础进行基因克隆，这是分子生物学中最经典的基因克隆策略。通过对表达的或者差异表达的蛋白质分子的序列进行分析测定，获得该蛋白质的一段氨基酸的序列，然后根据编码不同氨基酸的密码子设计出一条简并引物，通过RT-PCR或RACE-PCR扩增的方法克隆基因的全长。已知基因产物的基因克隆的前期工作包括蛋白质分离和氨基酸序列测定，这些内容本章不作介绍。下面简要介绍根据基因产物进行基因分离的几种主要方法。

11.3.1 利用PCR技术分离目的基因

11.3.1.1 简并引物的设计

在已知氨基酸序列后，就可依据氨基酸的遗传密码设计PCR引物。由于一种氨基酸有多个密码子，即密码具有简并性，所以必须合成简并引物。简并引物是一组不同序列引物的混合，其中只有一个是与模板严格互补的。简并引物中所含引物的多少与序列中氨基酸种类有关，引物种类过多会引起非特异性扩增。因此，在简并引物设计时应注意以下几点：① 尽量选择简并性低的氨基酸区域设计引物；② 根据物种对密码子的偏爱性，选择该物种使用频率高的密码子，从而降低引物的简并性；③ 对于简并度高的密码子，引物中可使用次黄嘌呤核苷酸，使它处于简并密码第三位核苷酸的位置，因其配对的专一性较低；④ 引物3′末端不应终止于简并密码的第三位核苷酸处。

11.3.1.2 目的蛋白的cDNA分离

目的蛋白cDNA分离采用RT-PCR法。首先提取植物总RNA或从中纯化出mRNA，然后进行反转录得到cDNA第一链，再以cDNA第一链为模板，扩增目的蛋白质的cDNA。目的蛋白的cDNA分离出来后，即可按照前面所述的方法步骤克隆到载体上。

（1）若目的蛋白的N端和C端序列均已测知，则可根据两末端的氨基酸序列及密码的简并性，分别推测其mRNA的5′端和3′端的可能序列，然后设计并人工合成简并引物。使5′端引物的核苷酸序列与推测的mRNA的5′端序列相同，而3′端引物与推测的mRNA 3′端的序列互补，就可扩增出该目的蛋白的cDNA片段。若引物中含有限制酶位点，扩增产物可克隆到选定的载体上。

（2）如果只测定了目的蛋白的N端序列，而不知道其C端序列，则可以oligo（dT）$_{12\sim14}$为3′端引物与上述的5′端简并引物组合，扩增出具3′末端的成熟蛋白cDNA。

（3）如果只知道目的蛋白的C端序列，反转录时根据C端氨基酸序列来设计合成cDNA第一链的引物。而后，用末端转移酶在cDNA第一链的3′端加上oligo（dG）或oligo（dC）的同聚物尾，再用锚定引物（与同聚物尾互补）以及根据C端序列设计的3′引物，以cDNA第一链为模板进行PCR扩增，即可扩增出目的蛋白的cDNA。

由于根据生化功能分离纯化的蛋白质为成熟蛋白，而许多成熟蛋白往往有前体。要弄清成熟蛋白是否具有前体，可通过锚定PCR分析来确定。若以C端序列为依据扩增的cDNA分子质量大于以N末端序列为依据扩增的cDNA，则表明此成熟蛋白具有前体。

11.3.1.3 目的蛋白的基因分离

直接分离目的基因是以该植物基因组 DNA 或总 DNA 为起始材料。当同时测知了目的蛋白质 N 端及 C 端序列时，可根据氨基酸序列及密码子的简并性，推测基因两端的可能序列，设计简并引物，以基因组 DNA 为模板，直接扩增目的基因。如果引物合适，可得到微克级的目的基因扩增产物。如果在引物中有所需的限制酶位点，所得目的基因扩增产物可直接克隆到载体上。因植物基因中含有内含子，可使用适于长片段扩增的酶，如 Expand™ High Fidelity 或 Elongase™ Erlzime Mix。

11.3.2 核酸杂交筛选法分离目的基因

该方法是根据目的蛋白的某些氨基酸序列信息，设计合成寡核苷酸探针，通过探针与同源 DNA 序列杂交，从该植物的基因组文库或表达此蛋白质时的 cDNA 文库中，将编码此蛋白的 DNA 序列或 cDNA 片段分离出来。

首先是构建基因文库及合成寡核苷酸探针，然后将基因文库转移到尼龙膜或硝酸纤维素膜上，同合成的寡核苷酸探针进行菌落或噬菌斑杂交，筛选具有目的基因的阳性克隆。关于文库构建上节已介绍，这里只简要介绍有关寡核苷酸探针的一些问题。

11.3.2.1 简并寡核苷酸探针库

筛选 cDNA 或基因组 DNA 文库时，一般要求寡核苷酸探针长度为 17～20 个核苷酸，也就是说必须起码已知 6 个连续排列的氨基酸序列。由于氨基酸密码的简并性，很难一下子确定出编码这 6 个氨基酸序列的核苷酸的真实序列。所以，根据氨基酸序列合成的寡核苷酸探针是长度相同、但在简并密码第 3 位核苷酸处存在差异的寡核苷酸序列群，或称为寡核苷酸探针库。虽然库中的每个序列都能编码出这 6 个氨基酸序列，但其中只有一种能与 cDNA 库中目的蛋白的 cDNA 完全互补。因此，用简并寡核苷酸探针分离克隆的目的基因时，不可避免地会出现假阳性克隆（其他探针与非目的 cDNA 杂交），且探针的简并程度越高，假阳性的发生率越高。

11.3.2.2 猜测体探针

为解决杂交中假阳性克隆问题，在许多基因分离中使用较长而简并性较低的寡核苷酸探针（猜测体探针）。猜测体探针的设计原则与简并引物设计大体相同。经过较严密分析推测产生的猜测体探针几乎是唯一的。因其较长（28～70 个核苷酸），能较大范围地与目的基因结合。不过，仍具有与目的基因不配对的核苷酸，但只要不配对的核苷酸不是均匀地散布在探针分子的各处，而是被长配对区（10～12 个完全配对的核苷酸序列）所隔开，猜测体探针就可以特异地与目的基因杂交，鉴定出阳性克隆。另外，杂交条件也是影响杂交特异性的一个因素，因此应用猜测体探针时应找出最佳杂交条件。

11.3.2.3 寡核苷酸探针标记

设计合成探针序列后必须进行标记。用于分离目的基因的寡核苷酸探针一般是采用放射性末端标记。主要采用 T4 多核苷酸激酶标记。因人工合成的寡核苷酸 5′末端没有磷酸基因，因而可用 T4 多核苷酸激酶从［γ - ^{32}P］ATP 上转移［γ - ^{32}P］，使寡核苷酸 5′末端带上放射性。

11.3.3 免疫学筛选法分离目的基因

在已知基因产物蛋白的情况下，可利用免疫学筛选法，通过目的蛋白的特异抗体与目的蛋白的专一结合，从表达文库中分离目的蛋白基因。其操作流程包括基因表达文库构建、抗体制备、表达文库筛选、阳性克隆基因表达检测。其中，利用纯化的功能蛋白制备高特异性的抗体及构建表达型基因文库是利用该法分离基因的关键。

11.4 蛋白质功能互补克隆

11.4.1 酵母双杂交体系分离克隆目的基因

11.4.1.1 基本原理

酵母双杂交体系（yeast two-hybrid system）是 Fields 和 Song 等人于 1989 年提出并建立起来的，主要用于研究蛋白质之间的相互作用，特别是用于分析已知蛋白质之间的相互作用，或者是用于筛选与已知蛋白质相互作用的未知蛋白质分子。20 世纪 90 年代初期发展成为一种体内鉴定基因的方法，可用来有效地分离能与一种已知靶蛋白相互作用的蛋白质的编码基因。

基本原理：真核细胞的转录激活作用是由功能相对独立的 DNA 结合结构域（DNA-binding domain，BD）和转录活化结构域（transcription activation domain，AD）共同完成的（图 11-6）。这两个结构域通过共价或非共价连接建立的空间联系，是导致蛋白质之间相互结合和转录激活的关键。

假定 2 个蛋白质分子 X 和 Y，它们分别与酵母的 2 个结构域分别结合形成融合蛋白质。当这 2 个蛋白质结构域单独存在时无转录激活功能，而当这 2 个结构域靠近或者共价结合时转录功能恢复。在通常的情况下，已知的蛋白质 X 与 DNA 结合结构域相互融合形成 X-DBD 融合蛋白，而待检测的蛋白质 Y 与转录活化结构域相互融合形成 Y-AD，X-DBD 融合蛋白称为诱饵蛋白（bait protein），而 Y-AD 融合蛋白质被称为靶蛋白或诱捕蛋白（prey protein）。含有 X、Y 的蛋白质同时在一个酵母菌中表达，当 X 与 Y 之间能够发生相互作用时，诱饵蛋白和被诱捕蛋白之间能够在空间上相互靠近，报告基因得以激活。相反，如果 X 与 Y 之间没有相互作用时，诱饵蛋白和被诱捕蛋白质之间不能够在空间上相互靠近，报告基因不表达。

根据以上原理，可以方便地检测蛋白质之间的相互作用，并找到与已知蛋白 X 相互作用的未知蛋白 Y 的编码基因，从而可用于基因的分离克隆。

酵母双杂交体系由三部分组成：① 与 BD 融合的蛋白质表达载体，表达诱饵蛋白；② 与 AD 融合的蛋白质表达载体，表达靶蛋白；③ 带有 1 个或多个报告

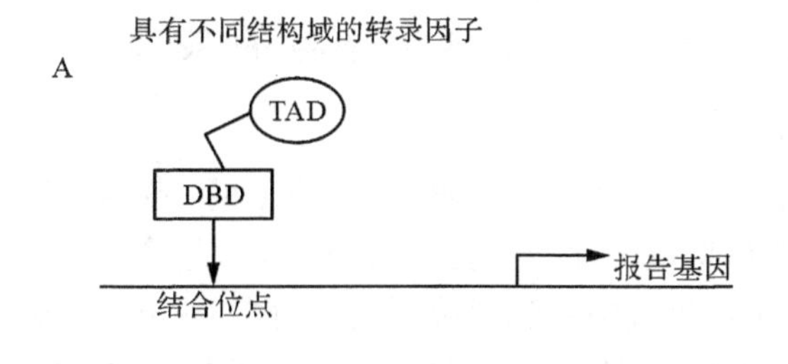

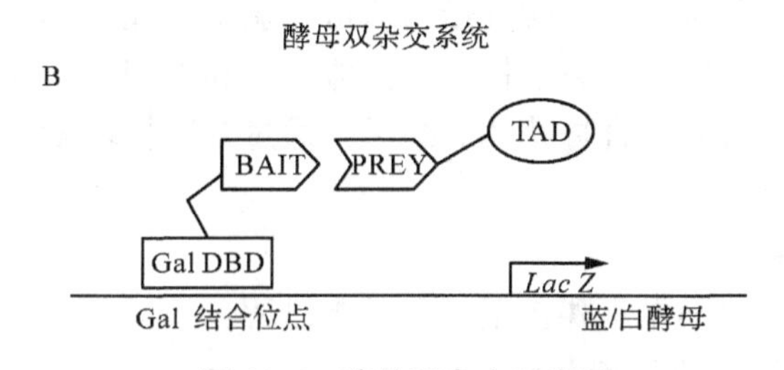

图 11-6 酵母双杂交示意图

(引自张献龙、唐克轩《植物生物技术》, 2004)

TAD-转录激活位点; DBD-DNA 结合位点

基因的宿主酵母菌株。常用的报告基因有 *his*3, *ura*3, *lac*Z 和 *ade*2 等。常用的菌株有 HF7c 和 SFY526, 具有相应的营养缺陷型。双杂交质粒上分别带有不同的抗性基因和营养标记基因。酵母双杂交体系使用的两种质粒载体分别是 pGBT9 (DNA-BD 质粒载体)、pGAD424 (AD 质粒载体)。根据 BD 来源的不同, 常用的酵母双杂交体系有 GAL4 体系和 LexA 体系 2 个系统。

11.4.1.2 操作步骤

寻找与目的蛋白质相互作用的蛋白质时, 首先构建含有目的蛋白质基因的酵母菌表达质粒 (DNA-BD-X), 然后将待分析的 cDNA 克隆到 AD 表达质粒 (DNA-AD-Y) 中构建酵母双杂交的 cDNA 文库, 将表达的质粒和杂交的文库共同转化酵母菌, 获得表达的阳性克隆, 并回收 AD 表达质粒 (DNA-AD-Y)。下一步就是鉴定 AD 表达质粒的自转录活性, 以及进一步分析表达质粒与 Y 蛋白质之间作用的真实性。简要的基本操作步骤如下: ① 将已知的靶蛋白编码基因插入到 pGBT9 质粒载体的多克隆位点上, 同时把 cDNA 片段克隆到 pGAD424 质粒载体上构成 cDNA 表达文库。② 从大肠杆菌中分别提取这两种重组质粒 DNA, 并共转化感受态的酿酒酵母寄主菌株 (如 HF7c 或 SFY526)。③ 将这种共转化的酵母菌株涂布在缺少亮氨酸和色氨酸的合成的营养缺陷培养基上, 以便挑选具有两种杂种质粒的转化子。④ 将共转化的酵母菌株涂布在缺少组氨酸、亮氨酸和色氨酸的合成的营养缺陷培养基上, 以便筛选那些能表达相互作用的杂种蛋白质的阳性菌落。⑤ 经序列分析, 即可得到编码与靶蛋白相互作用的蛋白质的 DNA 序列。⑥ 根据目的片段编码序列设计两端引物, 以 cDNA 文库为模板, 采用 PCR 方法将目的片段扩增出来。

11.4.2 噬菌体展示技术分离克隆目的基因

11.4.2.1 基本原理

噬菌体展示技术是Smith等人于1985年提出来的一种利用蛋白质相互作用的体外免疫系统，它能够将基因片段与蛋白质分子有效地联系在一起。该技术的基本原理是：当外源DNA片段插入到噬菌体基因组中的一个外被蛋白质基因中时，如果两者的读码框架保持一致，外源DNA片段所编码的产物可以与外被蛋白质一起形成一个融合蛋白质，这个融合蛋白质可以显示在噬菌体的表面。利用抗这个外源基因编码产物的抗体，通过抗原—抗体的亲和作用，就能够从大量噬菌体中分离出含有目的基因的融合噬菌体。最后，通过基因扩增就可以得到大量所需要的目的基因片段。

11.4.2.2 操作步骤

噬菌体展示技术的操作步骤包括以下基本过程：

(1) 噬菌体抗体库的构建

噬菌体展示技术的关键是构建一个大容量的噬菌体抗体库。通常用于构建噬菌体抗体库的噬菌体包括2种类型：① 以M13、f1、fd等为载体的抗体库；② 以上述噬菌体的复制起始序列为基础构建的噬菌体质粒载体（phagemid）。

丝状噬菌体的外被蛋白基因3和基因8是常用的与外源DNA序列一起产生融合蛋白的基因。基因3编码406个氨基酸组成的P3蛋白质，每个噬菌体上有3~5个不同P3蛋白质所组成，位于丝状噬菌体的一端。基因8编码50个氨基酸组成的P8蛋白，每个噬菌体上有大约2 700个P8蛋白质分子。这两种蛋白质的共同点是蛋白质的N端位于噬菌体的外部，而C端位于噬菌体的内部。当外源DNA片段与这两个基因相互融合时，蛋白质的片段暴露在噬菌体的表面。

在实际工作中，由于噬菌体质粒载体既有质粒的复制起点，又有噬菌体的复制起点，操作很容易，且转化效率较高，因此研究者更偏向于使用噬菌体质粒载体作为构建抗体库的载体。其构建步骤是：先将噬菌体质粒载体用限制性内切酶酶切，而后与待分析的组织cDNA分子进行连接，连接以后的DNA分子直接转化大肠杆菌宿主细胞，转化后的大肠杆菌在辅助噬菌体（helper phage）的作用下，噬菌体质粒被包装，然后构建成为噬菌体抗体库。一个比较典型的噬菌体抗体库的容量通常在10^9以上。随着抗体库的容量的增加，筛选到特异性抗体片段的可能性就越大。

(2) 从噬菌体抗体库中筛选特异抗体

噬菌体抗体库构建好以后，下一步的工作就是从抗体库中筛选特异的抗体。特异抗体筛选的基本方法是亲和捕获法，该方法的筛选效率高，特异性较强，能够从10^9个以上克隆的抗体库筛选获得一个特异性的目的基因。其基本步骤是：先将抗原包被在固相物质（如384孔的微孔板）的表面，加入噬菌体抗体库与抗原一起温育一段时间，然后将微孔板放入缓冲液中进行淘洗，那些能够与目标抗原相结合的抗体噬菌体将留在微孔板表面。

经过一次亲和捕获所得的噬菌体往往有多个，将其进行繁殖，再次感染大肠杆菌，这些大肠杆菌就形成一个小的、富集的噬菌体抗体库。对这个小型的噬菌体抗体库再次重复以上的筛选过程，直到获得少量克隆为止。

(3) DNA 序列分析和验证

将筛选出的那些有高度亲和能力的噬菌体进行回收，分离出外源 DNA 片段，最后通过测序即能够获得基因的全部序列。

11.5 图位克隆

11.5.1 图位克隆的原理

图位克隆（map-based cloning）是以分子标记连锁图谱为基础的基因克隆方法，又称为定位克隆（positional cloning）。图位克隆的基本原理是根据基因在图谱上的相对位置来进行基因克隆。具体来说，就是根据功能基因在基因组中都有相对较稳定的基因座，在利用分子标记技术对目的基因进行精细定位的基础上，用与目的基因紧密连锁的分子标记筛选 DNA 文库（包括 YAC、BAC、TAC、PAC 或 cosmid 文库），从而构建目的基因区域的物理图谱，再利用此物理图谱通过染色体步移（chromosome walking）逐步逼近目的基因，或通过染色体登陆（chromosome landing）的方法最终找到包含该目的基因的克隆，并通过遗传转化试验证实目的基因的功能。随着各种植物的高密度遗传图谱和物理图谱的相继构建成功，图位克隆技术在植物基因克隆中有着更广阔的应用前景。

图位克隆方法是分子标记发展的重要成果之一。该技术自 1986 年由英国剑桥大学的 Coulson 等人提出以来，随着多种植物分子标记图谱的相继建立而不断发展完善。1992 年，图位克隆技术首先应用于拟南芥（*Arabidopsis thaliana*），成功分离了 *abi*3 基因和 *fad*3 基因。

11.5.2 图位克隆的方法步骤

图位克隆的基本步骤是：① 建立目的基因的遗传分离群体；② 找到与目的基因紧密连锁的分子标记；③ 用遗传作图和物理作图将目的基因定位在染色体的特定位置；④ 构建含有大插入片段的基因组文库（BAC 文库或 YAC 文库）；⑤ 以与目的基因连锁的分子标记为探针筛选基因组文库；⑥ 用阳性克隆构建目的基因区域的跨叠群；⑦ 通过染色体步移、登陆或跳查，获得含有目的基因的大片段克隆；⑧ 通过亚克隆获得含有目的基因的小片段克隆；⑨通过遗传转化和功能互补验证，最终确定目的基因的碱基序列。以上步骤中，有些环节已在本书前面的章节作了详细的介绍，此处不再赘述。这里只对下面几个环节作一简述。

11.5.2.1 目的基因遗传作图群体的构建及其连锁标记筛选

进行图位克隆基因的重要前期工作是筛选出与目的基因连锁的分子标记。而培育特殊的遗传群体是筛选与目的基因紧密连锁的分子标记的关键环节。用于作图群体的类型可有多种。对于基因的图位克隆而言，这些遗传材料应该满足这样的条件：除了目的基因所在座位的局部区域外，基因组DNA序列的其余部分都是相同的，在这样的材料间找到的多态性标记才可能与目的基因紧密连锁。

目的基因的近等基因系（NILs）是符合条件的一类群体。近等基因系是指几乎只在目的性状上存在差异的两种基因型个体。通过连续回交可获得近等基因系。由于近等基因系的遗传组成特点，一般凡是能在近等基因系间揭示多态性的分子标记就极有可能位于目的基因的两翼附近。Martin等（1993）用RAPD技术分析番茄*Pto*基因的近等基因系，获得了与该基因连锁的分子标记，并以该分子标记为探针筛选基因组文库而实现了染色体登陆。

当标记为显性遗传时，欲获得最大遗传信息量的F_2群体，一般需做进一步的子代测验，以区分F_2群体中的杂合体。利用分离群体分组分析法（bulked segregant analysis，BSA）来筛选目的基因所在局部区域的分子标记可以提高筛选效率。分离群体分组分析法是Michel等于1994年创立的。其原理是：将目的基因的F_2（或BC）代分离群体的各个体仅以目的基因所控制的性状按双亲的表型分为两群，每一群中的各个体DNA等量混合，形成两个DNA混合池（如抗病和感病、不育和可育）。由于分组时仅对目的性状进行选择，因此理论上两个DNA混合池之间主要在目的基因所在局部区域存在差异，这与近等基因系非常相似。

11.5.2.2 目的基因分离克隆

在构建了精细的物理图谱及筛选出与目的基因连锁的分子标记的基础上，可采用下面几种方法筛选目的基因克隆。

（1）染色体步移法

染色体步移的技术路线是先利用分子标记分离与之连锁的插入片段，然后通过重叠群的分析，逐步逼近并最终获得目的基因克隆。也就是说，先鉴定出紧密连锁的分子标记所在的大片段克隆，然后以该克隆为起点进行染色体步移，逐渐靠近目的基因。即以与分子标记连锁的克隆的末端为探针筛选基因组文库，鉴定和分离出邻近的基因组片段的克隆；再以这个新获得克隆的末端为探针，从文库中筛选出与该片段邻近、且更加靠近目的基因的克隆；继续重复这一过程，直到获得包含目的基因的大片段克隆。如果目的基因所在区域已经完成分子作图，就有一套现成的顺序排列的大片段克隆可以利用。当遗传连锁图谱指出基因所在的特定区域时，即可取回需要的克隆，获得目的基因。

（2）染色体登陆、跳查和连接法

染色步移法的困难是步移常常被打断，或由于碰到重复序列而改变步移方向，导致误入歧途。为了克服这些问题，Thanksley等（1995）创建了染色体登陆法、染色体跳查和连接法。

染色体登陆是找出与目的基因的物理距离小于基因组文库插入片段的平均距离的分子标记，通过筛选文库直接获得含有目的基因的克隆，完全避开染色体步移的过程。

染色体跳查和连接是使用一个识别位点很少的酶和一个识别位点很多的酶来

构建跳查文库和连接文库。跳查文库的插入片段是大片段克隆末端经过双酶切的部分，由同样的文库进行克隆。连接文库的插入片段是由切点较少的酶产生的，具有切点较少的那个酶的识别位点。在染色体步移的过程中，交替应用两个文库进行跳查和连接，最终逼近目的基因。

（3）外显子捕捉法和 cDNA 直选法

“外显子捕捉”是应用 RNA 剪接因子的识别功能来识别克隆于载体中的基因组 DNA 片段。载体本身包含有完成剪接所必需的剪接信号，如果插入载体中的基因组 DNA 片段包含有外显子序列和与剪接信号互补的序列，整个剪接事件就可以完成。

“cDNA 直接筛选”是一种获得区域特异的 cDNA 克隆的方法。先将 YAC、BAC、黏粒固定起来，然后与目的基因高丰度表达的 cDNA 文库杂交，洗除非特异性吸附后，再洗脱下特异性杂交的 cDNA，并用 PCR 方法扩增后进行克隆。

11.5.2.3 目的基因的鉴定

由于所获得的覆盖目的基因区域的大片段基因组 DNA 中可能包含有多个基因，或者由于筛选技术本身的假阳性，在用覆盖目的基因区域的大片段基因组 DNA 克隆筛选区域特异的 cDNA 后，仍需对目的基因编码的 cDNA 作进一步证实。当前主要有如下几种方法可用来证实目的基因编码的 cDNA 克隆：① 精细作图来证实某候选基因克隆与目的性状共分离；② 证实某候选基因克隆的时空表达模式与目的性状的表现相同；③ 把候选基因序列与现有已知功能基因序列数据库进行同源性比较，推断其功能；④ 比较候选基因序列在野生型与突变型之间的差异，确定在野生型与突变型之间变异的 cDNA 序列；⑤ 转化候选基因，进行遗传互补实验，这是最直接的证明。

11.6 差示克隆

基因的差示克隆是以基因的差异表达为基础的克隆方法。植物的基因组中有成千上万个基因。在植物的个体生长发育过程中，有大量的基因参与表达，但在特定的生长发育阶段或部位往往只有部分基因表达，这些基因表达的时间、空间及丰度等方面各不相同，也就是说基因的表达存在差异。可以说基因的差异表达是植物个体在生长发育的不同阶段、不同细胞或组织中发生的各种基因按时间、空间进行有序的表达方式，植物个体的整个生命过程都可以认为是基因在时间和空间上表达的调控过程，即基因的差异表达过程。

根据基因的差异表达来克隆基因是基因克隆方法创新最为活跃的领域之一。从传统的 cDNA 文库的扣除杂交到现在大规模对基因表达进行分析的 DNA 芯片方法，利用基因的差异表达发展起来的基因克隆方法已有许多种。本节重点介绍 mRNA 差异显示技术，并附带简要介绍文库扣除杂交法、抑制消减杂交法及代表性差异分析法。

11.6.1 mRNA 差异显示技术

Liang Peng 等人于 1992 年创立的 mRNA 差异显示技术（mRNA differential display），又叫 mRNA 差异显示反转录 PCR（differential display reverse transcript PCR，DDRT-PCR）。该方法是 mRNA 反转录技术与 PCR 技术相结合发展起来的，主要用于比较两个或者多个不同组织之间的基因表达差异，是对组织特异性表达基因进行分离的一种快速、有效的方法之一。

11.6.1.1 mRNA 差异显示技术的基本原理

真核生物绝大多数基因的 mRNA（除少数 mRNA，如组蛋白 mRNA）的 3′端都具 poly（A）n 尾巴结构，即多聚腺苷酸（20～250 个）尾巴。利用这一特征，设计 3′端锚定引物 oligo（$dT)_{12}$ MN，其中 M 为 A、C、G 中的任意一种，N 为 A、C、G、T 中的任意一种，组合起来共有 12 种 oligo（$dT)_{12}$MN 引物。用这 12 种 3′-T_{12}MN（或 T_{11}MN）引物，分别对同一总 RNA 样品进行 cDNA 合成，可以将整个 mRNA 群体在 cDNA 水平上分成 12 个亚群体，即可合成 12 个亚类群 cDNA。这一过程叫做差异显示反转录，即 DDRT。在此基础上，再使用 10 个碱基的 5′端随机引物，与 12 个 3′端引物就能够组成引物对组合。以 mRNA：cDNA 为模板，利用这些引物进行 PCR 扩增，经过 2～3h 的变性聚丙烯酰胺凝胶电泳，每个引物对可以扩增出 50～100 条长度在 100～500 bp 之间的 DNA 条带，每条带反映了一种特定的 mRNA。使用 12 种 3′端锚定引物和 20 种 5′端随机引物组成的 240 组引物对，即可扩增出 20 000 条左右的 DNA 条带，就可覆盖了一定发育阶段某种类型细胞中所表达的全部 mRNA 种类的 96% 左右。目前较为流行的方法是用 3 种 3′端锚定引物和 80 种 5′端随机引物组成的 240 组引物进行 PCR 扩增。区分出差异表达的 cDNA 分子，加以分离回收，制备成探针去筛选 cDNA 文库，就能够获得差异表达的全长基因。

11.6.1.2 mRNA 差异显示技术的基本程序

mRNA 差异显示技术分离目的基因的基本操作程序见图 11-7。

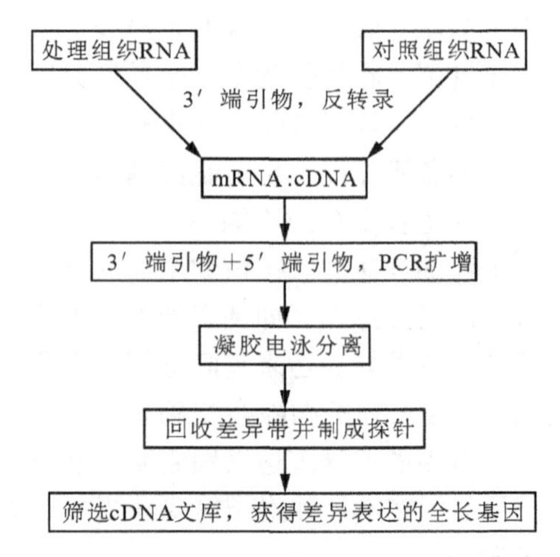

图 11-7 mRNA 差异显示技术分离目的基因的基本程序

11.6.1.3 mRNA 差异显示的有关技术问题

（1）3′引物

最初的 DDRT-PCR 用 T_{12} MN 锚定引物，全面分析总 mRNA 的差异时工作量巨大，而且用其中的引物 T_{12}MT 往往导致凝胶电泳差异显示过程中序列分析胶上的弥散现象。Liang 等（1994）改用单碱基锚

定引物 $T_{11}M$（M 为 A、C、G），将总 mRNA 群体分成 3 个亚群体，即用 3 种 $T_{11}M$ 将总 mRNA 群体全部反转录为 cDNA。这不仅大大减少 DDRT-PCR 的工作量，避免扩增产物的弥散现象，而且能够检测用两个锚定碱基时检测不到的特定 mRNA 亚群体。此外，这样的引物大大增加了试验的重复性，并提高了分辨率。

(2) 5′引物

5′引物的 G+C 含量太高，与 mRNA 模板的互补序列稀少，其差异显示结果往往不理想。此外，引物自身的互补配对也会大大降低扩增效率。使用 A+T 与 G+C 含量近乎相等、且 3′端以 G 或 C 结尾的引物，可有效地改善扩增效果。

针对特定基因的差异显示，以特异性引物作为 5′引物则可获得理想效果。不过，特异引物的应用范围仅限于对已知基因或已知序列进行 DDRT 分析。

为了提高引物与靶序列之间的结合程度，利用带有次黄嘌呤碱基的十聚体寡核苷酸（即含次黄嘌呤碱基的通用引物），能很好地改善 mRNA 差异带型的重现性。

以长序列（≥20 bp）专一性引物作为 5′引物进行扩增，灵敏而可靠，同时能迅速检测基因在转录水平的加强或减弱。所得特异 cDNA 片段均为 mRNA 3′—端不翻译的区段，而且 71% 的克隆由锚定引物和专一性引物共同产生，仅由专一性引物所产生的占 29%；40% 的特异 cDNA 克隆为假阳性，60% 的是真正差异表达的基因。

(3) mRNA 模板

实验表明，使用总 RNA 和使用纯化的 mRNA 作为反转录的模板，其结果是一样的，甚至用总 RNA 背景差异更少。因此，实验中都用总 RNA 作模板。20μL 反应体系中总 RNA 的用量以 0.2μg 为宜。提取总 RNA 时，要注意纯度和完整性，既要防止 mRNA 的降解，又要去除 DNA 和蛋白质的污染。DNA 对差异显示有明显的影响，无论用哪种方法提取 RNA，均避免不了有少量 DNA 的存在，要用 DNase 去除 DNA。

(4) PCR 扩增条件

镁离子的最佳浓度因随机引物种类及 dNTP 的浓度不同而稍有差异，当 dNTP 浓度为 2μmol/L 时，镁离子浓度为 1.25μmol/L 较好。

当复性温度在 42℃以上时，电泳带明显减少，低于 40℃时，电泳带呈弥散分布。因此，复性温度多选用 40~42℃。

(5) 标记种类及其标记方法

常用的 3 种同位素标记各有优缺点：^{32}S 标记 dATP 分辨率高，敏感性好，但高温下容易分解、挥发、污染环境；^{32}P 标记的 dCTP 较稳定，曝光时间短，但分辨力低；^{33}P 标记 dATP 离子强度及半衰期介于两者之间，兼有两者的优点，是一种较好的同位素标记，但比较昂贵。

Chen 等（1996）发明一种非同位素标记的差异显示技术，即用 $T_{12}MN$ 简并引物连接地高辛，扩增后，进行 6% SDS-PAGE 电泳并转移至尼龙膜上，用带碱性磷酸酶的抗地高辛抗体进行免疫反应进行显色。Bauer 等（1993）尝试用荧光素作为标记物替代同位素，并在自动 DNA 序列仪上直接读出 mRNA 差异显示产物。这些方法也取得较好的结果，并提高了操作的安全性。

(6) *差异显示产物的凝胶分析*

差异显示产物分析的主要手段是进行 6% 的变性聚丙烯酰胺凝胶电泳。这是因为差异显示的 PCR 条件往往控制在能给出 200～500bp 范围大小的 50～100 条 cDNA 带的条件下，正好在序列胶的有效分辨范围之内，同时可以将相差一个碱基的 DNA 带分辨出来。然而，采用该法常出现多数带成簇出现，差异带与邻近带的间距很小，切割又需借助于同位素的放射自显影的胶片，特异带切割的难度较大，使假阳性的频率大为增加。为避免这种影响，可以加大电泳胶的长度以拉开差异条带之间的距离。

此外，实验中发现 Taq 酶可以在新合成的 cDNA 链末端加上额外的 dA 碱基，使得到的两个互补 DNA 表现出 1 至几个碱基的差异，利用变性胶电泳时，两条互补 DNA 会因电泳迁移率上的细微差异而表现为不同的 DNA 带。Bauer 等 (1993) 改用非变性的 6% 聚丙烯酰胺凝胶来进行产物分析，使互补的 DNA 始终结合在一起以相同的迁移率电泳，带数明显减少，大大减少了上述假象的出现，利于差异条带的比较和分离。

11.6.1.4 mRNA 差异显示技术的优缺点

在 mRNA 差异显示技术出现以前，人们广泛应用差异筛选和减法杂交来鉴定和分离未知表达基因。差异筛选的特点是直观和操作简单，但灵敏度相对较低，工作量大。减法杂交较为灵敏，但需要大量的起始材料，在杂交过程中易被降解，因而容易产生假阳性，使重现性降低。

mRNA 差异显示技术具有以下优点：①简便性，在技术上主要依靠 PCR 扩增和聚丙烯酰胺变性凝胶电泳；②灵敏度高，对于丰度较低的目的 mRNA，通过调整引物来进行 PCR 扩增，可以达到能够进行直观比较的水平；③可重复性较好，90%～95% 的条带在不同的反应中可以进行重复；④mRNA 差异显示技术最终所得的差异条带往往不仅一条，通常包含某一基因的上游及下游的调控基因，这是其他许多方法所不能的；⑤可在同一块胶上比较几种样品或不同处理之间的基因差异表达。

该方法也有其局限性。例如，假阳性的比例非常高。针对假阳性高的缺点，自 DDRT-PCR 这一方法创立以来，已经发展了多种改进的 DDRT-PCR 的方法。再如，利用这种方法检测到的往往是 3′端出现差异的基因，5′端表现差异的基因不易检测到。

11.6.2 文库扣除杂交法

文库扣除杂交法是差异表达基因克隆的最经典方法，对于 2 个不同个体或组织中所有差异表达基因的筛选具有重要作用。基本原理是：当某个或者某些基因在两种不同组织之间存在着差异表达时，利用其中一种组织中所有表达的 cDNA 为探针，就可筛选出在两种不同组织中差异表达的基因。

筛选差异表达基因的程序是：先构建两个不同组织的 cDNA 文库，然后以一个组织中所有表达的 cDNA 为探针，分别与两个组织的 cDNA 文库进行杂交，找出在一个文库中出现、在另一个文库中不出现的杂交斑点，这个斑点所对应的克隆子中所插入的外源片段就是差异表达的基因（图 11-8）。

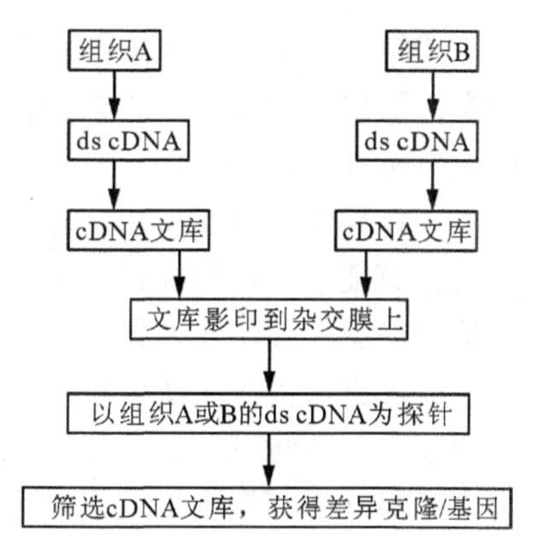

图 11-8 文库扣除杂交法分离基因

文库扣除杂交法的优点是能同时对所有的克隆子进行筛选。其缺点是：① 杂交的工作量比较大；②较难分离那些在 2 个不同的组织之间不是完全呈有/无差异表达的基因，以及表达丰度较低的差异表达基因；③ 假阳性比例较高。

为了富集差异表达的基因，比较有效的措施是建立减法杂交文库，然后再利用探针进行筛选。构建减法杂交文库的最关键步骤是富集所要寻找的特异 cDNA。目前的主要做法是：利用磁珠（或树脂）与 oligo（dT）相连接，将一种表达状态下的 mRNA 作为驱动 mRNA（driver），以该 mRNA 为模板，以 oligo（dT）为引物，在反转录酶的作用下合成双链 cDNA 分子。以另外一种表达状态下的 mRNA 作为测试 mRNA（tester），并利用相同的方法合成双链 cDNA 分子。将过量的驱动 cDNA 与一定量的测试 cDNA 进行杂交，形成双链 cDNA 分子，然后通过羟基磷灰石柱，双链 cDNA 分子被吸附，单链 cDNA 分子则被洗脱下来。利用 DNA 聚合酶将洗脱下来的单链 cDNA 合成双链 cDNA，然后连接到载体中就形成了一个减法杂交文库。

11.6.3 抑制消减杂交法

抑制消减杂交法（suppression subtractive hybridization，SSH）是一种特异地分离与差异表达有关的 EST 序列的一种方法。其原理与文库扣除杂交相似，区别是将 cDNA 分子进行了限制性酶切。SSH 的基本步骤如下：

①cDNA 的合成与限制性酶切：提取待比较的两组细胞的 mRNA，反转录为双链的 cDNA。利用限制酶 *Rsa* Ⅰ或 *Hae* Ⅲ将这两组细胞的 cDNA 分子酶切为 EST 片段。

②分别将待测组织和对照组织的 EST 组分分别命名为测试 cDNA（tester cDNA）和驱动 cDNA（driver cDNA）。将测试 cDNA 分子分成相同的 2 个组分，并分别连上 2 个不同的接头（adaptor 1，adaptor 2，两接头分别具有一段反向末端重复序列，以利于以后的选择性扩增）。驱动 cDNA 分子不与接头相连接。

③第一轮杂交：将连有接头的 2 个测试 cDNA 分别与过量的驱动 cDNA 杂交。通过第一次的杂交以后，可以形成 4 个不同的 cDNA 分子，即单链的 tester cDNA、双链 tester/tester cDNA、双链的 tester/driver cDNA 和 双链的 driver/ driver cDNA。这些组分在 2 个带有不同接头的试管中有所不同。

④第 2 轮杂交：取出第一轮杂交的部分组分，合并后再与过量的驱动 cDNA 杂交，形成一种新的杂交成分，即含有 2 种接头的 tester cDNA 分子（tester-adaptor 1/ tester-adaptor 2）。

⑤特异性的片段扩增：这些含有 2 种接头的 tester cDNA 经过 2 轮 PCR 扩增以后，就能够获得特异性差异表达的 EST 序列。这些差异表达的 EST 序列经过验证以后就能够用于差异表达基因的筛选工作。

SSH 方法操作简便易行，背景低，目的序列富集程度高，丰度一致性好，应用快速，自 1996 年创立以来，已成为研究两个植物细胞群体间差异表达基因的有力工具之一，展现了良好的应用前景。

11.6.4 代表性差异分析法

代表性差异分析法（representational difference analysis，RDA）是在差减杂交合 PCR 技术的基础上发展起来的，根据试验所用 DNA 材料及其文库的特点，包括基因组 DNA 代表性差异分析法（gDNA-RDA）和 cDNA 代表性差异分析法（cDNA-RDA）2 种。

cDNA-RDA 技术的基本原理是：将差减杂交与 PCR 有机地结合，利用双链 DNA 为模板时可通过 PCR 呈指数扩增，而单链 DNA 为模板时则呈线性扩增的原理，首先制备 tester 和 driver 的 cDNA，并用 4 碱基限制酶（*Dpn* Ⅱ或 *Sau*3A）消化成平均长度为 256bp 的 cDNA 片段，然后通过 PCR 使两组 cDNA 片段得以富集。由于 *Dpn* Ⅱ或 *Sau*3A 是常见的限制酶，这样设计可确保几乎所有的表达基因至少有一次被扩增的机会。接着连续进行了 3 次差减杂交，以彻底从 tester 中去除与 driver 共有的基因，最后再利用 PCR 技术富集 tester 中特异表达的基因。

以下是 cDNA-RDA 的基本步骤：

①双链 cDNA 的合成和接头的连接：从两个不同的组织或者同一个组织的两种不同的表达状态下的细胞中的 mDNA 分子分别抽提出来，并将它们反转录为双链的 cDNA 形成 tester 和 driver 双链的 cDNA 分子。将这两种 cDNA 分子分别与接头引物相连接，加有接头的 cDNA 分子在进行末端补平以后，加入引物进行 PCR 扩增。

②扩增以后的 cDNA 分子去除所连接的接头引物：将去除接头以后的测试 cDNA 加上新的接头，而驱动的 cDNA 不与接头相连接。利用过量的 driver cDNA 与 tester cDNA 进行液相杂交，形成 3 种不同的双链杂交产物以及一些单链组分：tester/tester、tester/driver、driver/ driver。

③这些杂交产物在利用新的引物进行 PCR 扩增以后，就能够克隆到合适的载体中。利用这种方法已经从豌豆中克隆了 *PGAS*1-3 基因等。这种方法的基本流程与 SSH 杂交的方法极为相似，但是该方法的假阳性的比例比较高，并且对于在测试组分中上调显著的基因分离有一定的困难，而 SSH 的方法无论是对于上调还是下调的基因都能够很好地反映。

11.7 已知部分或全部 DNA 序列的基因克隆

11.7.1 目的基因的 RT-PCR 扩增

对于已知 cDNA 序列的目的基因，可通过 RT-PCR 扩增得到所需片段。RT-PCR（reverse transcription PCR），是指以 mRNA 为模板，在反转录酶作用下，通过 PCR 合成 cDNA 第一链。合成 cDNA 第一链所用的反转录酶是一类依赖于 RNA 的 DNA 聚合酶，目前常用的主要有 AMV 反转录酶和 MMLV 反转录酶两种。cDNA第一链合成的引物主要由 RT-PCR 的特定用途所决定，有 oligo（dT）引物、随机六聚体核苷酸引物和特异的寡核苷酸引物等 3 种。对于已知 cDNA 序列的目的基因的 RT-PCR 扩增，可根据 cDNA 序列设计特异的寡核苷酸引物（基因特异性引物，GSP），cDNA 第一链的合成可由与 mRNA 3′端最靠近的配对引物引发。用特异引物引发 cDNA 第一链合成的好处是仅产生需要的 cDNA，并导致特异的 PCR 扩增。当反转录完成后，以 cDNA 第一链为模板，利用基因特异性引物（GSP）进行特异性 PCR 扩增，即可获得目的基因的 cDNA。为便于对 PCR 产物进行克隆，可在特异性引物的 5′端引入适当的限制性内切酶位点以进行定向克隆。

11.7.2 RACE-PCR 扩增全长 cDNA

11.7.2.1 RACE 技术

cDNA 完整序列的获得对基因的分离克隆至关重要。在分离 cDNA，有时得到的 cDNA 克隆只是原 mRNA 的部分序列。缺失的 cDNA 末端可通过 cDNA 文库筛选或 cDNA 末端快速克隆技术获得。RACE（rapid amplification of cDNA end）即 cDNA 末端快速扩增技术，是 20 世纪 80 年代发展起来的一种通过 PCR 进行 cDNA 末端快速克隆的技术。该技术以 mRNA 为模板反转录成 cDNA 第一链，然后用 PCR 技术扩增出某个特异位点到 3′或 5′端之间的未知序列。RACE 在许多方面优于 cDNA 文库筛选，其中最重要的是 RACE 技术通过 PCR 实现，无需建立 cDNA 文库，可在 1～2 天内获得 cDNA 文库筛选法数星期乃至数月才能获得的信息。该技术包括 5′端 RACE、3′端 RACE 和全长基因的获得等三个基本过程：

①5′端 RACE：可分为以下的几个步骤。mRNA 反转录为一链的 cDNA；然后根据 5′cDNA 的帽子结构设计出的引物，分别与基因的特殊引物进行 PCR 嵌套扩增，获得一条或者几条特异的 PCR 带型；分别将这些带型克隆到质粒载体上进行 PCR 测序，通过分析和比较，就可以获得待克隆基因的 3′端的片段。

②3′端 RACE：扩增的原理与 5′RACE-PCR 扩增基本相似，区别只是将根据 5′cDNA 的帽子结构设计出的引物换成 cDNA 的 poly（T）n 尾巴。

③全长基因获得：通过上述的 5′RACE 和 3′RACE，对 cDNA 两端进行 PCR 扩增，获得了待克隆基因的上游和下游序列后，利用分析软件将 2 个片段进行拼接，剔除重叠的片段，就可以获得理论上的全长基因。由于 PCR 扩增的错误性

和基因存在着不同的基因家族的可能性，对这个拼接的全长基因还须进行分析验证，即按照理论上的全长基因设计出可以扩增出全长基因的一对引物，利用这对引物扩增基因的全长 cDNA 片段，将该片段进行克隆测序，就可以得到待克隆基因的全长 cDNA 序列。

cDNA 的 5′端缺失是植物基因分离中最常遇到的问题。自 RACE 技术创立以来，人们对 5′-RACE 进行了不断的改进，发展了更加增强目的基因特异性的高特异性 5′-RACE 和确保得到全长序列的高完整 5′-RACE（新 RACE）。

11.7.2.2 高特异性 5′-RACE

高特异性 5′-RACE 的基本原理是：①利用一个 5′端磷酸化的特异性引物对 mRNA 进行反转录，形成 5′端磷酸化的 cDNA 第一链；②以 RNaseH 分解掉 cDNA-RNA杂交体中 RNA；③在 T4 RNA 连接酶的作用下将单链 cDNA 环化或首尾相连物；④用两对基因特异性引物：A_1、S_1 及 A_2、S_2 分别进行二次 PCR 扩增，得到所需目的片段。设计引物时，正向序列靠近已知序列的 3′端，反向序列靠近已知序列的 5′端，由于所扩增序列是正、反向引物间已知片段外侧的序列，因此其所采用的是反向 PCR 原理。

11.7.2.3 高完整 5′-RACE（新 RACE）

在 RACE 中，反转录过程的提前终止导致非全长第一链 cDNA 的多聚腺苷化，并在 PCR 中全部扩增，所有 cDNA 均能在 PCR 中得到扩增，产生非全长 cDNA 5′末端，给实验带来一定的难度。在新 RACE 中，只有全长转录得到的 cDNA 才得到扩增。新 RACE 技术与一般 RACE 不同之处在于，锚定引物在反转录之前就连接到 mRNA 的 5′末端。因此，只有通过目的 mRNA 5′端全长的反转录物，锚定序列才能整合到 cDNA 第一链中。其基本程序是：① 利用牛小肠磷酸酶（CIP）对 mRNA 脱磷酸化。由于全长 mRNA 的 5′末端有甲基化的 G 帽，故脱磷酸化作用无效，只对降解的 mRNA 有效。降解的 mRNA 由于没有磷酸基团，在下一步的连接反应中将不能与锚定引物连接；② 用烟草酸性焦磷酸酶（TAP）处理全长 mRNA 使其脱帽，即可使其 5′端带上活化的磷酸基因，再用 T4 RNA 连接酶将其与一段由线性化质粒体外转录产生的特异 RNA 寡核苷酸相连；③ 用基因特异引物或随机引物对 RNA 寡核苷酸-mRNA 杂合体进行反转录，产生 cDNA 第一链；④ 用基因特异引物和 RNA 寡核苷酸特异引物进行 PCR 扩增，从而获得 5′端未知序列。

11.7.3 同源序列法扩增全长基因

以同源序列为基础进行基因克隆是基因克隆手段的一个重要方面，特别是多个不同的模式植物的基因组完成测序以后，根据不同生物的基因进化的特点和保守性，利用微生物或者人类基因组中已经克隆基因的保守区段在植物上进行同源基因的克隆是十分有效的；或者在同一个科或者属的不同植物之间由于基因在染色体上存在着同线性和共线性的特点，使得利用同源克隆的方法更加快速。

复习思考题

1. 基本概念

基因克隆　基因文库　基因组文库　cDNA 文库　载体　图位克隆　差示克隆　RT-PCR　RACE

2. 根据基因的情况，要分离克隆的目的基因可以归纳为哪三大类？现有的基因克隆方法可以归纳为哪五大类？论述基因分离克隆方法的选择策略。

3. 基因文库有哪些种类？简述植物 cDNA 文库与基因组文库的构建程序；YAC 文库的原理及植物 YAC 文库的构建程序，以及从基因文库中筛选分离目的基因的主要方法。

4. 已知基因产物时，如何进行基因的分离克隆？有哪些主要方法？

5. 简述图位克隆的原理与方法步骤。

6. 简述 mRNA 差异显示技术分离目的基因的基本原理与操作程序。

7. 对于已知部分或全部 DNA 序列的基因如何进行分离克隆？

本章推荐阅读书目

植物生物技术导论（Introduction to Plant Biotechnology）（影印版）. H. S. 乔拉 . 科学出版社，2004.

植物生物技术 . 张献龙，唐克轩 . 科学出版社，2004.

植物基因工程（第二版）. 王关林，方宏筠 . 科学出版社，2002.

第 12 章　植物遗传转化和应用

【本章提要】 植物表达载体构建，基因转化受体系统，转化体的筛选和检测系统；农杆菌介导的遗传转化；转基因植株外源基因整合的检测、转录水平的检测和表达蛋白的检测；转基因植株的基因沉默现象；林木基因工程进展；植物转基因植物的生态安全性及安全性管理。

12.1　概　述

植物基因工程就是根据人们的目标与设计，在体外对植物遗传物质——基因进行剪切、组合、拼接等，使遗传物质重新组合，然后通过特定载体转入植物细胞内，并使所需要的基因在细胞中表达，从而创造出人们需要的新的植物类型的技术。1983 年，转基因烟草首次获得成功，标志着世界首例转基因植物问世，1986 年抗虫和抗除草剂的转基因棉花首次进入田间试验。1996 年全世界转基因植物种植面积为 $170\times10^4hm^2$，至 2004 年全球种植面积已达 $8\ 100\times10^4hm^2$。2004 年中国转基因作物种植面积达到 $3.7\times10^4hm^2$。短短 20 余年间，植物基因工程的研究和开发进展十分迅速，国际上获得转基因植株的植物已达 200 种以上，应用的作物品种有 10 多种，基因转化技术的日臻成熟使植物育种途径进入一个高新时代。

林木基因工程也取得了较大进展。在近 20 余年里，已有 30 余种树木如杨树、火炬松（北美黄杉）、花旗松、白云杉、落叶松、桤木、核桃、刺槐、麻栎、桉树、桦树、苹果、欧洲赤松、兰伯氏松、挪威云杉和恩格曼云杉等先后进行了基因工程的研究并获得了转基因植株。到目前为止，杨树、松树、桉树、云杉等树种已经进入田间试验阶段，杨树等转基因树种已经进入商业化操作阶段。研究领域有抗虫、抗病、抗除草剂、耐盐、耐高温、耐干旱、耐冻、改良木材品种、改变花型花色、雄性不育等基因工程。我国在植物遗传转化和应用研究方面总体水平并不落后，有些技术处于世界先进水平，如转双抗虫基因 741 杨和转抗虫基因欧洲黑杨已进入商品化应用阶段，这是到目前为止，世界上唯一实现商品化生产的转基因造林树种。

植物基因工程是在基因水平上改造植物的遗传物质，定向改造植物遗传性状，扩展育种范围，打破物种间的生殖隔离障碍，丰富基因资源，从而使育种更具有科学性、精确性、目的性、共用性和可操作性。植物几乎可以不受限制地接受任何外源基因，包括来自不同品种、不同种属、甚至不同门类生物的基因。育种学家普遍地认识到，基因工程是农作物育种的一个重要手段，并称之为生物技术育种。它和植物常规育种采用的有性杂交手段引起的基因重组不同，第一，DNA 重组一般是在亲缘关系更远的生物之间进行的，后代的遗传特性改变更大，可能形成各种新的生物种和类型；第二，由于重组的一个或几个基因所控制的生物性状是已知的，因此后代遗传性状的改变是定向的，完全处于人们有目的有计划地控制之下；第三，由于重组只涉及少数几个已知的基因，故后代性状能快速稳定，可避免一般有性杂交育种中的长期分离和多代重复选择。

12.2 高等植物遗传转化系统

12.2.1 植物基因工程载体的构建

12.2.1.1 Ti 质粒及其转化机理

20 世纪 80 年代初，人们发现土壤中的一种根癌农杆菌（*Agrobacterium tumefaciens*）能够感染植物细胞并将其 Ti 质粒（tumor inducing plasmid）上的 T-DNA（Transferrd DNA，转移 DNA）整合到被感染细胞的基因组，而且能够稳定地遗传给后代（图 12-1）。这一天然遗传转化系统的发现，使植物的遗传转化得到了迅速发展。

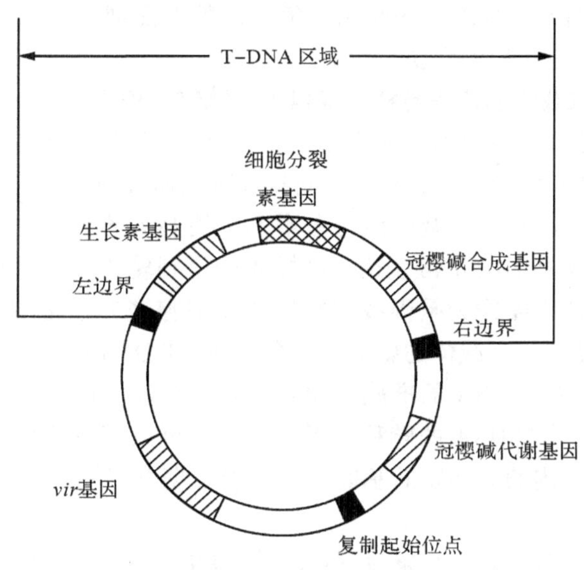

图 12-1 Ti 质粒结构图

Ti 质粒是根癌农杆菌染色体外的遗传物质，是一个独立复制的环状 DNA 分子，相对分子质量 $90\times10^6\sim150\times10^6$，其长度约 200～250kb，在 30℃以下可以稳定地存在于农杆菌内。根据 Ti 质粒诱导植物产生冠瘤碱的类型，可将 Ti 质粒分为章鱼碱型（cotopine）、胭脂碱型（nopaline）和农杆碱型（agropine）3 类。Ti 质粒可分为 4 个区：①T-DNA 区（transferred-DNA regions），T-DNA 是农杆菌感染植物细胞时，从 Ti 质粒上切割下来转移到植物细胞的一段 DNA，故称之为转移DNA。T-DNA上各有一段边缘序列，两边界之间是生长素基因、细胞分裂素基因及冠瘿碱合成基因，它们决定肿瘤的形态和冠瘤碱的合成。② Vir区（virulence region），位于T-DNA左侧，长约40kb，不同类型的Ti质粒至少含有*vir*A，*vir*B，*vir*C，*vir*D，*vir*E，*vir*G和*vir*H 7个操纵子共24个基因。这些基因的产物通过反式作用直接参与T-DNA加工和转移过程，使农杆菌表现出毒性，故称之为毒区。③ Con区（regions encoding conjugations），该区段上存在着与细菌间接合转移的有关基因，调控Ti质粒在农杆菌之间的转移，称为接合转移区。④ Ori区（origin of replication），该区段基因调控Ti质粒的自我复制，故称之为复制起始区。

农杆菌在感染植物时，能将Ti质粒上T-DNA转移进入植物细胞并整合到植物基因组中，随基因组进行遗传和表达。T-DNA转移要求穿越细菌和植物的细胞壁、原生质膜和核膜。主要过程包括：① 细菌对植物敏感细胞的识别和吸附并对信号物质的感受；② Ti质粒上的*vir*基因被激活；③ T-DNA切割和T-DNA复合物形成；④ T-DNA复合物由农杆菌进入植物细胞；⑤T-DNA整合到植物染色体上并进行表达。在农杆菌的染色体上也存在一个与致瘤作用有关的区段，其上的基因如*chv*A，*chv*B，*chv*C，*chv*D，*chv*E，*exo*C，*cel*，*att*等的编码蛋白也参与T-DNA的转移。它们大多编码一些膜相关蛋白，负责使细菌向植物受伤细胞趋化移动和帮助细菌附着于植物受伤细胞上。

12.2.1.2 Ti质粒载体的改造与植物基因工程载体的构建

由野生型根瘤农杆菌诱导的肿瘤，T-DNA基因产物常引起植物激素的不平衡，很少能再生成正常植株，这就使得新特性难以通过种子代代相传，所以必须将Ti质粒加以改造和重新组装，使与激素不平衡有关的基因从细胞中丢失，而不至于影响T-DNA基因的正常表达，这样才能得到转化的正常植株。另外，利用野生型农杆菌Ti质粒作为基因载体常使转化细胞丧失分化能力。因此，必须对其进行改造，使之符合载体的要求。研究发现，T-DNA的转移只与两个边缘序列有关，其右边界对T-DNA的准确无误转移是不可缺少的，而边缘序列之间含有什么基因并不影响T-DNA的转移。因此，我们可以用所希望转移到植物中的基因代替T-DNA区内的非必要的基因，利用农杆菌介导将这个改造后的T-DNA转移到植物基因组中。

改造Ti质粒要依据以下几条原则：① 保留T-DNA的转移功能；② 取消T-DNA的致瘤功能；③ 采用简便的手段就可以使外源DNA插入到T-DNA之中并随着T-DNA整合到植物染色体上。

近年来人们已经通过中间载体途径构建了多种适于浸染植物细胞的基因转化载体系统，目前应用较多的有共整合载体和双元载体。

(1) 共整合载体系统

共整合载体系统是由两种载体，即受体卸甲Ti质粒载体和中间表达载体通过同源重组共整合而构建的（图12-2）。卸甲载体是指Ti质粒中切除了T-DNA中的*onc*基因和冠瘿碱合成酶基因等序列，使之成为失去浸染能力的无毒（non-

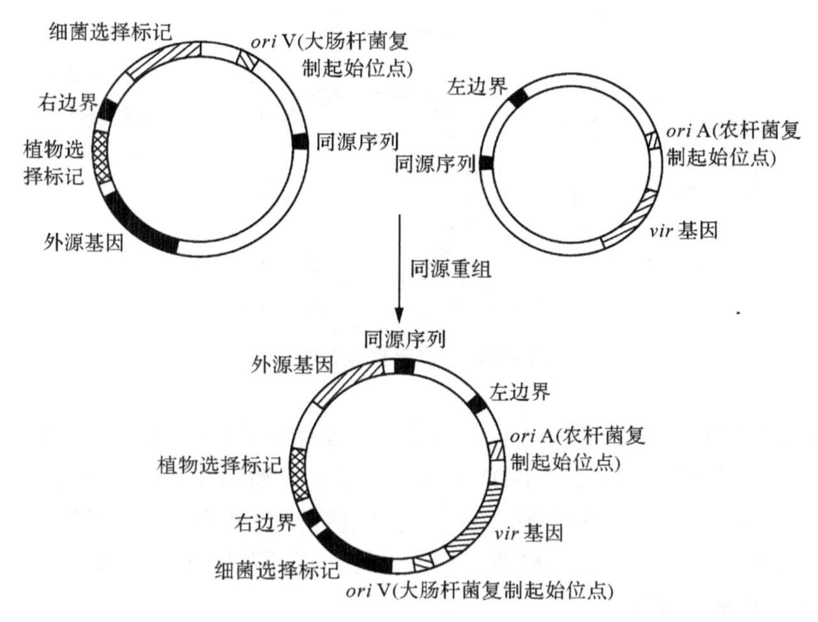

图 12-2 共整合载体的构建

oncogenic）Ti 质粒载体，它是构建转化载体的受体质粒。在这种 *onc*⁻体中已经缺失的 T-DNA 部分被大肠杆菌的一种常用质粒 pBR322 取代。这样任何适合于克隆在 pBR322 质粒的外源 DNA 片段都可以与 pBR322 质粒 DNA 同源重组，从而被整合到 *onc*⁻ Ti 质粒载体上。中间表达载体是指含有植物特异启动子，能在植物体内表达特定筛选标记基因或目的基因的中间载体，其功能是作为构建转化载体的供体质粒。完整的中间载体是由“植物特异性启动子 + 目的基因 + 终止子”和“植物特异性启动子 + 选择标记基因 + 终止子”或“植物特异性启动子 + 报告基因 + 终止子”连接在一起构成的嵌合基因。

需要注意的是，中间载体是克隆在大肠杆菌中的，它必须从大肠杆菌寄主细胞进入到根癌农杆菌以后，才能同受体卸甲载体发生共整合。在农杆菌内，通过同源重组将外源基因整合到修饰过的 T-DNA 上，形成可穿梭的共整合载体，在 *vir* 基因产物的作用下完成目的基因向植物细胞的转移和整合。这种载体的优点是稳定性好，但构建过程复杂，转化效率较低。

（2）双元载体系统

在构建植物基因转化载体系统时，将带有外源目的基因的 T-DNA 和 Vir 区，分别安置在两个彼此兼容的质粒载体上，将它们导入农杆菌转化植物。这样由两个分别含 T-DNA 和 Vir 区的兼容性突变 Ti 质粒构建成的双质粒系统，称为双元载体系统（binary Ti-vector system）（图 12-3）。其中含有 T-DNA 边界的质粒一般作为目的基因的载体，由于其分子一般较小，故称为微型质粒（nini-Ti plasmid）。微型 Ti 质粒含有 T-DNA 边界，但缺失 *vir* 基因，是一个广谱质粒。它含有一个广泛寄主范围质粒的复制起始位点（*ori*V），同时具有选择性标记基因。含

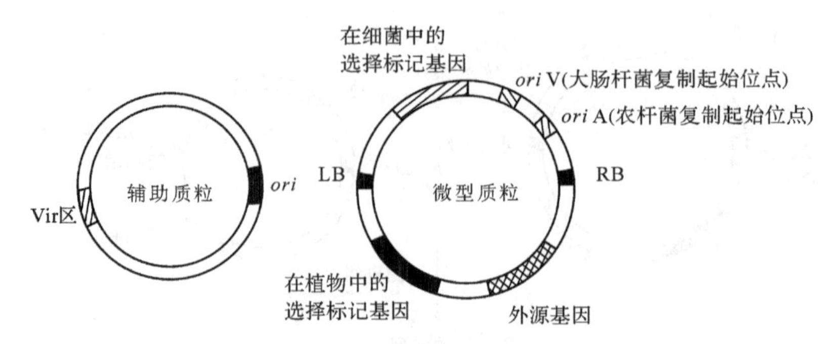

图 12-3 双元载体系统

有 *vir* 区的 Ti 质粒缺失了 T-DNA 区，完全丧失了致瘤功能，其主要作用是表达毒性蛋白，激活处于反式位置的 T-DNA 转移，故称为辅助 Ti 质粒（helper Ti plasmid）。双元载体不需经过两个载体的共整合过程，且微型 Ti 质粒较小，质粒转移到农杆菌比较容易，构建的频率较高。另外，双元载体在外源基因的植物转化中效率高于共整合载体。

12.2.2 植物组织培养与基因转化的受体系统

成功的基因转化首先依赖于良好植物受体系统的建立。植物基因转化受体系统是指用于转化的外植体通过组织培养途径或其他非组织培养途径，能高效、稳定地再生无性系，并能接受外源 DNA 整合，对转化选择抗生素敏感的再生系统。

对于植物基因转化所需的高频再生系统一般具备以下条件：① 外植体的组织细胞具有高效稳定的再生能力；② 具有高度可重复性；③ 较高的遗传稳定性；④ 对选择性抗生素敏感；⑤ 对农杆菌浸染有敏感性。

目前通常使用的再生系统有愈伤组织再生系统、直接分化再生系统、原生质体再生系统、胚状体再生系统、生殖细胞受体系统等。

(1) 愈伤组织再生系统

该再生体系适用性广，几乎适用于每一种通过离体培养途径再生植株的植物，它的主要优点是外植体细胞经历了脱分化和再分化两个过程，使已分化的细胞均回复到脱分化的分生细胞水平，具有易于接受外源基因的能力，因此转化率较高；获得的转化愈伤组织通过继代扩繁培养，能够分化出更多的转化植株；外植体来源广泛，凡是能诱导愈伤组织并再生植株的外植体均可使用。这一转化系统的缺点是从外植体诱导的愈伤组织是由多细胞形成，从愈伤组织分化的不定芽也常是多细胞起源，因此获得的愈伤组织本身是嵌合体，分化的不定芽嵌合体比例高；再生植株无性系变异性较大，转化的外源基因稳定性较差。

(2) 直接分化再生系统

直接分化再生系统是指外植体细胞不经过脱分化产生愈伤组织阶段而直接分化出不定芽获得再生植株。用植物叶片、幼茎、子叶、胚轴等为外植体，直接诱导不定芽的研究在许多木本植物中取得了成功。该体系主要特点是：由外植体直接分化出再生植株，获得再生植株的周期短，操作简单；体细胞无性系变异小，能较好地保持受体植物的遗传稳定性；外植体细胞直接分化芽比诱导愈伤组织困难得多，因此其转化频率低于愈伤组织再生系统。

(3) 原生质体再生系统

原生质体是“裸露”的植物细胞，它同样具有全能性，能在适当的培养条件下诱导出再生植株。该系统的主要特点是：易于转化，原生质体被除去了细胞壁这一天然屏障，能够直接高效地摄取外源 DNA 或遗传物质甚至细胞核，从而为高等植物在细胞水平和分子水平上进行遗传操作提供了理想的实验体系；通过原生质体培养，细胞分裂可形成基因型一致的细胞克隆，因此获得的转基因植株嵌合体少；但原生质体培养周期长、难度大、再生频率低；还有相当多的植物原生质体培养尚未过关，因此其局限性也较大；转化细胞无性系的变异较大，遗传稳定性较差。

(4) 胚状体再生系统

该再生系统是理想的基因转化受体系统之一，其特点是转化率和转化效率都很高，胚性细胞具有很强的接受外源 DNA 的能力，是理想的基因转化感受态细胞，而且胚性细胞繁殖量大，同步性好，转化后的胚性细胞即可发育成转基因的胚状体及完整的植株；胚状体的发生多数是单细胞起源，因此转化获得的转基因植株嵌合体少；体细胞胚具有个体间遗传背景一致、无性系变异小、胚的结构完整、成苗快、数量大等许多优点，有利于转基因植株的生产和推广。

(5) 生殖细胞受体系统

以生殖细胞如花粉粒、卵细胞为受体细胞进行基因转化的系统称之为生殖细胞受体系统，也称之为种质系统。目前利用生殖细胞进行的基因转化主要利用花粉和卵细胞受精过程进行基因转化，如花粉管导入法、花粉粒浸泡法、子房显微注射法等。利用植物自身的授粉过程操作方便、简单，将现代的分子育种与常规育种紧密结合，因此，有可能是最具潜力的一种受体系统。但是，利用该受体系统进行转化受到季节的限制，只能在短暂的开花期内进行，无性繁殖的植物不宜采用。

12.2.3　植物基因工程中常用的标记基因

在植物基因转化和基因表达调控研究中，经常要使用标记基因。标记基因分为两种，分别为起富集转化细胞作用的选择标记基因（selective gene）和易于检测表达产物的报告基因（reporter gene），也有一些基因兼具选择和报告的功能，如新霉素磷酸转移酶（*npt*II）和氯霉素乙酰转移酶（*cat*）基因。选择标记基因是筛选和鉴定转化的细胞、组织和转基因植株的有效方法，主要功能是在有选择压力的情况下，可利用抗生素抗性标记基因在受体细胞内的表达，从大量非转化克隆中选择出转化细胞。标记基因可以和某些目的基因构成嵌合基因，从标记基因的表达了解目的基因的表达情况。

作为一种标记基因须具备以下 4 个条件：① 编码一种不存在于正常植物细

胞中的酶；② 基因较小，可构成嵌合基因；③ 能在转化体中得到充分表达；④ 检测容易，并能定量分析。

最常用的标记基因是抗生素抗性基因和编码催化人工底物形成荧光物质的酶基因。

12.2.3.1 抗生素类选择标记基因

包括新霉素磷酸转移酶基因（neomycine phosphptransferase-II，*npt*II）、氯霉素乙酰转移酶（chloraphenicol acetyltransferase，*cat*）基因、潮霉素磷酸转移酶（hygromycin phosphortransferase，*hpt*）基因等。新霉素磷酸转移酶基因是植物基因转化中应用最广泛的选择标记基因。它编码的产物对某些氨基葡糖苷类抗生素，如卡那霉素、新霉素等具有抗性。用卡那霉素（kanamycin）、新霉素作为选择性物质加入培养基中，可对转化植株进行筛选。

*npt*II 基因编码序列来自大肠杆菌易位子 Tn5，它可以催化 APT 上 γ-磷酸基因转移到上述抗生素分子的某些基团上，从而阻碍它们与靶位点的结合，并使之失活。使用 *npt*II 基因转化植物可以赋予植物细胞具有对抗上述抗生素的能力。该基因已和多种启动子一起构建成嵌合基因。例如胭脂碱合成酶启动子（*nos*）、在植物中强表达的 CaMv35S 启动子等。这些嵌合基因已被整合到许多植物转化载体上，并成功地转化了多种植物。

12.2.3.2 除草剂类选择标记基因

除草剂化合物也是一种理想的选择抑制剂。除草剂的作用机理已为人知，例如，草甘膦是 EPSP 合成酶（5-enolphyruvylshikimate 3-phosphate synthase）的抑制剂、磺酰脲是乙酰乳酸（acetolactate）合成酶（Als）的抑制剂。草甘膦是一种化学合成的除草剂，Bialaphos 抗性基因（*bar*）来源于细菌（*Streptnyces hysroscpicus*），编码草甘膦乙酰转移酶，该酶使除草剂草甘膦失去活性。35S-Bar 在转基因植物中表达，可对这些植物中的草甘膦和 Bialaphos 产生高水平抗性。用 *bar* 基因作为选择标记已在一些植物上获得成功。

12.2.3.3 *gus* 基因（β-葡萄糖苷酸酶基因）

gus 基因与抗生素抗性基因不同，它不具有正选择标记，而是利用转化植物细胞所产生的β-葡萄糖苷酸酶，催化裂解人工合成的底物 4-甲基伞形酮基-葡萄糖酸苷时，产生荧光物质 4-甲基伞形酮，因而可以用荧光光度计进行定量测定。由于荧光强度高，本底低，故荧光检测极为灵敏。此方法测定容易、迅速，并能定量，只需少量植物组织抽提液即可在短时间内测定。*gus* 基因被广泛使用于植物基因转化实验中，尤其是在进行外源基因瞬间表达系统中。

12.2.3.4 荧光素酶基因

荧光素酶（luciferase，*luc*）基因是生物体催化自身发光的一种蛋白质，在激活剂 Mg^{2+} 作用下，与底物荧光素、ATP、O_2 反应，形成与酶结合的腺苷酸荧光素酰化合物。该化合物经过氧化脱羧作用成为处于激活状态的氧化荧光素，同时发射光子，最大发射波长是 562nm，可以用微光测定仪检测到非常微弱的荧光素酶分子。*luc* 基因可以作为报告基因，通过测定荧光素酶的表达，检测各种启动子的活性，测定与 *luc* 基因嵌合的目的基因的表达情况，也可以研究真核生物基因的调控序列和基因的组织特异性表达。*luc* 基因检测十分迅速，具有高灵敏度，具有作为报告基因的最佳条件。

12.2.4 常用的植物遗传转化方法

植物的遗传转化是指利用生物及物理、化学等手段，将外源基因导入植物细胞以获得转基因植株的技术。植物经转基因后获得形态、生长正常的转化植株，称为“转基因植物（transgenic plant）”。

已发展许多方法用于植物的遗传转化。总体来说分为三大类：① 载体介导的转化方法，农杆菌介导的遗传转化方法即属于这一类方法；② DNA 的直接导入法，即利用植物细胞的生物学特性，通过物理、化学等方法将外源基因转入受体植物细胞的技术。物理方法有基因枪法、电击法、超声波法、显微注射法、激光微束法等，化学方法有聚乙二醇（poly ethylene glycol，PEG）法和脂质体法等；③ 种质系统法，包括花粉管通道法、生殖细胞浸泡法、胚囊和子房注射法等。

这些技术各有特点和一定使用范围，下面重点介绍植物基因转化常用的几种方法。

12.2.4.1 农杆菌介导的植物遗传转化

转化植物细胞的农杆菌有两类，即根癌农杆菌（*Agrobacterium tumefaciens*）和发根农杆菌（*A. rhizogenes*）。前者含有 Ti 质粒，后者含有 Ri 质粒。植物的遗传转化大多采用根癌农杆菌 Ti 质粒。根癌农杆菌为土壤喜居菌，革兰氏染色呈阴性，是一种植物病原菌，通过植物伤口感染植物后产生冠瘿瘤。利用农杆菌转移外源基因的过程一般是：① 将目的基因导入共整合载体或双元载体；② 将带有目的基因的载体导入农杆菌；③ 使农杆菌感染寄主（受体）植物细胞；④ 筛选转化细胞并诱导其再生植株；⑤ 对转基因植株进行分子鉴定。

目前常用的农杆菌转化方法有共培养法、叶盘转化法、直接接种法等。

（1）共培养法

最早是由 Marton 等（1979）以原生质体为受体建立起来的，经过一系列改进后，目前已经成为最常用的转化方法。共培养法（cocultivation）是利用 Ti 质粒系统，将根癌农杆菌与植物原生质体、悬浮培养细胞、叶片、叶柄、茎段、胚轴、子叶、幼胚等共培养的一种转化方法。转化步骤为：合适外植体的选择及再生体系的建立→抗生素筛选压的确定及农杆菌菌株的选择→剪有伤口的叶片（或其他外植体）预培养（1～5d）→农杆菌浸染（数秒～20min）→共培养（2～3d）→筛选（培养基中加入选择抗生素和抑菌抗生素）→抗性芽的获得→生根培养基（其中加入选择抗生素）中生根→分子生物学检测→转基因植株的获得。

（2）叶盘转化法

叶盘转化法（leaf dish transformation）是由 Horsch 等 1985 年建立的一种转化方法。其步骤是用打孔器取得叶圆片（称之为叶盘），在过夜培养的农杆菌菌液中浸数分钟，置于培养基上共培养 2~3d。待菌株在叶盘周围生长至肉眼可见菌落时再转移到含有抑菌剂（如羧苄霉素、头孢霉素等）的培养基上去除农杆菌。与此同时，在培养基中加入抗生物进行转化体筛选，经过 3~4 周可使转化细胞直接再生植株。叶盘法经过改良可以用于茎段、叶柄和萌发种子等其他外植体的转化。

(3) 直接接种法

直接接种法是模仿了农杆菌天然的浸染过程，在植株上创造创伤部位，将含有重组质粒的农杆菌直接接种在创伤面上，或用针头将农杆菌注射到植物体内，使农杆菌在植物体内进行浸染并实现转化。过一段时间后将感染的组织切下，进行继代培养，并进行筛选和检测。为了获得更高的转化频率，已采用无菌的实生苗或试管苗为转化体。这种方法简单易行，实验周期短，但在转化组织中常混有较多未转化的正常细胞，形成嵌合体。

农杆菌介导法具有转化机理清楚，转化率高，方法成熟，简便易行，转移基因明确（为 T-DNA 左右边界之间序列），能够转化大片段的 DNA，转化的外源基因以单或低拷贝整合到植物基因组中，很少发生甲基化和转基因沉默，遗传稳定性好，符合孟德尔定律等特点，成为最常用的植物基因转化方法，目前利用农杆菌介导的遗传转化在转基因方法应用中占到 80% 以上。农杆菌介导的遗传转化范围主要局限于双子叶植物，单子叶植物由于缺少 Ti 质粒 *vir* 区基因的诱导物乙酰丁香酮，很难被成功地转化，但目前利用 Ti 质粒载体系统已在许多单子叶植物的遗传转化上取得了突破。

12.2.4.2 基因枪介导的遗传转化

基因枪法（gene gun），又称微弹轰击法（microprojectile bombardment）、粒子轰击技术（particle bombardment）等。其原理是利用高速飞行的微米或亚微米级惰性粒子（钨或金粉），将包被其外的目的基因直接导入受体细胞，并释放出外源 DNA，使 DNA 在受体细胞中整合表达，从而实现对受体细胞的转化。根据动力来源不同，基因枪可大体分为火药式、放电式和气动式 3 种类型。1987 年美国康奈尔大学的 Santord 等设计制造的火药式基因枪是最初的基因枪。1988 年 McCabe 研制出高压放电基因枪，Santord 等又于 1991 年研发出压缩气体基因枪。3 种基因枪在原理、

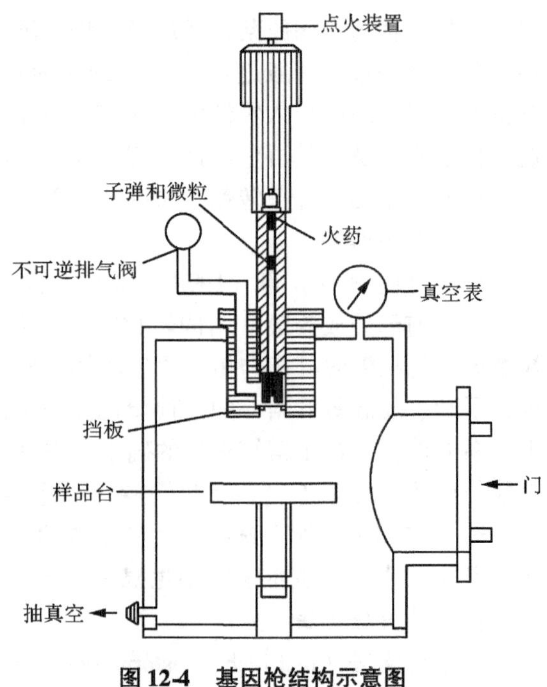

图 12-4 基因枪结构示意图

可控度和入射深度上都有差异。

这三种基因枪的机械结构装置基本相同，均有点火装置、发射装置、挡板、样品室及真空系统等组成（图12-4）。DNA微粒载体的制备原理是$CaCl_2$对DNA有沉淀作用，亚精胺、聚乙二醇具有黏附作用，将这些化合物与DNA混合后与钨粉或金粉混合，吹干后，则DNA沉淀在载体颗粒上。

基因枪介导转化的优点：无明显的宿主限制，几乎适用于任何受体材料；一次轰击可以转化大量细胞；可以一次导入多个基因；操作简单快速。许多研究证明，幼胚组织是最好的受体材料。其主要缺点是转化率低，嵌合体比例较大，拷贝数量高，遗传稳定性差。

12.2.4.3 原生质体介导的遗传转化

原生质体培养没有细胞壁的障碍，有利于导入外源基因，在植物基因工程中是较好的转化系统。目前常用的两种方法是PEG介导的基因转化和电击法（electroporation）介导的基因转化。

PEG法是20世纪80年代初发展起来的，最初主要用于原生质体的转化，现在已广泛应用于各种单子叶、双子叶植物中。电击法除了同样具有PEG法的优点外，还具有操作简便、转化效率高的特点，特别适用于瞬间表达的研究，缺点是造成原生质体伤害，使植板率降低，且仪器也较昂贵。近年来对电击法的使用又有所发展，可以用电击法直接在带壁的植物组织和细胞上打孔，然后将外源基因直接导入植物细胞，这种技术称之为“电注射法”。使用该技术可以不制备原生质体，提高了植物细胞的存活率，且简单易行。

12.2.4.4 种质系统介导的基因转化

种质转化系统（germ line transformation system）也称为生物媒体转化系统，即基因转移主要是利用花粉管通道和子房、幼穗及种胚注射外源DNA等方法导入外源基因。

（1）*花粉管通道法*（pollen-tube pathway）

原理是授粉后一定时期内随着花粉管的伸入，从珠孔到胚囊的一些珠心细胞退化形成一条通道，以利于花粉管进入胚囊。将外源DNA涂于授粉的柱头或注射进入授粉的子房，然后外源DNA沿花粉管通道或传递组织，通过珠心进入胚囊，转化尚不具备正常细胞壁的卵、合子及早期的胚胎细胞，外源DNA就通过花粉管通道进入胚囊并掺入受精前后卵细胞。这些生殖性细胞处于旺盛的DNA合成及细胞分裂时期，因而易于整合外源DNA片段，所得到的转化体是有活力的种子。该方法转化的特点是简单易行，避免了复杂的组织培养、植株再生过程，不需要装备精良的实验室，但转化效率低；而且授粉后的时间要掌握好，如果时间太短，花粉管尚未生长到子房处，时间太长，花粉管到达子房后所形成的花粉管通道则会发生闭合，使DNA不能进入子房内。

（2）*生殖细胞浸泡法*（germ cell imbibition transformation）

该法是将供试外植体（如种子、胚、胚珠、子房、花粉粒、幼穗悬浮细胞培养物等）直接浸泡在外源DNA溶液中，利用渗透作用把外源基因导入受体细胞并稳定地整合、表达与遗传。其原理主要是利用植物细胞自身的物质运转系统将外源DNA直接导入受体细胞。植物细胞能够不断地与周围环境进行物质运输，吸收水分和有机物质，特别是在种子萌发吸涨过程中吸收大量水分。外源DNA能够随着植物细胞的物质运输一起进入受体细胞。尽管浸泡法有许多优点，特别是成熟种子浸泡法可以说是高等植物遗传转化技术中最简单、快速、便宜的一种转化方法，它不需涉及昂贵的仪器及组织培养技术，容易为人接受。但这种方法的分子生物学证据不足。

（3）*花浸法*（flower infiltration）

Beehtold等（1993）创立了一个简单、高效的拟南芥浸花转化法。他们在一个密封容器内将处在开花期的拟南芥植株颠倒，使其浸入农杆菌菌液，抽真空使农杆菌进入花器内部。然后让植株生长至成熟，收获种子并让它们在选择培养基上发芽（或用选择剂喷洒小植株）筛选到抗性植株，并证明抗性植株被稳定转化。后来该方法又被改进，只是简单地将花组织在含有5%蔗糖和0.05%表面活化剂的菌液中浸一下，可获得0.5%的转化种子。

12.2.4.5 无选择标记基因的转化系统

在植物的遗传转化中，通常利用抗生素类、除草剂类及有毒物质基因作为选择标记，从非转化细胞中选择转化体，进而节省大量时间和精力。但当获得转基因植株后，选择标记基因就失去存在的价值，其继续表达的产物也会带来一些不良后果，从而引起人们的广泛关注。主要表现在：①筛选剂影响转化细胞的增殖及分化；②关于选择标记基因对健康和环境的影响问题尚没有定论，影响转基因植物投入市场；③由于现有可利用的选择标记基因有限，应用相同的选择标记基因向植物叠加外源基因存在一定的困难。解决这一问题的根本途径就是剔除转基因植物中的选择标记基因。近年来无选择标记转基因植物的培育已成为植物基因工程研究中的一个新趋势。解决转基因植物中抗性标记基因的安全性问题有两种途径：一是培育无抗性标记基因的转基因植物；二是发展安全标记基因用于植物的遗传转化。

（1）*无选择标记转基因植株的获得*

①共转化法（co-transformation）：同时使用两个独立的DNA载体对植物进行转化，一个含有目的基因，一个含有选择标记基因，可以获得共整合有目的基因和选择标记基因的植株。当两个基因分别整合在受体的不同染色体上时，转化植株后代经过有性阶段的遗传重组，使选择标记基因与目的基因分离，即可获得只含有目的基因而不带选择标记基因的转化植株，从而达到去除标记基因的目的。但是不同转化载体中的转基因共整合频率往往较低，并且常整合在受体基因组的同一位点，造成基因连锁，使得共转化的应用受到了限制。为了解决这一问题，又发展到双T-DNAs系统（超级双元载体），即将分别带有目的基因和选择标记基因的两个T-DNA装载在同一个载体中进行转化，能较大地提高共转化频率。Komari等将卡那霉素抗性基因*npt*II或潮霉素抗性基因*hpt*和报告基因*gus*构建成农杆菌超级双元载体，分别转化烟草和水稻，转基因植株中标记基因和报道基因

的共整合频率约为50%，对转基因植株 F_1 代的分离分析表明，60%以上的株系可获得无选择标记基因的*gus*转基因植株。

②位点特异性重组系统（site-specific recombination system）：这一系统是利用重组酶催化两个短的、特定DNA序列间的重组，以去除选择标记基因。目前，应用于植物遗传转化的重组酶系统主要有Cre/loxP系统、FLP/FRTs系统和R/RS系统等。

Cre/loxP位点特异性重组系统是从大肠杆菌噬菌体P1中获得的，它包括重组酶（Cre）和重组位点（loxP）2个组件，Cre重组酶催化在两个相同方向34bp的loxP序列间的重组，重组发生时，位于两个loxP序列内的基因片段将被切除。

FLP/FRTs系统是创建最早的位点特异性系统。1989年，Cregg和Madden克隆了酵母的RFL重组酶所作用的位点FRTs之间的*Arg*基因，将 Arg^+ –FRT结构引入 Arg^- 酵母中，经筛选得到了 Arg^+ 转化株，然后二次转化导入FLP重组酶，又获得了 Arg^- 的转化子，从而证明了重组事件的发生。该重组系统被证明在多种动植物中都有效。

R/RS系统是从*Zygosaccharomyces rouxii*中的环形质粒pSR1中分离而来。在重组酶R的作用下，特异位点RS发生同源重组，切除两个RS位点的标记基因。为加快去除标记基因的进程，重组酶基因还可与标记基因连接到同一载体上，构建成双元载体导入植物体中，通过化学诱导表达的启动子驱动重组酶基因，在化学诱导剂的作用下，重组酶基因表达，标记基因因其两边的同源序列重组而被剔除，这就是所谓的MAT载体系统。MAT载体系统免去了有性杂交或二次转化的过程，在转化的当代就能获得无标记基因的转化植株。因此，MAT载体系统特别适用于树木等生育期长或以营养器官繁殖植物的遗传转化。

③转座子系统：通过转座子转入的基因可以在基因组中重新定位。Ac/Ds和Spm/dSpm是研究得最深入的两个转座子家族。转座子系统可被开发用于转化系统来培育安全无标记基因的转基因植株。可用两种方法实现：一是标记基因被置于转座子与重复序列Ds之间，转座作用发生后，标记基因即随转座作用而跟目的基因分离或丢失；二是将目的基因置于Ds之间，目的基因将随转座作用的发生而与选择标记基因分离。

(2) 安全标记基因的应用

使用安全标记基因作选择标记的转化系统与传统的转化系统不同，它的原理是不将非转化细胞杀死，而是转化细胞能够借助荧光显微镜活体检测，或在一定程度上使转化细胞处于某个有利的代谢条件下，从而筛选出转化细胞。传统的选择系统称为负选择系统，相应地这种选择系统称之为正选择系统。正选择系统的主要优点在于选择既无毒副作用，而且在多数情况下有利于转化植株的再生，从而提高转化率。

目前，有应用前景的安全标记基因主要包括一些无毒性的化学物质或与植物生长有关的蛋白基因，如*GUS*基因（β-半乳糖葡萄糖醛酸酶）、*GFP*基因（绿色荧光蛋白）、木糖异构酶基因、甘露糖-6-磷酸异构酶基因、异戊烯转移酶*ipt*基因、发根农杆菌 *Rol* 基因等。

根据植物细胞对不同糖类碳源的代谢能力，所发展的利用糖类作为筛选剂的正筛选系统，在安全标记基因方面显示出巨大的应用潜力。这类标记基因的编码产物是某种糖类的分解代谢酶，转化细胞能利用筛选剂糖类作为主要碳源，可在筛选培养基上生长扩增，而非转化细胞则处于饥饿状态，生长被抑制但不被杀死，依此可以区分转化与非转化细胞。此外，干扰氨基酸代谢的选择方法也渐渐发展起来，显示出了诱人的前景。

12.3 转基因植株外源基因的表达与分析

进行基因转化后，必须弄清楚外源基因是否整合到植物基因组中并得到有效表达。只有整合有外源基因的植物才认为是转基因植株，得到有效表达的植株才可能在生产上应用。

12.3.1 外源基因整合的检测

转基因植物核酸水平上的检测实质是检测插入的外源基因，主要的检测方法有 PCR 技术、核酸分子杂交以及生物芯片检测等。

（1）PCR 技术

PCR 技术是近几年发展起来的一种体外扩增特异性 DNA 片段的技术，根据外源基因序列设计出一对引物，通过 PCR 反应便可特异性地扩增出转化植株基因组内目的基因的片段，而非转化植株不被扩增。PCR 检测主要针对转基因植物中的通用序列（如 35S 启动子、Nos 终止子等）、目的基因特异 DNA 序列及报告基因特异 DNA 序列（如 *npt*II、*hpt*II 等）进行检测。PCR 检测十分灵敏，而且用粗提的 DNA 就可得到良好的效果。PCR 在转基因植株的检测中应用十分广泛，几乎所有的转基因实验都用 PCR 检测转化植株。但是，PCR 检测易出现假阳性，故只能作初筛，阳性植株需做 Southern 杂交进一步验证。

（2）核酸分子杂交

核酸分子杂交（Southern 杂交）是根据外源基因序列设计探针，将探针与待测核苷酸序列杂交，由杂交结果判断待测基因片段是否与已知外源基因同源。利用 Southern 杂交可以确定外源基因在植物中的组织结构和整合位置、拷贝数以及转基因植株外源基因的稳定性。Southern 杂交具有灵敏性高、特异性强的特点，可以清除操作过程中的污染以及转化愈伤组织中质粒残留所引起的假阳性信号，是当前鉴定外源基因整合及表达的权威方法。但 Southern 杂交程序复杂，成本高，且对实验技术条件要求较高。根据杂交时所用的方法，核酸分子杂交又可分为印迹杂交（blot）、斑点（dot）杂交或狭缝（slot）杂交和细胞原位（*in situ*）杂交等。

（3）生物芯片检测

自 1991 年美国 Affymetrix 公司成功地研制出第一块基因芯片以来，基因芯片技术得到较快的发展，目前逐步被应用于转基植物定性与定量检测。基因芯片的工作原理是利用碱基配对来检测样品的基因，将待测的DNA通过PCR扩增、体外转录等技术掺入标记分子后，与位于芯片上的DNA探针杂交，再通过扫描系统（如激光共焦扫描成像检测系统）检测探针分子杂交信号强度，然后以计算机技术对信号进行综合分析，即可获得样品中大量基因序列及表达信息，以对其进行定性及定量。

12.3.2 外源基因转录水平的检测

外源基因表达检测分为两个水平：即转录水平上对特异mRNA的检测和翻译水平上对特异蛋白质的检测。转录水平上的检测方法主要有Northern杂交、RT-PCR等。Northern杂交和RT-PCR等都只能检测目的基因是否表达，无法准确测定RNA表达量，而且操作复杂。实时定量PCR（real-time fluorescent quantitative PCR）是近年来兴起的核酸定量检测技术，可较准确地测定目的基因RNA表达量。

12.3.3 外源基因表达蛋白的检测

蛋白质印迹法（Western bloting）可检测目的基因在翻译水平的表达结果，能直接显示目的基因在转化体中是否经过转录、翻译最终合成特异的蛋白质，从而影响植株的性状表现。酶联免疫分析法（enzyme linked immunosorbent assay, ELISA）与Western杂交相似，也是利用免疫学原理，但操作步骤不同。ELISA是将抗体或抗原包被在固相载体上后，采用酶标记，抗体与抗原的结合通过酶反应来检测。加入酶反应的底物后，底物被酶催化成为有色产物，产物的量与标本中受检物质的量直接相关，由此进行定性或定量分析。ELISA可用于特异性筛选植物转基因产品组分中的非降解蛋白质。此方法灵敏性高、用时短、费用低，适用于对非变性蛋白质的大量分析。Werstern杂交可定性检测出目的基因是否表达出蛋白质，而ELISA则可以定量地检测出目的蛋白质的含量，因此，两者经常被联合使用。

转基因植株的分子检测方法有许多种，同时随着科学技术的发展，各种新的检测方法也在不断涌现。如生物传感器法、近红外光谱法是新近出现的筛选方法，微矩阵法正在发展中。每种检测方法都有其自身的优势和不足，应该根据不同的检测目的和要求，选择合适的方法。依靠一种检测方法或者一个检测步骤是不能解决所有问题。使用国际公认的方法，根据目的和条件的不同，综合使用多种检测手段，是准确检测转基因植物产品的合理策略。

12.3.4 转基因沉默及其对策

转基因沉默（transgene silencing）是指导入并整合进受体基因组中的外源基因在转化体的当代或其后代中表达受到抑制的现象。主要表现为表达水平大幅度降低，而且各独立转化体间出现显著差异。1990年，Carolyn等首先发现了植物转基因沉默现象，他们在把与花色有关的查尔酮合成酶基因导入矮牵牛的研究中发现，50%的矮牵牛转基因植株中导入的外源基因与同源的内源基因均发生了沉默。转基因沉默在植物遗传转化中是普遍存在的现象，已成为转基因植物广泛应用的障碍。目前普遍认为，转基因沉默分为转录水平上的基因沉默（transcriptional gene silence，TGS）和转录后水平上的基因沉默（post transcriptional gene silence，PTGS），前者是发生在细胞核内，而后者是发生在细胞质中。

12.3.4.1 转录水平基因沉默（TGS，DNA-DNA）

（1）甲基化作用

甲基化作用是转录水平上表达调控的基本方式之一。植物DNA甲基化程度比较高，核基因组中几乎20%~30%的胞嘧啶残基处于甲基化状态。DNA甲基化是最常发生的一种植物细胞防御外来遗传物质入侵的现象，它可以识别与植物基因组DNA序列组成不同的外源基因，并对其甲基化，引起基因沉默。研究表明，在转基因植物中DNA甲基化严重影响了外源基因的正常表达。DNA甲基化过程是从启动子区域开始的，甲基化易发生在外源基因启动子区CG和CXG位点的胞嘧啶残基上，该区碱基的甲基化往往导致转录受到抑制。DNA甲基化引起外源基因失活是不稳定的，去甲基化试剂可恢复外源基因的表达活性，有性杂交、体外培养、嫁接、生存环境的改变都可使外源基因甲基化发生变化。

（2）位置效应

由于转基因技术的限制，转基因均是在基因组DNA序列的不同位置随机整合。外源基因所整合的目的基因组的特性直接决定着外源基因的表达情况。有两种情况：一是外源基因整合进植物基因组中高度甲基化的区域或者异染色质区和高度重复序列区，发生甲基化，使外源基因的表达下降或沉默；二是由于外源基因的碱基组成与整合区域的不同而被细胞的防御系统所识别，不进行转录。

（3）重复序列

重复序列诱导的基因沉默是由Assaad等（1993）对自交转基因（潮霉素抗性基因）植株后代进行分析时发现的，多拷贝的外源基因以正向或反向串联的形式整合在植物基因组上而导致的外源基因不同程度的失活。它有两种作用方式：①顺式失活，指相互串联或紧密连锁的重复基因失活；②反式失活，指由于基因启动子间同源序列相互作用引发的基因失活现象，也指某一基因的失活状态引起同源的等位或非等位基因的失活。同源的重复序列会产生异位配对，导致DNA形成三链或四链结构，使染色体局部构型发生变化，最终导致异染色质化，从空间上阻碍外源基因的转录而导致沉默的发生。

12.3.4.2 转录后水平基因沉默（PTGS，RNA-RNA）

PTGS是植物基因表达调控的第二道关卡，通过细胞质内RNA的特异性降解，控制内、外源mRNA的存留量来进行基因表达的精细调节、发育性调控。

（1）共抑制引起的基因沉默

当引入一个与植物内源基因有部分同源性的高效表达基因时，不但外源基因未能按预期方式进行高效表达，反而抑制了内源基因的表达，这种外源基因与内源基因的表达在转基因植株中同时受到抑制的现象被称为同源基因共抑制。由共抑制引起的外源基因失活不仅与内、外源基因编码区的同源性有关，同时还与基因启动子的强度有关，强启动子往往增强共抑制的程度，扩大表型变化范围。但RT-PCR分析表明，共抑制引起的外源基因失活在转录水平并没有受到抑制，核中积累了高水平的mRNA，然而在细胞质中却检测不到特异mRNA的积累，说明共抑制引起的外源基因失活是发生在转录后调节水平。人们提出了许多的假设来解释共抑制现象，如阈值模型、反义假设、异源配对假设等，但这些假设并不能解释所有实验中的共抑制现象。Lindbo等提出RNA阈值模型认为，在细胞质中可能存在mRNA的监控系统。当某种mRNA超量表达以后，监控系统就起作用，将这种超量表达的mRNA降解。这种降解反应是非常特异的，只有共抑制基因的mRNA发生降解，而其他类型的mRNA没有影响。

(2) 反义RNA引起的基因沉默

在植物体内有同源基因的外源基因的表达或使用强启动子都会造成转录过量，形成反义RNA；具有同源性的DNA序列在载体上如果呈反式排列也会产生反义RNA。反义RNA会与特异的mRNA形成双链或三链结构，引起特异性的RNase的降解，使细胞内完整的mRNA含量降低，引起内外源基因的失活。

上述各种机制并不是独立的，而是相互联系，转基因沉默机制在核酸水平上均是DNA-DNA、DNA-RNA、RNA-RNA相互作用的结果，是基因表达调控的具体表现之一。由于真核生物基因的表达调控是发生在多水平上的，所以造成植物转基因沉默的原因可能很多，而且会有不同的作用机制。它们不一定在某一转基因失活中同时出现，但也不彼此排斥，而是相互影响甚至协同作用。同时，外界环境条件对转基因的表达也有影响，过高的温度和光照的加强都会增加基因沉默发生的概率和沉默产生的时间；外源基因的表达还受植物发育因子的调控。

12.3.4.3 防止基因沉默的对策

如何克服转基因沉默，目前已成为植物基因工程的一个重要课题。针对上述转基因的沉默机制，人们提出了一些解决办法。

(1) 去甲基化

鉴于转基因甲基化程度与转基因沉默的程度成正相关，即甲基化是基因沉默的直接原因。在载体上加上有去甲基化功能的序列以防止甲基化。如目前已知用5-氮胞嘧啶处理植株具有很好地抑制甲基化和脱甲基化作用。

(2) 转化方法的选择

研究表明，整合进植物基因组的外源基因的表达水平与拷贝数有着密切的关系，在一些研究报道中，多拷贝的整合方式并未能使基因表达水平有所增加，反而使DNA发生甲基化或其他原因引起的基因失活。转化方法不同，外源基因整合的拷贝数也不同，农杆菌介导的转化法比DNA直接转化法所产生的拷贝数低或只为单拷贝，因此，农杆菌介导的转化法在降低外源基因的拷贝数上优于其他DNA直接转化方法。

(3) 避免重复序列的产生

重复序列导致的DNA甲基化和异位配对引起的染色质异化，阻碍了基因的转录，因此，为了避免重复序列的产生，尽量使得所设计的序列与内源的同源性较低，以减少或避免配对；不同的基因最好使用不同的启动子驱动；避免使用相同的选择标记，如果使用无标记基因的选择方法，就更会有利于基因沉默的控制，省去多次转化或转入多个基因时选择标记基因的重复问题。

(4) 对外源基因进行修饰

在植物基因组中存在着碱基组成较一致的序列结构，或者富含 GC，或者富含 AT。不同物种碱基组成中的 GC 含量或 AT 含量有差异，外源基因由于其碱基组成与整合位点处的不同而被识别，发生 DNA 甲基化，关闭基因的表达。因此，对外源基因的序列进行修饰，使其适于所转植物的碱基组成，并采用植物偏爱的密码子，可以提高基因的表达，降低基因沉默的概率。也可采用定点插入的方法，将外源基因整合进与其碱基组成较一致的植物基因组上，减少甲基化的发生，提高基因的表达效率。

(5) MAR 的应用

核基质结合序列（matrix attachment region，MAR）是染色质上一段特异 DNA 序列，长度一般为 300～1 000bp，可以与核骨架结合，也称为核骨架结合序列（scaffold attachment region，SAR），两个 MAR 之间的染色质区域可形成一个约 5～200bp的 DNA 环，利用此特性，可把 MAR 构建到外源基因的两侧，形成 MAR-基因-MAR 形式，使之在转基因植物染色质区形成独立的区域，以避免位置效应的影响，且有利于转录因子的结合，能提高外源基因的表达水平和稳定性。

(6) 使用诱导型启动子

大多数的科研工作都是使用组成型强启动子，如用于双子叶植物转化的花椰菜花叶病毒 CAMV35S 启动子或 35S 启动子的质粒载体。诱导型的启动子迄今仅在少数植物中获得了转基因植株。诱导型启动子根据其诱导因素不同可以人为地分为 3 个类型：①启动子可以被植物体内合成的某些产物，如脱落酸、生长素、赤霉素以及创伤诱发产生的系统素所诱导；②启动子在高温、低温、水淹，以及土壤中的高浓度盐或重金属离子等环境因子的作用下便会被诱导；③诱导型启动子是指那些能够对外界使用的人工合成的化学诱导物，包括四环素（启动与 *Tet*R 相关的启动子）、benzothiadiazole（启动能对病原体做出反应的启动子）以及地塞米松（启动与糖皮质激素相关的启动子）等发生反应的启动子。如现已发现动物免疫球蛋白 K 链基因的增强子可以在细胞发育的特定阶段指导该基因区段的去甲基化，从而启动基因的转录。因此，如果能从植物基因中分离到相应的增强子，并构建成嵌合基因，可望确保转基因能够按合适的调控模式进行表达，消除基因表达在时空上的专一性所造成的失活现象。

12.4 转基因林木和花卉的应用

12.4.1 抗虫基因转移

目前应用的抗虫基因主要有：苏云金杆菌毒蛋白基因（*Bt* 基因）、蛋白酶抑制剂基因（*PI* 基因）、淀粉酶抑制剂基因、外源凝集素基因以及昆虫特异性神经毒素基因，等等。这些基因的表达产物都具有相当的杀虫活性并具有一定的专一性，对人及其他哺乳动物并不构成危害。

在林木抗虫基因中应用较多的为 *Bt* 基因和蛋白酶抑制剂基因，其中 *Bt* 基因抗虫研究比较深入。1987 年，Mccabb 等首次将马铃薯胰蛋白酶抑制剂基因（*Pin*-II）导入杨树 NC5399 无性系。随后，银白杨 × 大齿杨和欧洲黑杨 × 毛果杨（*Pouplus. deltoides* × *P.　trichocarpa*）杂种获得抗舞毒蛾和天幕毛虫转基因植株，这是首次获得抗虫效果明显的转 *Bt* 基因树木的研究，被认为是林木抗虫基因工程中突破性进展。1994 年，Shin 利用发根农杆菌成功将 *Bt* 基因导入落叶松。在国内，自从将对鳞翅目昆虫有毒性的 *Bt* 毒蛋白基因导入欧洲黑杨（*P. deltoides*）并获得转基因植株以来，在欧洲黑杨和毛白杨的抗虫基因遗传转化上做了大量的研究工作。已成为杨树抗虫基因工程研究较早的国家之一，目前获得的转基因杨树已相继进入大田试验和商品化生产阶段。

到目前为止，转 *Bt* 基因的树种有：杨树、苹果、核桃、落叶松、花旗松、火炬松、欧洲黑杨、云杉等。此外，人们也开始将多个不同类型的基因导入林木的研究，河北农业大学将部分改造 Bt*CryIAc* 基因与慈姑蛋白酶抑制剂基因构建的双抗虫基因表达载体，通过农杆菌介导法转化了优良白杨杂种 741 杨［*Populus alba* L. ×（*P.　davidiana* Dode + *P.　simonii* Carr.）× *P.　tomentosa* Carr.］，并获得了一批对多种鳞翅目害虫具有高抗虫性株系，经过分子生物学检测及抗虫性试验证明，其中 3 个高抗株系，舞毒蛾和杨扇舟蛾等幼虫死亡率达 85% 以上，其他中抗系号幼虫死亡率也在 50% 以上。并且还能抑制存活下来的昆虫幼虫的发育，使其发育龄期的历期延长，发育速率减缓，不能正常结茧（图 12-5）。中国林业科学研究院用农杆菌介导二次转化的方法，将蛋白酶抑制剂（*PI*）基因导入含 *Bt* 基因的欧洲黑杨，杀虫实验结果表明，含有双抗基因的植株的抗虫能力明显高于仅含 *Bt* 基因的植株（图 12-6）。

随着转抗虫基因杨树的田间释放，*Bt* 的局限性正逐渐显示出来，表现在杀虫谱带窄、毒力不够强，更为令人关心的是，广泛采用这种转抗虫基因杨树后是否会使害虫产生抗性演化。由于树木长期的生长过程中基因始终不变，而昆虫经过

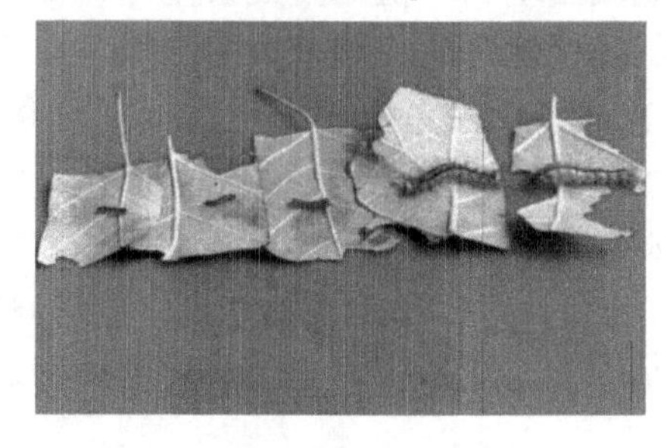

图 12-5　用转基因 741 杨叶片饲养舞毒蛾幼虫 42 天存活幼虫形态

（从左到右为 3 个高抗株系和 2 个对照）

图 12-6　用转双抗虫基因 741 杨叶片饲养杨扇舟蛾幼虫叶片啃食状况

（左边为对照，右边为高抗株系）

许多世代演化后，一旦对这种转基因树木产生抗性，那么转基因植株将失去其自身的价值。因此，在转基因树木应用中，应采取措施将昆虫的抗性演化控制在一定程度。为此可采取如下策略：①基因启动子及基因表达策略，采用特异性的启动子，使目的基因在适当的时间和特定的组织进行表达，并通过各种途径提高杀虫蛋白的表达量和含量。②基因策略，联合使用两种或两种以上不同杀虫机制的抗虫基因，使转基因植物表达数个具有不同毒性机制的毒素。Bt毒素基因与其他抗虫基因（如*PI*、*Lectin*、*Vip*基因等）同时导入转基因植物中，其抗虫性及防止昆虫产生抗性的能力将会大大提高。③“避难所”策略，在高水平表达毒蛋白的转基因林分中种植部分非抗虫的同类树木作为“避难所”，这样只有抗性纯合体昆虫才能在林中存活，而敏感昆虫只能在“避难所”存活。如果能够通过某种机制吸引（或强迫）抗性纯合体和敏感昆虫在“避难所”交配，那么其杂合体后代都将被抗虫植物毒害致死。

12.4.2 抗病基因转移

植物抗病基因工程已取得了较大进展，在番木瓜、柑橘、葡萄、香蕉、杏和樱桃等果树上获得了转基因植株。在美国，抗病毒转基因番木瓜已被批准进行商业化生产。目前克隆的抗病基因主要分为2类：抗病毒基因和抗菌基因。有效地抗病基因主要来源于病毒本身，如外壳蛋白（CP）基因、复制酶基因、反义RNA、卫星RNA、移动蛋白基因、缺陷干扰性病毒（DI）等。还有一些基因如核酶基因、动物抗体基因及与干扰素有关的基因等正在被研究和探索。林业上抗病毒基因工程起步相对较晚，目前使用的抗病毒基因有杨树花叶病毒外壳蛋白（PMV CP）基因、洋李痘病毒的外壳蛋白（PPV）基因和黄瓜花叶病毒外壳蛋白（CMV CP）基因等少数几种。英国牛津大学克隆了杨树花叶病毒外壳蛋白基因，将其转化杨树并获得成功。Scorza等（1992）将番木瓜（*Caria papaya* L.）环斑病毒（PRV）外壳蛋白基因导入欧洲李中。Camara等（1995）把洋李痘病毒的外壳蛋白（PPV）基因分别导入李和杏中，获得了较好的抗PPV特性。

抗真菌和细菌基因中较引人注目的基因主要有：几丁质酶基因、葡聚糖酶基因、病原相关蛋白基因、多聚半乳糖醛酸抑制蛋白基因、植物凝集素基因、植物抗毒素基因、抗菌蛋白抗体编码基因、细菌细胞壁降解酶编码基因等。Harvey研究小组（1987）对创伤反应基因在毛果杨×美洲杨无性系中的表达进行了研究，发现杨树受到机械损伤后在杨树的上部产生了许多新的mRNA，这些mRNA的cDNA被克隆进行了序列分析，其中两个转录物*Win6*和*Win8*编码几丁质酶。该酶可以降解侵染杨树的真菌或细菌的细胞壁，他们已将*Win6*基因与*GUS*报告基因融合，构建了在杨树细胞中表达几丁质酶基因的表达系统，用于抗病基因的遗传转化研究。

我国现阶段主要对抗树木真菌和细菌的基因进行研究，尚处在初始阶段。2001年，Liang等将来自小麦的草酸氧化酶基因导入杨树，提高了转基因植株的抗真菌能力。通过农杆菌介导法将从兔子体内克隆的防御素基因导入毛白杨

(*P. tomentosa* Carr.)，检测发现转基因植株组织提取液对枯草杆菌、农杆菌和立枯病原菌等多种微生物的生长均有不同程度的抑制作用。

此外，利用次生代谢产物的抗病作用将矮牵牛黄酮合成酶 CHSA 基因导入杨树，提高了杨树的抗病性。将过氧化物酶基因导入枫香（*Liquidambar styraciflua* L.），获得抗病的转基因植株。将 *glu* 和 *chi* 基因转入欧洲板栗（*Castanea sative* Mill.），提高了对樟疫霉真菌病害的抗性。中国林业科学研究院已将一种抗菌肽基因转入美洲黑杨并通过了分子生物学检测。

12.4.3 抗除草剂基因转移

抗除草剂转基因植物是最早进行商业化应用的转基因植物之一。20 世纪 80 年代美国孟山都（Monsanto）公司以其拥有广谱、高效除草剂农达（草甘膦）的优势而率先开始除草剂抗菌素性基因的转移研究与抗性品种的开发。迄今为止，转基因植物发展最快的是抗除草剂转基因作物。

用基因工程手段创造的第一个转基因林木是 20 世纪 80 年代末获得的抗除草剂杨树。Fillatti 等于 1987 年，以根瘤农杆菌为载体，将抗除草剂基因（*aro*A 基因）转入杨树 NC5339 无性系中，获得一批抗除草剂（草甘膦）转化植物。1987 年，美国首次报道成功地将抗除草剂基因导入银白杨与大齿杨的杂种无性系中并进入田间试验，随后美国又成功地将抗除草剂的基因转入美洲黑杨、落叶松中，引发了一场转基因工程的热潮。目前黑挪威云杉、辐射松和挪威云杉等树种也获得转基因抗除草剂植株，阔叶树种中，赤桉也获得了抗高剂量广谱除草剂 Liberty 的转化系。

目前已获得并利用的抗除草剂基因有 PPT 乙酰转移酶基因、草甘膦氧化还原酶基因、鼠伤寒沙门氏菌 EPSP 突变基因、烟草 ALS 突变基因，PS Ⅱ QB 蛋白突变基因、2,4-D 单氧化酶基因等。

12.4.4 抗逆境基因转移

树木在自然环境中生长，会受到干旱、寒冷、高温、盐渍等多种不良环境的影响，引起植物体内发生一系列的生理代谢反应，从而使林木的实际产量显著低于理论产量，严重时甚至引发不可逆伤害，导致整株树木死亡，因此培育抗逆性林木品种日益受到重视。随着分子生物学的迅速发展，植物抗逆基因工程的研究也迅速开展起来，利用基因工程技术改良植物抗逆性的研究主要集中以下几个方面：① 导入编码催化产生的渗透调节物的酶基因；② 导入清除活性氧的酶基因；③ 导入 AFP（antifreezing protein）蛋白基因的研究；④ 导入脱水保护物质合成基因；⑤ 导入编码转录因子的调节基因。

植物在抵抗逆境所造成的胁迫过程中，有多种基因得以诱导表达，这些基因是受逆境胁迫产生的信号调节。逆境胁迫产生的信号可能是作用于某些共同的调控因子，再由这些调控因子来控制受盐胁迫诱导基因的表达。目前已发现一些转录调控因子能同受盐或干旱胁迫调控基因的启动子相结合。如转录调控因子

*DREB*1A 与脱水敏感因子 *DRE*（dehyration response element）。*DRE* 是调控许多对干旱、盐胁迫和低温等胁迫敏感基因启动子的顺式作用成分。转基因方法使 *DREB*1A 基因在植物中过量表达，许多与抗这些胁迫有关的基因在正常生长条件下获得诱导表达，与对照相比，植物对这些胁迫的抵御力也相应增强。

12.4.5 改良木材品质基因转移

木质素为一类苯丙烷衍生物的高聚物，是木本植物的重要组分，具有重要的生物学作用。然而在制浆造纸中需花费大量费用去除木质素，而且还会造成严重的环境污染。通过转基因技术可为降低木质素含量，改善木质素组成及提高纸浆得率提供了一条途径。目前，通过反义或正义同源 DNA 抑制涉及木质素合成途径各步骤的关键调控酶在林木木质素改良基因工程中应用较多。所用的基因主要是一些编码调控木质素生物合成的关键性酶，如 CAD（肉桂醇脱氢酶）、C4H（肉桂酸脱氢酶）、COMT（咖啡酸甲基转移酶）、CCoAOMT（咖啡辅酶 A 甲基转移酶）、PAL（L-苯丙氨酸裂解酶）、4CL（香豆醇辅酶）等，这些基因已相继从不同植物中克隆成功。

近年来，利用 4*CL*、*C4H*、*F5H*、*CCR*、*PAL* 和 *POD* 基因在调节植物木质素合成的研究中取得了可喜的结果。1999 年，Hu 等与 Ipelcl 等分别将 4*CL* 和 *Shpx*6a 基因反向转入杨树，前者使转基因植株的木质素含量下降 45%，纤维素含量增加 15%，而且根、茎及叶生长增强；后者使木质素含量下降 10%~20%。

12.4.6 生殖、生长发育相关基因转移

通过基因工程技术促进林木提早开花，缩短育种周期，这对加速林木遗传改良有积极作用。目前已从辐射松、黑云杉、挪威云杉、苹果和杨树中分离和鉴定出定向进化同源开花基因。在转基因方面，1995 年 Weigel 等将来源于拟南芥的 *LEY* 开花基因导入杨树，转基因杨树开花时间比一般杨树早。组成型表达拟南芥的 *LEY* 或 *AP* Ⅰ基因其柑橘实生苗幼年期缩短，提早开花，并且转基因植株花器官正常发育，果实中有种子，这些性状可通过种子遗传给后代。

许多重要造林树种和优质果树栽培品系，由于生根困难、扦插不易成活而严重阻碍了用无性繁殖技术来大面积推广，这已成为快繁生产中急需解决的问题。一些研究表明，发根农杆菌的 Ri 质粒及其 *rol* 基因的转化表达，能促进根的生长发育，提高生根能力。至今已成功地利用 Ri 质粒及其各种 *rol* 基因对毛白杨、杂交杨、刺槐、苹果、松树、柑橘、油橄榄、猕猴桃及月季等十几种林木进行了转化，均获得生根能力明显提高的转基因植株。Ri 质粒 *rol* 基因转化的植株不仅表现出生根能力明显提高，而且通常还表现出叶片和花的形态、色素形成、节间长短、生活周期及向地性等性状的可遗传变异，为培育具有更高观赏价值的新品系提供选择基础。

12.4.7 改变花型花色相关基因及遗传转化

花卉业是当今世界最具活力的产业之一，市场对在花色、花型、花香、花期

等上标新立异的花卉品种的需求也越来越强烈。因此，花型、花色等的改良一直是育种工作的重要目标，而基因工程已成为改变花型、花色最有前途的技术。1996年10月，Florigene公司首次在澳大利亚出售转基因淡紫色康乃馨；不久，该公司又推出了深紫色康乃馨。加利福尼亚的戴维斯基因工程公司从矮牵牛中分离出一种新的蓝色编码基因，导入到玫瑰中，获得了开蓝色花的玫瑰，提高了其观赏价值。目前，人们已成功地将外源基因转入玫瑰、矮牵牛、康乃馨、郁金香、菊花等多种花卉中，获得了形形色色的转基因花卉。改变花型花色相关基因的克隆及遗传转化主要包括以下几个方面：① 花色相关基因；② 花型相关基因；③ 开花调控相关基因；④ 花衰老相关基因。

林木基因工程研究历史较短，虽然研究涉及抗病虫、耐盐碱、抗旱、抗寒冻、抗环境污染等方面，但仅在抗虫基因工程等方面取得了重要进展，其他方面研究相对薄弱。与农作物相比，无论是目的基因的分离、鉴定和克隆，还是基因的表达以及载体构建等方面都有待于更广泛的深入研究。

12.5 转基因植物安全性问题

随着转基因植物的迅速发展，关于转基因植物安全性的争论也越来越激烈。人们担心转基因植物在为人类创造巨大效益的同时可能会带来潜在危险。目前，人们对转基因植物安全性的担忧可概括为以下两个方面：一是转基因食品对人类健康的安全性问题；二是转基因植物对自然生态环境的安全性问题。树木是生态系统的主体，与作物相比，林木树体高大，根系发达，寿命长，因此树木对生态环境的作用要大得多，转基因树木产生的有毒基因产物的累积会对周围的生物如土壤中的有益细菌、真菌造成毒害，影响林木的生长发育甚至造成其死亡，因此，转基因林木的稳定性和生态安全性问题就更加突出。

12.5.1 转基因植物的生态安全性

对转基因植物生态安全性的关注主要集中在转基因植物释放到田间是否会发生外源基因漂流，是否会破坏自然生态环境，打破原有生物种群的动态平衡及释放到环境中的竞争能力、后代更新能力等方面。

12.5.1.1 基因漂流

在自然生态条件下，有些栽培植物会和周围生长的近缘野生种发生天然杂交，从而将栽培植物中的基因转入野生种中。若在这些地区种植转基因植物，则转入基因可以漂流到野生种中，并在野生近缘种中传播，从而使这些植物含有抗病、抗虫或抗除草剂的基因而成为“超级杂草”。随着转基因植物的不断释放，大量目的基因漂流进入野生基因库并扩散开来，这可能破坏天然基因库的遗传结构，对生物多样性造成影响。对转基因作物的研究表明，转基因植株可通过花粉传播造成一定的外源基因漂流，许多研究证明，在转基因作物释放地外缘一定范围内均可检测到一定数量的花粉，更为极端的事例如转抗虫基因玉米造成至少

100km 以外的墨西哥玉米起源中心的基因污染等。在适宜条件下，由花粉携带的外源基因经一定的空间漂移，容易与其野生近缘种杂交，从而使非转基因植物相应性状的适合度增强或降低。如 Mikkelsen 等研究了转耐除草剂 BASTA 基因油菜与杂草型亲缘种杂交、回交后代的育性，结果发现杂种花粉的育性超过 90%，且有 42% 左右的植株抗除草剂等。就多年生且异交占主导地位的林木而言，树体高大，寿命长，大多为风媒传粉，花粉存活时间长，有的树种的花粉甚至还有气囊，生境的差异性容易使不同物种花期相遇，并可以通过气流和昆虫传播实现杂交等，造成基因漂流的可能性更大，从而导致产生因获得抗除草剂、*Bt* 基因、耐旱或盐碱基因等而抗性增强的“超级杂草”或优势植物种，相对降低其他植物种的适合度；或由于野生种获得木质素调控基因，导致天然林相关树种抗风能力降低等。

基因漂流的风险并不是基因漂流本身，而是它可能引起的潜在环境后果，这取决于基因种类、基因的表型性状及其释放的环境。因此，对基因漂流研究的重点应是不同目的基因、不同表型性状在不同环境中可能引起的后果。在评价外源基因漂流时，主要考虑以下几个方面：首先，该植物是否是以授粉杂交进行繁殖，例如，大多数杨树栽培品种主要是以无性繁殖继代，因此很难有基因漂流扩散的机会。其次，转基因植物生长环境中是否存在亲缘野生种，有些树种即使在转基因植物的生长环境中有近缘野生种存在，也并不一定就会发生基因漂流扩散现象，因为在自然条件下，二者的可交配性一般都很小。此外要考虑目的基因的种类，如果是一个抗除草剂基因，发生基因漂流后会使野生杂草获得抗性，从而增加杂草控制的难度。特别是若多个抗除草剂基因同时转入一个野生种，则会带来灾难。但若是品质相关基因等转入野生种，不能增加野生种的生存竞争力，所以影响也不大。

12.5.1.2 对生态平衡及多样性的影响

种植转基因抗虫植物能减少杀虫剂的使用，降低作物损失，但是昆虫种群具有天生的快速适应环境压力的能力，使抗虫生物技术的长期有效性受到了严重的威胁。人们担心，在持续作用的强选择压力下，害虫、病菌可能会因协同进化而导致“超级病虫”的产生，从而使经过多年的投入获得的转基因品种失去作用，并加剧病虫害的危害，甚至危及其他植物种。一旦出现这样的结果，人类将不得不又像为治疗疾病而发明并使用抗生素一样，需要时刻面对病虫耐药性日益增强的挑战，从而陷入永无休止地不断研制新型转基因植物以应对病虫害抗性变异的境地。一种低成本的防治策略，可能会演变成一种高投入的生产必需过程甚至生态危机。抗病毒转基因植物对生物多样性的影响也引起了科学家的关注。首先，外源抗病毒基因可能会漂移到转基因作物的近缘植物，使那些原本对某种病毒并不敏感的植物成为此病毒的寄主而感病，也就是扩大了病毒的寄主范围；其次，抗病毒转基因植物可能会改变病毒侵染植株的过程，而这些改变有可能导致出现致病性更强的病毒。以植物病毒基因组的结构及非结构蛋白基因为外源基因，已获得了大量的具有抗病毒的转基因植物，最为普遍的外源抗病毒基因是植物病毒蛋白外壳基因（CP）。自然界中存在着植物病毒之间的异源重组现象，异源病毒之间在寄生体中可以通过异源包壳作用而产生致病力不同的新病毒，从而改变病毒的寄主范围。虽然转基因植物中的病毒外壳蛋白本身是无毒害的，但体外试验中可包装入侵的另一种病毒的核酸，并产生一种新病毒。如表达苜蓿花叶病毒AMV-CP的转基因植物，在被黄瓜花叶病毒（CMV）严重感染后，发现转移包装。但到目前为止，在田间试验中尚未发现转基因植物的病毒异源包装。

随着转基因植物的大面积推广，对自然生态系统特别是自然界的生物多样性可能产生有害作用。因为转基因植物比自然植物更强调单一种植，这在客观上淘汰了大量具有一定优良遗传性状的自然品种及其他遗传资源，造成不可挽回的遗传多样性的损失。事实已经证明单一性种植可能引起毁灭性的病虫害发生；导致植物生态群落结构简单、生物群落贫乏，自然基因库缩小，真正的遗传多样性消失的严重后果。特别是对于林木树种更为严重，大面积种植单一转基因人工林会造成林木遗传多样性迅速窄化。

12.5.1.3 对非目标生物的影响

非目标生物包括不属于害虫的动物、植物和微生物，如昆虫天敌、土壤微生物和以昆虫种群为食的野生生物如鸟类和无脊椎动物等。由于不同类型的杀虫或杀真菌基因工程具有一定的广谱性，如杀虫蛋白等。因此，插入到植物中的杀虫或杀真菌的基因也可能对非目标生物起作用，从而杀死有益的昆虫或真菌。另外，在田间环境下有许多天敌生物，它们以有害生物为食或作为寄主。大规模种植转基因植物杀死了这些有益天敌生物的食物或寄主，这将影响农业生态系统中有益天敌生物的种类和种群数量。已有试验证实，转基因抗虫植物对有益捕食性昆虫，如草蛉、瓢虫、美洲大斑蝶幼虫和土壤生物等具有负作用。但也有一些研究证明，转抗虫基因植物对非目标生物产生有益的影响。

另外，转基因作物中不少外源基因（如Bt杀虫结晶蛋白基因、蛋白酶抑制剂基因、抗生素基因等）可通过根系分泌物或残枝落叶残留在土壤中，引起土壤微生物种类、数量及土壤理化性质的变化，同时有可能对土壤养分的释放和有效性产生负面影响。

目前，转基因植物及其产品的风险问题还主要是基于理论上的推测，已有相当多的文献、论文或专著讨论转基因植物释放的生态危机以及对人类的影响问题。“遗传修饰的植物和微生物大田试验生物安全结果”的国际会议，从1990年起每两年举行一次，这说明转基因植物及其产品可能产生的风险问题已引起人们的高度重视。大部分专家认为，目前对转基因植物的风险性问题被夸大了，实际上现有的安全措施已经比较完备，只是公众对此缺乏了解。因此，要使转基因作物普遍为消费者所接受，就必须使消费者明白，目前从事转基因植物研究、开发的国家都制定了相应的政策和法规，掌握了科学而完备的检测技术，进行了严格而有效的控制。

12.5.2 我国转基因植物的安全性管理

目前，我国转基因农作物田间试验和商品化生产的面积已位居世界第4位，但现阶段我国对生物安全问题的研究却相对落后于生物技术的发展。对生物安全宣传很不够，一些部门看到的也多是转基因产品带来的经济利益，而没有从保护环境和人类健康的高度来认识生物技术，一定程度上忽视了生物技术可能带来的潜在威胁。科研人员也更多是把注意力放在生物技术产品研究本身，在生物安全评价研究方面投入的力度则明显不够。近年来随着人们对环境问题关心程度的不断加大，我国政府已经认识到这一问题的严重性，并已将生物安全列为环境保护工作的新领域，建立了相关管理机构，出台了一系列保护措施，逐渐形成了一套生物安全管理机制。

1993年，在国家科学技术委员会领导下成立了国家生物遗传工程安全委员会，由来自卫生部、农业部、轻工业部的专家组成，负责医药、农业和轻工业部门的生物安全，此时生物安全的主管部门是国家科学技术委员会。1994年以后，由于农业生物技术，特别是转基因作物和转基因饲养动物的发展，农业部成为生物技术安全管理的主要部门。此后，国家环保总局作为主管全国环境问题的政府部门，开始介入生物安全管理事务，特别是在《生物多样性公约》各次缔约国大会和拟定《生物安全议定书》的过程中，环保总局作为中国政府的主管单位代表参加了议定书的谈判，同时又作为联合国环境署《国际生物技术安全技术指南》在中国的实施机构，逐渐成为生物安全的主管单位之一。目前，在中国负责生物安全的部门包括国家科技部、国家环保总局、农业部、卫生部、中国科学院和教育部等。

我国还制定了一系列有关生物安全的标准和办法。1993年12月，国家科学技术委员会发布了《基因工程安全性管理办法》，该办法规定了我国基因工程工作的管理体系，按潜在危险程度，将基因工程工作分为四个安全等级，并对基因工程工作在实验室阶段、中间试验阶段和工业化阶段的安全等级的划分、批准部门以及申报、批准程序都作了规定，但由于该办法的操作性不是很强，因此客观上并未真正实施。1996年，农业部以此办法为基础颁布实施了《农业生物基因工程安全管理实施办法》，该办法内容较为具体，针对性强，涉及面较广，对不同的遗传工程体及其产品的安全性评价都作了相对明确的说明，同时考虑到了外国研制的农业生物遗传工程体及其产品到我国境内进行中试、环境释放或商品化生产的问题，并做出了具体规定，具有比较强的可操作性。2000年8月，中国政府签署了《〈生物多样性公约〉的卡塔赫纳生物安全议定书》，成为签署该议定书的第七十个国家。

2001年5月23日，国务院公布了《农业转基因生物安全管理条例》。2002年1月5日，农业部公布了《农业转基因生物安全评价管理办法》《农业转基因生物进口安全管理办法》《农业转基因生物标识管理办法》3个配套文件，规定我国对转基因作物实行安全评价审批和标识申报制度。要求对大豆、玉米、油菜籽、棉花种子及番茄等17种农业原材料及其直接加工品作出标识。卫生部也发布了一个专门针对"转基因加工食品"的标识办法。2002年4月8日出台的《转基因食品卫生管理办法》规定从2002年7月1日起，对"转基因动植物、微生物或其直接加工品为原料生产的食品和食品添加剂”必须进行标识。这些法规的颁布实施，标志着我国对农业生物技术产品的安全管理纳入了法制化的轨道。

随着转基因生物技术的迅速发展，近年来多种林业转基因生物和林业生物工程产品不断涌现，越来越多的林业转基因研究和田间试验工作持续开展。同时，随着种质资源国际交流的日益频繁，尤其是我国加入 WTO 后，国外的林业转基因生物及其产品将进入我国。国际上的一些国家和地区已有较完善的关于林业转基因生物安全管理的法律法规或管理制度，可以依法保护本国的林业转基因生物资源，而我国在这方面还相对落后，使得我国在国际交流中处于不利的地位。因此，对我国林业转基因生物研究、试验、生产、经营和培育等的安全进行依法管理势在必行。2006 年 7 月 1 日国家林业局颁布并施行了《开展林木转基因工程活动审批管理办法》，将转基因林木中间试验、环境释放和生产性试验等纳入行政管理办法中并要求进行安全性评价研究。但转基因林木安全性评价体系和具体实施标准还没有建立，这应该成为未来一段时间工作的中心任务。

复习思考题

1. 基本概念

Ti 质粒　选择标记基因　报告基因　再生系统　转基因植物　转基因沉默　共抑制　基因漂流

2. Ti 质粒的结构及转化机理是什么？
3. 植物基因转化所需的再生系统一般应具备哪些条件？常用的再生系统有哪些？各有何特点？
4. 常用的植物遗传转化方法有哪些？各有何优缺点？
5. 转基因植株外源基因的表达检测主要在哪三个层次上进行？各采用什么方法进行检测？
6. 转基因沉默的原因及防止对策？
7. 转基因植物的生态安全性主要指哪些方面？

本章推荐阅读书目

基因工程原理与应用．陈宏．中国农业出版社，2004.
园艺植物生物技术．邓秀新，胡春根．高等教育出版社，2005.
园艺植物生物技术．林顺权，雷建军，何业华．高等教育出版社，2005.

第13章　生物质能技术

【本章提要】 生物质能的定义，发展生物质能的意义；沼气及其发酵的主要反应历程，沼气发酵的微生物类群，沼气发酵技术；生物质燃料乙醇的概念，乙醇发酵过程及发酵微生物，生物质燃料乙醇的生产工艺；新型生物质燃料二甲基呋喃；生物柴油的概念及其特点，生物柴油的原料，生物柴油的制备工艺。

生物质能是太阳能以化学能形式储存在生物中的一种能量形式，它以生物质为载体，直接或间接地来源于植物的光合作用。它是储存的太阳能，更是一种唯一的可再生的碳源，可转化成常规的固态、液态和气态燃料。据估计地球上每年植物光合作用固定的碳达 2×10^{11} t，含能量达 3×10^{21} J。森林是地球上最大的生态系统，其生物质蕴藏量最大。地球上每年通过光合作用储存在植物的枝、茎、叶中的太阳能，相当于全世界每年耗能量的10倍。

生物质能既不同于常规的矿物能源，又有别于其他新能源，兼有两者的优点和优势，是人类最主要的可再生能源之一。生物质能的载体是有机物，所以这种能源是以实物形式存在的，是唯一一种可储存和可运输的可再生能源。从化学角度讲，生物质的组成是碳氢化合物，它与常规的矿物燃料（石油、煤等）是同类。但与矿物燃料相比，它在利用过程中 SO_2、NO_x 的排放较少，有利于改善环境质量；而且石油资源是非再生资源，将日益枯竭。因此，开发生物质能源，变废为宝，对于满足国家能源需要，保护生态环境具有重要的战略意义。

13.1　沼气技术

沼气最初在沼泽地带被发现，故而得名。它是一种混合气体，其主要成分是甲烷（CH_4），占总体积的50%~70%，其次是二氧化碳（CO_2），占25%~45%。除此之外，还含有少量的氮气（N_2）、氢气（H_2）、氧气（O_2）、氨气（NH_3）、一氧化碳（CO）和硫化氢（H_2S）等气体。

沼气发酵过程由多个生理类群的微生物在无氧条件下共同参与完成，是微生物为适应缺氧环境，利用不同类群的不同分解作用，构成完整的生化反应系列，逐步将有机质降解，最终形成沼气。沼气发酵产生的3种物质（沼气、消化液、消化污泥）应用价值都很高。沼气中甲烷、氢气和一氧化碳是可以燃烧的气体，是一种清洁优质能源；消化液（沼液）含有可溶性氮磷钾速效肥，是优质肥料；消化污泥（沼渣）主要成分是菌体、难分解的有机残渣和无机物，是一种优良迟效有机肥，并有改良土壤的作用。因此，在农村开展沼气工程建设，有利于农民生活水平的提高、农业生产的发展、农村环境卫生的改善及和谐农村的建设。大中型沼气工程可以处理城市污水处理厂污泥、高浓度工业有机废水、人畜粪便污水及生活垃圾，有利于环境的改善。

13.1.1 沼气发酵的微生物类群

沼气发酵过程是多种细菌协同完成的微生物学过程。参与沼气发酵过程的各微生物类群主要包括不产甲烷菌（发酵性细菌、产氢产乙酸菌、耗氢产乙酸菌）和产甲烷菌两大类。

(1) 发酵性细菌

复杂有机物如纤维素、蛋白质、脂类等不能溶解于水，必须首先被发酵性细菌所分泌的胞外酶水解为可溶性糖类、肽、氨基酸和脂肪酸后，才能为微生物所利用。发酵性细菌将上述可溶性物质吸收进细胞内，经发酵分解，将它们转化为乙酸、丙酸、丁酸等和醇类及一定量 H_2、CO_2。参与这一水解发酵过程的微生物种类繁多，已研究过的就有几百种，包括梭状芽孢杆菌、拟杆菌、丁酸菌、嗜热双歧杆菌、产气梭状芽孢杆菌、产琥珀酸梭菌、北京丙酸杆菌和产氢螺旋体等。这些细菌多数为厌氧菌，也有兼性厌氧菌。

(2) 产氢产乙酸菌

发酵性细菌将复杂有机物分解发酵所产生的有机酸和醇类，除甲酸、乙酸和甲醇外均不能被产甲烷菌直接利用，必须由产乙酸菌将其他有机酸和醇类分解转化为乙酸、H_2 及 CO_2。经研究表明，上述反应过程在标准状况下不但不能产生能量，反而消耗能量，因而反应不能发生。由于技术上的困难，有关产氢产乙酸菌的报道不多，布赖恩特实验室报道了两个分别代谢丙酸盐和丁酸盐的共培养物。其中的产氢产乙酸菌分别为沃氏互营杆菌和沃氏互营单胞菌。我国也分离到了沃氏夫氏互营单胞菌，并对其与甲烷菌互营联合条件下降解丁酸盐的反应进行了研究。

(3) 耗氢产乙酸菌

耗氢产乙酸菌原称同型产乙酸菌，这是一类混合营养型细菌，它们既能代谢 H_2 和 CO_2 生成乙酸，也能代谢糖类产生乙酸。已分离到的耗氢产乙酸菌有伍德乙酸杆菌、威林格乙酸杆菌、嗜热自养梭菌等多种，这些菌在厌氧消化中的作用在于增加了形成甲烷的直接前体物质——乙酸，同时由于它们在代谢 H_2/CO_2 时要消耗氢，而在代谢有机物时不产氢，可使厌氧消化系统保持低的氢分压，有利于沼气发酵的正常进行。但它们在代谢有机物时，其生长速度比水解发酵菌要慢得多，在代谢 H_2/CO_2 时也不如产甲烷菌生长快，因此，它们在沼气发酵过程中的作用可能并不重要。

(4) 产甲烷菌

在沼气发酵过程中，甲烷的形成是由一群生理上高度专化的细菌——产甲烷菌所引起。产甲烷菌是厌氧消化过程中所形成的食物链中的最后一组成员，尽管它们具有各种各样的形态，但它们在食物链中的地位使它们具有共同的生理特性。它们在厌氧条件下，将前三群细菌和代谢的终产物，在没有外源受氢体的情况下，把乙酸和 H_2/CO_2 转化为气体产物（CH_4/CO_2），使厌氧消化系统中有机物的分解作用得以顺利进行。产甲烷菌广泛存在于水底沉淀物和动物消化道等极端厌氧的环境中。产甲烷菌对氧高度敏感，使其成为难于研究的细菌之一。例如，甲烷八叠球菌暴露于空气中时会很快死亡，其数量半衰期仅为4min。在厌氧污泥的微生态颗粒中，产甲烷菌在颗粒核心，很容易得到低氧化还原电位环境保护。

13.1.2 沼气发酵的主要反应历程

沼气发酵主要分为液化、产酸和产甲烷三个阶段进行。

(1) 液化阶段

农作物秸秆、人畜粪便、垃圾以及其他各种有机废弃物，都是以大分子状态存在的碳水化合物，如淀粉、纤维素及蛋白质等。它们不能被微生物直接吸收利用，必须通过微生物分泌的胞外酶（如纤维素酶、肽酶和脂肪酶等）作用，进行酶解，把以上物质分解成可溶于水的小分子化合物，即多糖分解成单糖或二糖；蛋白质分解成肽和氨基酸；脂肪分解成甘油和脂肪酸。这些小分子化合物才能进入到微生物细胞内，进行以后的一系列的生物化学反应，这个过程称为液化。

(2) 产酸阶段

在产酸微生物群的作用下将单糖类、肽、氨基酸、甘油、脂肪酸等物质转化成简单的有机酸（如甲酸、乙酸、丙酸、丁酸和乳酸）、醇（如甲醇、乙醇等）以及二氧化碳、氢气、氨气和硫化氢等。其中主要的产物是挥发性有机酸，以乙酸为主，约占80%，故称为产酸阶段。

(3) 产甲烷阶段

随后，这些有机酸、醇以及二氧化碳和氨气等物质又被产甲烷细菌利用。产甲烷细菌分解乙酸、醇等形成甲烷和二氧化碳，这种以甲烷和二氧化碳为主的混合气体即为沼气。

事实上，在发酵过程中，上述三个阶段的界线和参与作用的沼气微生物都不是截然分开的，尤其是液化和产酸两个阶段，许多参与液化的微生物也会参与产酸过程，所以，也有学者把沼气发酵基本过程分为产酸（含液化阶段）和产甲烷两个阶段。

13.1.3 影响沼气发酵的因素

(1) 严格的厌氧环境

沼气发酵微生物都是厌氧性细菌，尤其是产甲烷菌是严格厌氧菌，对氧特别敏感，不能在有氧的环境中生存，即使有微量的氧存在，生命活动也会受到抑制，甚至死亡。因此，保证沼气细菌在厌氧条件下生活，是达到正常产气的基本要求。沼气发酵的起动或新鲜原料入池时，带进一部分氧，造成了沼气池内较高的氧化还原势。但由于在密闭的沼气池内，好氧菌和兼性厌氧菌（此类菌在有氧气或无氧气环境里都能生存与活动）的活动，迅速消耗了溶解氧，使沼气池的氧化还原势逐渐降低，从而创造了良好的氧化还原势条件。

（2）发酵温度

沼气发酵微生物是在一定的温度范围进行代谢活动的，可以在8～65℃产生沼气，温度高低不同产气速度不同。在8～65℃范围内，温度越高，产气速度越快，但不是线性关系。40～50℃是沼气微生物高温菌和中温菌活动的过渡区间，它们在这个温度范围内都不太适应，因而此时产气速度会下降。当温度增高到53～55℃时，沼气微生物中的高温菌活跃，产沼气的速度最快。

（3）料液浓度

料液中干物质含量的百分比为料液浓度。反应器内发酵料液浓度随季节的变化而要求不同。一般在夏季，发酵料液浓度可以低些，要求浓度在6%左右；冬季浓度应高一些，为8%左右。发酵料液的浓度太低时，即含水量太多，有机物含量相对减少，会降低沼气池单位容积中的沼气产量，不利于沼气池的充分利用；浓度太高时，即含水量太少，不利于沼气细菌的活动，发酵料液不易分解，使沼气发酵受到阻碍，产气慢而少。

（4）料液pH值

沼气微生物最适宜的pH值范围是6.8～7.5。这里的pH值是指消化器内料液的pH，而不是发酵原料的pH值。一般来说，当pH<6或pH>8时，沼气发酵就要受到抑制，甚至停止产气。

（5）碳、氮、磷比例

发酵料液中的碳、氮、磷元素含量的比例，对沼气生产有重要的影响。碳、氮、磷比例以10:4:0.8为宜。对于以生产农副产品的污水为原料的，一般氮、磷含量均能超过规定比例下限，不需要另外投加。但对一些工业污水，如果氮、磷含量不足，应补充到适宜值。

（6）添加剂和抑制剂

沼气发酵的正常进行与刺激物和抑制物有着密切的关系。很多物质可以加速发酵过程，而另一些物质却抑制发酵的进行；还有些物质在低浓度时有刺激发酵作用，而在高浓度时产生抑制作用。为了提高产气量，保证沼气发酵的正常进行，寻找各种发酵刺激物和控制发酵抑制物是很必要的。

（7）搅拌

搅拌的目的是使发酵原料分布均匀，增加沼气微生物与原料的接触面，加快发酵速度，提高产气量。同时也可防止大量原料浮渣结壳，致使原料利用率降低，使产生的沼气释放困难。无论采用哪种搅拌方法，都必须控制沼气池内的物质移动速度不要超过0.5m/s，因为这个速度是沼气微生物生命的临界速度。

（8）接种物

在发酵初期加入厌氧菌作为接种物（亦称为菌种），其菌种多少，直接影响产气的快慢。条件具备时，采用生态环境一致的厌氧污泥作为接种物；不具备这样条件时，需要进行菌种富集和培养。

菌种富集和培养，是选择活性较强的污泥，或是污水沟底正在发泡的污泥，或是从沼气池（罐）底部取出的污泥，或是污水处理厂排出的污泥，或是人畜粪便等添加适量（菌种量的5%~10%）有机废水或作物秸秆，装入要密封的容器内，在适宜的温度（常温15~25℃，中温35℃，高温54℃）条件下，厌氧培养7~8d，控制其pH6.8~7.5，再加入适量的有机废水，重复操作，逐渐扩大。

13.1.4 沼气发酵的特点

(1) 沼气微生物自身耗能少

沼气发酵过程中，沼气微生物获得自身生长繁殖需要的能量少。在有机质（基质）相同的条件下，厌氧消化所释放的能量仅为耗氧消化所释放能量的1/30~1/20。由于获得能量少，所以沼气微生物自身生长繁殖较慢，生成的污泥量也较少，因而减少了基质的分解速度，基质的滞留时间也就较长，所以需要较大的发酵容器。

(2) 沼气发酵能够处理高浓度的有机废弃物

好氧条件下，一般只能处理COD（即化学需氧量，是指水样中能被化学氧化剂氧化的物质，单位mg/L）含量在1 000mg/L以下的有机废水，而沼气发酵处理的废水COD含量可以高达10 000mg/L以上。

(3) 能处理的废物的种类很多

除了人、畜粪便，各种农作物的有机废物外，各厂废物，如豆制品厂废水、合成脂肪酸废水等都可用来进行沼气发酵。但沼气发酵只能去除90%以下的有机物，要达到国家排放标准，沼气发酵处理后的废液仍需要进行好氧处理。

(4) 沼气发酵受温度影响很大

沼气发酵受温度影响大。温度高，则处理能力强，即沼气产率高。高温处理能力强，中温次之，但这两类发酵都需要输入一定热量来维持其所需要的恒温发酵温度。实际上，对不同发酵温度，有其相适应的菌群。

13.1.5 沼气工程

13.1.5.1 沼气工程的分类

我国按厌氧装置的总池体积和单池体积的大小将沼气工程分为大型、中型和小型沼气工程。规模小于中型的沼气工程为小型沼气工程和农村沼气工程。大中型沼气工程，是指沼气发酵装置或日产气量应该具有一定规模，即单体发酵容积大于50m^3，或多个单体发酵容积各大于50m^3，或日产气量大于50m^{3}的，其中某一项达到规定指标的，为中型沼气工程。如果单体发酵容积之和大于1 000m^3，或日产气量大于1 000m^{3}的，其中某一项达到规定指标，即为大型沼气工程。

13.1.5.2 沼气发酵的原料

（1）农村沼气发酵原料

①富氮原料：在农村，这类原料主要是指人、畜、禽粪便，这类原料颗粒较细，氮素含量较高，其碳氮比一般都小于25∶1，因此不必进行预处理，分解和产气速度较快。

②富碳原料：这类原料主要是各种农作物秸秆，其碳素含量较高，其碳氮比一般在30∶1以上。农作物秸秆一般是由木质素、纤维素、半纤维素、果胶和蜡质等化合物组成，分解和产气速率较慢。因此，使用这种原料，在入沼气池前，要进行预处理，以提高产气速率。

③其他原料：上述两类原料外，农村的一些水生植物如水葫芦、水花生、水草等，由于其繁殖速度快，产量高，组织鲜嫩，能被沼气菌群分解利用，所以，也是沼气发酵的一种好原料。

工业有机废物废水，也含有机物，是沼气发酵的好原料，但由于其来源不同，化学成分、发酵产气潜力等差异较大，因而其发酵工艺也不尽相同。

（2）大中型沼气工程原料

大中型沼气工程可以处理城市污水处理厂污泥、高浓度工业有机废水、人畜粪便污水及生活垃圾，这类原料都富含有机物，但由于来源不同，其化学成分和生产沼气的潜力差异很大。

13.1.5.3 小型沼气池的结构及产供气原理

（1）沼气池结构

沼气池类型较多，可以按储气方式分为水压式沼气池，气罩式沼气池，气袋式沼气池；按池的几何形状可分为圆柱形池、球形池、椭球形池和长方形池等；或按建池材料分为砖结构池、混凝土结构池、钢结构池和塑料结构池等。这里仅介绍在国内得到了广泛应用的水压式沼气池的结构及产供气原理。

水压式沼气池发酵在国内得到了广泛应用，发酵间、水压间和进料管三部分组成。发酵间中的虚线表示下部固、液混合料液的液面，液面上的空间为储气室。在沼气池正常产气与向外供气过程中，这个液面的上下位置经常是变动的，即储气室的容积与料液所占的容积是相对变化的，但二者之和永远是发酵间的容积。当储气室中气体压力增大时，下面的一部分料液被挤入水压间（和进料管），液面下降；储气室中气体压力减小时，水压间（和进料管）里的一部分料液又返回到发酵间内，液面上升。发酵间、水压间和进料管，三者相当于一个"液体连通器"。

（2）水压式沼气池供气原理

沼气发酵产出的沼气，由导气管输送给燃用器具，沼气只有具备一定压力时，才能保证燃具的正常燃烧。水压式沼气池储气室的气压是靠水压间与发酵间的液面高度差来实现的，故称为"水压式"沼气池。两个液面的高度差值，即为储气室内以水柱高度表示的压力值。其供气原理如图13-1所示。

产气前见图13-1a，发酵原料未产气时，储气室内的气体没有压力，此时的

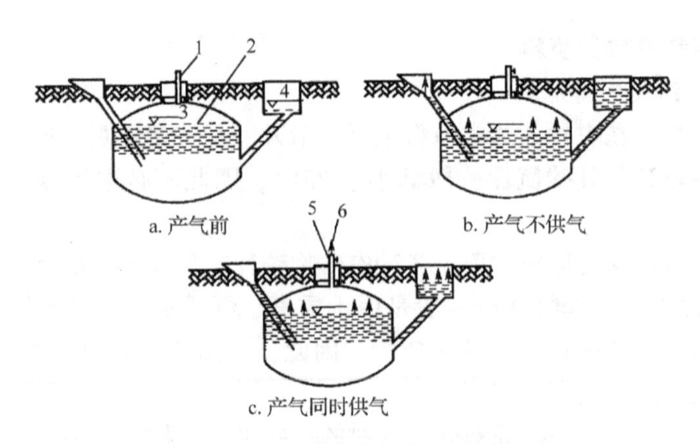

图 13-1 水压式沼气池供气原理示意

1. 开关 2. 储气室 3. 发酵液面 4. 水压间液面 5. 导气管 6. 沼气

发酵间液面、水压间液面和进料管液面处于同一水平面位置。产气不供气见图 13-1b，料液发酵产气，储存在储气室内，随气量的增多，压力升高，气体挤压发酵间的液面，迫使水压间（和进料管）液面上升，发酵间液面下降，气体的压力大小决定了液面的高差值。产气同时供气见图 13-1c，用气时打开阀门，随着储气室气体的减少，压力降低，水压间（和进料管）的液面下降，发酵间的液面上升。当气量与供给燃具的用气量相等时，发酵间液面与水压间（和进料管）液面，维持在一个相对稳定的高度差上。当发酵液料不产气时，水压间（和进料管）的液面回落，同时发酵间的液面上升，直到三个液面达到同一个高度的水平面为止。

13.2 生物质燃料乙醇技术

乙醇分子式为 C_2H_5OH 或 CH_3CH_2OH，是无色、透明、易流动的液体，在作为动力燃料使用时称为燃料乙醇。每千克乙醇完全燃烧时约能放出 30 000kJ 的热量，所以乙醇是一种优质的液体燃料。乙醇燃料具有很多优点，可以通过生物质转化的方法制备。它是一种不含硫及灰分的清洁能源，可以直接代替汽油、柴油等石油燃料，作为民用燃烧或内燃机燃料。事实上，纯乙醇或与汽油混合燃料可作车用燃料，最易工业化，并与现今工业应用及交通设施接轨，是最具发展潜力的石油替代燃料。

13.2.1 乙醇发酵过程及发酵微生物

由淀粉和纤维素类原料生产乙醇的生化反应可概括为三个阶段：大分子物质（包括淀粉和纤维素和半纤维素）水解为葡萄糖、木糖等单糖分子；单糖分子经糖酵解形成 2 分子丙酮酸；在无氧条件下丙酮酸被还原为两分子乙醇，并释放出 CO_2。由糖类原料则不经第一阶段，大多数乙醇发酵菌都有直接分解蔗糖等双糖为单糖的能力，而直接进入糖酵解和乙醇还原过程。

乙醇生产工艺过程中所采用的微生物菌种是纯培养菌种，也就是说水解和发酵阶段所使用的微生物都是属于单一菌种，即便有混合发酵工艺在应用，也只是两个纯培养的混合发酵，一般不会涉及第三种微生物。乙醇工业常用的微生物主要有两种：一种是生产水解酶（淀粉酶或纤维素酶）的微生物，一般是霉菌；另一种是乙醇发酵菌，一般是酵母菌或细菌。

13.2.1.1 水解酶生产菌

一般来说，乙醇发酵工业上使用的酵母菌或细菌都不能直接利用淀粉或纤维素生产乙醇，需要水解为单糖或二糖。淀粉或纤维素均可以通过化学或生物化学的方法来水解：化学法主要为酸法；生物化学法则采用酶法，淀粉酶和纤维素酶。在以淀粉为原料的情况下，化学法对生产设备耐酸性要求高，制造成本高，且糖得率较酶法低10%左右，在乙醇生产中很少使用，而主要采用酶法；在以纤维素为原料的情况下，由于纤维素原料结构组成的复杂性和特殊性，采用酶水解困难，水解时间长，糖得率较低，在工业上比较难以实现，目前国际上达到示范规模的系统大多采用酸法。但是，纤维素原料的酶水解技术仍是热门课题。

（1）*淀粉酶*

生产以淀粉为原料的乙醇采用的糖化剂主要是淀粉酶，是由微生物发酵而生产，俗称为曲。用固体表面培养的曲，称为麸曲；采用液体深层通风培养的，称为液体曲。麦芽淀粉酶主要用于啤酒酿造行业。生产淀粉酶微生物称为糖化菌，一般采用曲霉菌。曲霉的种类很多，主要有曲霉属的米曲霉、黄曲霉、乌沙米曲霉、甘薯曲霉、黑曲霉等，其中黑曲霉及乌沙米曲霉用得最广。曲霉是好氧菌，生长时需要有足够的空气。固体曲通风是供给曲霉呼吸用氧，驱除呼吸发生的CO_2和热，以保持一定的温度和湿度。通常在配料中加入麸皮10%~15%的稻皮。液体曲通风则是补充培养液中溶解氧，供给曲霉呼吸用。pH值可改变原生质膜和营养物质的渗透性，从而影响微生物的生命活动。曲霉最适pH值随菌种的不同而异，一般pH值在4.5~5.4为宜。曲霉形成淀粉酶所需要的温度较其生长菌丝温度稍低。曲霉生长适宜温度为37℃左右，前期20h，液温控制在30~31℃，后期保持33~34℃，糖化力最高。掌握正确的制曲时间，是提高曲质量的重要措施。固体制曲一般培养到24~28h，酶的产量达到最高峰。液体曲培养以菌丝大量繁殖，糖化力不再增加，培养液中还原糖所剩无几为止，一般约为45~56h。

（2）*纤维素酶*

大部分细菌不能分解晶体结构的纤维素，但有些霉菌（如木霉），能分泌水解纤维素所需的全部酶。研究和应用最多的是里氏绿色木霉，通过传统的突变和菌株选择，已从早期的野生菌株进化出很多如QM 9414、L-27、Rut C30这样的优良变种。也有对根霉、青霉等霉菌生产纤维素酶研究的报道。各种微生物所分泌的纤维素酶不完全相同。如不少里氏木霉菌株可产生有高活性的内切葡萄糖酶和外切葡萄糖酶，但它们所产生的β-葡萄糖苷酶的活性较差。而青霉属的霉菌虽水解纤维素的能力差，但分解纤维二糖的能力却很强。在生产纤维素酶时就可把这两类菌株放在一起培养。纤维素酶的生产分为固态发酵和液态发酵两种方法。

①固态发酵：所谓固态发酵是指微生物在没有游离水的固体基质上生长，这种过程类似麸曲生产。它的优点是能耗低，对原料要求低，产品中酶浓度高，可直接用于水解。缺点是所需人工多，不易进行污染控制，各批产品性质重复性差。

②液态发酵：是大规模生产纤维素酶的主要工艺。液态发酵的优点为所需人工少，易进行污染控制，各批产品性质重现性好。缺点为能耗大，原料要求高，产品中酶浓度低。

纤维素酶生产是高度需氧的过程，溶氧浓度通常保持在空气饱和溶解度的20%以上。

13.2.1.2 乙醇发酵菌

能进行乙醇发酵的微生物种类很多，包括酵母菌、霉菌和细菌，其中最常用的乙醇发酵微生物菌种是酵母菌。酵母菌是一类单细胞微生物，繁殖方式以出芽繁殖为主。细胞形态以圆形、卵圆形或椭圆形较多。在自然界中，酵母菌种类很多。有些酵母能把糖分发酵生成乙醇，有些则不能；有的酵母菌生成乙醇的能力很强，有的则弱；有的在不良环境中仍能旺盛发酵，有的则差。因此，乙醇发酵的一个重要问题就是选育具有优良性能的酵母。酵母菌不能直接利用多糖（如淀粉、纤维素等），而其利用单糖和双糖的能力因菌种和菌株而异，但一般都能利用葡萄糖、蔗糖和麦芽糖等。

酵母菌的氮素营养条件很宽，能利用铵盐、尿素、蛋白胨、二肽和各种氨基酸。铵盐是酵母菌最合适的无机氮源，但大多数酵母不能利用硝酸盐。酵母菌生长的适宜温度在28～34℃之间，35℃以上酵母菌的活力减退（高温酵母适宜温度可达40℃），在50～60℃时，经过5min即死亡。5～10℃时酵母菌可缓慢生长。酵母菌适应于微酸性的环境，最适pH5.0～5.5，pH<3.5生长受到抑制。酵母菌是兼性厌氧性微生物，体内有两种呼吸酶系统：一种是好氧性的；另一种是厌氧性的。在畅通空气条件下，酵母菌进行好氧性呼吸，繁殖旺盛，但产生乙醇少；在隔绝空气条件下，进行厌氧性呼吸，繁殖较弱，但产生乙醇较多。因此，在乙醇发酵初期应适当通气，使酵母细胞大量繁殖，累积大量的活跃细胞，然后再停止通气，使大量活跃细胞进行旺盛的发酵作用，多生成乙醇。

13.2.2 不同原料的乙醇生产工艺

(1) 淀粉质原料的乙醇生产

淀粉质原料是我国乙醇生产的最主要的原料，主要有甘薯（又名地瓜、红薯、山芋）、木薯、玉米、马铃薯（又名土豆）、大麦、大米、高粱等。用淀粉质原料生产乙醇的基本工艺环节有原料粉碎、蒸煮糊化、糖化、乙醇发酵、乙醇蒸馏等，同时还有为糖化工艺作准备的培养糖化剂（曲）和为发酵工艺作准备的培养酵母等配合工艺环节。

谷物或薯类原料的淀粉，经过机械加工，将植物组织破坏，使其中的淀粉释出。粉碎后的原料增加了浸水受热面积，有利于淀粉颗粒的吸水膨胀、糊化，提高热处理效率，缩短热处理的时间。

将淀粉原料在吸水后进行高温高压的蒸煮，使植物组织和细胞彻底破裂，原料内含的淀粉颗粒因吸水膨胀而破坏，使淀粉由颗粒变成溶解状态的糊液，易于受淀粉酶的作用，把淀粉水解成可发酵性糖。另外，通过高温高压蒸煮，还将原料表面附着的大量微生物杀死，具有灭菌作用。现在，大多数用淀粉原料生产乙醇的工厂采用连续蒸煮工艺，但尚有一部分小型乙醇厂和白酒厂采用间歇蒸煮法。

加压蒸煮后的淀粉糊化成为溶解状态（蒸煮醪），尚不能直接被酵母菌利用发酵生成乙醇，而必须进行糖化，即将蒸煮醪中的淀粉转化成可发酵性糖。糖化过程所用的催化剂称为糖化剂。我国多采用曲霉作糖化剂，欧洲各国则仍采用麦芽为糖化剂。曲分为麸曲和液体曲：用固体表面培养的曲称为麸曲；用液体深层通风培养的为液体曲。此外，已发展采用酶制剂作糖化剂。

乙醇发酵是酵母分解糖化醪中己糖产生乙醇的过程。在乙醇发酵过程中，其主要产物是乙醇和二氧化碳，但同时也伴随着产生 40 多种发酵副产物。按其化学性质分，主要是醇、醛、酸、酯 4 大类化学物质。按来源分，有些是由于酵母菌的生命活动引起的，如甘油、杂醇油、琥珀酸的生成；有些则是因为细菌污染所致，如醋酸、乳酸、丁酸的生成。对发酵产生的副产物应加强控制，并在蒸馏过程中提取，以保证乙醇的质量。

在乙醇发酵过程中，要满足乙醇酵母生长和代谢所必备的条件，要有一定的生化反应时间。在生化反应过程将释放出一定量的生物热，若该热量不及时排出，必将直接影响酵母的生长和代谢产物的转化率。一般发酵罐采用密闭式较为普遍。整个发酵过程时间的长短与糖化剂种类、酵母菌性能、接种量、发酵温度等因素有关。发酵总时间一般多控制在 60~72h。

根据醪液注入发酵罐和操作方式的不同，乙醇发酵可分为间歇式、半连续式和连续式三种发酵类型。糖化醪在乙醇发酵罐内进行发酵（发酵醪），经过近 70h 后，变成了成熟醪。其主要成分是乙醇和水，其他还有 40 多种杂质，但其含量极少，所以一般乙醇蒸馏都是将成熟醪作为乙醇和水二元混合物来处理的。蒸馏产生乙醇的主要根据是乙醇和水的沸点不同。乙醇的沸点为 78.3℃，水的沸点是 100℃。当把成熟醪（或粗酒）加热时，其中乙醇成分因沸点低而挥发快，水分因沸点高而挥发慢。于是在加热后的蒸汽中，其乙醇含量较液体内为高。若将此蒸汽冷凝下来再加热蒸发，并连续进行多次，即可得到较高浓度的乙醇。

（2）*糖类原料的乙醇生产*

主要是甘蔗、甜菜，还有糖蜜。糖蜜是制糖工业的副产品，甜菜糖蜜的产量是加工甜菜量的 3.5%~5%，甘蔗糖蜜的产量是加工甘蔗量的 3% 左右。甘蔗、甜菜和甜高粱等所含的糖分主要是蔗糖，是一种由葡萄糖和果糖通过糖苷键结合的双糖，在酸性条件下可水解为葡萄糖和果糖。酵母菌可水解蔗糖为葡萄糖和果糖，并在无氧条件下发酵葡萄糖和果糖生产乙醇。

如前所述，用淀粉类原料生产乙醇，必须经过粉碎、拌浆、蒸煮、糖化等过程的处理，才能被酵母菌发酵利用，生产出乙醇。而利用糖类原料生产乙醇时，就不需要以上工序。

糖蜜在发酵前要经过加水稀释、加酸酸化、灭菌等处理，稀释至酵母能利用的糖度，进入发酵罐中进行发酵。

甜高粱又称糖高粱，其籽粒既可食用又可作饲料，也是酿酒和制取乙醇的优质原料。甜高粱的茎秆富含糖分，主要是蔗糖、葡萄糖和果糖。不同品种的甜高粱所含糖型比例不同。用甜高粱茎秆制取乙醇，包括机械压榨、酸化消毒、冷却、发酵、蒸馏等几道主要工序。

(3) 纤维素原料的乙醇生产

纤维素原料（包括半纤维素）是地球上最有潜力的乙醇生产原料，主要有农作物秸秆、森林采伐和木材加工剩余物、柴草、造纸厂和造糖厂含有纤维素的下脚料、城市生活垃圾的一部分等。

曾经取得中试和生产试验成果的是浓盐酸和浓硫酸水解法，目前比较成熟的、已经工业化的是稀硫酸渗滤水解法，正在大力研究并有开发潜力的是酶水解法生产工艺。

纤维素酶并不是单一的酶蛋白，而是一个由多种功能酶组成的酶系，主要成分为：内切葡萄糖酶、外切葡萄糖苷酶和β-葡萄糖苷酶。内切葡萄糖酶的作用是随机地切割β-1，4-葡萄糖苷键，使纤维素长链断裂，断开的分子链仍然有一个还原端和一个非还原端；外切葡萄糖酶包含两个组分酶，其作用是分别从纤维素长链的还原端切割下葡萄糖和纤维二糖（两个葡萄糖的聚合物）；β-葡萄糖苷酶的作用是把纤维二糖和短链低聚糖分解成葡萄糖。这是纤维素酶水解乙醇生产的主要环节。

酶水解优点：①反应温度低，一般在常温下进行；②微生物的培养与维持仅需较少的原料，过程能耗低；③酶有很高的选择性，可生成单一产物，故糖产率很高（>95%）；④酶水解中基本上不加化学药品，且仅生成很少的副产物，提纯过程相对简单，也避免了污染。因此，酶水解法越来越受到世界各国的重视。

由于纤维素酶大分子难以进入纤维素内部，致使酶水解反应速度慢，得糖率不高。目前，制造活性强的酸，费用较高，而且酶的回收再利用难度较大，致使酶水解法的推广应用受到了一定限制。要使纤维素酶水解法制取乙醇成为商业性利用，关键是改进、提高纤维素酶的生产工艺，能广泛地获得廉价而高活性的纤维素酶。在选择菌种时，绝大部分研究人员都着眼于木霉的纤维素酶系统上，可用的菌种有 Natick QM9914、Natick 3G78、Natick PP174、NGl4、Rutc-30 等。

13.3 新型生物燃料二甲基呋喃

乙醇是目前唯一的一种大量用于汽车的生物燃料，但它还不是人们最终想要的理想燃料。在玉米、蔗糖及其他植物中均含有大量潜在能量，但它们是以长链的碳水化合物形式存在，必须被降解成小分子后才能加以利用。目前通常采用酶来降解淀粉和纤维素，使其转化成糖，然后利用常见的发面酵母使其发酵，最终产生乙醇和二氧化碳，这个过程通常要花几天的时间。乙醇中氧的含量相对较高，使其能量密度下降；同时乙醇易吸收空气中的潮气而使其含水量增加，因此需要蒸馏才能将其和水分开，这无疑要消耗部分能源。而且，不管是用棕榈油等制造的柴油，还是利用玉米制造的乙醇，都极大地鼓励农民改种燃料产品，但也相应地抬升了粮食的价格。

美国威斯康星大学的科学家利用常规的生物方法和新的化学方法相结合，将植物中的果糖高效快速地转化成一种新型的液体生物燃料——二甲基呋喃（DMF），为生物燃料研究开辟了新的天地。他们首先利用一种源自微生物的酶使生物原料降解，变成果糖；然后利用一种酸性催化剂将果糖转化成中间体 - -羟甲基糠醛（HMF），HMF 要比果糖少 3 个氧原子；最后利用一种铜 - 钌催化剂将 HMF 转化成二甲基呋喃（DMF），DMF 比 HMF 又少了 2 个氧原子。和乙醇相比，DMF 有一系列优点：和同样体积的乙醇相比，DMF 燃烧后产生的能量要高 40%，同目前使用的汽油相当；DMF 不溶于水，因此不用担心吸潮问题；DMF 的沸点要比乙醇高近 20℃，这意味着其在常温下是更稳定的液体，在汽车引擎中则被加热挥发成气体。而且，在 DMF 生产蒸发阶段消耗的能量仅为乙醇制取蒸发过程的 1/3。这些都是汽车燃料所要具备的特点。还有一点值得一提，DMF 的部分制造过程和现在石油化工中使用的方法相似，因此容易推广生产。在经过安全和环境试验后，DMF 可以和汽油混合，作为交通运输工具的燃料使用。因而，人们可以直接从水果、农作物、林木中直接或间接获得大量果糖，或者用葡萄糖制造果糖，并最终转化成 DMF。目前还需要进行更多研究，以查明 DMF 这种新燃料对环境的影响，并最终投入生产和使用。

13.4 生物柴油

13.4.1 生物柴油及其特点

生物柴油（Biodiesel）是油脂与甲醇（或乙醇）通过酯交换反应制得的一种脂肪酸酯类化合物的混合物。它是一种优质清洁柴油，可从各种含油脂的生物质提炼，因此可以说生物柴油是取之不尽，用之不竭的能源，在资源日益枯竭的今天，有望成为石化柴油的替代燃料。

柴油分子是由 15 个左右的碳链组成的，植物油分子则一般由 14～18 个碳链组成，与柴油分子中碳数相近。按化学成分分析，生物柴油燃料是一种高脂酸甲酯（或乙酯），它是通过以不饱和油酸 C_{18} 为主要成分的甘油酯分解而获得的。与常规柴油相比，生物柴油下述具有无法比拟的性能。

①具有优良的环保特性：主要表现在由于生物柴油中硫含量低，使得二氧化硫和硫化物的排放低，可减少约 30%（有催化剂时为 70%）；生物柴油中不含对环境会造成污染的芳香族烷烃，因而废气对人体损害低于柴油。检测表明，与普通柴油相比，使用生物柴油可降低 90% 的空气毒性，降低 94% 的患癌率；由于生物柴油含氧量高，使其燃烧时排烟少，一氧化碳的排放与柴油相比减少约

10%（有催化剂时为95%）；生物柴油的生物降解性高。

②具有较好的低温发动机启动性能：无添加剂冷凝点达-10℃。

③具有较好的润滑性能：使喷油泵、发动机缸体和连杆的磨损率低，使用寿命长。

④具有较好的安全性能：由于闪点高，生物柴油不属于危险品。因此，在运输、储存、使用方面的优势显而易见。

⑤具有良好的燃料性能：十六烷值高，使其燃烧性好于柴油，燃烧残留物呈微酸性使催化剂和发动机机油的使用寿命延长。

⑥具有可再生性能：作为可再生能源，与石油储量不同，其通过农业和生物科学家的努力，可供应量不会枯竭。

生物柴油的优良性能使得采用生物柴油的发动机废气排放指标不仅满足目前的欧洲Ⅱ号标准，甚至满足更加严格的欧洲Ⅲ号排放标准。而且由于生物柴油燃烧时排放的二氧化碳远低于该植物生长过程中所吸收的二氧化碳，从而改善由于二氧化碳的排放而导致的全球变暖这一有害于人类的重大环境问题，因而生物柴油是一种真正的绿色柴油。

13.4.2 生物柴油的原料

目前已经工业化的制备生产生物柴油生产工艺是碱（KOH或NaOH）催化酯交换工艺。该法生产生物柴油的成本构成中，原料油成本约占75%，餐脚油、油脂企业的下脚油、地沟油等虽可以作为原料油，但显然不可能成为大规模的来源。这部分原料的成本不低，但收率不高，而且其成分也过于复杂，使之合成生物柴油的成本偏高，质量不稳定。用食用的豆油、菜籽油为原料，成本将高得无人敢用。

原料油脂大规模的可靠来源，目前可寄希望于大规模种植木本油料作物，但由于前几年大规模的退耕还林，大量荒山已经种上了非油料作物，可用于油料作物的面积已经相当有限，或荒山条件更差而使栽培、管理成本增加，同时受气候、土壤、自然灾害的影响很大，荒山的采收、储存成本较高，灾害不好处理等。

为了向生物柴油生产提供充足的生产原料，近年来随着各种现代生物技术的发展，利用基因组学、蛋白质组学的方法，从整体的水平而非单个蛋白质或单个基因的角度来研究物质合成、代谢以及调控的过程和规律。由此，可以开发出性状优良的各种油料能源植物，重点是开发不占耕地的野生原料植物，为大规模生产液体燃料提供持续的原料来源。目前研究较多的木本油料作物有麻疯树、光皮树、黄连木、文冠果和绿玉树等。

13.4.3 生物柴油的制备方法

作为石化柴油的替代品，最初采用将植物油与矿物柴油按一定的比例混合后直接作为发动机燃料使用。目前，生物柴油的生产方法主要有高温裂解法、酯交换法、“工程微藻”法。

(1) 直接混合法

直接混合法是将植物油与矿物柴油按一定的比例混合后增加作为发动机燃料使用。20 世纪 80 年代初，Caterpillar Brazil 在柴油中掺入了 20% 的植物油作为燃烧室发动机燃料获得成功。目前各国通常采用 5%~20% 的混合比，其性能比与石油柴油的性能接近。但直接混合法生产的柴油存在黏度高、易变质、不完全燃烧等缺点。

(2) 高温热裂解法

高温热裂解法是在常压、快速加热、超短反应时间的条件下，是生物质中的有机高聚物迅速断裂为短链分子，并使结炭和产气降到最低限度，从而最大限度地获得燃油。虽然利用该法所得的生物柴油与普通柴油接近，但高温热裂解法反应产物难以控制，其得到的主要产品是生物汽油，生物柴油只是其副产品，同时热解设备价格昂贵。

(3) 酯交换法

依据酯交换反应过程中使用的催化剂的不同，可分为化学酯交换、固定化酶酯交换、超临界酯交换等几种。

化学酯交换法是目前生物柴油的主要生产方法，即用动物和植物油脂和甲醇或乙醇等低碳醇在酸性或者碱性催化剂和控制温度（45~60℃）条件下进行转酯化反应生成相应的脂肪酸甲酯或乙酯，再经洗涤干燥即得生物柴油。甲醇或乙醇在生产过程中可循环使用，生产设备与一般制油设备相同，生产过程中可产生 10% 左右的副产品甘油。化学法合成生物柴油还有以下缺点：工艺复杂、醇必须过量，后续工艺必须有相应的醇回收装置，能耗高；由于脂肪中不饱和脂肪酸在高温下容易变质，色泽深；酯化产物难于回收，成本高；生产过程有废碱液排放。

为解决化学酯交换法中存在的环境污染问题，人们开始研究用生物酶法合成生物柴油，即用动植物油脂和低碳醇通过脂肪酶进行转酯化反应，制备相应的脂肪酸甲酯及乙酯。酶法合成生物柴油具有条件温和，醇用量小、无污染排放的优点。但由此带来的主要问题有：脂肪酶对长链脂肪醇的酯化或转酯化有效，而对短链脂肪醇如甲醇或乙醇等转化率低，一般仅为 40%~60%；短链醇对酶有一定毒性，酶的使用寿命短；副产物甘油和水难于回收，也造成对产物形成抑制和对固定化酶有毒性，导致固定化酶使用寿命短。目前，生物酶技术生产生物柴油尚未工业化。

有学者采用超临界甲醇的方法使油菜油在 4min 内转化成生物柴油，转化率大于 95%。该反应在一预加热的间歇式反应器中进行，经过超临界处理的甲醇能在无催化剂存在的条件下与油菜油发生酯交换反应，其产率高于普通的催化过程，同时还可避免使用催化剂所必需的分离过程，使酯交换过程更加简单、安全和高效。但反应中甲醇需进行超临界处理，反应所需温度较高，且醇必须过量。

采用酶催化可以解决目前化学方法生产生物柴油所用的催化剂存在的分离困难、所需能量大等问题。为此，人们开始关注酶法合成生物柴油技术，即用脂肪酶催化动植物油脂与低碳醇间的转酯化反应，生成相应的脂肪酸酯。此法具有提取简单、反应条件温和、醇用量小、甘油易回收和无废物产生等优点，且此过程还能进一步合成其他一些高价值的产品。采用固定化脂肪酶，酶可多次循环使用，则可降低成本。目前，国外研究人员主要采用固定化酶催化转酯反应。

酶法生产生物柴油进入商业化的最大障碍是脂肪酶的成本太高，一个很有前景的解决方法是以全细胞生物催化剂的形式来利用脂肪酶。在全细胞生物催化剂的发展中，酵母细胞是一种有用的工具。在生物柴油的工业化生产中，使用全细胞生物催化剂更有前途，而且通过基因工程技术还能进一步提高脂肪酶的使用效率，例如，提高脂肪酶的表达水平和/或对甲醇的耐受性等。因此，全细胞生物催化剂在工业生产中的应用潜力巨大，为进一步提高全细胞生物催化剂的催化效率应加强该细胞的培养、预处理和应用基因过程的研究，力争早日将其用于工业化应用。

复习思考题

1. 基本概念

生物质能 生物柴油、沼气工程、燃料乙醇

2. 针对我国燃料乙醇原料特点，试简述燃料乙醇生产工艺技术。

3. 根据我国南北气候特点和农村能源供应现状，简述农村小型沼气池的结构及产供气原理。

4. 简述生物柴油的制备方法，并提出我国柴油发展设想。

本章推荐阅读书目

生物质能利用技术原理与技术．袁振宏，吴创之，马隆龙，等．化学工业出版社，2005.
绿色化学与化工．闵恩泽，吴巍．化学工业出版社，2000.
生物柴油——绿色能源．李昌珠，蒋丽娟，程树棋．化学工业出版社，2004.
生物质能现代利用技术．吴创之，马隆龙．化学工业出版社，2003.

参考文献

宋思杨，楼士林，2003. 生物技术概论［M］. 北京：科学出版社.
Colin Ratledge，BjΦm Kristiansen，2002. 生物技术导论（影印版）［M］. 北京：科学出版社.
林顺权，2005. 园艺植物生物技术［M］. 北京：高等教育出版社. .
张现龙，唐克轩，2004. 植物生物技术［M］. 北京：高等教育出版社.
岑沛霖，2003. 生物工程导论［M］. 北京：化学工业出版社.
吴乃虎，1998. 基因工程原理上册［M］. 2 版. 北京：科学出版社.
王关林，方宏筠，2002. 植物基因工程［M］. 2 版. 北京：科学出版社.
刘贤锡，2002. 蛋白质工程原理与技术［M］. 济南：山东大学出版社.
刘仲敏，等，2004. 现代应用生物技术［M］. 北京：化学工业出版社.
王大成，2002 . 蛋白质工程［M］. 北京：化学工业出版社.
安立国，2004. 细胞工程［M］. 北京：科学出版社.
李志勇，2003. 细胞工程［M］. 北京：科学出版社.
谢从华，柳俊，2004. 植物细胞工程［M］. 北京：高等教育出版社.
曹军卫，马辉文，2002. 微生物工程［M］. 北京：科学出版社.
何忠效，静国忠，许佐良，等，1999. 现代生物技术概论［M］. 北京：北京师范大学出版社.
瞿礼嘉，顾红雅，胡苹，等，1998. 现代生物技术导论［M］. 北京：高等教育出版社.
郭勇，2005. 酶工程原理与技术［M］. 北京：高等教育出版社.
罗贵民，2003. 酶工程［M］. 北京：化学工业出版社.
李浚明，2002. 植物组织培养教程［M］. 2 版. 北京：中国农业大学出版社.
王清连，2002. 植物组织培养［M］. 北京：中国农业出版社.
潘瑞帜，2003. 植物组织培养［M］. 3 版. 广州：广东高等教育出版社.
陈正华，1986. 木本植物组织培养及其应用［M］. 北京：高等教育出版社.
曹福祥，2003. 次生代谢及其产物生产技术［M］. 长沙：国防科技大学出版社.
郭秀珍，毕国昌，1989. 林木菌根及应用技术［M］. 北京：中国林业出版社.
刘润进，李晓林，2000. 丛枝菌根及其应用［M］. 北京：科学出版社.
J. 萨姆布鲁克，E. F. 费里奇，T. 曼尼阿蒂斯，1996 分子克隆实验指南［M］. 2 版. 金冬雁，黎孟枫，等译. 北京：科学出版社.
陈宏，2004. 基因工程原理与应用［M］. 北京：中国农业出版社.
邓秀新，胡春根，2005. 园艺植物生物技术［M］. 北京：高等教育出版社.
袁振宏，吴创之，马隆龙，等，2005. 生物质能利用技术原理与技术［M］. 北京：化学工业出版社.
闵恩泽，吴巍，2000. 绿色化学与化工［M］. 北京：化学工业出版社.